Festigkeitslehre für den Konstrukteur

Festigkeitslehre für den Konstrukteur

Konstruktionsbücher

Herausgeber Professor Dr.-Ing. K. Kollmann, Karlsruhe

Band 25

Festigkeitslehre für den Konstrukteur

Von

H. Leipholz

Springer-Verlag Berlin · Heidelberg · New York 1969

Dr.-Ing. HORST LEIPHOLZ

o. Professor für Technische Mechanik und Festigkeitslehre
an der Universität Karlsruhe

ISBN-13: 978-3-540-04586-1   e-ISBN-13: 978-3-642-48096-6
DOI: 10.1007/978-3-642-48096-6

Titel-Nr. 6164

Vorwort

Umfang und Gewicht der wissenschaftlichen Erkenntnisse befinden sich in einem beständigen Entwicklungsprozeß. Es ist daher notwendig, auch die Fachliteratur von Zeit zu Zeit dem Gang dieser Entwicklung anzupassen und Bilanz zu machen, indem man selbst für solche Gebiete ein neues Buch schreibt, die so wohlfundiert und vielfach und gut dargestellt sind, wie z. B. die Festigkeitslehre. — In diesem Buch können dann, geordnet und abgewogen, Ergebnisse der Forschung, die in wissenschaftlichen Zeitschriften verstreut sind, aufgenommen, und es können die bewährten altbekannten Dinge mit modernen Mitteln der Darstellung beschrieben werden, damit sie gestraffter und für den heutigen Menschen verständlicher auftreten. Deshalb wird es durchaus als Fortschritt anzusehen sein, wenn man in einem neuen Buch nicht nur durchweg Neues bringt, sondern, soweit man beim Alten bleibt, diesem dann neue Aspekte gibt.

Als der Herausgeber der Reihe der Konstruktionsbücher, Herr Professor Dr. K. KOLLMANN, mit der Bitte an mich herantrat, in dem oben angedeuteten Sinn eine Festigkeitslehre zu schreiben, bin ich einer solchen Anregung gerne gefolgt. Ich konnte bei der Abfassung des Manuskriptes auf Konzepte meiner Vorlesung über dieses Thema zurückgreifen und die Erfahrungen verarbeiten, die ich eben im Laufe der Vorlesung und im Kontakt mit der Industrie gewonnen habe.

Zu danken habe ich Herrn Dipl.-Ing. H.-J. HOFFMANN für die Korrekturarbeit und für viele förderliche Hinweise, Herrn cand. mach. A. SCHAEFER für die Anfertigung der Abbildungen und Frau E. BECK für das sorgfältige Schreiben des Manuskriptes. Besonderer Dank gebührt dem Verlag für seine verständnisvolle Bereitschaft und seine unermüdliche Mitarbeit bei der Herstellung dieses vorzüglich ausgestatteten Buches.

Karlsruhe, im April 1969

Horst Leipholz

Anmerkung: Zur verwendeten Bezeichnungsweise sei nur das Folgende erwähnt: Vektoren und Tensoren sind in der Festigkeitslehre, und damit auch in diesem Buch, wesentliche Gegenstände der Betrachtung und Behandlung. Für sie mußte daher zur Unterscheidung von skalaren Größen eine besondere Darstellung gewählt werden. Das ist derart geschehen, daß Vektoren einfach und Tensoren doppelt überstrichen sind. So ist z. B. $\bar{K}$ ein Kraftvektor, $\bar{s}_n$ der Spannungsvektor bezüglich eines Schnittes mit dem Normalenvektor $\bar{n}$, $\bar{\bar{S}}$ der Spannungstensor usw. — Die übrige Bezeichnungsweise hält sich an das Übliche und bedarf daher keiner besonderen Erläuterung.

Inhaltsverzeichnis

1. Grundlagen der Festigkeitslehre

1.1 Einleitung

Durch die Festigkeitslehre werden die wissenschaftlichen Grundlagen vermittelt, welche man braucht, um Bau- und Maschinenteile hinsichtlich der Sicherheit und Wirtschaftlichkeit gestalten zu können. Sicherheit bedeutet, daß der Bau- oder Maschinenteil unter den Belastungen des Betriebszustandes weder zu Bruch geht, noch sich unzulässig stark verformt. Wirtschaftlichkeit bedeutet, daß der Bau- oder Maschinenteil nicht stärker als erforderlich ausgeführt wird, so daß man Material spart. Gleichzeitig hält man dabei das Gewicht als tote Last so klein wie möglich. Beides führt zu niedrigen Kosten.

Die Festigkeitslehre ist mit anderen Wissenszweigen verknüpft, weil sie auf deren Ergebnisse als Hilfsmittel angewiesen ist. So werden wir im folgenden die Kenntnis der Vektorrechnung, der Statik und der Werkstoffkunde voraussetzen und verweisen hier nur auf die einschlägige Literatur, z. B. auf [1—3].

Eine Einteilung des Stoffes erfolgt im wesentlichen durch Zurückführung der Bau- und Maschinenteile auf typische Grundformen, wie Stab, Rohr, Scheibe, Platte,

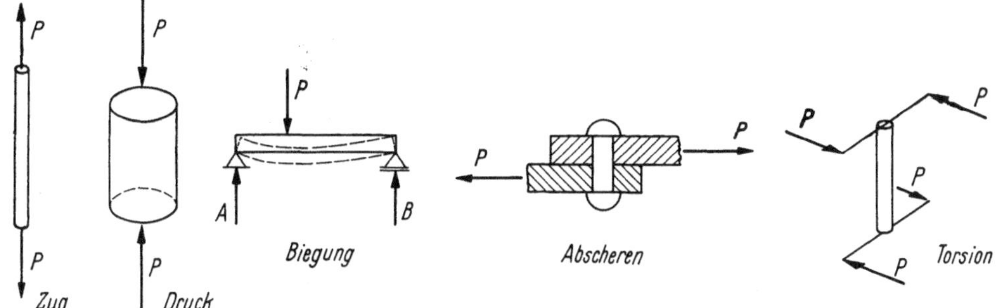

Abb. 1. Grundformen der Beanspruchung.

Schale, durch Unterscheidung der Belastungen in ruhende oder bewegte sowie durch Klassifizierung der aus den Belastungen folgenden Beanspruchungen in Zug, Druck, Abscheren, Biegung und Torsion (Abb. 1). Diese Beanspruchungen können allein oder zusammengesetzt vorkommen.

Darüber hinaus sind noch spezielle Fragen zu behandeln, wie z. B. die Anwendung von Energiemethoden, die Berechnung von statisch unbestimmten Systemen, die Stabilität der Bau- und Maschinenteile sowie die Untersuchung von Wärmespannungen.

Auf die Verflechtung der Festigkeitslehre mit der Elastizitätstheorie wird noch an anderer Stelle eingegangen.

1.2 Der Spannungszustand

Die an einem Körper angreifenden Kräfte lassen sich in eingeprägte und Reaktionskräfte unterteilen. *Eingeprägte Kräfte* sind solche, die nach bekannten physikalischen Gesetzen auf den Körper einwirken. Sie kommen aber nach dem Newtonschen *Reaktionsgesetz* nicht allein vor, sondern wecken, entsprechend den *Bindungen*, die die Beweglichkeit und Verformbarkeit des Körpers einschränken, *Reaktionskräfte*, welche auch *Zwangskräfte* genannt werden. In Abb. 2 sind diese Verhältnisse dargestellt: Die Kräfte P_1, P_2 stellen eingeprägte Kräfte vor, während in den Auflagern des Körpers die Reaktionskräfte R_l und R_r auftreten.

Wenn man von einem anderen Gesichtspunkt ausgeht, kann man die Einteilung der Kräfte auch in *Fern-* und *Nahkräfte* vornehmen. Die Fernkräfte sind über das ganze Volumen des Körpers verteilt, wie z. B. das Gewicht oder elektrische und magnetische Kräfte. Man spricht bei ihnen daher von *Volumenkräften* und gibt sie in der Dimension [kp/cm³] an. Die Nahkräfte kommen in den Kontaktflächen zweier

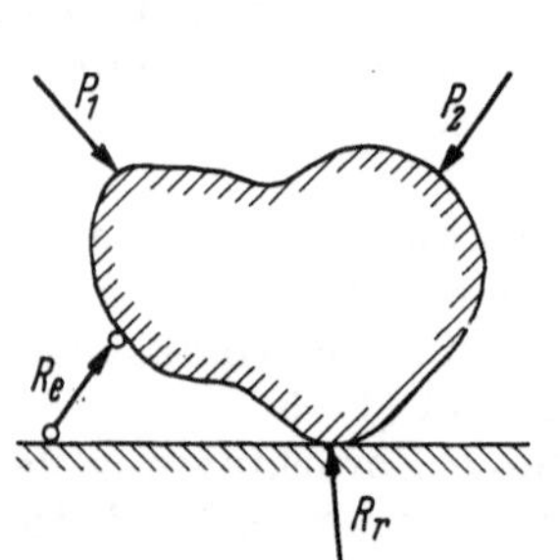

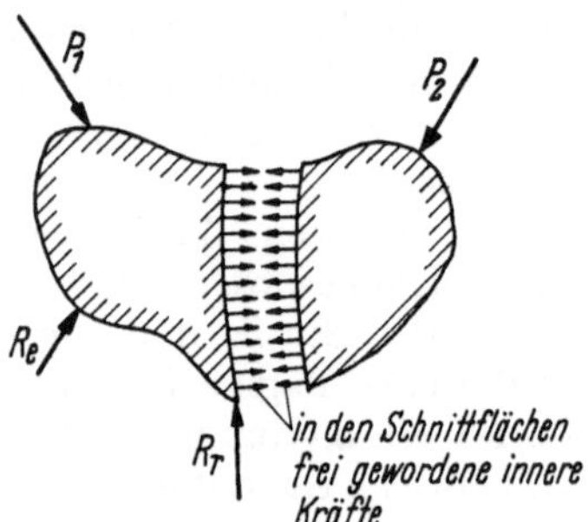

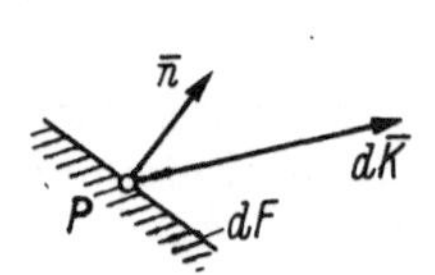

Abb. 2. Eingeprägte und Reaktionskräfte.　　　Abb. 3. Innere Kräfte.　　　Abb. 4. Innerer Kraftvektor.

Körper oder Körperteile vor und sind über diese verteilt. Man nennt sie deswegen *Flächenkräfte*. Man rechnet mit ihnen in der Dimension [kp/cm²].

Schließlich kann man zwischen *äußeren* und *inneren* Kräften unterscheiden, wobei diese letztere Klassifizierung die vorangegangenen nicht ausschließt. Die verschiedenen Begriffe überschneiden sich, und für welche von ihnen man sich entscheidet, hängt von den jeweiligen Umständen ab.

Die äußeren Kräfte sind alle diejenigen, welche von außen auf den Körper einwirken. In Abb. 2 sind es sowohl die eingeprägten Kräfte P_1, P_2 als auch die Reaktionskräfte R_l, R_r. Sie können, wie in der Abbildung angenommen, Einzelkräfte, aber ebensogut Flächenkräfte sein, die man dann insbesondere *Oberflächenkräfte* nennt.

Die inneren Kräfte sind solche, welche infolge eines durch den Körper geführten wirklichen oder nur gedachten Schnittes frei werden (Abb. 3). Sie sind als Flächenkräfte über die Schnittflächen verteilt. Wenn man sie auf den Schwerpunkt des durch den Schnitt entstandenen Querschnittes reduziert, erhält man die von der Statik her bekannten *Schnittkräfte*: N *Normalkraft*, Q *Querkraft* und M *Moment*.

Durch den Punkt P des Körpers denken wir uns einen Schnitt gelegt, so daß in P das Flächenelement $\mathrm{d}F$ mit der äußeren Normalen $\bar{n}$ liegt (Abb. 4). Auf $\mathrm{d}F$ steht im allgemeinen schief der durch den Schnitt frei gewordene innere Kraftvektor $\mathrm{d}\bar{K}$. Durch Grenzwertbildung kommen wir zu

$$\bar{\mathfrak{s}}_n = \lim_{(\mathrm{d}F \to 0)} \frac{\mathrm{d}\bar{K}}{\mathrm{d}F}.$$

Diese Größe nennen wir den *Spannungsvektor* im Punkt P bezüglich des Schnittes mit der Normalen $\bar{n}$. Er hat die Dimension [kp/cm²] und den Betrag s_n, den man *resultierende Spannung* in P bezüglich des Schnittes mit der Normalen $\bar{n}$ nennt. Man kann $\bar{s}_n$ in die Richtung von $\bar{n}$ und senkrecht dazu zerlegen (Abb. 5). Dadurch erhält man als Komponenten σ_n, die *Normalspannung* und τ_n, die *Tangential-spannung*. Der untere Index n weist wieder darauf hin, daß alles bezüglich des Schnittes mit der Normalen $\bar{n}$ genommen ist.

Da es unendlich viele Schnitte durch P gibt, kann die Angabe eines einzigen Spannungsvektors nicht ausreichen, um den Spannungszustand in P zu beschreiben. Man muß dazu *drei* Spannungsvektoren, nämlich $\bar{s}_x$, $\bar{s}_y$, $\bar{s}_z$, angeben, welche bezüglich der drei in P aufgespannten, in die Koordinatenebenen fallenden Flächenelemente dF_x, dF_y, dF_z genommen sind (Abb. 6). Daß dies für die Festlegung des Spannungszustandes tatsächlich genügt, wird etwas später dadurch gezeigt werden, daß wir mit Hilfe der Komponenten von $\bar{s}_x$, $\bar{s}_y$, $\bar{s}_z$ die Komponenten des Spannungsvektors $\bar{s}_n$ für ein in P *beliebig* orientiertes Flächenelement dF berechnen. Wenn sich aber die Verhältnisse in P für beliebige Orientierung erfassen lassen, kennt man sie insgesamt.

Durch Zerlegung von $\bar{s}_x$, $\bar{s}_y$, $\bar{s}_z$ in die Koordinatenrichtungen (Abb. 7) kommt man zu der Komponentendarstellung

$$\bar{s}_x = (\sigma_x, \tau_{xy}, \tau_{xz}),$$
$$\bar{s}_y = (\tau_{yx}, \sigma_y, \tau_{yz}), \tag{1.1}$$
$$\bar{s}_z = (\tau_{zx}, \tau_{zy}, \sigma_z).$$

Dabei sind σ_x, σ_y, σ_z Normalspannungen, die als Zugspannungen positiv gerechnet werden. Die τ_{xy}, τ_{xz}, τ_{yx}, τ_{yz}, τ_{zx}, τ_{zy} sind Schubspannungen. Ihr erster Index deutet auf die Normalenrichtung der Bezugsfläche und ihr zweiter Index auf die Richtung

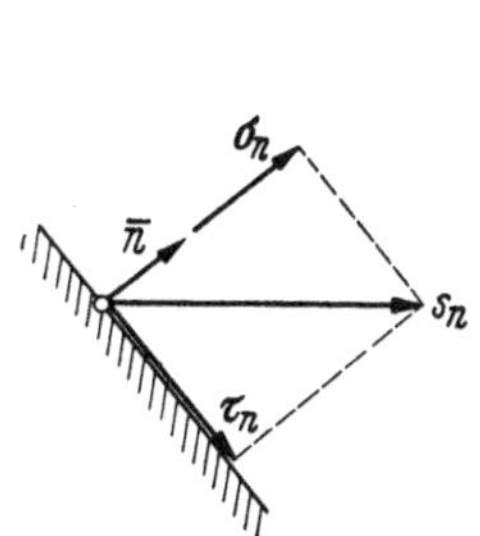

Abb. 5. Zerlegung der resultierenden Spannung s_n in Normalspannung σ_n und Tangentialspannung τ_n.

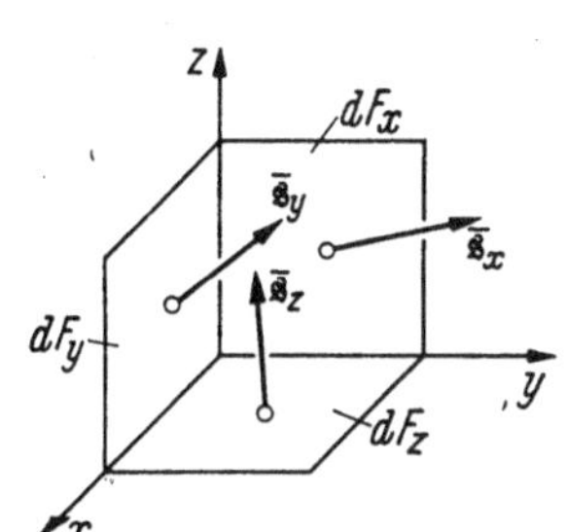

Abb. 6. Die Spannungsvektoren eines Spannungszustandes.

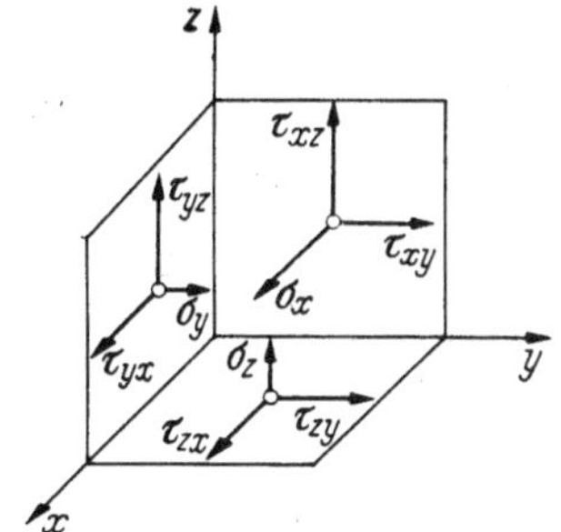

Abb. 7. Die Komponenten eines Spannungstensors.

der betreffenden Schubspannung selbst hin. Schubspannungen sind positiv, wenn sie auf einem Flächenelement, dessen Normale in Richtung einer positiven (bzw. negativen) Koordinatenachse zeigt, in Richtung einer positiven (bzw. negativen) Achse weisen.

Zur vollständigen Darstellung des Spannungszustandes im Punkt P kann man das in einer Matrix angeordnete Schema

$$\bar{S} = \begin{pmatrix} \sigma_x & \tau_{xy} & \tau_{xz} \\ \tau_{yx} & \sigma_y & \tau_{yz} \\ \tau_{zx} & \tau_{zy} & \sigma_z \end{pmatrix} \tag{1.2}$$

der Komponenten der Vektoren $\bar{\mathfrak{s}}_x$, $\bar{\mathfrak{s}}_y$, $\bar{\mathfrak{s}}_z$ benutzen. $\bar{S}$ ist eine physikalische Größe, die man *Spannungsdyade* nennt. Sie ist ein Tensor zweiter Stufe. Man spricht daher häufig auch vom *Spannungstensor*.

Der Spannungstensor ist symmetrisch. Man erkennt das leicht, wenn man das Gleichgewicht der Momente für einen infinitesimalen Würfel im Bezugspunkt P betrachtet (Abb. 8). Die Kantenlängen $\mathrm{d}x, \mathrm{d}y, \mathrm{d}z$ werden dabei als so klein angenommen, daß auf den Würfelflächen noch die gleichen Spannungen auftreten wie in P selbst. Das Gleichgewicht der Momente um die z-Achse liefert z. B.

$$(\tau_{xy}\,\mathrm{d}y\,\mathrm{d}z)\,\mathrm{d}x - (\tau_{yx}\,\mathrm{d}x\,\mathrm{d}z)\,\mathrm{d}y = 0$$

und daher

$$\tau_{xy} = \tau_{yx}. \tag{1.3}$$

Ganz entsprechend findet man

$$\tau_{yz} = \tau_{zy}, \qquad \tau_{zx} = \tau_{xz}. \tag{1.4}$$

Die Indizes bei den Schubspannungen lassen sich also vertauschen, und das bedeutet Symmetrie des Spannungstensors:

$$\bar{S} = \begin{pmatrix} \sigma_x & \tau_{xy} & \tau_{xz} \\ \tau_{xy} & \sigma_y & \tau_{yz} \\ \tau_{xz} & \tau_{yz} & \sigma_z \end{pmatrix}. \tag{1.5}$$

In seiner Diagonalen stehen die Normalspannungen, symmetrisch zu ihr die Schubspannungen.

Jetzt wollen wir, wie schon angekündigt, die Komponenten des Spannungsvektors $\bar{\mathfrak{s}}_n$ bezüglich eines beliebig orientierten Flächenelementes, das die Normale $\bar{n}$

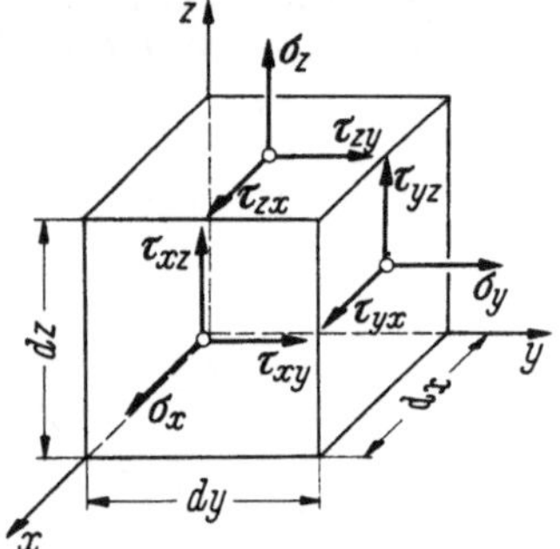

Abb. 8. Zur Symmetrie des Spannungstensors.

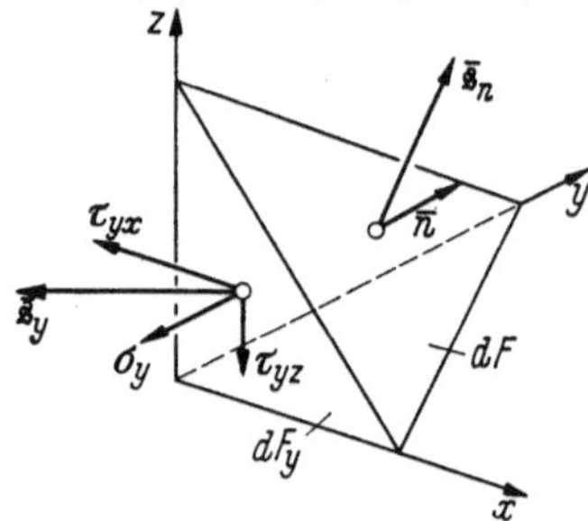

Abb. 9. Zum Gleichgewicht der Kräfte am Tetraeder.

habe, mit Hilfe der Komponenten des Spannungstensors berechnen. Dazu betrachten wir das Tetraeder der Abb. 9.

Es ist

$$\bar{\mathfrak{s}}_n = (s_x,\, s_y,\, s_z), \tag{1.6}$$

$$\bar{n} = (n_x,\, n_y,\, n_z) \tag{1.7}$$

die Komponentendarstellung des Spannungs- und des Normalenvektors, die zu dem beliebig orientierten Flächenelement $\mathrm{d}F$ gehören. Für die Komponenten von $\bar{n}$, eines Einheitsvektors, gilt

$$n_x = \cos(\bar{n},\bar{e}_x), \qquad n_y = \cos(\bar{n},\bar{e}_y), \qquad n_z = \cos(\bar{n},\bar{e}_z), \tag{1.8}$$

wobei $\bar{e}_x, \bar{e}_y, \bar{e}_z$ die in die Koordinatenachsen fallenden Einheitsvektoren sind.

Wenn $\mathrm{d}F$ gegeben ist, kann man die übrigen Flächenelemente des Tetraeders auf Grund von einfachen geometrischen Betrachtungen aus

$$\mathrm{d}F_x = \mathrm{d}F \cos(\bar{n}, \bar{e}_x) = \mathrm{d}F\, n_x,$$
$$\mathrm{d}F_y = \mathrm{d}F \cos(\bar{n}, \bar{e}_y) = \mathrm{d}F\, n_y, \qquad (1.9)$$
$$\mathrm{d}F_z = \mathrm{d}F \cos(\bar{n}, \bar{e}_z) = \mathrm{d}F\, n_z$$

berechnen.

Gleichgewicht der Kräfte in x-Richtung verlangt, daß

$$s_x\, \mathrm{d}F - \sigma_x\, \mathrm{d}F_x - \tau_{yx}\, \mathrm{d}F_y - \tau_{zx}\, \mathrm{d}F_z = 0$$

sei. Wegen (1.9) läßt sich das in

$$s_x = \sigma_x\, n_x + \tau_{yx}\, n_y + \tau_{zx}\, n_z \qquad (1.10)$$

umrechnen. Ganz entsprechend findet man

$$s_y = \sigma_y\, n_y + \tau_{zy}\, n_z + \tau_{xy}\, n_x,$$
$$s_z = \sigma_z\, n_z + \tau_{xz}\, n_x + \tau_{yz}\, n_y. \qquad (1.11)$$

Damit sind alle Komponenten von $\bar{s}_n$ und folglich ist $\bar{s}_n$ selbst bekannt, womit das gestellte Ziel erreicht worden ist.

Die resultierende Spannung s_n in P kann man aus

$$s_n = \sqrt{s_x^2 + s_y^2 + s_z^2} \qquad (1.12)$$

sowie (1.10), (1.11) und daher ebenfalls mittels der Komponenten des Spannungstensors berechnen. Das gleiche gilt für die Normalspannung σ_n und Tangentialspannung τ_n. Wie Abb. 5 erkennen läßt, ist $\sigma_n = \bar{s}_n\, \bar{n}$, was wegen (1.6), (1.7) zu

$$\sigma_n = s_x\, n_x + s_y\, n_y + s_z\, n_z \qquad (1.13)$$

und wegen (1.10), (1.11) zu

$$\sigma_n = \sigma_x\, n_x^2 + \sigma_y\, n_y^2 + \sigma_z\, n_z^2 + 2\tau_{xy}\, n_x\, n_y + 2\tau_{yz}\, n_y\, n_z + 2\tau_{zx}\, n_z\, n_x \qquad (1.14)$$

führt. Dabei ist noch von der Symmetrie des Spannungstensors Gebrauch gemacht worden. Für τ_n liest man aus Abb. 5

$$\tau_n = \sqrt{s_n^2 - \sigma_n^2} \qquad (1.15)$$

ab. Rechts stehen auf Grund von (1.12) in Verbindung mit (1.10), (1.11) sowie wegen (1.14) lauter bekannte Größen, also liegt auch τ_n fest, wenn der Tensor $\bar{S}$, (1.5), gegeben ist. — Alles dies beweist, daß der Spannungszustand in P durch den Spannungstensor vollständig beschrieben wird, wie es zuvor behauptet worden ist.

In jedem Punkt des Körpers gibt es drei zueinander senkrechte Flächenelemente mit derartigen Normalenrichtungen, daß die auf ihnen stehenden Spannungsvektoren gerade in die Normalenrichtungen selbst fallen. Wenn wir diese ausgezeichneten Richtungen durch die Indizes 1, 2 und 3 kennzeichnen, so können wir sagen, daß für sie

$$\tau = 0, \qquad \sigma_i \equiv s_i, \qquad i = 1, 2, 3, \qquad (1.16)$$

gilt. Daraus folgt, daß die betreffenden Flächenelemente schubspannungsfrei sind, und man überlegt sich leicht, daß zwei ihrer Normalspannungen extremal sein müssen. Man nennt die Normalspannungen σ_i, $i = 1, 2, 3$, *Hauptspannungen* und die Flächen, auf denen sie stehen, *Hauptspannungsebenen*. Die Normalen der Hauptspannungsebenen geben die *Hauptspannungsrichtungen* an, welche im jeweiligen Bezugspunkt das *Hauptachsensystem* (kurz HAS) aufspannen.

Es ist vorteilhaft, das HAS als Koordinatensystem zu wählen. Denn wegen der Schubspannungsfreiheit der zugehörigen Bezugsflächen geht der Spannungstensor für das HAS von der allgemeinen Form (1.5) in den *Diagonaltensor*

$$\bar{S} = \begin{pmatrix} \sigma_1 & 0 & 0 \\ 0 & \sigma_2 & 0 \\ 0 & 0 & \sigma_3 \end{pmatrix} \tag{1.17}$$

über. In seiner Diagonalen stehen die Hauptspannungen, und außerhalb der Diagonalen stehen lauter Nullen, da auf den Hauptspannungsebenen als Bezugsflächen die Schubspannungen ja verschwinden.

Der Spannungstensor läßt sich bezüglich des HAS, wie (1.17) gegenüber (1.5) zeigt, besonders einfach darstellen. Man wird daher bemüht sein, die Transformation von (1.5) in (1.17) möglichst häufig durchzuführen, da es sich mit (1.17) besonders leicht rechnen läßt. Es ist somit eine wichtige Aufgabe, für einen zunächst in allgemeiner Form gegebenen Spannungstensor die Hauptspannungen und die Hauptrichtungen zu berechnen. Dieser Aufgabe wollen wir uns jetzt zuwenden.

Wir gehen von der Tatsache aus, daß der Spannungsvektor für die Hauptebenen in deren Normalenrichtung fällt und wegen der zweiten Gleichung von (1.16) außerdem den Betrag σ_i hat. Wir können ihn folglich als

$$\bar{s} = \sigma_i\,\bar{n}, \text{ für HAS}, \tag{1.18}$$

schreiben. In Komponenten gibt das

$$s_x = \sigma_i\,n_x, \quad s_y = \sigma_i\,n_y, \quad s_z = \sigma_i\,n_z.$$

Setzen wir hierin (1.10), (1.11) ein und formen noch etwas um, so erhalten wir

$$\begin{aligned}
(\sigma_x - \sigma_i)\,n_x + \tau_{yx}\,n_y + \tau_{zx}\,n_z &= 0, \\
\tau_{xy}\,n_x + (\sigma_y - \sigma_i)\,n_y + \tau_{zy}\,n_z &= 0, \\
\tau_{xz}\,n_x + \tau_{yz}\,n_y + (\sigma_z - \sigma_i)\,n_z &= 0.
\end{aligned} \tag{1.19}$$

Das ist ein lineares, algebraisches Gleichungssystem zur Bestimmung der Hauptspannungen σ_i. Da es homogen ist, existiert nur dann eine nichttriviale Lösung, wenn die Koeffizientendeterminante die Bedingung

$$\begin{vmatrix} \sigma_x - \sigma_i & \tau_{yx} & \tau_{zx} \\ \tau_{xy} & \sigma_y - \sigma_i & \tau_{zy} \\ \tau_{xz} & \tau_{yz} & \sigma_z - \sigma_i \end{vmatrix} = 0 \tag{1.20}$$

erfüllt. Ausrechnung von (1.20) führt auf die *charakteristische Gleichung*

$$\sigma_i^3 - J_{1s}\,\sigma_i^2 + J_{2s}\,\sigma_i - J_{3s} = 0. \tag{1.21}$$

Es ist eine kubische Gleichung, deren drei Wurzeln die gesuchten Hauptspannungen $\sigma_1, \sigma_2, \sigma_3$ liefern. Die Gleichungskoeffizienten

$$\begin{aligned}
J_{1s} &= \sigma_x + \sigma_y + \sigma_z, \\
J_{2s} &= \sigma_x\,\sigma_y + \sigma_y\,\sigma_z + \sigma_z\,\sigma_x - \tau_{xy}^2 - \tau_{yz}^2 - \tau_{zx}^2, \\
J_{3s} &= \sigma_x\,\sigma_y\,\sigma_z - \sigma_x\,\tau_{yz}^2 - \sigma_y\,\tau_{zx}^2 - \sigma_z\,\tau_{xy}^2 + 2\tau_{xy}\,\tau_{yz}\,\tau_{zx}
\end{aligned} \tag{1.22}$$

nennt man *Invarianten* des Spannungstensors, da sie für alle beliebigen Bezugssysteme den gleichen Wert annehmen. Für das HAS, bei dem alle Schubspannungen verschwinden, haben sie die besonders einfache Form

$$J_{1s} = \sigma_1 + \sigma_2 + \sigma_3,$$
$$J_{2s} = \sigma_1 \sigma_2 + \sigma_2 \sigma_3 + \sigma_3 \sigma_1, \qquad (1.23)$$
$$J_{3s} = \sigma_1 \sigma_2 \sigma_3.$$

Das sind Beziehungen, die übrigens völlig mit denen übereinstimmen, welche die Vietaschen Wurzelsätze für die kubische Gl. (1.21) liefern würden.

Kennt man nach Auflösung von (1.21) die Hauptspannungen σ_i, so kann man sie in (1.19) einsetzen und dann die zugehörigen Hauptrichtungen $\bar{n}^{(i)}$ berechnen. Es zeigt sich allerdings, daß nur zwei der Gln. (1.19) unabhängig sind. Die noch fehlende dritte unabhängige Gleichung ergibt sich aus der Tatsache, daß die $\bar{n}^{(i)}$ Einheitsvektoren sind und die Summe ihrer Komponentenquadrate daher Eins ergeben muß. Man hat für die Ermittlung der Hauptrichtungen also das Gleichungssystem

$$\left.\begin{aligned}
(\sigma_x - \sigma_i)\, n_x^{(i)} + \tau_{yx}\, n_y^{(i)} + \tau_{zx}\, n_z^{(i)} &= 0, \\
\tau_{xy}\, n_x^{(i)} + (\sigma_y - \sigma_i)\, n_y^{(i)} + \tau_{zy}\, n_z^{(i)} &= 0, \\
\tau_{xz}\, n_x^{(i)} + \tau_{yz}\, n_y^{(i)} + (\sigma_z - \sigma_i)\, n_z^{(i)} &= 0, \\
n_x^{(i)\,2} + n_y^{(i)\,2} + n_z^{(i)\,2} &= 1,
\end{aligned}\right\} \quad i = 1, 2, 3, \qquad (1.24)$$

zur Verfügung.

Den Gang der Rechnung wollen wir an einem Beispiel zeigen. Der Spannungstensor sei in einem bestimmten Punkt durch

$$S = \begin{pmatrix} \sigma_x & \tau_{xy} & \tau_{xz} \\ \tau_{yx} & \sigma_y & \tau_{yz} \\ \tau_{zx} & \tau_{zy} & \sigma_z \end{pmatrix} = \begin{pmatrix} 1 & 2 & 0 \\ 2 & 1 & 0 \\ 0 & 0 & 1 \end{pmatrix}$$

gegeben. Aus (1.22) folgt für die Invarianten

$$J_{1s} = 3, \quad J_{2s} = -1, \quad J_{3s} = -3,$$

so daß die charakteristische Gleichung gemäß (1.21)

$$\sigma_i^3 - 3\sigma_i^2 - \sigma_i + 3 = 0$$

lautet. Ihre Wurzeln sind

$$\sigma_1 = 3, \quad \sigma_2 = 1, \quad \sigma_3 = -1,$$

womit man gleichzeitig die Hauptspannungen gewonnen hat. Im HAS hat der Spannungstensor demnach die Darstellung

$$S = \begin{pmatrix} 3 & 0 & 0 \\ 0 & 1 & 0 \\ 0 & 0 & -1 \end{pmatrix}.$$

Dabei haben wir uns der Übereinkunft angeschlossen, mit σ_1 die algebraisch größte und mit σ die algebraisch kleinste Hauptspannung zu bezeichnen.

Prüfen wir mit den ermittelten Hauptspannungen die Beziehungen (1.23) nach, so kommen wir wieder auf

$$J_{1s} = 3, \quad J_{2s} = -1, \quad J_{3s} = -3,$$

was in Übereinstimmung mit den schon weiter oben für die Invarianten gefundenen Werten ist.

Jetzt wollen wir die Hauptrichtungen bestimmen. Mit $\sigma_1 = 3$ und den bekannten Komponenten des Spannungstensors folgt aus (1.24)

$$(1 - 3)\, n_x^{(1)} + 2 n_y^{(1)} = 0,$$
$$2 n_x^{(1)} + (1 - 3)\, n_y^{(1)} = 0,$$
$$(1 - 3)\, n_z^{(1)} = 0,$$
$$n_x^{(1)\,3} + n_y^{(1)\,2} + n_z^{(1)\,2} = 1.$$

Man sieht, daß die ersten beiden Gleichungen des Systems nicht unabhängig sind. Sie liefern beide

$$n_x^{(1)} = n_y^{(1)},$$

während aus der dritten Gleichung

$$n_z^{(1)} = 0$$

folgt. Die vierte Gleichung führt unter Benutzung dieser Zwischenresultate auf

$$2 n_x^{(1)\,2} = 1, \quad \text{bzw.} \quad n_x^{(1)} = \frac{1}{\sqrt{2}},$$

so daß die Hauptrichtung 1 schließlich durch

$$\bar{n}^{(1)} = \left(\frac{1}{\sqrt{2}}, \frac{1}{\sqrt{2}}, 0 \right)$$

festgelegt ist. Ganz entsprechend findet man für die Hauptrichtungen 2 und 3

$$\bar{n}^{(2)} = (0, 0, 1) \quad \text{und} \quad \bar{n}^{(3)} = \left(\frac{1}{\sqrt{2}}, -\frac{1}{\sqrt{2}}, 0 \right).$$

Es sei noch bemerkt, daß man die Vorzeichen der Wurzeln bei den Komponenten der Hauptnormalen $\bar{n}^{(1)}$, $\bar{n}^{(2)}$ und $\bar{n}^{(3)}$ so festlegen muß, daß das von ihnen aufgespannte HAS ein Rechtssystem wird. Diese Forderung haben wir bei der soeben durchgeführten Rechnung stillschweigend beachtet. Zur Nachprüfung rechnen wir z. B.

$$\bar{n}^{(1)} \times \bar{n}^{(2)} = \begin{vmatrix} \dfrac{1}{\sqrt{2}} & \dfrac{1}{\sqrt{2}} & 0 \\[2mm] 0 & 0 & 1 \end{vmatrix} = \left(\begin{array}{c} \dfrac{1}{\sqrt{2}} \\[2mm] -\dfrac{1}{\sqrt{2}} \\[2mm] 0 \end{array} \right) = \bar{n}^{(3)}$$

aus, was, wie verlangt, auf $\bar{n}^{(3)}$ führt.

Ein Sonderfall des bisher betrachteten allgemeinen ist der *ebene Spannungszustand*. Er liegt für einen Bezugspunkt P dann vor, wenn es in P ein spannungsfreies Flächenelement gibt. Die Ebene dieses Elementes heißt *spannungsfreie Ebene*.

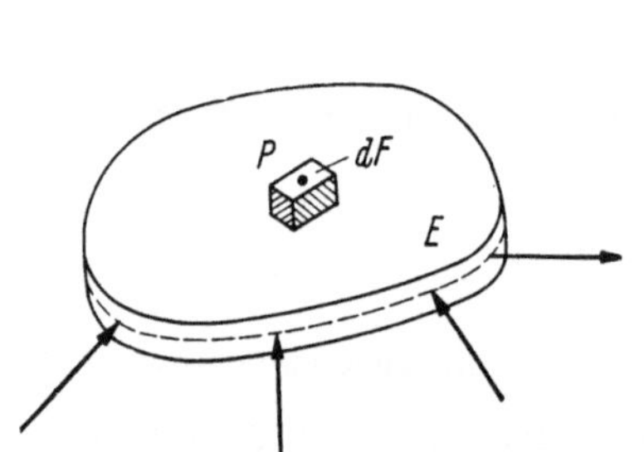

Abb. 10. Die spannungsfreie Ebene E.

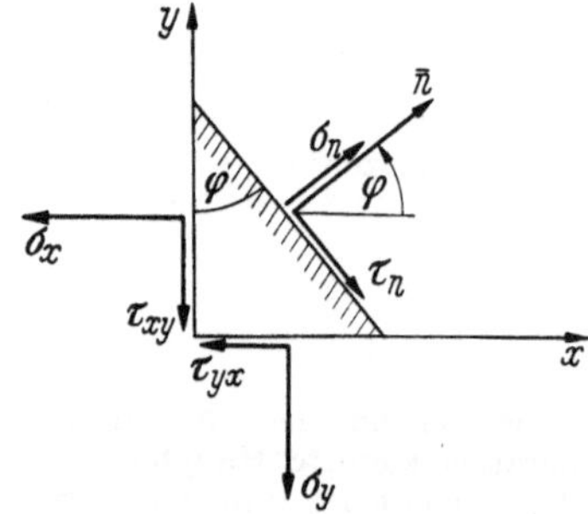

Abb. 11. Ebener Spannungszustand.

Ein Beispiel für solche Gegebenheiten ist eine in ihrem Rand derart belastete Scheibe daß die Lasten alle in der Scheibenmittelebene liegen (Abb. 10). Für jeden Punkt P, der auf einer zur Scheibenmittelfläche parallelen Fläche E liegt, sind die Flächenelemente $\mathrm{d}F$ in E durch P spannungsfrei, also ist E eine spannungsfreie Ebene, und in P herrscht ein ebener Spannungszustand.

Wählen wir das Achsenkreuz in P so, daß x- und y-Achse in der spannungsfreien Ebene liegen, so sind wegen des ebenen Spannungszustandes $\sigma_z = \tau_{zx} = \tau_{zy} = 0$, und der Spannungstensor hat die besondere Form

$$\bar{S} = \begin{pmatrix} \sigma_x & \tau_{xy} & 0 \\ \tau_{yx} & \sigma_y & 0 \\ 0 & 0 & 0 \end{pmatrix}.$$

Dafür schreibt man häufig zur Abkürzung einfach

$$\bar{S} = \begin{pmatrix} \sigma_x & \tau_{xy} \\ \tau_{yx} & \sigma_y \end{pmatrix}. \tag{1.25}$$

Wir nehmen an, daß $\bar{S}$ gemäß (1.25) gegeben sei und stellen uns die Aufgabe, daraufhin die Spannungskomponenten in einem senkrecht zur spannungsfreien Ebene geführten Schnitt, dessen Normale mit der x-Achse den Winkel φ bildet, zu berechnen (Abb. 11).

Es ist dafür

$$\bar{n} = (n_x, n_y, n_z) = \left(\cos\varphi, \cos\left(\frac{\pi}{2} - \varphi\right), \cos\frac{\pi}{2}\right) = (\cos\varphi, \sin\varphi, 0) \tag{1.26}$$

und, wegen $\sigma_z = \tau_{zx} = \tau_{zy} = 0$, gemäß (1.10), (1.11), (1.26),

$$\begin{aligned} s_x &= \sigma_x \cos\varphi + \tau_{xy} \sin\varphi, \\ s_y &= \sigma_y \sin\varphi + \tau_{xy} \cos\varphi, \\ s_z &= 0. \end{aligned} \tag{1.27}$$

Außerdem vereinfacht sich (1.13) wegen (1.26) zu

$$\sigma_n = s_x \cos\varphi + s_y \sin\varphi. \tag{1.28}$$

Geht man damit und mit $s_n^2 = s_x^2 + s_y^2 + s_z^2 \equiv s_x^2 + s_y^2$ in (1.15) ein, so ergibt sich nach einfacher Zwischenrechnung

$$\tau_n = s_x \sin\varphi - s_y \cos\varphi. \tag{1.29}$$

Mittels (1.27) und einer trigonometrischen Umformung wird aus (1.28), (1.29)

$$\begin{aligned} \sigma_n &= \tfrac{1}{2}(\sigma_x + \sigma_y) + \tfrac{1}{2}(\sigma_x - \sigma_y)\cos 2\varphi + \tau_{xy}\sin 2\varphi, \\ \tau_n &= \tfrac{1}{2}(\sigma_x - \sigma_y)\sin 2\varphi - \tau_{xy}\cos 2\varphi. \end{aligned} \tag{1.30}$$

Würde man im Bezugspunkt speziell mit dem HAS arbeiten, so ginge in (1.30) σ_x in σ_1 und σ_y in σ_2 über, und die Schubspannungen würden zu Null. Damit hätte man an Stelle von (1.30) einfacher

$$\begin{aligned} \sigma_n &= \tfrac{1}{2}(\sigma_1 + \sigma_2) + \tfrac{1}{2}(\sigma_1 - \sigma_2)\cos 2\varphi, \\ \tau_n &= \tfrac{1}{2}(\sigma_1 - \sigma_2)\sin 2\varphi. \end{aligned} \tag{1.31}$$

Will man für den ebenen Spannungszustand die Hauptspannungsrichtungen bestimmen, so kann man sich vorstellen, daß man den Winkel φ so verändert, daß die Normale $\bar{n}$ gerade in eine Hauptrichtung zeigt. Dann muß aber die zugehörige Schubspannung τ_n verschwinden. Diese Bedingung können wir für die Berechnung der φ-Werte benutzen, welche die Hauptspannungsrichtungen festlegen: Wir setzen bei der zweiten Gleichung von (1.30) $\tau_n = 0$ und finden

$$\tan 2\varphi_H = \frac{2\tau_{xy}}{\sigma_x - \sigma_y}. \tag{1.32}$$

Daraus ergeben sich die beiden Winkel

$$\varphi_{H,1} = \arctan \frac{2\tau_{xy}}{\sigma_x - \sigma_y},$$

und

$$\varphi_{H,2} = \varphi_{H,1} + \frac{\pi}{2},$$

(1.33)

welche die zwei Hauptrichtungen liefern. Wie man sieht, stehen diese senkrecht aufeinander.

Es ist für die Hauptrichtungen wegen (1.32)

$$\cos 2\varphi_H = \frac{1}{\sqrt{1 + \tan^2 2\varphi_H}} = \frac{\sigma_x - \sigma_y}{\sqrt{(\sigma_x - \sigma_y)^2 + 4\tau_{xy}^2}},$$

$$\sin 2\varphi_H = \frac{\tan 2\varphi_H}{\sqrt{1 + \tan^2 2\varphi_H}} = \frac{2\tau_{xy}}{\sqrt{(\sigma_x - \sigma_y)^2 + 4\tau_{xy}^2}},$$

(1.34)

so daß man damit aus der ersten Gleichung von (1.30), wenn man die beiden Wurzelvorzeichen bei (1.34) beachtet, für die Hauptspannungen des ebenen Spannungszustandes

$$\sigma_1 = \frac{1}{2}(\sigma_x + \sigma_y) + \frac{1}{2}\frac{(\sigma_x - \sigma_y)^2}{\sqrt{(\sigma_x - \sigma_y)^2 + 4\tau_{xy}^2}} + \frac{2\tau_{xy}^2}{\sqrt{(\sigma_x - \sigma_y)^2 + 4\tau_{xy}^2}}$$

$$= \tfrac{1}{2}\left(\sigma_x + \sigma_y + \sqrt{(\sigma_x - \sigma_y)^2 + 4\tau_{xy}^2}\right),$$

$$\sigma_2 = \frac{1}{2}(\sigma_x + \sigma_y) - \frac{1}{2}\frac{(\sigma_x - \sigma_y)^2}{\sqrt{(\sigma_x - \sigma_y)^2 + 4\tau_{xy}^2}} - \frac{2\tau_{xy}^2}{\sqrt{(\sigma_x - \sigma_y)^2 + 4\tau_{xy}^2}}$$

$$= \tfrac{1}{2}\left(\sigma_x + \sigma_y - \sqrt{(\sigma_x - \sigma_y)^2 + 4\tau_{xy}^2}\right)$$

(1.35)

erhält.

Man kann andererseits den Schnittwinkel φ auch so einrichten, daß man zu extremalen Schubspannungen kommt, die man *Hauptschubspannungen* nennt. Wir fassen dazu die zweite Gleichung von (1.30) als Funktion auf, die den Zusammenhang $\tau_n = \tau_n(2\varphi)$ liefert. Um zu dem gesuchten Winkel zu kommen, stellen wir die Bedingung

$$\frac{d\tau_n}{d2\varphi} = \frac{1}{2}(\sigma_x - \sigma_y)\cos 2\varphi + \tau_{xy}\sin 2\varphi = 0$$

(1.36)

für extremale Werte von τ_n auf und finden daraus

$$\tan 2\varphi_T = -\frac{\sigma_x - \sigma_y}{2\tau_{xy}}.$$

(1.37)

Wir lösen diese transzendente Gleichung für φ_T aber nicht unmittelbar auf, sondern benutzen die Tatsache, daß wegen (1.32) und (1.37)

$$\tan 2\varphi_H \tan 2\varphi_T = -1$$

gilt. Daraus folgt

$$\varphi_T = \varphi_H \pm \frac{\pi}{4}.$$

(1.38)

Die durch φ_T bestimmten *Hauptschubspannungsrichtungen* ergeben sich also unmittelbar aus den zuvor berechneten Hauptspannungsrichtungen, und es zeigt sich wegen (1.38), daß sie die Winkel zwischen den letzteren halbieren.

Während die Hauptspannungsflächen schubspannungsfrei sind, sind die Hauptschubspannungsflächen im allgemeinen keineswegs normalspannungsfrei: Für Hauptschubspannungsflächen gilt (1.36), so daß die erste Gleichung von (1.30) für ihre Normalspannungen

$$\sigma = \tfrac{1}{2}(\sigma_x + \sigma_y)$$

liefert. Das würde aber nur dann gleich Null sein, wenn $\sigma_x = -\sigma_y$ wäre, und das wird nur ausnahmsweise zutreffen.

Um den Betrag der Hauptschubspannungen zu ermitteln, gehen wir durch die schon einmal weiter oben ausgeführte goniometrische Umformung von (1.37) zu

$$\cos 2\varphi_T = \frac{2\tau_{xy}}{\sqrt{(\sigma_x - \sigma_y)^2 + 4\tau_{xy}^2}}, \qquad \sin 2\varphi_T = -\frac{\sigma_x - \sigma_y}{\sqrt{(\sigma_x - \sigma_y)^2 + 4\tau_{xy}^2}} \tag{1.39}$$

über. Mit diesen Größen folgt aus der zweiten Gleichung von (1.30), wenn man noch die beiden Vorzeichen der Wurzeln von (1.39) beachtet, für die Hauptschubspannungen

$$\begin{aligned}
\tau_1 &= \tfrac{1}{2}\sqrt{(\sigma_x - \sigma_y)^2 + 4\tau_{xy}^2}, \\
\tau_2 &= -\tfrac{1}{2}\sqrt{(\sigma_x - \sigma_y)^2 + 4\tau_{xy}^2}.
\end{aligned} \tag{1.40}$$

Im HAS, für das $\sigma_x \equiv \sigma_1$, $\sigma_y \equiv \sigma_2$ und $\tau_{xy} \equiv 0$ ist, wird aus (1.40)

bzw.
$$\begin{aligned}
\tau_{1,2} &= \pm \tfrac{1}{2}(\sigma_1 - \sigma_2), \\
|\tau_1| = |\tau_2| &= \tfrac{1}{2}|\sigma_1 - \sigma_2|.
\end{aligned} \tag{1.41}$$

Die Verhältnisse des ebenen Spannungszustandes lassen sich sehr anschaulich mit Hilfe des *Mohrschen Spannungskreises* darstellen. Wir gehen dabei von einem Schnitt in Punkt P, senkrecht zur spannungsfreien Ebene, im Winkel φ zur Hauptspannungsrichtung 1 aus (Abb. 12). Bekannt seien die Werte von σ_1 und σ_2. Wir fragen nach einer graphischen Darstellung für die im Schnitt mit der Normalen $\bar{n}$ auftretenden Spannungskomponenten σ_n, τ_n. Für das Folgende ist es noch sehr wichtig, daß wir im Zusammenhang mit dem Mohrschen Kreis eine eigene Vorzeichenfestsetzung treffen. Sie lautet: *Normalspannungen σ sind positiv als Zugspannungen, und Tangentialspannungen τ sind positiv, wenn das (schraffierte) Körperinnere in Richtung von τ gesehen rechts liegt.* Danach sind in Abb. 12 sowohl σ_n als auch τ_n als positive Spannungen eingetragen. Man beachte noch besonders, daß die für den Mohrschen Kreis geltende Vorzeichenregelung nicht mit derjenigen übereinstimmt, welche wir früher für die Komponenten des Spannungstensors gegeben haben. Das bringt aber keinerlei Schwierigkeiten, wenn man nur immer im gegebenen Fall die dann gerade gültige Vorzeichendefinition benutzt.

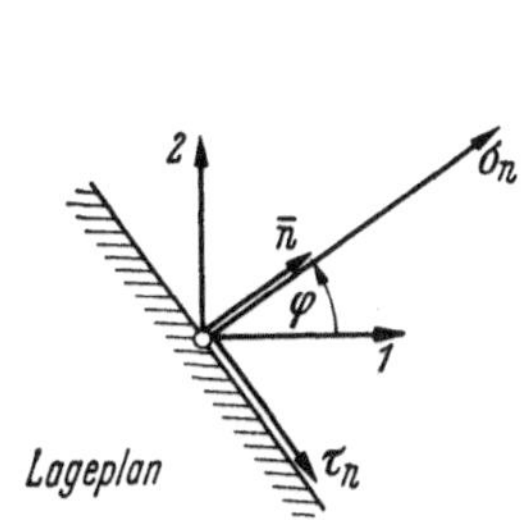

Abb. 12. Ebener Spannungszustand.

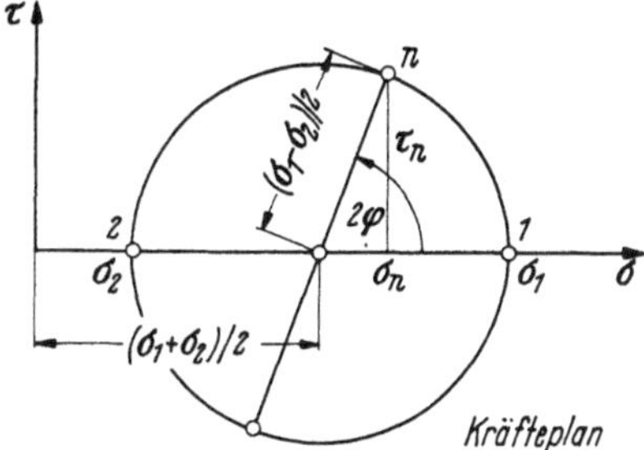

Abb. 13. Mohrscher Kreis.

Weil wir den Verhältnissen von Abb. 12 das HAS zugrunde gelegt haben, müssen wir (1.31) benutzen. Man findet sehr leicht, daß aus diesen Gleichungen

$$\tau_n^2 + \left(\sigma_n - \frac{\sigma_1 + \sigma_2}{2}\right)^2 = \left(\frac{\sigma_1 - \sigma_2}{2}\right)^2 \tag{1.42}$$

folgt. In einer τ, σ-Ebene stellt (1.42) einen Kreis, eben den Mohrschen Kreis, dar (Abb. 13). Sein Mittelpunkt liegt bei $(\sigma_1 + \sigma_2)/2$ auf der σ-Achse, und er hat den

Radius $(\sigma_1 - \sigma_2)/2$. Wenn, wie vorausgesetzt worden ist, σ_1 und σ_2 gegeben sind, kann man ihn aufzeichnen. Er ist der geometrische Ort für die zu einem bestimmten Schnittwinkel φ gehörenden Komponentenpaare σ_n, τ_n, deren Bildpunkte man folgendermaßen findet: Man bezeichnet Abb. 12 als den Lageplan. Ihm entnimmt man den Winkel φ mit seiner Orientierung. Die Abb. 13 ist der Kräfteplan, in welchen man von der σ-Achse aus im Kreismittelpunkt den Winkel 2φ einträgt *mit der gleichen Orientierung, die φ im Lageplan hat.* Der freie Schenkel schneidet dann den Kreis im Bildpunkt n des gesuchten Komponentenpaars σ_n, τ_n an. Für die Konstruktion sollte man sich die Regel merken: *Im Lageplan ist φ von Richtung 1 nach Richtung n hin orientiert; im Kräfteplan ist 2φ in gleicher Orientierung vom Bildpunkt 1 zum Bildpunkt n des Mohrschen Kreises hin abzutragen.*

Mit Hilfe des Mohrschen Kreises kann man zwei weitere Grundaufgaben lösen, die sich im Zusammenhang mit dem ebenen Spannungszustand ergeben. Wir wollen sie uns nacheinander vornehmen. Zuerst geht es darum, bei gegebenem Spannungstensor

$$\overline{S} = \begin{pmatrix} \sigma_x & \tau_{xy} \\ \tau_{xy} & \sigma_y \end{pmatrix}$$

in P für diesen Bezugspunkt Hauptspannungen und Hauptrichtungen zu finden. Dazu tragen wir im Lageplan (Abb. 14) in den betreffenden Schnittflächen die gegebenen Komponenten σ_x, σ_y, τ_{xy} und τ_{yx} ein. Es mögen σ_x und σ_y als Komponenten des Spannungstensors positiv sein. Darum sind sie als Zugspannungen eingezeichnet worden. Die τ_{xy} und τ_{yx} seien als Komponenten des Spannungstensors negativ. Daher wurden sie in den Schnittflächen (deren Normalen in Abb. 14 in negativer

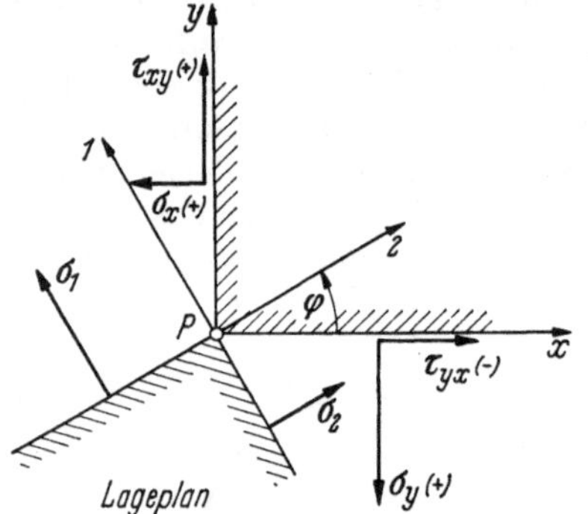

Abb. 14. Ebener Spannungszustand.

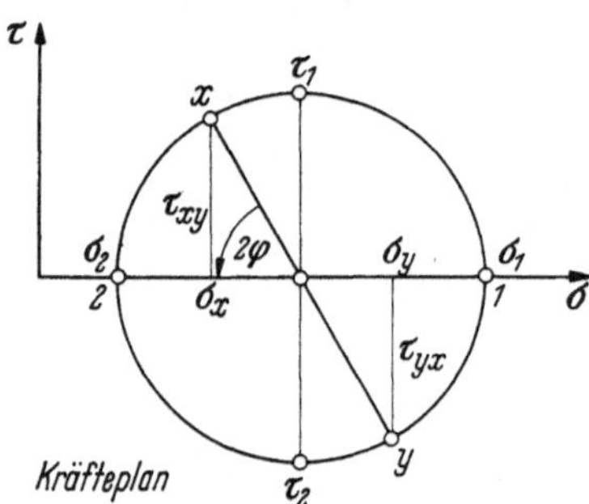

Abb. 15. Bestimmung der Hauptspannungen und -richtungen mit Hilfe des Mohrschen Kreises.

Richtung weisen) in Richtung der positiven Achsen eingetragen. Jetzt geben wir diese Vorzeichendefinition auf und wenden nun diejenige an, welche für das Arbeiten mit dem Mohrschen Kreis gültig ist. Ihr gemäß bleiben die Normalspannungen positiv, während τ_{xy} positiv und τ_{yx} negativ zu nehmen sind. Die entsprechenden Vorzeichen sind im Lageplan neben den betreffenden Größen in Klammern vermerkt worden. Für die Komponentenpaare $\sigma_x(+)$, $\tau_{xy}(+)$ und $\sigma_y(+)$, $\tau_{yx}(-)$ suchen wir im Kräfteplan (Abb. 15) die Bildpunkte x, y maßstabsgerecht auf. Ihre Verbindungslinie liefert den Durchmesser des Mohrschen Kreises und schneidet auf der σ-Achse seinen Mittelpunkt an. Also können wir den Kreis zeichnen. Er durchdringt die σ-Achse in den Bildpunkten *1* und *2* und liefert damit die gesuchten Hauptspannungen σ_1 und σ_2. Um zu den Hauptrichtungen zu kommen, lesen wir aus dem

Kräfteplan den Winkel 2φ mit seiner Orientierung ab: Diese geht entgegen dem Uhrzeigersinn vom Bildpunkt x zum Bildpunkt 2. Jetzt gehen wir zurück zum Lageplan, wo wir den Winkel φ von der x-Achse aus mit der gleichen Orientierung abtragen, wie sie der Winkel 2φ im Kräfteplan hatte. Das liefert uns die Hauptrichtung 2. Die noch fehlende Hauptrichtung 1 erhalten wir dadurch, daß wir von Hauptrichtung 2 aus mit der einmal gewählten Orientierung um $\pi/2$ weitergehen. Wir können schließlich den Lageplan dadurch ergänzen, daß wir auf den Schnittflächen, die den Hauptrichtungen entsprechen, die Hauptspannungen σ_1 und σ_2 auftragen. Dabei ist σ_1 in Hauptrichtung 1 und σ_2 in Hauptrichtung 2 einzuzeichnen. Außerdem sind es Zugspannungen, da die Bildpunkte 1 und 2 beide auf der positiven σ-Achse liegen. — Für die Abb. 14 und 15 ist der Fall zugrunde gelegt worden, daß $\sigma_x = 4\ \mathrm{kp/cm^2}$, $\sigma_y = 10\ \mathrm{kp/cm^2}$ und daß (nach der für den Spannungstensor gültigen Vorzeichendefinition) $\tau_{xy} = \tau_{yx} = -4\ \mathrm{kp/cm^2}$ seien. Dann ergibt sich φ zu $26° 34'$, und es sind $\sigma_1 = 12\ \mathrm{kp/cm^2}$, $\sigma_2 = 2\ \mathrm{kp/cm^2}$.

Bei der weiteren Aufgabe geht es darum, für gegebenen Spannungstensor

$$\bar{S} = \begin{pmatrix} \sigma_x & \tau_{xy} \\ \tau_{yx} & \sigma_y \end{pmatrix}$$

und vorgeschriebenen Schnittwinkel φ die Spannungen σ_n, τ_n in dem durch φ festgelegten Schrägschnitt zu ermitteln. Wieder seien im Sinne der Vorzeichenregelung für den Spannungstensor σ_x, σ_y positiv und $\tau_{xy} = \tau_{yx}$ negativ. Außerdem sei φ von der x-Achse zur Normalen $\bar{n}$ des Schrägschnittes hin entgegen dem Uhrzeigersinn orientiert. Diese Verhältnisse sind in Abb. 16, dem Lageplan, eingetragen. Nach der Vorzeichenfestsetzung für den Mohrschen Kreis sind dann σ_x, σ_y wieder positiv,

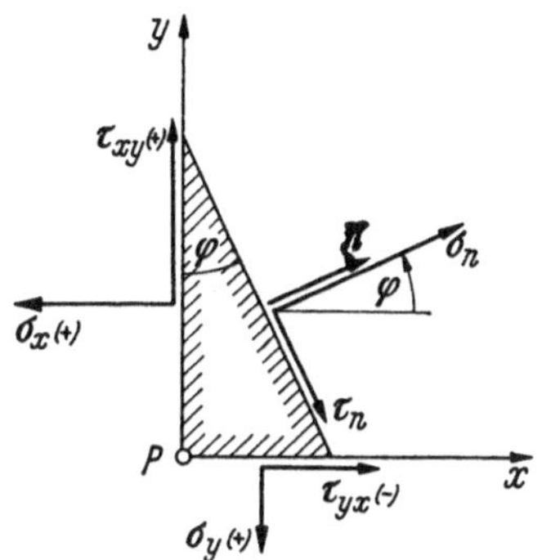

Abb. 16. Ebener Spannungszustand.

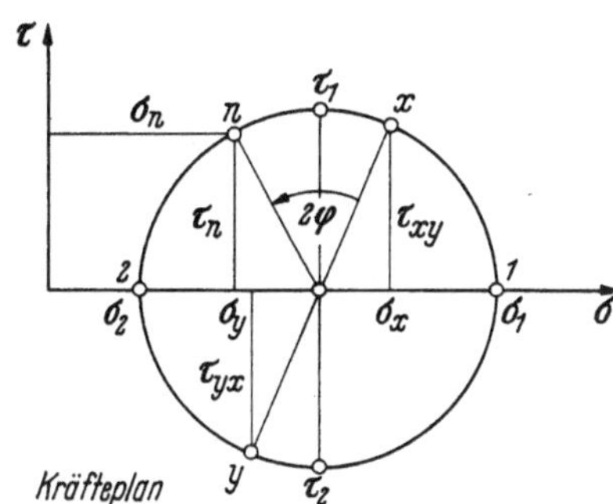

Abb. 17. Bestimmung von σ_n, τ_n im Schrägschnitt mit Hilfe des Mohrschen Kreises.

aber τ_{xy} positiv und τ_{yx} negativ. Unter Verwendung dieser neuen Vorzeichen, die im Lageplan eingeklammert stehen, werden in Abb. 17, dem Kräfteplan, die Bildpunkte x für σ_x, τ_{xy} und y für σ_y, τ_{yx} aufgesucht. Die Verbindungslinie von x, y liefert den Kreisdurchmesser und im Schnitt mit der σ-Achse den Kreismittelpunkt. Wir können daher den Kreis zeichnen. Nun gehen wir auf dem Kreis vom Bildpunkt x entgegen dem Uhrzeigersinn um 2φ zum Bildpunkt n, da entsprechend im Lageplan der Winkel φ in dieser Orientierung von der x-Richtung zur Normalenrichtung des Schrägschnittes führt. Die Koordinaten des Bildpunktes n liefern, mit dem Maßstab des Kräfteplans versehen, die gesuchten Spannungskomponenten σ_n, τ_n. Sie sind beide positiv. Schließlich werden sie nach der Vorzeichenregel für den Mohrschen Kreis in den Lageplan eingetragen: σ_n als Zugspannung an der schrägen

Schnittfläche angreifend, τ_n so gerichtet, daß das schraffierte Körperinnere, in seiner Richtung gesehen, rechts liegt.

Sowohl aus Abb. 15 als auch aus Abb. 17 kann man die Hauptschubspannungen τ_1, τ_2 entnehmen. Auf den ersten Blick hin scheinen es an der betreffenden Stelle des Körpers diejenigen mit maximalem Betrag zu sein. Das ist aber nur bedingt richtig, denn wir haben uns ja auf Schnitte beschränkt, die zur spannungsfreien Ebene senkrecht sind. Wenn wir auch Schnitte zulassen, deren Normalen

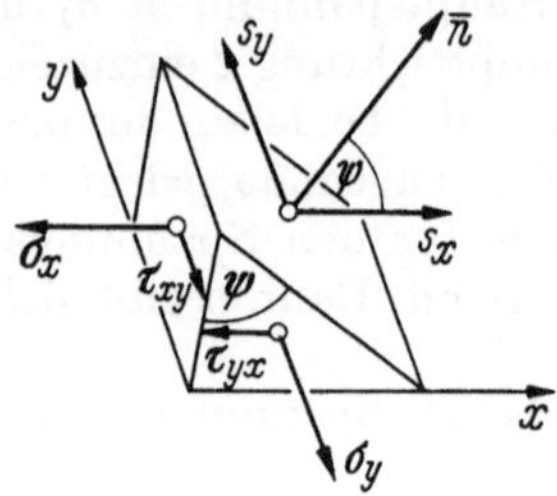

Abb. 18. Spannungen in einem zur spannungsfreien Ebene geneigten Schnitt.

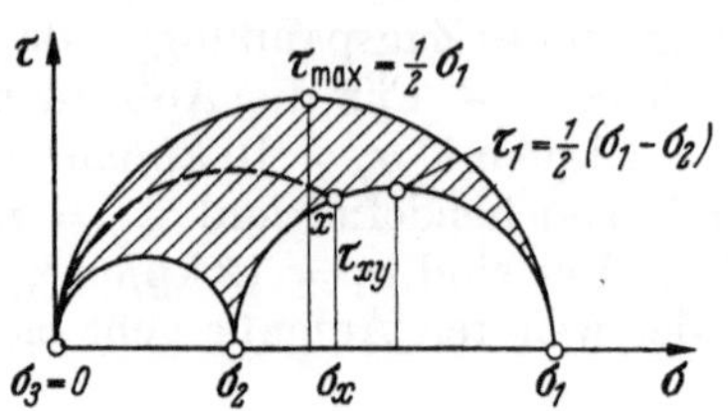

Abb. 19. Schraffiert: mögliche Spannungszustände in Schnitten, die zur spannungsfreien Ebene geneigt sind.

mit der spannungsfreien Ebene den Winkel ψ bilden (Abb. 18), so können wir zu Schubspannungsbeträgen kommen, die größer als $|\tau_1| = |\tau_2| = \frac{1}{2} |\sigma_1 - \sigma_2|$ sind.

Aus Abb. 18 lesen wir

$$\bar{n} = (n_x, n_y, n_z) = (\cos\psi, 0, \sin\psi) \tag{1.43}$$

heraus, so daß nach (1.10), (1.11) und wegen $\sigma_z = \tau_{zx} = \tau_{zy} = 0$

$$s_x = \sigma_x \cos\psi, \quad s_y = \tau_{xy} \cos\psi, \quad s_z = 0 \tag{1.44}$$

wird. Mittels (1.13), (1.43) und (1.44) finden wir

$$\sigma_n = s_x \cos\psi = \sigma_x \cos^2\psi, \tag{1.45}$$

was, in (1.15) eingesetzt, zusammen mit $s_n^2 = s_x^2 + s_y^2$ und (1.44)

$$\tau_n = \sqrt{s_x^2 + s_y^2 - s_x^2 \cos^2\psi} = \sqrt{s_x^2 \sin^2\psi + s_y^2} = \cos\psi \sqrt{\sigma_x^2 \sin^2\psi + \tau_{xy}^2} \tag{1.46}$$

ergibt.

Aus (1.45), (1.46) kann man die Beziehung

$$\sigma_n^2 - \frac{\sigma_x^2 + \tau_{xy}^2}{\sigma_x} \sigma_n + \tau_n^2 = 0 \tag{1.47}$$

herleiten. Sie läßt sich in der σ, τ-Ebene als Kreis durch den Nullpunkt und den auf dem Mohrschen Kreis liegenden Bildpunkt x, der zum Komponentenpaar σ_x, τ_{xy} gehört, auffassen. In Abb. 19 ist dieser Kreis gestrichelt gezeichnet. Variiert man im Bezugspunkt P den Winkel ψ, so erhält man nacheinander die verschiedenen Bildpunkte für die Komponentenpaare σ_n, τ_n und damit diesen Kreis als ihren geometrischen Ort. Dreht man in P dagegen das x, y-Kreuz, so wandert der Bildpunkt x auf dem Mohrschen; durch die Bildpunkte von σ_1, σ_2 gehenden Kreis. Durch dieses Wandern von x erhält man aber eine ganze Schar von gestrichelten Kreisen, die schließlich das schraffierte Kreisdreieck der Abb. 19 überdecken. Dieses Gebiet ist der geometrische Ort für die Bildpunkte aller möglichen Spannungskomponentenpaare des ebenen Spannungszustandes in P. Solange man nur Schnitte durch P führt, die senkrecht zur spannungsfreien Ebene sind, erhält man Komponentenpaare σ_n, τ_n, deren Bildpunkte auf dem durch die Bildpunkte von σ_1, σ_2 gehenden Mohrschen Kreis, also am Rande des schraffierten Gebietes liegen. Sobald man auch Schnitte zuläßt, deren Normalen schräg zur spannungsfreien Ebene gerichtet sind, wandern die Bildpunkte in das schraffierte Gebiet hinein. Man sieht leicht, daß es dann den Bildpunkt für das Paar $\sigma_n = \sigma_1/2$, $\tau_{\max} = \sigma_1/2$ gibt, welchem die größtmögliche Schubspannung entspricht. Offensichtlich ist· dieses $\tau_{\max} > \tau_1$. Daraus folgt, wie schon behauptet, daß die Hauptschubspannungen τ_1, τ_2 also nur unter der Voraussetzung, daß man sich auf Schnitte senkrecht zur spannungsfreien Ebene beschränkt, die größten Schubspannungsbeträge haben. Im allgemeinsten Fall gilt für die größten Beträge an Normal- und Schubspannungen beim ebenen Spannungszustand in P:

$$|\sigma|_{\max} = \mathrm{Max}\,(|\sigma_1|,\,|\sigma_2|),$$
$$|\tau|_{\max} = \tfrac{1}{2}\mathrm{Max}\,(|\sigma_1 - \sigma_2|,\,|\sigma_1|,\,|\sigma_2|). \tag{1.48}$$

Die Richtigkeit dieser Formeln überlegt man sich leicht für die verschiedenen Lagen, die für die ausgezogenen Grenzkreise des schraffierten Gebietes der Abb. 19 möglich sind. Denn in dieser Abbildung ist natürlich nur einer, wenn auch möglichst allgemeiner Fall dargestellt worden.

Aus Abb. 19 entnimmt man übrigens noch, wie man im Fall des nichtebenen, d. h. des sogenannten *räumlichen Spannungszustandes*, graphisch vorzugehen hat. Er ist der allgemeinste Fall, denn für ihn sind alle drei Hauptspannungen, also auch

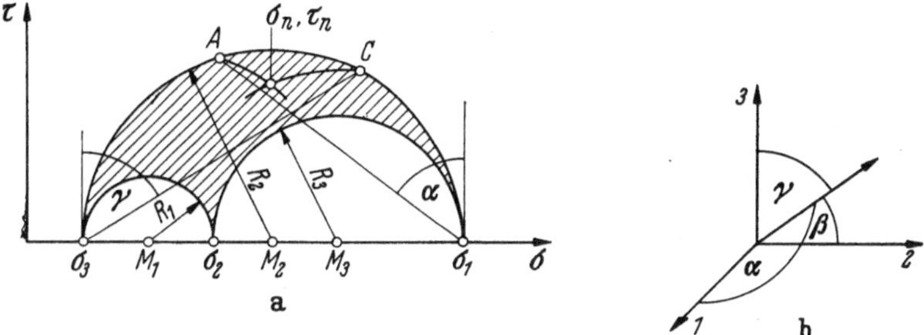

Abb. 20. Mohrsche Kreise für den räumlichen Spannungszustand.

σ_3, von Null verschieden, während beim ebenen Spannungszustand ja gerade $\sigma_3 = 0$ war. Man braucht das Kreisdreieck der Abb. 19 daher nur mit dem Bildpunkt für σ_3 aus dem Nullpunkt herauszurücken, um den räumlichen Spannungszustand zu erfassen. Das ist in Abb. 20a gezeigt. Bei ihr findet man drei Mohrsche Kreise: den Hauptkreis durch σ_1, σ_3 um den Mittelpunkt M_2, der bei $(\sigma_1 + \sigma_3)/2$ auf der σ-Achse liegt, sowie die Nebenkreise durch σ_1, σ_2 um M_3 bei $(\sigma_1 + \sigma_2)/2$ und durch σ_2, σ_3 um M_1 bei $(\sigma_2 + \sigma_3)/2$. Sie grenzen den schraffierten Bereich der Bildpunkte aller möglichen Spannungszustände, die im Bezugspunkt auftreten können, ab. Man suche z. B. die Werte von σ_n, τ_n auf einer Schnittfläche im Bezugspunkt, deren Normale $\bar{n}$, wie Abb. 20b zeigt, die Winkel α, β, γ mit den Hauptrichtungen *1, 2, 3* des Bezugspunktes bildet. Man trägt dazu in Abb. 20a von der Normalen durch σ_3 den Winkel γ und von der Normalen durch σ_1 den Winkel α ab. Die freien Winkelschenkel schneiden den Hauptkreis in den Punkten C bzw. A an. Durch diese Punkte zeichnet man Kreise, die zu den Nebenkreisen konzentrisch sind. Sie schneiden sich im Bildpunkt des gesuchten Spannungskomponentenpaars.

Für den Sonderfall des ebenen Spannungszustandes ist $\sigma_3 = 0$ und $\gamma = \pi/2$ zu nehmen und ganz entsprechend die soeben geschilderte Konstruktion durchzuführen.

Man sieht das in Abb. 21 angedeutet und erkennt aus ihr, daß man leicht die Übereinstimmung mit der in den Abb. 12 und 13 geschilderten Konstruktion finden kann.

Eine genaue Begründung für das Arbeiten mit den drei Mohrschen Kreisen und das hier nur skizzierte Vorgehen beim räumlichen Spannungszustand findet man

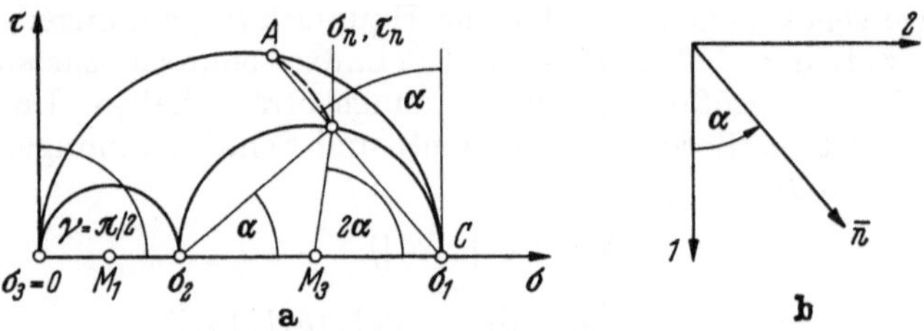

Abb. 21. Mohrsche Kreise für den ebenen Spannungszustand.

bei H. LEIPHOLZ [4]. Es sei nur noch so viel gesagt, daß für den räumlichen Fall an Stelle von (1.48)

$$|\sigma|_{\max} = \operatorname{Max}(|\sigma_1|, |\sigma_2|, |\sigma_3|),$$
$$|\tau|_{\max} = \tfrac{1}{2}\operatorname{Max}(|\sigma_1 - \sigma_2|, |\sigma_2 - \sigma_3|, |\sigma_3 - \sigma_1|) \tag{1.49}$$

gilt, was man aus Abb. 20a für die verschiedenen möglichen Lagen der Bildpunkte von σ_1, σ_2 und σ_3 herauslesen kann.

1.3 Der Verzerrungszustand

Unter der Einwirkung eines Kräftesystems erleidet ein fester, aber deformierbarer Körper eine Verformung. Dabei erfahren die Punkte des Körpers *Verschiebungen*. Wir betrachten z. B. die nahe beieinander liegenden Punkte A und B (Abb. 22), die vom Ursprung 0 aus durch die Radiusvektoren $\bar{r}$ und $\bar{r} + \mathrm{d}\bar{r}$ festgelegt sind. Durch die Verformung des Körpers verschiebt sich A um $\bar{v}_A$ nach A' und B um $\bar{v}_B$ nach B'. Man liest aus der Abb. 22 den Zusammenhang

$$\bar{v}_B = \bar{v}_A + \mathrm{d}\bar{v}_A \tag{1.50}$$

ab und kann dann für (1.50)

$$\bar{v}_B = \bar{v}_A + \frac{\partial \bar{v}}{\partial x}\mathrm{d}x + \frac{\partial \bar{v}}{\partial y}\mathrm{d}y + \frac{\partial \bar{v}}{\partial z}\mathrm{d}z \tag{1.51}$$

setzen. Vor der Verformung war B von A um $\mathrm{d}\bar{r}$ entfernt. Nach der Verformung führt aber der Vektor $\mathrm{d}\bar{r}'$ von A zu B'. Aus Abb. 22 liest man

$$\mathrm{d}\bar{r}' = \mathrm{d}\bar{r} + \bar{v}_B$$

heraus, und wegen (1.51) ist das

$$\mathrm{d}\bar{r}' = \mathrm{d}\bar{r} + \bar{v}_A + \frac{\partial \bar{v}}{\partial x}\mathrm{d}x + \frac{\partial \bar{v}}{\partial y}\mathrm{d}y + \frac{\partial \bar{v}}{\partial z}\mathrm{d}z.$$

In Komponenten geschrieben führt diese Vektorgleichung mit $\mathrm{d}\bar{r} = (\mathrm{d}x, \mathrm{d}y, \mathrm{d}z)$, $\mathrm{d}\bar{r}' = (\mathrm{d}x', \mathrm{d}y', \mathrm{d}z')$ und $\bar{v} = (u, v, w)$ auf das Gleichungssystem

$$\mathrm{d}x' = u_A + \left(1 + \frac{\partial u}{\partial x}\right)\mathrm{d}x + \frac{\partial u}{\partial y}\mathrm{d}y + \frac{\partial u}{\partial z}\mathrm{d}z,$$
$$\mathrm{d}y' = v_A + \frac{\partial v}{\partial x}\mathrm{d}x + \left(1 + \frac{\partial v}{\partial y}\right)\mathrm{d}y + \frac{\partial v}{\partial z}\mathrm{d}z, \tag{1.52}$$
$$\mathrm{d}z' = w_A + \frac{\partial w}{\partial x}\mathrm{d}x + \frac{\partial w}{\partial y}\mathrm{d}y + \left(1 + \frac{\partial w}{\partial z}\right)\mathrm{d}z.$$

Die Gln. (1.52) zeigen, daß in der unmittelbaren Umgebung des Punktes A der verformte Körper das affine Abbild des unverformten Körpers ist, d. h. aber, daß bei der Verformung Geraden sowie Ebenen wieder in solche übergehen und daß die Parallelität erhalten bleibt. Untersucht man an Hand von Abb. 23 näher, worin die affine Abbildung, welche die Verformung des Körpers beschreibt, eigentlich besteht, so findet man, daß sie sich in eine *Translation*, in eine *Rotation* und in eine *Verzerrung* zerlegen läßt. Wir können demzufolge behaupten, daß die Verformung sich aus einer *Starrkörperbewegung* (Translation und Rotation) und einer Verzerrung zusammensetzt. Da nur die letztere für den deformierbaren Körper typisch ist, werden wir uns im folgenden mit ihr allein beschäftigen.

Um die Verzerrung des Körpers in der Umgebung eines Bezugspunktes P erfassen zu können, denken wir uns in P einen infinitesimalen Quader mit den Kanten $\mathrm{d}x, \mathrm{d}y, \mathrm{d}z$ (Abb. 24) herausgeschnitten. Wir wissen bereits, daß die Verzerrung

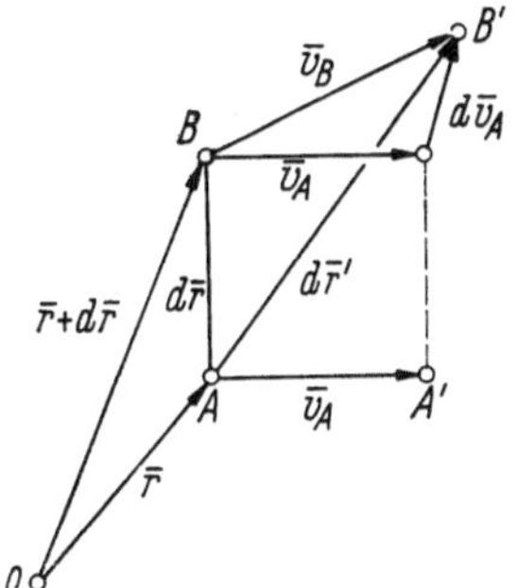

Abb. 22. Verschiebungen.

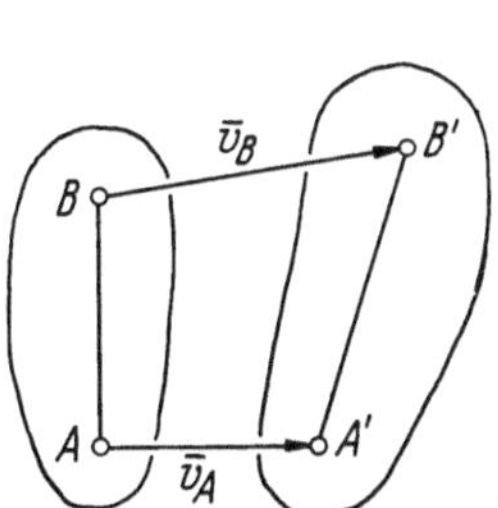

Abb. 23. Verzerrungszustand.

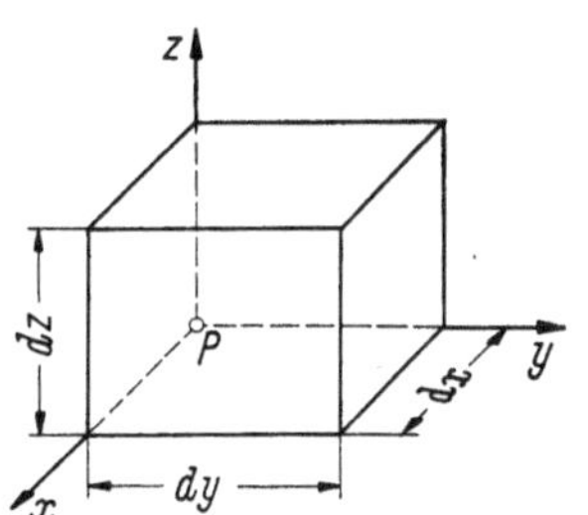

Abb. 24
Elementarquader, unverzerrt.

affin ist, daß also Geraden, Ebenen und Parallelität erhalten bleiben. Deshalb kann der Quader durch sie in nichts anderes als in ein Parallelepiped übergehen (Abb. 25). Aus den Kanten $\mathrm{d}x, \mathrm{d}y, \mathrm{d}z$ des Quaders sind dabei die Kanten $\mathrm{d}x', \mathrm{d}y', \mathrm{d}z'$ des Parallelepipedes und aus den ursprünglich rechten Winkeln zwischen den Kanten des Quaders die Winkel $\psi_{xy}, \psi_{yz}, \psi_{zx}$ zwischen den Kanten des Parallelepipedes geworden. Die Verzerrung wird demnach durch die drei *Dehnungen*

$$\varepsilon_x = \frac{\mathrm{d}x' - \mathrm{d}x}{\mathrm{d}x}, \qquad \varepsilon_y = \frac{\mathrm{d}y' - \mathrm{d}y}{\mathrm{d}y}, \qquad \varepsilon_z = \frac{\mathrm{d}z' - \mathrm{d}z}{\mathrm{d}z} \tag{1.53}$$

und die drei *Gleitungen*

$$\gamma_{xy} = \frac{\pi}{2} - \psi_{xy}, \qquad \gamma_{yz} = \frac{\pi}{2} - \psi_{yz}, \qquad \gamma_{zx} = \frac{\pi}{2} - \psi_{zx} \tag{1.54}$$

erfaßt. Diese sechs Verzerrungskomponenten stehen mit den Verschiebungskomponenten u, v, w in einem Zusammenhang, den man aus Abb. 26 herauslesen kann. Man entnimmt ihr, daß

$$\varepsilon_x = \frac{\mathrm{d}x' - \mathrm{d}x}{\mathrm{d}x} = \frac{\left[\mathrm{d}x + \left(u + \frac{\partial u}{\partial x}\mathrm{d}x\right) - u\right] - \mathrm{d}x}{\mathrm{d}x} = \frac{\partial u}{\partial x} \tag{1.55}$$

ist. Entsprechend findet man für die anderen beiden Dehnungen

$$\varepsilon_y = \frac{\partial v}{\partial y}, \qquad \varepsilon_z = \frac{\partial w}{\partial z}. \tag{1.56}$$

Wieder der Abb. 26 entnimmt man, daß

$$\gamma_{xy} = \frac{\pi}{2} - \psi_{xy} = \alpha + \beta = \frac{\left(v + \frac{\partial v}{\partial x}\,dx\right) - v}{dx} + \frac{\left(u + \frac{\partial u}{\partial y}\,dy\right) - u}{\partial y} = \frac{\partial v}{\partial x} + \frac{\partial u}{\partial y} \quad (1.57)$$

ist, und entsprechend gilt für die übrigen Gleitungen

$$\gamma_{yz} = \frac{\partial w}{\partial y} + \frac{\partial v}{\partial z}, \quad \gamma_{zx} = \frac{\partial u}{\partial z} + \frac{\partial w}{\partial x}. \quad (1.58)$$

Es ist üblich, statt der Gleitungen mit den Größen

$$\varepsilon_{xy} = \frac{1}{2}\left(\frac{\partial v}{\partial x} + \frac{\partial u}{\partial y}\right), \quad \varepsilon_{yz} = \frac{1}{2}\left(\frac{\partial w}{\partial y} + \frac{\partial v}{\partial z}\right), \quad \varepsilon_{zx} = \frac{1}{2}\left(\frac{\partial u}{\partial z} + \frac{\partial w}{\partial x}\right) \quad (1.59)$$

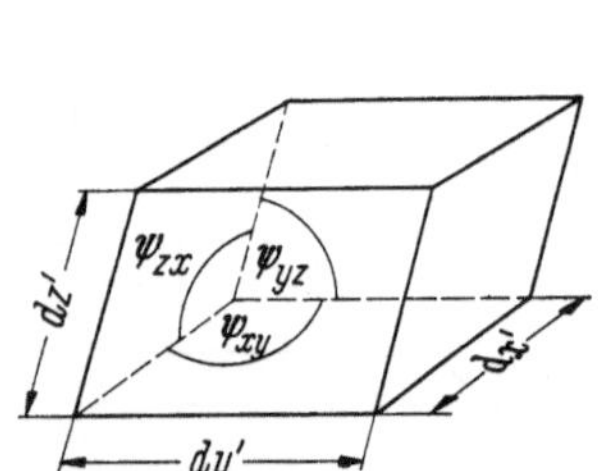

Abb. 25. Elementarquader, verzerrt.

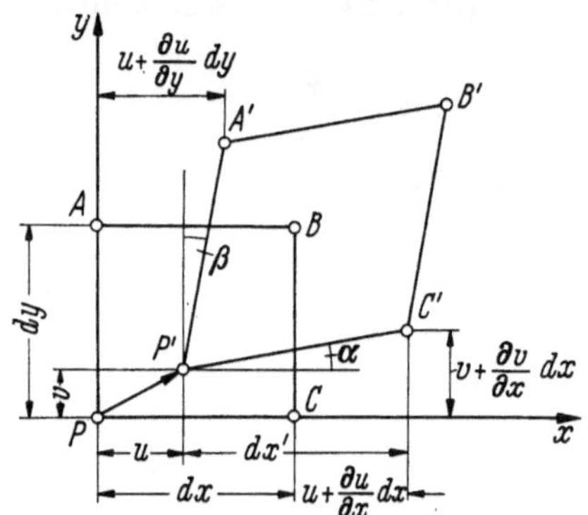

Abb. 26. Grundriß des verzerrten Elementarquaders.

zu arbeiten. Das hat den Vorteil, daß man sie zusammen mit den Dehnungen zum *Verzerrungstensor*

$$\mathcal{V} = \begin{pmatrix} \varepsilon_x & \varepsilon_{xy} & \varepsilon_{xz} \\ \varepsilon_{yx} & \varepsilon_y & \varepsilon_{yz} \\ \varepsilon_{zx} & \varepsilon_{zy} & \varepsilon_z \end{pmatrix} \quad (1.60)$$

zusammenfassen kann, der symmetrisch ist. Man erkennt nämlich unmittelbar, daß

$$\varepsilon_{xy} = \varepsilon_{yx}, \quad \varepsilon_{yz} = \varepsilon_{zy}, \quad \varepsilon_{zx} = \varepsilon_{xz} \quad (1.61)$$

gilt.

Ebenso wie man den Spannungstensor zur Beschreibung des Spannungszustandes in der Umgebung des Bezugspunktes P benutzt, dient der Verzerrungstensor zur Beschreibung des Verzerrungszustandes in P. Formal verhält er sich genauso wie der Spannungstensor, und man kann die in Abschn. 1.2 für den Tensor $\bar{S}$ angegebenen Operationen unmittelbar für den Tensor $\mathcal{V}$ übernehmen. Insbesondere erhält man die *Hauptdehnungen* ε_i, $i = 1, 2, 3$, aus der (1.20) entsprechenden Bedingung

$$\begin{vmatrix} \varepsilon_x - \varepsilon_i & \varepsilon_{yx} & \varepsilon_{zx} \\ \varepsilon_{xy} & \varepsilon_y - \varepsilon_i & \varepsilon_{zy} \\ \varepsilon_{xz} & \varepsilon_{yz} & \varepsilon_z - \varepsilon_i \end{vmatrix} = 0. \quad (1.62)$$

Sie führt auf die *charakteristische Gleichung*

$$\varepsilon_i^3 - J_{1V}\,\varepsilon_i^2 + J_{2V}\,\varepsilon_i - J_{3V} = 0 \quad (1.63)$$

mit den *Invarianten*

$$J_{1V} = \varepsilon_x + \varepsilon_y + \varepsilon_z = \varepsilon_1 + \varepsilon_2 + \varepsilon_3,$$

$$J_{2V} = \varepsilon_x \varepsilon_y + \varepsilon_y \varepsilon_z + \varepsilon_z \varepsilon_x - \varepsilon_{xy}^2 - \varepsilon_{yz}^2 - \varepsilon_{zx}^2 = \varepsilon_1 \varepsilon_2 + \varepsilon_2 \varepsilon_3 + \varepsilon_3 \varepsilon_1, \quad (1.64)$$

$$J_{3V} = \varepsilon_x \varepsilon_y \varepsilon_z - \varepsilon_x \varepsilon_{yz}^2 - \varepsilon_y \varepsilon_{zx}^2 - \varepsilon_z \varepsilon_{xy}^2 + 2\varepsilon_{xy} \varepsilon_{yz} \varepsilon_{zx} = \varepsilon_1 \varepsilon_2 \varepsilon_3,$$

was ganz analog zu (1.21), (1.22) und (1.23) ist. Man sieht daraus, daß sich alles das für $\bar{S}$ Geltende auf $\bar{V}$ übertragen läßt, wenn man statt der Normalspannungen σ_x usw. die Dehnungen ε_x usw., statt der Tangentialspannungen τ_{xy} usw. die halben Gleitungen ε_{xy} usw. und statt der Hauptspannungen σ_1 usw. die Hauptdehnungen ε_1 usw. setzt.

Man könnte demnach auch entsprechend zu (1.24) aus dem Gleichungssystem

$$\left.\begin{aligned}
(\varepsilon_x - \varepsilon_i)\, n_x^{(i)} + \varepsilon_{yx}\, n_y^{(i)} + \tau_{zx}\, n_z^{(i)} &= 0, \\
\varepsilon_{xy}\, n_x^{(i)} + (\varepsilon_y - \varepsilon_i)\, n_y^{(i)} + \varepsilon_{zy}\, n_z^{(i)} &= 0, \\
\varepsilon_{xz}\, n_x^{(i)} + \varepsilon_{yz}\, n_y^{(i)} + (\varepsilon_z - \varepsilon_i)\, n_z^{(i)} &= 0, \\
n_x^{(i)2} + n_y^{(i)2} + n_z^{(i)2} &= 1,
\end{aligned}\right\} \quad i = 1, 2, 3 \qquad (1.65)$$

die Hauptrichtungen $\bar{n}^{(1)}, \bar{n}^{(2)}, \bar{n}^{(3)}$ des Verzerrungstensors berechnen. Das erübrigt sich in der Praxis aber meist. Denn für einen jeden Bezugspunkt P steht der zu P gehörende Verzerrungstensor mit dem zu P gehörenden Spannungstensor in Beziehung. Über diese Verknüpfung von $\bar{V}$ mit $\bar{S}$ werden wir an anderer Stelle noch ausführlich hören. Hier sei nur so viel vorweg genommen, daß für *homogenes, isotropes* Material, welches sich in jedem beliebigen Punkt und nach allen Richtungen hin gleichartig verhält, und das wir im folgenden stets als gegeben annehmen werden, der Verzerrungstensor $\bar{V}$ und der mit ihm verknüpfte Spannungstensor $\bar{S}$ die gleichen Hauptrichtungen haben. Man sagt: *Für homogenes, isotropes Material sind die für den gleichen Bezugspunkt genommenen Tensoren $\bar{S}$ und $\bar{V}$ koaxial.* Wenn dem so ist, und wenn man die Hauptrichtungen für $\bar{S}$ nach (1.24) bereits berechnet hat, braucht man (1.65) für $\bar{V}$ also nicht mehr zu lösen, sondern kann wegen der Koaxialität der Tensoren die schon für $\bar{S}$ bekannten Hauptrichtungen für $\bar{V}$ übernehmen.

Als Sonderfall haben wir hier den *ebenen Verzerrungszustand* mit $\varepsilon_z = \varepsilon_{xz} = \varepsilon_{yz} = 0$. Der Verzerrungstensor hat dann die Form

$$\bar{V} = \begin{pmatrix} \varepsilon_x & \varepsilon_{xy} & 0 \\ \varepsilon_{yx} & \varepsilon_y & 0 \\ 0 & 0 & 0 \end{pmatrix},$$

wofür man auch einfach

$$\bar{V} = \begin{pmatrix} \varepsilon_x & \varepsilon_{xy} \\ \varepsilon_{yx} & \varepsilon_y \end{pmatrix}$$

schreibt. Eine graphische Behandlung dieses Zustandes kann analog zu der in Abschn. 1.2 für den ebenen Spannungszustand gegebenen mit Hilfe des *Mohrschen Verzerrungskreises* vorgenommen werden. Das ist deshalb möglich, weil das Mohrsche Verfahren ganz allgemein für den symmetrischen Tensor 2. Stufe anwendbar ist.

Das Arbeiten mit dem Mohrschen Verzerrungskreis wollen wir an Hand einer typischen Grundaufgabe kennenlernen: Es seien für drei Richtungen, die mit der x-Achse die Winkel α, β, γ bilden (Abb. 27), in einem Bezugspunkt P die Dehnungen $\varepsilon_\alpha, \varepsilon_\beta, \varepsilon_\gamma$ gemessen worden. Auf Grund dieser Daten sollen die Hauptdehnungen $\varepsilon_1, \varepsilon_2$ und die zugehörigen Hauptrichtungen des Verzerrungstensors ermittelt werden.

Wir zeichnen dazu im „Verzerrungsplan" (Abb. 28) die $\gamma/2$-Achse auf und tragen in den Abständen von ε_α, ε_β, ε_γ die Parallelen zu ihr ein. Auf der mittleren Parallelen nehmen wir den beliebigen Punkt P an und tragen von ihm aus die Winkel $\beta-\alpha$ und $\gamma-\beta$ in der gleichen Orientierung ab, wie man im Lageplan (Abb. 27) von der β-Richtung zur α- bzw. γ-Richtung kommt. Die freien Winkelschenkel schneiden die anderen beiden Parallelen in den Punkten α und γ an. Mit P, α und γ haben wir drei Punkte des Verzerrungskreises erhalten und können ihn nun zeichnen. Durch seinen Mittelpunkt M können wir sodann die ε-Achse legen, welche den Kreis in den Punkten *1* und *2* schneidet. Ihre auf der ε-Achse gemessenen Abstände von der $\gamma/2$-Achse liefern maßstäblich die gesuchten Hauptdehnungen ε_1 und ε_2. Aus dem Verzerrungsplan entnehmen wir schließlich den Winkel 2φ,

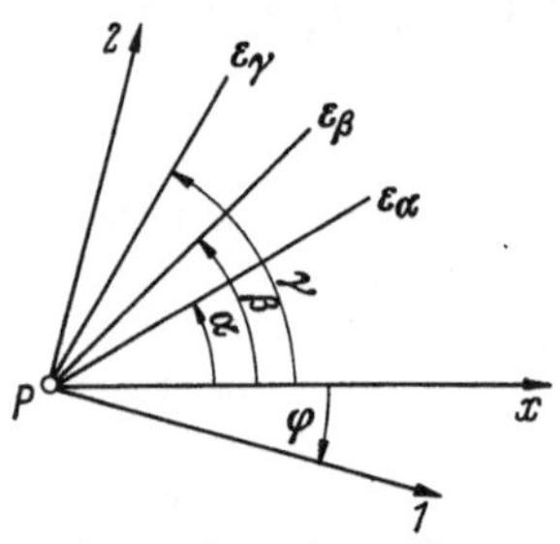

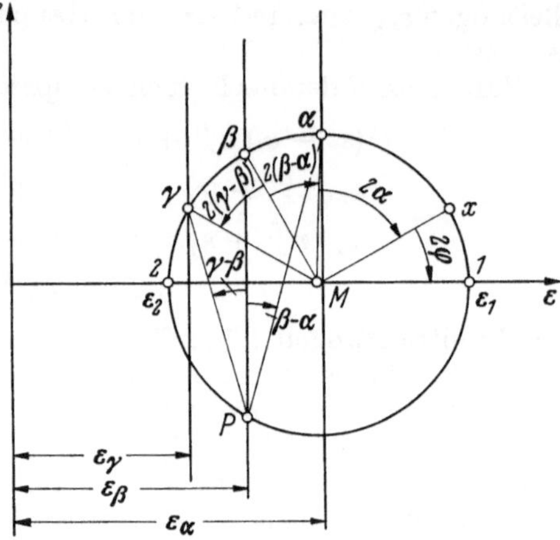

Abb. 27. Lageplan zu einem ebenen Verzerrungszustand.   Abb. 28. Verzerrungsplan.

der vom Bildpunkt x zum Bildpunkt *1* hin, also im Uhrzeigersinn, orientiert ist. Mit dieser Orientierung tragen wir im Lageplan (Abb. 27) den Winkel φ von der x-Achse aus ab und erhalten dadurch die Hauptrichtung *1*. Senkrecht dazu steht Hauptrichtung *2*. Damit sind alle gesuchten Größen und Richtungen ermittelt, und die Aufgabe ist gelöst.

Bei der Verzerrung des Körpers erleidet der in P und im unverzerrten Körper angenommene Quader mit den Kantenlängen $\mathrm{d}x$, $\mathrm{d}y$, $\mathrm{d}z$ (Abb. 24) eine *Raumdehnung* (spezifische Volumenzunahme). Sein ursprüngliches Volumen ist $\mathrm{d}V = \mathrm{d}x\,\mathrm{d}y\,\mathrm{d}z$. Aus (1.53) folgt $\mathrm{d}x' = (1+\varepsilon_x)\,\mathrm{d}x$, $\mathrm{d}y' = (1+\varepsilon_y)\,\mathrm{d}y$, $\mathrm{d}z' = (1+\varepsilon_z)\,\mathrm{d}z$. Für das Volumen des aus dem Quader durch Verzerrung hervorgegangenen Parallelepipeds gilt daher genau genug $\mathrm{d}V' = \mathrm{d}x'\,\mathrm{d}y'\,\mathrm{d}z' = (1+\varepsilon_x)(1+\varepsilon_y)(1+\varepsilon_z)\,\mathrm{d}x\,\mathrm{d}y\,\mathrm{d}z$. Wegen der Kleinheit der Dehnungen können ihre Produkte vernachlässigt werden, was zu

$$\mathrm{d}V' = (1 + \varepsilon_x + \varepsilon_y + \varepsilon_z)\,\mathrm{d}x\,\mathrm{d}y\,\mathrm{d}z = (1 + \varepsilon_x + \varepsilon_y + \varepsilon_z)\,\mathrm{d}V \tag{1.66}$$

führt. Setzen wir für die Raumdehnung die Definition

$$\Theta = \frac{\mathrm{d}V' - \mathrm{d}V}{\mathrm{d}V} \tag{1.67}$$

an, so erhalten wir daraus wegen (1.66)

$$\Theta = \varepsilon_x + \varepsilon_y + \varepsilon_z. \tag{1.68}$$

Die Raumdehnung ist also gleich der Invarianten J_{1V} oder, wie man auch sagt, gleich der *Spur* des Verzerrungstensors, wobei die Spur eines Tensors die Summe seiner Diagonalglieder ist.

Ist durch die Angabe der Verzerrungen der Verzerrungszustand eines Körpers bekannt, so erhält man über die Gln. (1.55), (1.56) und (1.59) die Verschiebungskomponenten u, v, w aus den Verzerrungen durch Integration. Die physikalische Wirklichkeit verlangt aber, daß die Verschiebungen stetige, eindeutige Funktionen des Ortes sind, denn das Material darf durch die Verformung keine Lücken, Sprünge oder Überschiebungen erfahren. Das ist nur gewährleistet, wenn die Verzerrungen die sogenannten *Kompatibilitätsbedingungen*

$$\frac{\partial^2 \varepsilon_x}{\partial y^2} + \frac{\partial^2 \varepsilon_y}{\partial x^2} = 2 \frac{\partial^2 \varepsilon_{xy}}{\partial x \, \partial y}, \qquad \frac{\partial^2 \varepsilon_x}{\partial y \, \partial z} = \frac{\partial}{\partial x} \left(- \frac{\partial \varepsilon_{yz}}{\partial x} + \frac{\partial \varepsilon_{xz}}{\partial y} + \frac{\partial \varepsilon_{xy}}{\partial z} \right),$$

$$\frac{\partial^2 \varepsilon_y}{\partial z^2} + \frac{\partial^2 \varepsilon_z}{\partial y^2} = 2 \frac{\partial^2 \varepsilon_{yz}}{\partial y \, \partial z}, \qquad \frac{\partial^2 \varepsilon_y}{\partial z \, \partial x} = \frac{\partial}{\partial y} \left(- \frac{\partial \varepsilon_{zx}}{\partial y} + \frac{\partial \varepsilon_{yx}}{\partial z} + \frac{\partial \varepsilon_{yz}}{\partial x} \right), \qquad (1.69)$$

$$\frac{\partial^2 \varepsilon_z}{\partial x^2} + \frac{\partial^2 \varepsilon_x}{\partial z^2} = 2 \frac{\partial^2 \varepsilon_{zx}}{\partial z \, \partial x}, \qquad \frac{\partial^2 \varepsilon_z}{\partial x \, \partial y} = \frac{\partial}{\partial z} \left(- \frac{\partial \varepsilon_{xy}}{\partial z} + \frac{\partial \varepsilon_{zy}}{\partial x} + \frac{\partial \varepsilon_{zx}}{\partial y} \right)$$

erfüllen. Mathematisch betrachtet sind es die *Integrabilitätsbedingungen*, welche sicherstellen, daß sich aus den partiellen Differentialgleichungen (1.55), (1.56) und (1.59) die gewünschten stetigen und eindeutigen Verschiebungen ergeben. Für den ebenen Verzerrungszustand vereinfacht sich das allgemeine Gleichungssystem (1.69) zu der einen Gleichung

$$\frac{\partial^2 \varepsilon_x}{\partial y^2} + \frac{\partial^2 \varepsilon_y}{\partial x^2} = 2 \frac{\partial^2 \varepsilon_{xy}}{\partial x \, \partial y}. \qquad (1.70)$$

Aber auch im allgemeinen Fall sind von den sechs Gln. (1.69) nur drei unabhängig.

Durch die Kompatibilitätsgleichungen wird gewährleistet, daß ein beliebig angenommener, aber ihnen genügender Verzerrungszustand auch ein physikalisch möglicher ist. Diese Tatsache haben wir im folgenden zu beachten und daher von Fall zu Fall zu prüfen, ob bei Annahmen oder Rechnungsresultaten, welche die Verzerrungen betreffen, die Bedingungen (1.69) auch erfüllt werden.

1.4 Das mechanische Verhalten der deformierbaren festen Körper

Eine Vorausberechnung, wie sie im Rahmen der Festigkeitslehre geleistet werden soll, ist nur möglich, wenn das Verhalten der Körper unter der Einwirkung ihrer Umgebung bekannt ist. Dieses zu ermitteln und zu beschreiben, ist Sache der Werkstoffkunde. Bezüglich dieser wird auf die Literatur, z. B. [3, 5—9], verwiesen, wobei der Hinweis keinen Anspruch auf Vollständigkeit erhebt. Wenn zwar in diesem Buch werkstoffkundliche Betrachtungen grundsätzlich ausgeschlossen sein sollen, so soll hier doch wenigstens ein kurzer Abriß der wesentlichsten Tatsachen gegeben werden, damit eine klare Abgrenzung der Voraussetzungen möglich ist, welche den noch folgenden Betrachtungen zugrunde gelegt sein werden.

Der äußeren Einwirkungen sind viele möglich. Ebenso sind die Effekte, mit denen ein Körper darauf antwortet, vielseitig. Es können z. B. neben denen der Deformation und des Bruches auch thermische, elektrische, magnetische, optische, chemische sein. Wir wollen uns hier aber nur mit der Einwirkung von Kräften und der daraus folgenden Verformung der festen Körper befassen, die bis zum Bruch gehen kann.

Das Verhalten der Körper wird, wenn man ingenieurmäßige Methoden anwendet, rein phänomenologisch untersucht, wobei eine Reihe von genau festgelegten Prüfverfahren mit wohldefinierten Werkstoffproben üblich sind. Es sind dies der *Zug-*, *Druck-*, *Biege-*, *Kerbschlag-*, *Dauerversuch* sowie die *Härteprüfung*.

Beim *Zugversuch* wird ein Probestab vom Querschnitt F_0 und der Länge L_0 in eine Prüfmaschine eingehängt und sein Verhalten unter wachsender Zugkraft P beobachtet. Um den Vorgang auswerten zu können, wird die *Nennspannung* $\sigma = P/F_0$ über der *Dehnung* $\varepsilon = \Delta L/L_0$ aufgetragen. Man erhält dadurch ein *Spannungs-Dehnungs-Diagramm*. Für weichen Stahl hat es etwa das in Abb. 29 gezeigte Aussehen. Man sieht demnach, daß für $0 \leqq \sigma \leqq \sigma_p$ ein linearer Zusammenhang zwischen σ und ε besteht. Er lautet

$$\sigma = E\,\varepsilon, \tag{1.71}$$

wobei E eine Materialkonstante mit der Dimension [kp/cm²] ist, welche man *Elastizitätsmodul* oder *Youngschen Modul* nennt. Das Gesetz (1.71) nennt man nach

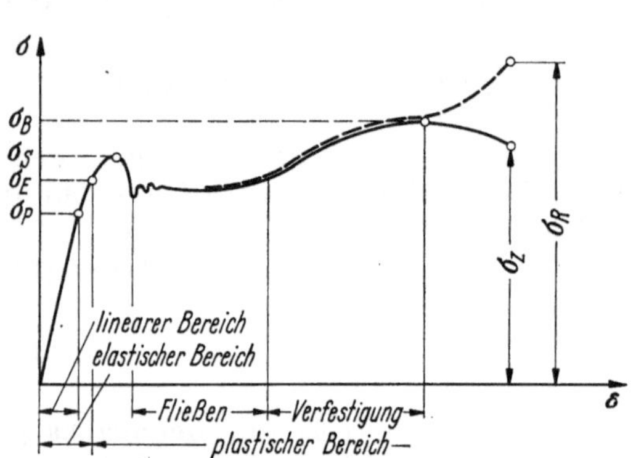

Abb. 29. Spannungs-Dehnungs-Diagramm.

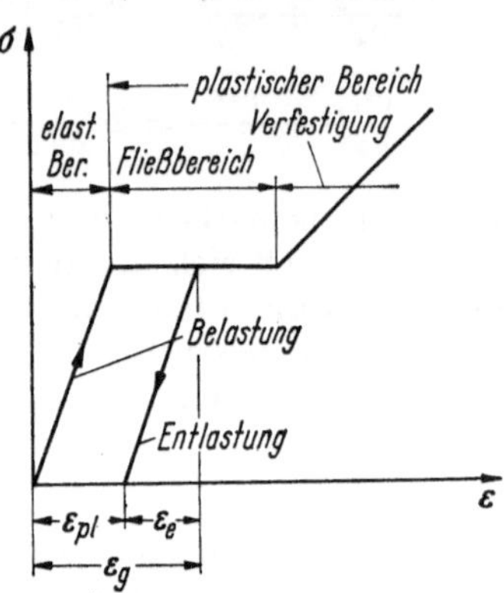

Abb. 30.   Spannungs-Dehnungs-Diagramm, schematisch dargestellt.

seinem Begründer *Hookesches Gesetz*. Die Grenzspannung σ_p heißt *Proportionalitätsgrenze*. Sie begrenzt den Gültigkeitsbereich des Hookeschen Gesetzes. Oberhalb von σ_p ist die Abhängigkeit σ von ε nichtlinear, aber sie ist noch elastisch, d. h., die infolge der Belastung aufgetretenen Dehnungen des Probestabs gehen nach seiner Entlastung wieder vollkommen zurück. Der elastische Bereich wird durch die *Elastizitätsgrenze* σ_E begrenzt. Aus meßtechnischen Gründen legt man sie bei $\sigma_{0,01}$ bzw. $\sigma_{0,005}$ fest. Das sind die Spannungen, bei denen die *bleibende Dehnung* ε_{pl} (s. Abb. 30) erst 0,01% bzw. 0,005% beträgt. Schließlich gelangen wir zur *Streckgrenze* σ_S. Bei dieser tritt eine merkliche bleibende Dehnung auf, und es setzt bald darauf *Fließen* des Materials ein. Häufig ist die Streckgrenze wegen der bei ihr auftretenden Unstetigkeit des Spannungs-Dehnungs-Diagramms deutlich zu erkennen, sehr oft, z. B. bei hochfestem Stahl, aber auch nicht. Dann setzt man an die Stelle der Streckgrenze die *0,2-Dehngrenze*. Sie liegt bei $\sigma_{0,2}$, das ist eine Spannung, für welche die bleibende Dehnung schon 0,2% der Gesamtdehnung beträgt. An den *elastischen Bereich* schließt der *plastische Bereich* an. Er ist durch die beiden Phänomene des Fließens und der *Verfestigung* und besonders durch die Tatsache ausgezeichnet, daß nach der Entlastung eine bleibende Dehnung gemessen werden kann, weil die *Gesamtdehnung* ε_g nur um die *elastische Dehnung* ε_e abgenommen hat. In Abb. 30 sind diese Gegebenheiten noch einmal schematisch aufgezeichnet. Daß bei der Entlastung der Zusammenhang zwischen σ und ε wieder linear ist, genau wie bei der Belastung im Bereich des Hookeschen Gesetzes und sogar mit der gleichen Proportionalitätskonstanten E, entspricht allerdings vollkommen den physikalischen Tatsachen.

Nun wieder zurück zur Abb. 29: Nach Einsetzen der Verfestigung erreicht das Spannungs-Dehnungs-Diagramm ein Maximum. Die dadurch festgelegte Spannung $\sigma_B = P_{\max}/F_0$ wird als *Zugfestigkeit* bezeichnet. Anschließend beginnt der Stab sich nämlich örtlich stark einzuschnüren und zerreißt bald. Die merkwürdige Tatsache, daß die σ, ε-Kurve nach dem zu σ_B gehörenden Bildpunkt wieder abfällt, hat keine physikalische Bedeutung, sondern erklärt sich nur daraus, daß wir bisher mit der Nennspannung gearbeitet haben. Nehmen wir statt dessen die *effektive Spannung* $\sigma_{\mathrm{eff}} = P/F$, die auf den tatsächlichen Querschnitt F des Stabes und nicht auf den ursprünglichen F_0 bezogen ist, so steigt die σ, ε-Kurve weiterhin an (in Abb. 29 gestrichelt), bis der Stab im Einschnürquerschnitt zerreißt. Die im Augenblick des Bruches auf den Bruchquerschnitt bezogene Spannung ist die *Reißfestigkeit* σ_R.

Wenn man andere Werkstoffe als Stahl, insbesondere als weichen Stahl, wie wir ihn zugrunde gelegt haben, dem Zugversuch unterwirft, wird man andere Diagramme erhalten. Zum Bei-

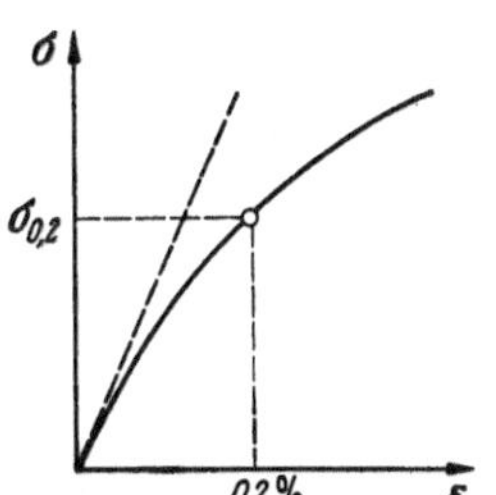

Abb. 31. Spannungs-Dehnungs-Diagramm mit 0,2-Dehngrenze statt fehlender Streckgrenze.

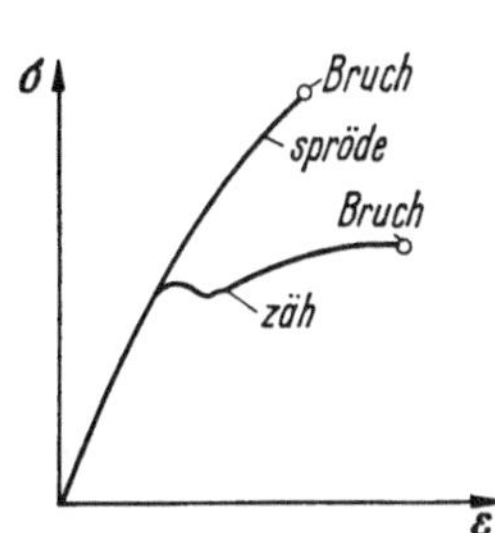

Abb. 32. Unterschiedliche Spannungs-Dehnungs-Diagramme bei zähen und spröden Werkstoffen.

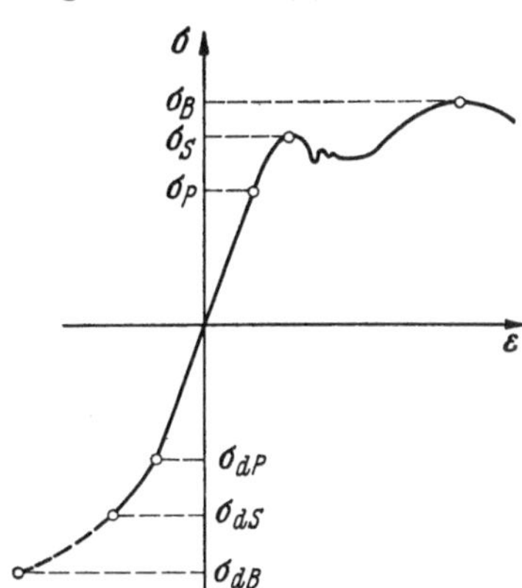

Abb. 33. Spannungs-Dehnungs-Diagramm mit Fortsetzung im Druckbereich.

spiel für Kupfer oder Aluminium ist die σ, ε-Kurve von Anbeginn nichtlinear, und es ist auch keine ausgeprägte Streckgrenze vorhanden.

In großen Zügen kann man durch Gegenüberstellung der typischen σ, ε-Kurven (Abb. 32) zwei Arten von Materialien erkennen: die *spröden* und die *zähen*. Bei den spröden Materialien ist keine Streckgrenze, kein Fließen und keine Verfestigung vorhanden. Der Körper zerreißt ohne vorangehende plastische Verformung plötzlich im *Sprödbruch*. Bei den zähen Materialien geht der Körper erst nach Fließen und Verfestigung, also plastischer Verformung, in den Bruchzustand über. Man spricht bei ihm daher von *Fließbruch*.

Beim *Druckversuch* verhält sich der Körper zunächst in gleicher Weise elastisch wie beim Zugversuch. Das hat zur Folge, daß die σ, ε-Kurve in Abb. 33 geradlinig und ohne Knick aus dem Zugbereich in den Druckbereich hinein verläuft. Das Hookesche Gesetz (1.71) gilt also auch für Druck. Sein Gültigkeitsbereich ist durch σ_{dP} begrenzt, einer Spannung, die etwa den gleichen Betrag wie σ_P, die Proportionalitätsgrenze, hat. Der Fließbereich beginnt mit σ_{dS}, der *Quetschgrenze*, die der Streckgrenze des Zugbereiches entspricht. Sie hat ebenfalls etwa den gleichen Betrag wie diese. Bei spröden Materialien ergibt sich, entsprechend der Zugfestigkeit, mit σ_{dB} eine *Druckfestigkeit*. Bei zähen Materialien setzt dagegen unterhalb von σ_{dS} Fließen und Verfestigen ein, bis der Probekörper ohne Zerstörung zerdrückt ist.

Neben dem Verhalten von σ in Abhängigkeit von ε, bei dem wir bereits lineares und nichtlineares, elastisches sowie nichtelastisches, d. h. plastisches Verhalten, wie Fließen und Verfestigung, kennengelernt haben, interessiert auch noch die zeitliche Abhängigkeit sowohl von σ als auch von ε. Man kommt dabei auf Erscheinungen, die insbesondere bei *viskoelastischen* Stoffen und stark erhitzten Metallen von Bedeutung sind. Es sind dies z. B. *Relaxation* (Abb. 34) und *Kriechen* (Abb. 35). Im ersten Fall nimmt in dem betreffenden Körper die Spannung bei konstanter Dehnung mit der Zeit t ab. Im zweiten Fall wächst die Dehnung unter konstanter Last im *Primär*- und *Sekundärbereich* nichtlinear und im *Tertiärbereich* nahezu linear als Funktion der Zeit t an, bis der *Kriechbruch* eintritt.

Auf die übrigen Prüfverfahren für Werkstoffe wie Biege- und Dauerversuch sowie Härteprüfung wollen wir hier nicht näher eingehen. Über Dauerversuche wird in Abschn. 7 im Zusammenhang mit den Fragen der Dauerfestigkeit noch gesprochen werden. Nur zu dem *Kerbschlagversuch* seien einige Worte gesagt: Bei diesem wird ein gekerbter Probestab von einem Pendelhammer zu Bruch gebracht, und es wird

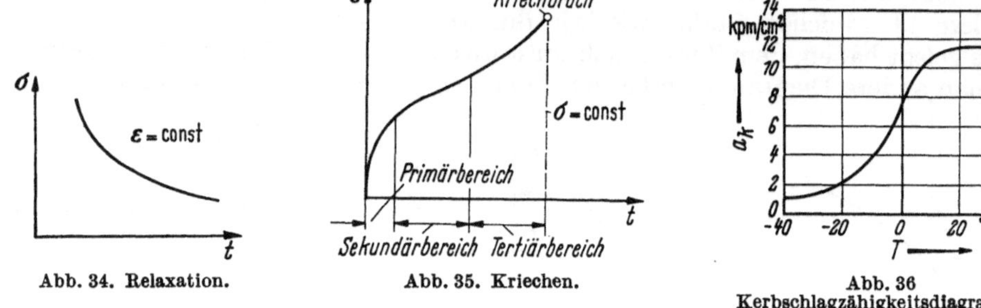

die verbrauchte *Schlagarbeit* ermittelt. Die *Kerbschlagzähigkeit* $a_k = A/F$ ist der Quotient aus Schlagarbeit A durch Fläche F des Kerbquerschnittes. Sie hat daher die Dimension [kpm/cm²] und ist ein Maß für die Zähigkeit des Werkstoffs. Bei hoher Kerbschlagzähigkeit ist zu erwarten, daß der Werkstoff nicht zu dem gefürchteten und gefährlichen Sprödbruch neigt. Daraus folgt ihre große Bedeutung für die Beurteilung der Materialien. Die Kerbschlagzähigkeit ist temperaturabhängig (Abb. 36). Bei einer material-charakteristischen Übergangstemperatur nimmt sie für niedrige Temperaturen stark ab. Das deutet auf die in der Praxis auch erwiesene Tatsache hin, daß die Werkstoffe bei niedrigen Temperaturen verspröden und dann zum Sprödbruch neigen. Eine gewisse Erklärung dieser Gegebenheiten folgt aus Versuchen von A. F. JOFFE und N. N. DAVIDENKOV, über welche in [9] auf S. 462 bis 470 berichtet ist.

Im Rahmen der *Festkörperphysik* versucht man die Verhaltensweise der Werkstoffe von ihrer Struktur her zu erklären. Man unterscheidet zwischen *kristallinen* Materialien, deren typische und hier interessierende Vertreter die Metalle sind, und *amorphen* Stoffen, wie sie z. B. von Glas und Polymeren dargestellt werden. Gerade bei Polymeren gibt es aber auch kristallähnliche Zwischenstrukturen, und ebenso können Metallegierungen makroskopisch dem amorphen Zustand nahe kommen. Die Erfolge der Festkörperphysik bei der qualitativen Deutung des Verhaltens der Werkstoffe sind bereits bedeutend. Dagegen ist es heute noch nicht möglich, von der Festkörperphysik her quantitative Aussagen von genügender Tragweite zu machen. Aus diesem Grunde muß es vorläufig noch weitgehend bei der phänomenologischen Betrachtungsweise in der Ingenieurwissenschaft bleiben.

Nehmen wir uns z. B. kristalline Werkstoffe vor. Sie sind aus Kristallen von gewissem, charakteristischem Gefüge zusammengesetzt. Die Einzelkristalle sind in ihrem Verhalten dem Aufbau des Kristallgitters entsprechend stark richtungsabhängig, also *anisotrop*. Für das Verhalten des Werkstoffs selbst ist es entscheidend, daß sich die Einzelkristalle zu seinem Aufbau nicht ohne *Gitterdefekte* aneinanderfügen. Es treten *Punktdefekte* (fehlende oder überzählige Atome), *Liniendefekte* (sogenannte *Versetzungen*) und *Oberflächendefekte* (*Korngrenzen* usw.) auf. Infolge dieser Defekte kann sich z. B. das plastische Fließen in kristallstrukturbedingten *Gleitebenen* durch das Wandern von Versetzungen bei der sogenannten *Fließspannung* ergeben. Da die natürlichen Werkstoffe polykristallin sind und sich aus einem ungeordneten Haufenwerk von Kristalliten zusammensetzen, die in Körnern gruppiert ein Netz von Korngrenzen bilden (Abb. 37), mittelt sich die Richtungsabhängigkeit der Eigenschaften der Einzelkristalle wieder weg, und man kann die Metalle makroskopisch als *isotrop* ansehen. Gerade aus dem Vorhandensein des polykristallinen Gefüges, wie es z. B. heterogen, homogen oder mit intermediären Phasen bei Legierungen anzutreffen ist, ergeben sich auch wieder Möglichkeiten zur physikalischen Deutung von einigen Vorgängen, die wir schon kennen: So tritt z. B. Verfestigung und nur *örtliche* Plastifizierung deswegen auf, weil das den Fließvorgang bewirkende Wandern von Versetzungen an Korngrenzen aufgehalten wird. Andererseits kann die Anhäufung von Versetzungen an Korngrenzen dort starke *Eigenspannungen* hervorrufen, die ihrerseits an diesen Stellen zu Rißbildungen Anlaß geben, was den Beginn eines Bruches verursachen kann.

Abb. 37
Haufenwerk von Kristalliten
mit Korngrenzen.

Schließlich kann auch das Einsetzen des Kriechens bei hohen Temperaturen erklärt werden: Die thermische Aktivierung der Atome begünstigt die Entstehung von Defekten und ermöglicht den angehaltenen Versetzungen das Überwinden der Korngrenzen. Man mag aus diesen wenigen Andeutungen bereits entnehmen, daß die *Versetzungstheorie* mehr und mehr an werkstoffkundlicher und festigkeitstheoretischer Bedeutung gewinnt. Der interessierte Leser sei ihretwegen auf [3, 6, 10] verwiesen, in [10] insbesondere auf die dort von E. KRÖNER verfaßten Abschnitte.

Auch für amorphe Stoffe, Glas und Polymere, kann man solche strukturbezogenen physikalischen Deutungen geben. Es sei in diesem Zusammenhang an die Bruchtheorie von GRIFFITH erinnert. Man kann darüber in [3] und [7] nachlesen.

Wir selbst werden uns im folgenden auf *homogene* und *isotrope* Werkstoffe beschränken. Homogen sind sie dann, wenn alle beliebigen und zueinander ähnlichen Teile, in die man sie zerlegen kann, die gleichen physikalischen Eigenschaften besitzen und isotrop bedeutet, daß sie keine richtungsabhängigen Eigenschaften aufweisen. Wegen ihres polykristallinen Gefüges sind Metalle ebenso wie amorphe Stoffe genau genug homogen und isotrop, wenn man beide Werkstoffarten in einem nur genügend makroskopischen Maßstab nimmt. Unsere Beschränkung ist daher nicht zu schwerwiegend.

Außerdem wollen wir bei allen folgenden Betrachtungen stets lineares elastisches Verhalten, also die Gültigkeit des Hookeschen Gesetzes voraussetzen. Auch das ist keine zu wesentliche Einschränkung, denn die überwiegende Zahl der Gegebenheiten, die festigkeitsmäßig zu beurteilen sind, spielen sich bei sehr kleinen Verzerrungen und bei Zimmertemperaturen ab, so daß die betroffenen Werkstoffe mit ihrem Verhalten noch ohne weiteres in den Hookeschen Bereich fallen.

1.5 Das Hookesche Gesetz

Bei dem im vorangegangenen Abschnitt geschilderten Zugversuch an einem Stahlstab hatten wir es mit einem eindimensionalen Spannungszustand zu tun gehabt. Wir stellen uns jetzt vor, daß wir in diesem Stab in einem Punkt P einen

Würfel von der Kantenlänge „1" herausgeschnitten hätten, der so orientiert ist, daß vier seiner Flächen parallel und zwei davon senkrecht zur Stabachse liegen (Abb. 38). Dann wirkt auf den senkrecht stehenden Flächen die im Stab herrschende Spannung, und das ist eine Hauptspannung. Wir nennen sie σ_1. Denn alle Flächen des Würfels, also auch die, auf denen σ_1 senkrecht steht, sind ja nach Voraussetzung schubspannungsfrei, und das ist, wie wir von Abschn. 1.2 her wissen, ein Kriterium dafür, daß es sich um Hauptspannungsflächen handeln muß. Also ist die Richtung der Stabachse die Hauptrichtung 1, und senkrecht zur Stabachse verlaufen die Hauptrichtungen 2 und 3. Infolge von σ_1 wird der Würfel in Richtung der Stabachse gedehnt, er nimmt die Länge $1 + \varepsilon_1$ an. In den anderen beiden, zur Richtung der Stabachse senkrechten Richtungen wird er verkürzt. Die entsprechenden Kantenlängen betragen $1 + \varepsilon_2$ und $1 + \varepsilon_3$, wobei die ε_2 und ε_3 wegen der eingetretenen Verkürzung negative Größen sein müssen.

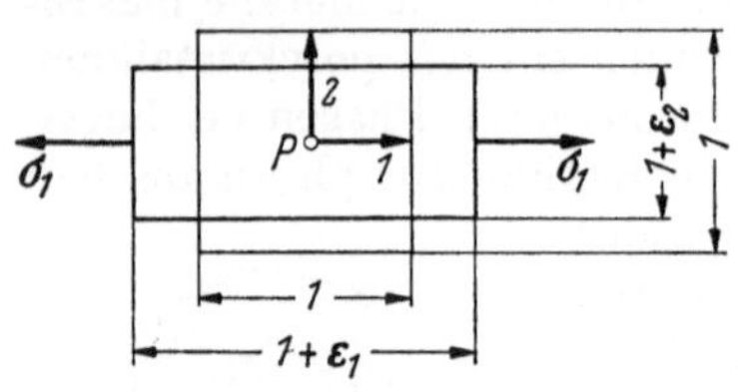
Abb. 38
Eindimensionaler Spannungszustand.

Für den Zusammenhang zwischen ε_1 und σ_1 gilt, wie wir in Abschn. 1.4 bereits erfahren haben, das Hookesche Gesetz (1.71), welches wir hier in der Form

$$\varepsilon_1 = \frac{1}{E}\,\sigma_1 \tag{1.72}$$

schreiben. Auch die anderen beiden Dehnungen sind zu σ_1 proportional, so daß

$$\varepsilon_2 = \varepsilon_3 = -\alpha\,\sigma_1 \tag{1.73}$$

gilt. Die aus Versuchen gewonnene Erfahrung lehrt, daß

$$\alpha = \frac{\nu}{E} \tag{1.74}$$

ist, wobei ν die *Poissonsche Zahl* ist, die auch als *Querdehnungszahl* bezeichnet wird. Manchmal wird ihr Kehrwert $m = 1/\nu$ verwendet und leider ebenso benannt. Deshalb ist es nötig zu prüfen, mit welcher Definition der Querdehnungszahl jeweils gearbeitet wird. Wenn wir (1.74) in (1.73) einsetzen, so haben wir zusammen mit (1.72) als Hookesches Gesetz für den eindimensionalen Spannungszustand die Gleichungen

$$\varepsilon_1 = \frac{\sigma_1}{E}, \qquad \varepsilon_2 = \varepsilon_3 = -\frac{\nu}{E}\,\sigma_1. \tag{1.75}$$

Da wir uns hier und im folgenden auf elastische Vorgänge beschränken, die mathematisch durch lineare Formeln beschrieben werden, dürfen wir stets das *Superpositionsgesetz* anwenden, also auch im Zusammenhang mit dem Hookeschen Gesetz. Das machen wir uns für seine Darstellung beim zweidimensionalen oder ebenen Spannungszustand zunutze. Bei diesem wirke in Hauptrichtung 1 die Hauptspannung σ_1 und in Hauptrichtung 2 die Hauptspannung σ_2. Wir betrachten zuerst nur die Wirkung von σ_1. Diese hat nach (1.75)

$$\varepsilon_1^{(1)} = \frac{\sigma_1}{E}, \qquad \varepsilon_2^{(1)} = \varepsilon_3^{(1)} = -\frac{\nu}{E}\,\sigma_1 \tag{1.76}$$

zur Folge. Sodann stellen wir uns σ_2 allein wirkend vor. Dafür ergibt sich nach (1.75) entsprechend

$$\varepsilon_2^{(2)} = \frac{\sigma_2}{E}, \qquad \varepsilon_1^{(2)} = \varepsilon_3^{(2)} = -\frac{\nu}{E}\,\sigma_2. \tag{1.77}$$

Kommen beim zweidimensionalen Zustand beide Spannungen gleichzeitig vor, so sind ihre Wirkungen zu superponieren. Die Addition von (1.76) und (1.77), also $\varepsilon_i = \varepsilon_i^{(1)} + \varepsilon_i^{(2)}$, $i = 1, 2, 3$, führt zu

$$\varepsilon_1 = \frac{1}{E}(\sigma_1 - \nu\,\sigma_2), \quad \varepsilon_2 = \frac{1}{E}(\sigma_2 - \nu\,\sigma_1), \quad \varepsilon_3 = -\frac{\nu}{E}(\sigma_1 + \sigma_2). \tag{1.78}$$

Das ist das Hookesche Gesetz für den ebenen Fall.

Man überlegt sich nun leicht, daß das Superpositionsgesetz bei dem dreidimensionalen Spannungszustand, bei welchem die Hauptspannungen σ_1, σ_2 und σ_3 auftreten, für das Hookesche Gesetz ganz entsprechend

$$\varepsilon_1 = \frac{1}{E}[\sigma_1 - \nu(\sigma_2 + \sigma_3)], \quad \varepsilon_2 = \frac{1}{E}[\sigma_2 - \nu(\sigma_3 + \sigma_1)],$$

$$\varepsilon_3 = \frac{1}{E}[\sigma_3 - \nu(\sigma_1 + \sigma_2)] \tag{1.79}$$

ergibt.

Für die Raumdehnung folgt aus (1.68) mit (1.79)

$$\Theta = \varepsilon_1 + \varepsilon_2 + \varepsilon_3 = \frac{\sigma_1 + \sigma_2 + \sigma_3}{E}(1 - 2\nu).$$

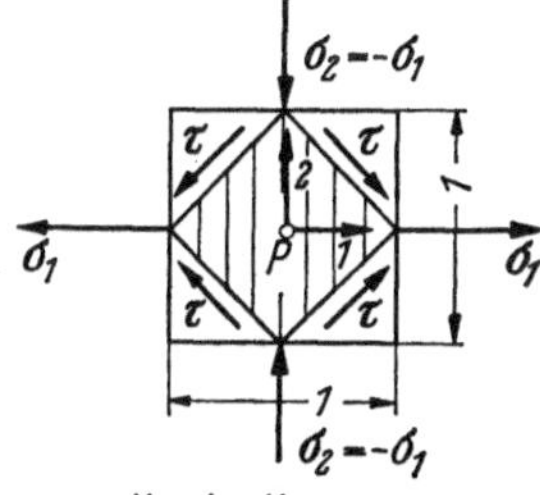

a Vor der Verzerrung

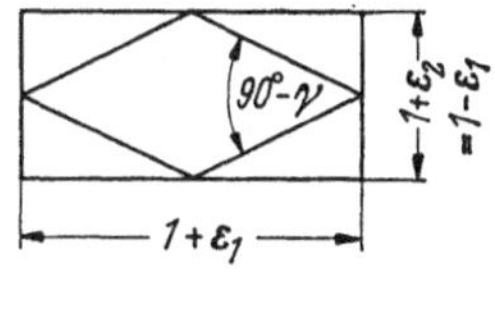

b Nach der Verzerrung

Abb. 39. Zweidimensionaler Spannungszustand.

Sind alle Hauptspannungen positiv, also Zugspannungen, so kann Θ sicher nicht kleiner als Null sein. Das hat die Bedingung

$$\nu \leqq \tfrac{1}{2}$$

zur Folge. Für $\nu = \tfrac{1}{2}$ ist $\Theta = 0$, und man nennt das entsprechende Material *inkompressibel*. Inkompressibilität trifft z. B. auf Gummi fast zu. Für Stahl dagegen ist ungefähr $\nu = 0{,}3$.

Wir betrachten jetzt den speziellen zweidimensionalen Spannungszustand der Abb. 39 mit

$$\sigma_2 = -\sigma_1. \tag{1.80}$$

Man erkennt leicht, daß auf den Flächen des schraffierten Würfels reiner Schub herrscht. Denn die schräg liegenden Flächen halbieren die Winkel zwischen den Hauptspannungsflächen. Also wirken auf den schrägen Flächen Hauptschubspannungen, welche nach (1.41) und (1.80) den Betrag

$$\tau = \tfrac{1}{2}|\sigma_1 - \sigma_2| = \sigma_1 \tag{1.81}$$

haben. Für die Normalspannungen der schrägen Flächen gilt wegen (1.80) aber

$$\sigma = \tfrac{1}{2}(\sigma_1 + \sigma_2) = 0,$$

d. h., es kommt auf diesen Flächen ganz allein Schub vor.

Infolge dieses Spannungszustandes ergeben sich nach (1.78), (1.80) und (1.81)
die Verzerrungen

$$\varepsilon_1 = \frac{1}{E}\,(\sigma_1 - \nu\,\sigma_2) = \frac{1+\nu}{E}\,\sigma_1 = \frac{1+\nu}{E}\,\tau,$$

$$\varepsilon_2 = \frac{1}{E}\,(\sigma_2 - \nu\,\sigma_1) = -\frac{1+\nu}{E}\,\sigma_1 = -\varepsilon_1,$$

$$\varepsilon_3 = 0.$$

$$(1.82)$$

Aus Abb. 39b liest man

$$\tan\left(45° - \frac{\gamma}{2}\right) = \frac{1-\tan\gamma/2}{1+\tan\gamma/2} = \frac{1-\varepsilon_1}{1+\varepsilon_1}$$

ab. Daraus folgt mit $\tan\gamma/2 \approx \gamma/2$, was für kleine Winkel, mit denen wir es nach
Voraussetzung zu tun haben, richtig ist,

$$\frac{\gamma}{2} = \varepsilon_1.$$

$$(1.83)$$

Benutzen wir die erste Gleichung von (1.82) für (1.83), so erhalten wir

$$\gamma = \frac{2(1+\nu)}{E}\,\tau.$$

$$(1.84)$$

Es ist üblich, die Konstante

$$G = \frac{E}{2(1+\nu)}$$

$$(1.85)$$

einzuführen. Man nennt sie den *Schubmodul*. Mit ihr kann man an Stelle von (1.84)

$$\gamma = \frac{\tau}{G}$$

$$(1.86)$$

setzen, was das Gegenstück zu (1.71) für den Zusammenhang zwischen Gleitung und
Schubspannung ist.

Für die Herleitung von (1.79) haben wir speziell mit Hauptrichtungen gearbeitet.
Wir können dieses Gleichungssystem aber leicht für beliebig orientierte Achsen um-
schreiben. Ebenso können wir (1.86) verallgemeinern. Dadurch erhalten wir das
Hookesche Gesetz in seiner allgemeinsten Gestalt

$$\varepsilon_x = \frac{1}{E}\,[\sigma_x - \nu(\sigma_y + \sigma_z)], \qquad \varepsilon_{xy} = \frac{\tau_{xy}}{2G},$$

$$\varepsilon_y = \frac{1}{E}\,[\sigma_y - \nu(\sigma_z + \sigma_x)], \qquad \varepsilon_{yz} = \frac{\tau_{yz}}{2G},$$

$$\varepsilon_z = \frac{1}{E}\,[\sigma_z - \nu(\sigma_x + \sigma_y)], \qquad \varepsilon_{zx} = \frac{\tau_{zx}}{2G},$$

$$(1.87)$$

wie es schon von CAUCHY angegeben worden ist.

Es ist noch bequem, $\sigma_x, \sigma_y, \sigma_z$ in Abhängigkeit der Dehnungen zu kennen. Dazu
hat man die in der linken Spalte von (1.87) stehenden Formeln nach den Spannungen aufzulösen und erhält

$$\sigma_x = \frac{E}{1+\nu}\left[\varepsilon_x + \frac{\nu}{1-2\nu}\,(\varepsilon_x + \varepsilon_y + \varepsilon_z)\right],$$

$$\sigma_y = \frac{E}{1+\nu}\left[\varepsilon_y + \frac{\nu}{1-2\nu}\,(\varepsilon_x + \varepsilon_y + \varepsilon_z)\right],$$

$$(1.88)$$

$$\sigma_z = \frac{E}{1+\nu}\left[\varepsilon_z + \frac{\nu}{1-2\nu}\,(\varepsilon_x + \varepsilon_y + \varepsilon_z)\right].$$

1.6 Die Grundaufgaben der mathematischen Elastizitätstheorie und der technischen Festigkeitslehre

Die Aufgabe der Elastizitätstheorie besteht darin, den Spannungs- und Verzerrungs- bzw. Verschiebungszustand eines Körpers bei vorgeschriebenen Randbedingungen, d. h. bei gegebener äußerer Belastung und vorgeschriebenen Verschiebungen an seiner Oberfläche, vollständig zu berechnen. Hat man das geleistet, so könnte man daraus Schlüsse auf die Beanspruchung des betreffenden Körpers ziehen, kurz und gut, alle Fragen beantworten, die im Hinblick auf seine Festigkeit zu stellen wären.

Als Grundgleichungen stehen uns die *Gleichgewichtsbedingungen* zur Verfügung, da wir uns auf die *Elastostatik* beschränken wollen. Neben dieser steht nämlich die *Elastokinetik*, bei welcher neben allen übrigen Kräften auch noch die an den Massenteilchen der Körper angreifenden Trägheitskräfte berücksichtigt werden. Diese wollen wir aber außer acht lassen, so daß wir anstatt mit den Newtonschen Bewegungsgleichungen eben mit den Gleichgewichtsbedingungen arbeiten können.

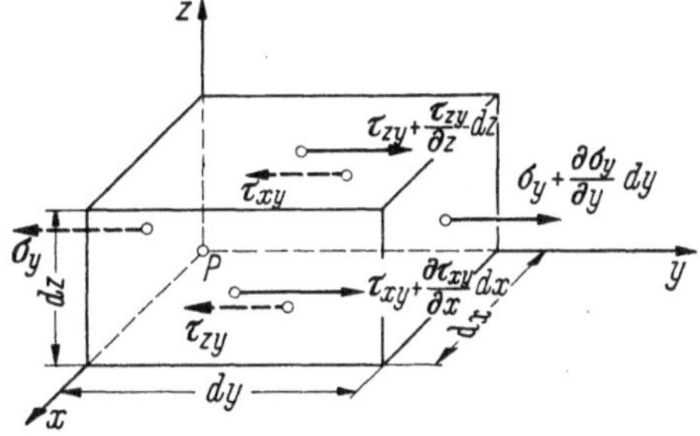

Abb. 40
Gleichgewicht der Kräfte am Elementarquader.

Dazu betrachten wir im Bezugspunkt P einen Elementarquader (Abb. 40). Er möge, anders als z. B. in Abb. 8, zwar noch sehr kleine, aber doch schon so große Kantenlängen haben, daß sich die Spannungen in den nicht durch P gehenden Flächen bereits um das erste Glied der Taylorschen Entwicklung gegenüber den in P herrschenden Spannungen geändert haben. Dann lautet z. B. die Gleichgewichtsbedingung für die Kräfte in y-Richtung

$$\left(\frac{\partial \tau_{xy}}{\partial x} dx\right) dy\, dz + \left(\frac{\partial \sigma_y}{\partial y} dy\right) dx\, dz + \left(\frac{\partial \tau_{zy}}{\partial z} dz\right) dx\, dy + Y\, dV = 0. \quad (1.89)$$

Dabei haben wir noch berücksichtigt, daß an dem Elementarquader mit dem Volumen $dV = dx\, dy\, dz$ eine Volumenkraft $\bar{K} = (X, Y, Z)$ angreift.

Aus (1.89), und ganz entsprechend für die x- und z-Richtung, erhalten wir durch Wegheben von dV

$$\frac{\partial \sigma_x}{\partial x} + \frac{\partial \tau_{yx}}{\partial y} + \frac{\partial \tau_{zx}}{\partial z} + X = 0,$$

$$\frac{\partial \tau_{xy}}{\partial x} + \frac{\partial \sigma_y}{\partial y} + \frac{\partial \tau_{zy}}{\partial z} + Y = 0, \qquad (1.90)$$

$$\frac{\partial \tau_{xz}}{\partial x} + \frac{\partial \tau_{yz}}{\partial y} + \frac{\partial \sigma_z}{\partial z} + Z = 0.$$

Das sind die drei *Gleichgewichtsbedingungen des räumlichen Spannungszustandes*.

Das Gleichgewicht der Momente braucht hier nicht mehr untersucht zu werden. Wir haben es bereits in Abschn. 1.2 berücksichtigt und gefunden, daß daraus die Symmetrie des Spannungstensors folgt.

Um die sechs Komponenten σ_x, σ_y, σ_z, τ_{xy}, τ_{yz}, τ_{zx} des Spannungstensors berechnen zu können, stehen uns außer den Randbedingungen bisher nur die drei Gln. (1.90) zur Verfügung. Das genügt nicht. Die Aufgaben der Elastizitätstheorie sind also *statisch unbestimmt*. Um weiterzukommen, müssen wir auch noch die Verzerrungen ins Spiel bringen. Das geschieht, indem wir die sogenannten *Stoffgleichun-*

gen, welche die Spannungen und Verzerrungen miteinander verknüpfen, neben das System (1.90) stellen. Bei den von uns gemachten Voraussetzungen werden die Stoffgleichungen durch das Hookesche Gesetz (1.87) dargestellt. Mit ihm kommen zu (1.90) sechs weitere Gleichungen. Die Zahl der Unbekannten ist aber mit den sechs Verzerrungen ε_x, ε_y, ε_z, ε_{xy}, ε_{yz}, ε_{zx} gleichzeitig auf 12 gestiegen, so daß wieder zu wenig Gleichungen, nämlich nur neun, vorhanden sind. Es werden drei weitere Gleichungen benötigt, und sie stehen mit den *Kompatibilitätsgleichungen* (1.69) bereits zur Verfügung, von denen ja nur drei unabhängig sind. Mit (1.90), (1.87) und (1.69) haben wir nun endgültig ein System von 12 unabhängigen Gleichungen zur Berechnung der 12 Unbekannten (6 Spannungen, 6 Verzerrungen) zur Hand. Grob gesprochen besteht das Betreiben der Elastizitätstheorie darin, dieses Gleichungssystem unter Berücksichtigung der jeweiligen Randbedingungen aufzulösen. Ist das gelungen, so übersieht man das gestellte Problem vollkommen und kann alle gewünschten Aussagen machen.

Wozu betreibt man dann daneben überhaupt noch die technische Festigkeitslehre? — Das Vorgehen im Sinne der Elastizitätstheorie kann mathematisch oft viel zu aufwendig sein. Außerdem kommt es häufig gar nicht darauf an, den Spannungs- oder Verzerrungszustand eines Körpers vollständig zu beherrschen. Es genügt meist, Ort und Betrag der größten Zug-, Druck- und Schubspannung oder der größten Verformung zu kennen. Dazu kommt noch, daß der große mathematische Apparat der Elastizitätstheorie mit seinen verfeinerten Methoden dann unangebracht ist, wenn die der Rechnung zugrunde liegenden Daten ungenau sind. Das ist nicht selten der Fall. Es ist unter solchen Umständen viel ratsamer, mit Näherungsmethoden zu arbeiten, die schnell zu einem Resultat führen, das, wenn es auch nur eine Abschätzung der wirklichen Verhältnisse erlaubt, für technische Belange doch genau genug ist.

Bei der technischen Festigkeitslehre hilft man sich daher über mathematische Schwierigkeiten dadurch hinweg, daß man im Sinne der *semi-inversen Methode* plausible Annahmen für einige der Unbekannten trifft, z. B. für die Spannungen oder die Verzerrungen (Bernoullische Hypothese der technischen Biegelehre), und die jeweils restlichen Unbekannten aus den zur Verfügung stehenden Gleichungen und Randbedingungen berechnet. Man erhält auf diese Weise natürlich nur Näherungslösungen, die manchmal sogar mit einigen der gestellten Bedingungen, allerdings in ungefährlicher Weise, unverträglich sind. — Auch hinsichtlich schwieriger Randbedingungen hilft man sich, indem man sie durch einfachere, aber statisch gleichwertige ersetzt. Das ist nach dem *Prinzip von* DE SAINT-VENANT erlaubt, denn dieses besagt, daß *in hinreichender Entfernung von seinem Angriffsgebiet die Wirkung eines Kräftesystems nicht mehr von seiner wirklichen Verteilung, sondern nur noch von seinen statischen Resultierenden* abhängt. Daß die technische Festigkeitslehre eine Annäherung an die exakten Lösungen gestattet und daß das Prinzip von DE SAINT-VENANT begründet ist, findet man ausführlich bei MORGENSTERN-SZABÓ in [11] gezeigt.

Ist es aber manchmal überhaupt nicht möglich zu rechnen, sei es, weil zu viele Voraussetzungen fehlen, sei es, weil die Aufgabenstellung zu kompliziert ist, so wird man auf *experimentelle Verfahren der Spannungsermittlung* zurückgreifen müssen. Die bekanntesten und bewährtesten von ihnen sind das *Reißlackverfahren*, die *Dehnmeßstreifentechnik* und die *Spannungsoptik*.

Die von uns zu betrachtenden Bauteile, wie Maschinenelemente, Behälter, Rohrleitungen, Gebäude- und Brückenteile usw., denen wir zu ihrer einfacheren Erfassung die schon genannten charakteristischen Grundformen, wie Stäbe, Balken, Wellen, Rohre, Platten und Schalen usw., zuordnen, sind im Betriebszustand den verschiedensten Beanspruchungen, die wir ebenfalls, wie in der Einleitung, Abschn. 1.1, erwähnt, abstrahiert als Zug, Druck, Abscheren, Biegung und Torsion auffassen, unterworfen. Diese Beanspruchungen erzeugen in den festen, aber als elastisch verformbar vorausgesetzten Bauteilen einen Spannungs- und Verzerrungszustand, infolgedessen ein Widerstand, die *Festigkeit*, gegenüber den Belastungen hervorgerufen wird: Die in den Bauteilen geweckten inneren Kräfte versuchen den Zusammenhang der kleinsten Teile des betreffenden Stückes zu bewahren, deren gegenseitige Verschiebung zu beschränken und die vollständige Trennung, d. h. den *Bruch*, zu verhindern. Dabei ist sowohl eine *Werkstoff-* als auch *Gestaltfestigkeit* zu beachten. Denn der Zustand der inneren Kräfte, also der Spannungszustand, ist nicht nur von der äußeren Belastung und den Werkstoffeigenschaften, sondern auch von der Gestalt des Bauteils abhängig, so daß sich deren Bedeutung für die Festigkeit durch die von ihr beeinflußte Spannungsverteilung unter Umständen, z. B. als *Kerbwirkung*, sehr stark bemerkbar macht.

Die eigentliche Aufgabe der Festigkeitslehre ist es, die Beanspruchung des Bauteils rechnerisch zu beschreiben, vorauszusagen und sie mit seiner *Widerstandsfähigkeit* unter Berücksichtigung der *Sicherheit* zu vergleichen. Die Beanspruchung kann beispielsweise dadurch erfaßt werden, daß man den Ort, den *gefährdeten Querschnitt*, wie man sagt, und den Betrag der ungünstigsten Spannung, man spricht bei ihr von $\sigma_{\mathrm{max, vorh}}$ (bzw. $\tau_{\mathrm{max, vorh}}$), ermittelt. Dabei hat man bei der Berechnung der ungünstigsten Spannung den Gestalt- bzw. *Formeinfluß* mit einzubeziehen. Die Widerstandsfähigkeit wird durch die sogenannten *Werkstoffkennwerte*, die man in Taschen- und Tabellenbüchern [12—14] findet, ausgedrückt. Mit ihnen kommt der Werkstoffeinfluß ins Spiel. Die *Sicherheit* ist ein Zahlenfaktor, der durch amtliche Vorschriften gegeben ist oder der einen Ermessenswert darstellt, den die Erfahrung lehrt. Mit seiner Festsetzung kann man vor allem auch Mängel und Ungenauigkeiten, welche den Berechnungsmethoden der Festigkeitslehre anhaften, ausgleichen.

Das ist nun der Gang einer Festigkeitsberechnung: Man bestimmt die äußeren Kräfte. Sodann ermittelt man aus ihnen und der Gestalt des Bauteils die Spannungsverteilung sowie, unter zusätzlichem Einschluß der Werkstoffeigenschaften, die Verformungen. Meist begnügt man sich, wie vorhin schon erwähnt, damit, nur die ungünstigsten Werte der Spannungen und Verformungen zu berechnen. Man ist dann nämlich, wenn man sie allen übrigen Erwägungen zugrunde legt, *auf der sicheren Seite*, wie der Ingenieur sagt. Ferner sind mittels Werkstoffkennwert K und Sicherheit S die *zulässigen Spannungen* als

$$\sigma_{\mathrm{zul}} = K/S \qquad (1.91)$$

bzw. τ_{zul} und, den jeweiligen Erfordernissen und Ansprüchen gemäß, die *zulässigen Verformungen* festzulegen. Schließlich ist z. B. $\sigma_{\mathrm{max, vorh}}$ mit σ_{zul} und, entsprechend, die vorhandene Verformung mit der zulässigen zu vergleichen. Daraus folgt bei gegebenen äußeren Kräften sowie Werkstoffeigenschaften und Abmessungen des Bauteils das Maß der Sicherheit der Konstruktion. Man spricht bei diesem Verlauf der Rechnung von einem *Spannungs-* und *Verformungsnachweis.* — Selbstverständlich läßt sich die Rechnung aber auch so führen, daß man bei gegebenen Abmessungen, Werkstoffkennwerten, Sicherheiten und zulässigen Verformungen die zulässige Größe der äußeren Kräfte oder aber bei gegebenen äußeren Kräften, Werkstoffkennwerten, Sicherheiten und zulässigen Verformungen die erforderlichen Abmessungen berechnet, also im zuletzt genannten Fall eine sogenannte *Bemessung* durchführt. Dabei ist alles noch unter dem Gesichtspunkt der bestmöglichen Ausnutzung des Bauteils, d. h. der Wirtschaftlichkeit, zu betrachten.

2. Grundbeanspruchungen, dargestellt am Stab

2.1 Zug und Druck

Bei der Behandlung von Zug- und Druckproblemen des Stabes stellen wir uns vor, daß die im Stab auftretenden Spannungen sich gleichmäßig über den jeweiligen Querschnitt verteilen, wobei wir noch annehmen, daß die in Frage kommende äußere Kraft, ob sie eine Einzelkraft oder die Resultierende verteilter Kräfte ist, zentrisch, d. h. im Schwerpunkt des betreffenden Querschnittes, angreift.

Wir nehmen uns als Beispiel den Stab der Abb. 41a vor, der gerade sei und einen veränderlichen Querschnitt habe. Er werde an seinem oberen Ende aufgehängt und

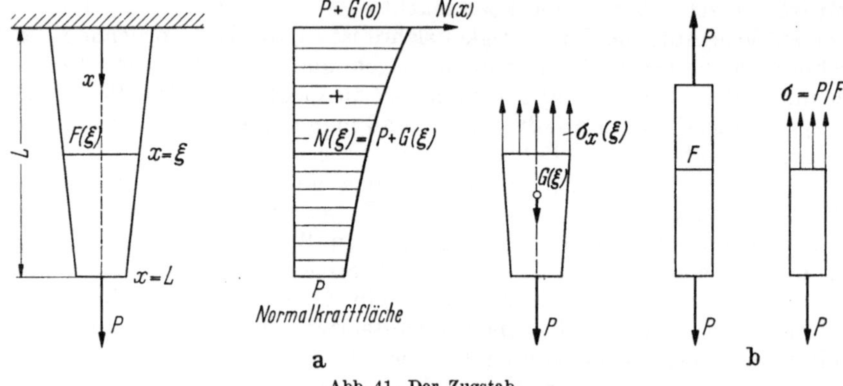

Abb. 41. Der Zugstab.

durch sein Eigengewicht und eine Einzelkraft P auf Zug beansprucht. Die Stabachse, die als die Verbindungslinie aller Querschnittsschwerpunkte definiert ist, wird als x-Achse gewählt. Mit $G(\xi)$ bezeichnen wir das Gewicht des zwischen $x = \xi$ und $x = L$ liegenden Stabstückes. Dann herrscht in dem bei $x = \xi$ liegenden Stabquerschnitt mit der Fläche $F(\xi)$ die Normalkraft $N(\xi) = P + G(\xi)$. Betrachtet man das Kräftegleichgewicht für das unterhalb des Schnittes $x = \xi$ befindliche Stabstück, so entnimmt man daraus, daß

$$\sigma_x(\xi) = \frac{N(\xi)}{F(\xi)} \tag{2.1}$$

gilt. Es handelt sich bei dieser Spannung übrigens um eine Hauptspannung, da der Stabquerschnitt ja schubspannungsfrei ist. Die x-Richtung und damit die Richtung der Stabachse ist also eine Hauptrichtung. Da bei den stark vereinfachenden Betrachtungen, die wir anstellen, angenommen wird, daß der Spannungstensor bezüglich des von uns gewählten Achsenkreuzes (x-Achse mit Stabachse zusammenfallend) durch

$$S = \begin{pmatrix} \sigma_x & 0 & 0 \\ 0 & 0 & 0 \\ 0 & 0 & 0 \end{pmatrix}$$

gegeben ist, kann übrigens keine Verwechslung vorkommen, wenn wir einfach σ statt σ_x schreiben. Dagegen legt man eher Wert darauf zu unterscheiden, ob es sich um eine Zug- oder Druckspannung handelt, wobei erstere ja positiv, letztere negativ zu rechnen ist. Daher ist es durchaus üblich, für Zugspannungen σ_z und für Druckspannungen σ_d zu schreiben. Man muß dann allerdings aufmerksam beachten, daß die hierfür gewählten Indizes nichts mit denjenigen zu tun haben, die man benutzt, wenn man andeuten will, um welche Komponenten des Spannungstensors es sich handelt.

Wenn die maximale Zugspannung im Stab den Wert σ_B erreicht, geht er zu Bruch. Um das zu verhindern, muß man dafür sorgen, daß

$$\sigma_{z,\,\mathrm{max}} = \mathrm{Max}\,\frac{N}{F} \leqq \sigma_{z,\,\mathrm{zul}} \tag{2.2}$$

ist. Die zulässige Spannung ergibt sich nach (1.91) mittels des Werkstoffkennwertes $K \equiv \sigma_B$ und der Sicherheit S. So ist z. B. für Stahl St 37 mit $\sigma_B = 3700\ \mathrm{kp/cm^2}$ für den Lastfall H (Hauptlasten) $\sigma_{z,\,\mathrm{zul}} = 1600\ \mathrm{kp/cm^2}$, also $S \approx 2{,}3$.

Die Formel (2.2) dient für den Spannungsnachweis. Für die Bemessung des Zugstabs hinsichtlich der Spannung hat man nach dem gesuchten Stabquerschnitt F aufzulösen, was zu der Bedingung

$$F(\xi)_{\mathrm{erf}} \geqq \frac{N(\xi)}{\sigma_{z,\,\mathrm{zul}}} \tag{2.3}$$

führt. Der Index „erf" bei $F(\xi)$ in (2.3) bedeutet: „erforderlich".

Sehr häufig kommt der Sonderfall vor, daß der Stab konstanten Querschnitt hat und daß auch die Normalkraft entlang der ganzen Stabachse konstant ist. Letzteres wäre z. B. für den Stab der Abb. 41 dann der Fall, wenn man bei der Berechnung sein Eigengewicht vernachlässigen würde.

In dem soeben genannten Sonderfall ist alles sehr einfach: Es ist nämlich $F(\xi) \equiv F = \mathrm{const}$ und $N(\xi) \equiv P = \mathrm{const}$ (Abb. 41 b), und man hat daher statt (2.2) für den Spannungsnachweis

$$\sigma_z = \frac{P}{F} \leqq \sigma_{z,\,\mathrm{zul}} \tag{2.4}$$

und statt (2.3) für die Bemessung hinsichtlich der Spannung

$$F_{\mathrm{erf}} \geqq \frac{P}{\sigma_{z,\,\mathrm{zul}}}. \tag{2.5}$$

Man könnte noch auf die Idee kommen, die maximalen Schubspannungen zu untersuchen. Das liegt nahe, weil sich z. B. bei einem Zugstab aus zähem Stahl, wenn er zu fließen beginnt, unter 45° zur Stabachse die sogenannten Lüdersschen Linien abzeichnen, was darauf hindeutet, daß Schubspannungen vorhanden sind, und die Hauptschubflächen müssen unter 45° zur Stabachse liegen, weil diese eine Hauptachse ist. Aus dem Mohrschen Spannungskreis für den reinen Zugspannungszustand mit $\sigma_1 \equiv \sigma_z$ und $\sigma_2 = \sigma_3 \equiv 0$ (Abb. 42) oder aus (1.49) entnimmt man aber, daß $\tau_{\mathrm{max}} = \frac{1}{2}\sigma_{z,\,\mathrm{max}}$ gilt, und da $\tau_{\mathrm{zul}} > \frac{1}{2}\sigma_{z,\,\mathrm{zul}}$ ist (was man aus den amtlichen Vorschriften herauslesen kann), braucht man also für Zugstäbe tatsächlich keine Festigkeitsberechnung hinsichtlich der Schubspannungen zu führen.

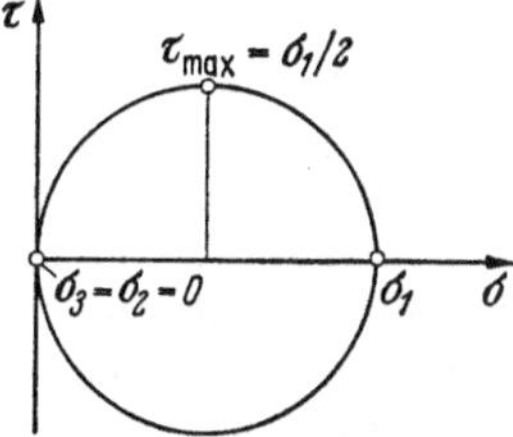

Abb. 42. Mohrscher Kreis für reinen Zug.

Das für Zugstäbe Gesagte gilt sinngemäß für Druckstäbe. Man muß bei ihnen nur beachten, daß die Normalkräfte negativ sind und daß deswegen $\sigma_d = N/F$ eine negative Spannung ist. Da aber die zulässige Druckspannung $\sigma_{d,\,\mathrm{zul}}$ in den Tabellen nur mit ihrem Betrag angegeben ist, muß man entsprechend zu (2.2) und (2.4) für den Spannungsnachweis

$$|\sigma_{d,\,\mathrm{max}}| = \mathrm{Max}\left|\frac{N}{F}\right| \leqq \sigma_{d,\,\mathrm{zul}} \tag{2.6}$$

und

$$|\sigma_d| = \left|\frac{P}{F}\right| \leqq \sigma_{d,\,\mathrm{zul}} \tag{2.7}$$

setzen. Sinngemäß folgt für die Bemessungsformeln

$$F(\xi)_{\mathrm{erf}} \geqq \frac{|N(\xi)|}{\sigma_{d,\,\mathrm{zul}}} \tag{2.8}$$

bzw.

$$F_{\mathrm{erf}} \geqq \frac{|P|}{\sigma_{d,\,\mathrm{zul}}}.$$

Bei S. Timoshenko und J. N. Goodier [15] liegt übrigens eine exakte Berechnung der Spannungsverteilung in einem durch eine Einzellast P beanspruchten Druckstab vor. Ihre Ergebnisse sind in Abb. 43 dargestellt. Man erkennt aus der

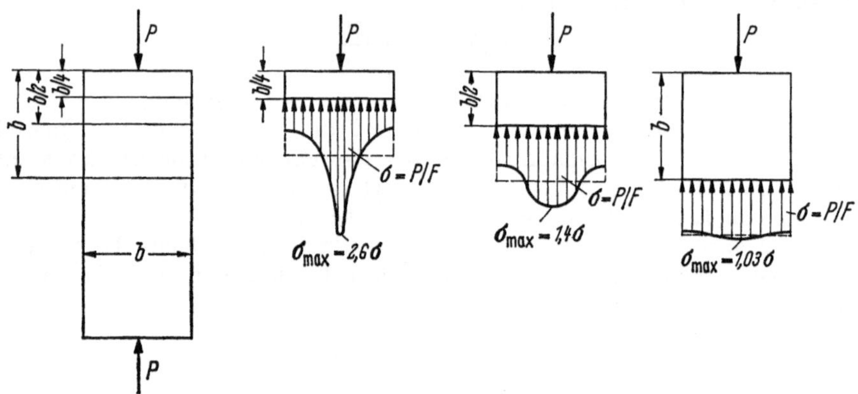

Abb. 43. Spannungsverteilung im Druckstab.

Abbildung, daß nur in Querschnitten, die sich sehr nahe beim Angriffspunkt der Einzelkraft befinden, die Spannungsverteilung ungleichmäßig ist. Schon in Querschnitten, die nur um Stabbreite vom Angriffspunkt entfernt sind, für schlanke Stäbe also sehr bald, ist die Spannungsverteilung so gut wie gleichmäßig. Das zeigt einmal, daß unsere anfangs gemachte Annahme einer gleichmäßigen Spannungsverteilung berechtigt ist, und außerdem ist es ein eindrucksvolles Beispiel für die Gültigkeit des Prinzips von de Saint-Venant.

In engem Zusammenhang mit dem Begriff der Druckspannung stehen die Begriffe *Flächenpressung* und *Lochleibung*, denen wir uns jetzt zuwenden wollen.

Flächenpressung ist die Druckspannung, die zwischen zwei Körpern herrscht, die sich in einer gemeinsamen, für gewöhnlich als eben angenommenen Fläche berühren. Der Einfachheit halber wird vorausgesetzt, daß die Körper im Bereich der Berührungsfläche starr sind und daß die Flächenpressung gleichmäßig verteilt ist. Als Beispiel nehmen wir die Flächenpressung zwischen der Auflagerplatte einer Säule und ihrem Betonfundament (Abb. 44). Wenn die Säule an ihrem Fuß die Auflagerkraft P abgibt und die Auflagerplatte die Fläche F hat, so beträgt die Flächenpressung p zwischen Platte und Fundament

$$p = \frac{|P|}{F}. \tag{2.9}$$

Man muß dafür Sorge tragen, daß $p \leqq \sigma_{d,\,\mathrm{zul},\,\mathrm{min}}$ ist. Dabei ist $\sigma_{d,\,\mathrm{zul},\,\mathrm{min}}$ die kleinere der für die beiden aufeinandergepreßten Werkstoffe gültigen zulässigen Druckspannungen.

Lochleibung ist eine spezielle Art der Flächenpressung: Man bezeichnet damit den Lagerdruck eines Zapfens oder Bolzens. Hierbei ist die gemeinsame Berührungsfläche nicht mehr eben. Daher tritt in Wirklichkeit keine gleichmäßige, sondern die

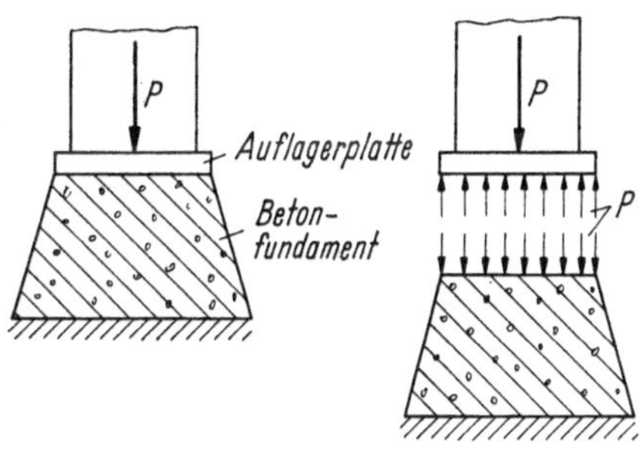

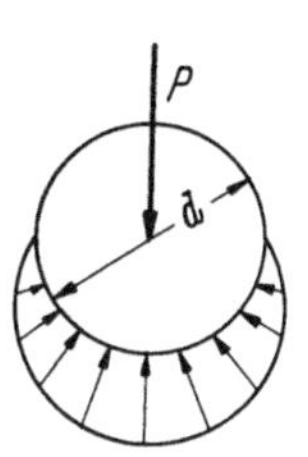

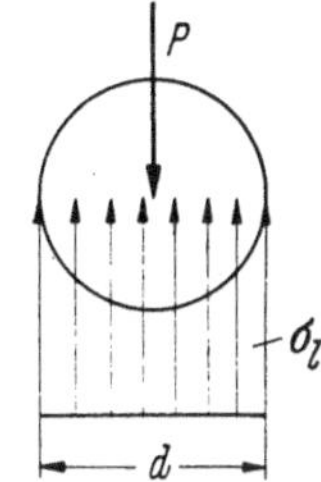

Abb. 44. Flächenpressung.   Abb. 45. Lochleibung.   Abb. 46
Idealisierte Spannungsver-
teilung bei Lochleibung.

in Abb. 45 gezeigte Verteilung der radialen Druckspannungen auf. Wieder trifft man zur Vereinfachung der Rechnung trotzdem die Annahme, daß die Spannungsverteilung über den Durchmesser des Bolzens gleichmäßig sei (Abb. 46). Wenn l die Auflagerlänge, d der Durchmesser des Bolzens und P die von ihm übertragene Lagerkraft ist, so gilt für die Lochleibung σ_l die Beziehung

$$\sigma_l = \frac{|P|}{l\,d}. \qquad (2.10)$$

Wir haben uns bisher nur mit den Spannungen beschäftigt. Wir müssen aber jetzt auch noch die Verformung betrachten. Beim Stab ist es im wesentlichen eine

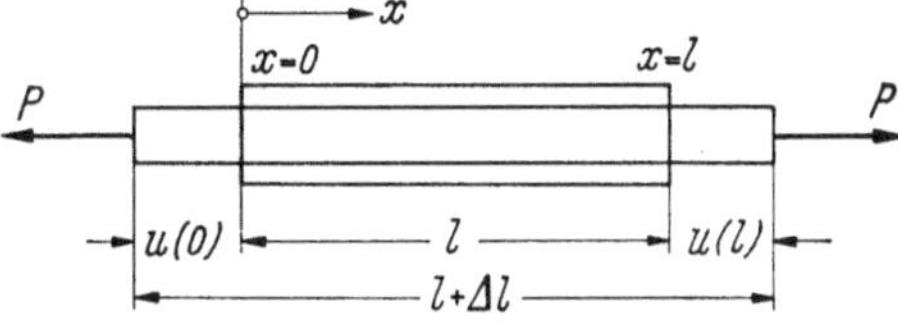

Abb. 47. Verzerrung des Zugstabes.

Verlängerung (bei Zug) oder Verkürzung (bei Druck). Es tritt zwar auch noch eine Querkontraktion auf, aber die ist meist so klein, daß sie gegenüber der Verlängerung oder Verkürzung vernachlässigt werden kann.

Der Spannungstensor hat für den Zug- bzw. Druckstab und für das in Abb. 47 gewählte kartesische Achsenkreuz die Form

$$\bar{S} = \begin{pmatrix} \sigma_x & 0 & 0 \\ 0 & 0 & 0 \\ 0 & 0 & 0 \end{pmatrix} \equiv \begin{pmatrix} \sigma_1 & 0 & 0 \\ 0 & 0 & 0 \\ 0 & 0 & 0 \end{pmatrix}, \qquad (2.11)$$

wobei $\sigma_x \equiv \sigma_1$ eine Hauptspannung ist, wie wir schon wissen. Den zugehörigen Verzerrungstensor gewinnen wir mit (2.11) aus dem Hookeschen Gesetz (1.87), und er lautet

$$\bar{V} = \frac{1}{E} \begin{pmatrix} \sigma_x & 0 & 0 \\ 0 & -\nu\,\sigma_x & 0 \\ 0 & 0 & -\nu\,\sigma_x \end{pmatrix} \equiv \begin{pmatrix} \varepsilon_x & 0 & 0 \\ 0 & \varepsilon_y & 0 \\ 0 & 0 & \varepsilon_z \end{pmatrix} \equiv \begin{pmatrix} \varepsilon_1 & 0 & 0 \\ 0 & \varepsilon_2 & 0 \\ 0 & 0 & \varepsilon_3 \end{pmatrix}. \qquad (2.12)$$

Aus seiner Gestalt als Diagonaltensor geht hervor, daß die Dehnungen Hauptdehnungen sind. Der Verformungsvorgang ist nach unserer vereinfachenden Auffassung eindimensional. Also können wir an Stelle von (1.55)

$$\varepsilon_x = \frac{\mathrm{d}u}{\mathrm{d}x}, \qquad \mathrm{d}u = \varepsilon_x\,\mathrm{d}x \tag{2.13}$$

setzen. Wegen (2.12) ist aber $\varepsilon_x \equiv \varepsilon_1 \equiv \sigma_x/E$, womit (2.13) in

$$\mathrm{d}u = \frac{\sigma_x}{E}\,\mathrm{d}x \tag{2.14}$$

übergeht. Wir verwenden jetzt (2.1) und integrieren. Das führt zu

$$\int\limits_{u(0)}^{u(l)} \mathrm{d}u = \int\limits_{\xi=0}^{\xi=l} \frac{N(\xi)}{E\,F(\xi)}\,\mathrm{d}\xi,$$

bzw. mit $u(l) - u(0) = \Delta l$ zu

$$\Delta l = \int\limits_{\xi=0}^{\xi=l} \frac{N(\xi)}{E\,F(\xi)}\,\mathrm{d}\xi. \tag{2.15}$$

Formel (2.15) stellt die Verlängerung oder Verkürzung des Stabes dar, je nachdem ob $N(\xi)$ positiv oder negativ, ob es sich also um einen Zug- oder Druckstab handelt.
Für den Sonderfall

$$N \equiv P = \mathrm{const}, \quad F = \mathrm{const}, \quad E = \mathrm{const}$$

erhalten wir aus (2.15) nach Ausführung der Integration die einfache Beziehung

$$\Delta l = \frac{P\,l}{E\,F}. \tag{2.16}$$

Für einen Verformungsnachweis muß man dann

$$|\Delta l| = \frac{|P|\,l}{E\,F} \leqq \Delta l_{\mathrm{zul}} \tag{2.17}$$

und für eine Bemessung hinsichtlich der Verformung

$$F_{\mathrm{erf}} \geqq \frac{|P|\,l}{E\,\Delta l_{\mathrm{zul}}} \tag{2.18}$$

verlangen. Mit der allgemeineren Beziehung (2.15) gilt entsprechend

$$|\Delta l| = \int\limits_{\xi=0}^{\xi=l} \frac{|N(\xi)|}{E\,F(\xi)}\,\mathrm{d}\xi \leqq \Delta l_{\mathrm{zul}}, \tag{2.19}$$

wobei das Integral unter Umständen näherungsweise ausgewertet werden muß. Zur Bemessung ist (2.19) als eine Integralungleichung für die unbekannte Funktion $F(\xi)$ aufzufassen. Ihre Auswertung kann erhebliche Schwierigkeiten bereiten. In einem solchen Fall hilft sich der Ingenieur dann so, daß er eine plausible Annahme für die Unbekannte $F(\xi)$ trifft und der Bedingung (2.19) durch Probieren gerecht zu werden versucht, wobei er noch gleichzeitig nach einer Optimierung trachtet.

Im Zusammenhang mit Druckstäben muß noch eine sehr wichtige Bemerkung gemacht werden: Der für sie in diesem Abschnitt vorgeführte Rechnungsgang hinsichtlich Spannung und Verformung hat nur dann Sinn und Bedeutung, wenn es sich um kurze, gedrungene Stäbe handelt. Schlanke Druckstäbe erleiden dagegen durch *Knicken*, eine Instabilitätserscheinung, besonders große Verformungen und werden dadurch meist schon unbrauchbar, ehe die zulässige Druckspannung erreicht ist. Druckstäbe sind daher üblicherweise auf Knicken zu berechnen. Wir unterlassen das hier nur deshalb, weil *Stabilitätsprobleme* gesondert und ausführlich im Abschn. 6 behandelt werden sollen.

Zum Abschluß zwei Beispiele:

Beispiel 1. Eine Last von $P = 15$ Mp soll von einer Zugstange aus Rundstahl St 37 mit $\sigma_{z,\text{zul}} = 1400$ kp/cm² und $E = 2,1 \cdot 10^6$ kp/cm², welche die Länge $l = 2$ m besitzt, aufgenommen werden. Wie ist der Durchmesser d der Zugstange zu wählen, damit weder die zulässige Spannung noch eine Verlängerung der Stange von $\Delta l = 5$ mm überschritten wird?

Nach (2.5) ist mit Rücksicht auf die zulässige Spannung

$$F_{\text{erf}} \geqq \frac{15000}{1400} = 10,7 \text{ cm}^2$$

und nach (2.18) mit Rücksicht auf die zulässige Verlängerung

$$F_{\text{erf}} \geqq \frac{15000 \cdot 200}{2,1 \cdot 10^6 \cdot 0,5} = 2,85 \text{ cm}^2$$

zu fordern. Man ersieht daraus, daß die Bemessung hinsichtlich der Spannung maßgeblich ist. Aus einer Rundstahltabelle wählen wir Rundstahl mit $d = 38$ mm und

$$F_{\text{vorh}} = 11,3 \text{ cm}^2 > 10,7 \text{ cm}^2 = F_{\text{erf}}$$

aus. Damit ist die Bemessung erfolgt. Es ist üblich und ratsam, außerdem einen Spannungs- und Verformungsnachweis für den gewählten Rundstahl zu führen. Er verläuft folgendermaßen:
Nach (2.4) ist

$$\sigma_{z,\text{vorh}} = \frac{P}{F_{\text{vorh}}} = \frac{15000}{11,3} = 1327 \text{ kp/cm}^2 < 1400 \text{ kp/cm}^2 = \sigma_{z,\text{zul}}$$

und nach (2.17)

$$\Delta l_{\text{vorh}} = \frac{P l}{E F_{\text{vorh}}} = \frac{15000 \cdot 200}{2,1 \cdot 10^6 \cdot 11,3} = 0,127 \text{ cm} < 0,5 \text{ cm} = \Delta l_{\text{zul}}.$$

Damit ist gezeigt, daß sowohl die zulässige Spannung als auch die zulässige Verlängerung eingehalten wird.

Beispiel 2. Eine Last von $P = 10$ Mp ruht auf einer starren Auflagerplatte, welche von einer kurzen, gedrungenen Säule getragen wird (Abb. 48). Diese hat die Länge von $l = 1$ m, einen quadratischen Querschnitt mit den Seitenlängen $2b = 2 \cdot 10$ cm und besteht aus zwei Hälften. Die eine ist aus Stahl mit $E = 2,1 \cdot 10^6$ kp/cm², die andere aus Kupfer mit $1,3 \cdot 10^6$ kp/cm². In welchem Abstand x vom linken Querschnittsrand der Säule muß P angreifen, damit die Auflagerplatte beim Zusammendrücken der Säule durch die Last vollkommen horizontal bleibt? Wie groß sind die Druckspannungen in den beiden Säulenhälften? Um wieviel senkt sich die Auflagerplatte bei der Verformung der Säule?

Nach (2.16) ist die Verkürzung der Säulenhälften

$$\Delta l_{\text{ST}} = \frac{\sigma_{\text{ST}} F_{\text{ST}} l}{E_{\text{ST}} F_{\text{ST}}}, \qquad \Delta l_{\text{Cu}} = \frac{\sigma_{\text{Cu}} F_{\text{Cu}} l}{E_{\text{Cu}} F_{\text{Cu}}}. \tag{2.20}$$

Damit die Auflagerplatte waagerecht bleibt, muß $\Delta l_{\text{ST}} = \Delta l_{\text{Cu}}$ sein, was wegen (2.20)

$$\sigma_{\text{Cu}} = \sigma_{\text{ST}} \frac{E_{\text{Cu}}}{E_{\text{ST}}} \tag{2.21}$$

zur Folge hat.
Das Gleichgewicht der Kräfte verlangt

$$\sigma_{\text{ST}} F_{\text{ST}} + \sigma_{\text{Cu}} F_{\text{Cu}} = P,$$

was wegen $F_{\text{ST}} = F_{\text{Cu}} = 2b^2$ und (2.21) auf

$$\sigma_{\text{ST}} \cdot 2b^2 \left(1 + \frac{E_{\text{Cu}}}{E_{\text{ST}}}\right) = P \tag{2.22}$$

führt.
Das Gleichgewicht der Momente bezüglich des linken Querschnitts-randes ist durch

$$\sigma_{\text{ST}} F_{\text{ST}} \frac{b}{2} + \sigma_{\text{Cu}} F_{\text{Cu}} \frac{3}{2} b = P x \tag{2.23}$$

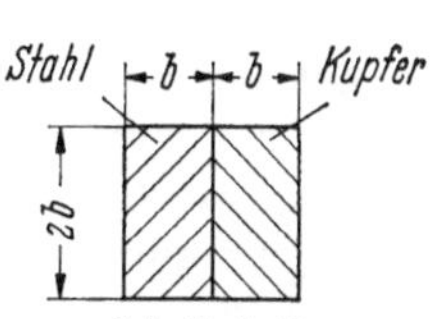

Abb. 48
Statisch unbestimmt be-
anspruchte Säule.

gegeben. Mit $F_{\mathrm{ST}} = F_{\mathrm{Cu}} = 2b^2$, (2.21) und (2.22) wird daraus

$$\sigma_{\mathrm{ST}}\, b^3 \left(1 + 3\,\frac{E_{\mathrm{Cu}}}{E_{\mathrm{ST}}}\right) = \sigma_{\mathrm{ST}} \cdot 2b^2 \left(1 + \frac{E_{\mathrm{Cu}}}{E_{\mathrm{ST}}}\right) x.$$

Löst man nach x auf und setzt dann die Zahlenwerte ein, so bekommt man

$$x = \frac{b}{2}\,\frac{1 + 3\,\dfrac{E_{\mathrm{Cu}}}{E_{\mathrm{ST}}}}{1 + \dfrac{E_{\mathrm{Cu}}}{E_{\mathrm{ST}}}} = \frac{10}{2}\,\frac{1 + 3\,\dfrac{1{,}3 \cdot 10^6}{2{,}1 \cdot 10^6}}{1 + \dfrac{1{,}3 \cdot 10^6}{2{,}1 \cdot 10^6}} = 8{,}85 \text{ cm}.$$

Löst man (2.22) nach σ_{ST} auf und setzt dann die Zahlenwerte ein, so erhält man

$$\sigma_{\mathrm{ST}} = \frac{P}{2b^2 \left(1 + \dfrac{E_{\mathrm{Cu}}}{E_{\mathrm{ST}}}\right)} = \frac{10000}{2 \cdot 100 \left(1 + \dfrac{1{,}3 \cdot 10^6}{2{,}1 \cdot 10^6}\right)} = 30{,}9 \text{ kp/cm}^2.$$

Aus (2.21) folgt daher

$$\sigma_{\mathrm{Cu}} = 30{,}9\,\frac{1{,}3 \cdot 10^6}{2{,}1 \cdot 10^6} = 19{,}1 \text{ kp/cm}^2.$$

Schließlich ergibt sich noch aus (2.20), bei Einsetzen der Zahlenwerte,

$$\Delta l = \frac{30{,}9 \cdot 100}{2{,}1 \cdot 10^6} = 1{,}47 \cdot 10^{-3} \text{ cm}$$

als Maß für die Absenkung der Auflagerplatte unter der Last.

Dieses zweite Beispiel sollte nicht nur dazu dienen, die Rechnung bei einem Druckstab vorzuführen, sondern sollte gleichzeitig auch zeigen, wie man eine statisch unbestimmte Aufgabe, denn um eine solche hat es sich gehandelt, unter Berücksichtigung der Verformungen bewältigen kann.

2.2 Abscheren

Ein Querschnitt $A-B$ (Abb. 49) ist auf Abscheren beansprucht, wenn die äußeren Kräfte in der Ebene dieses Querschnittes wirken. Man bezeichnet sie daher als die Querkräfte Q. Da es in der Natur keine Einzelkräfte gibt, werden sich an den

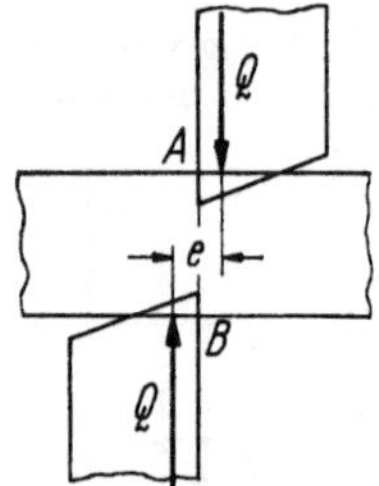

Abb. 49. Abscheren.

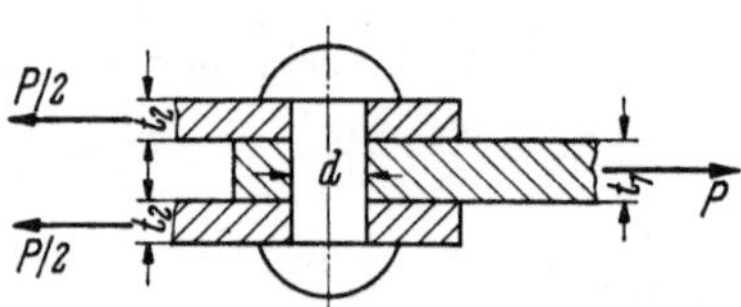

Abb. 50. Zweischnittig beanspruchter Niet.

Schneiden in Wirklichkeit Spannungsverteilungen ausbilden, deren Resultierenden Q um $e/2$ aus dem Querschnitt herausgerückt sind. Daher wird der Stab nicht nur auf Schub, sondern auch auf Biegung beansprucht sein. Bei der Behandlung der Stabbiegung werden wir ausführlich darauf zurückkommen, daß Biegung und Schub meist gemeinsam auftreten. Bei den Belastungsfällen, die wir hier gemäß Abb. 49 im Sinn haben, ist aber die Biegung gegenüber der Schubbeanspruchung so klein, daß wir sie vernachlässigen und daher einfach von Abscheren sprechen können.

Wir machen im Zusammenhang mit dem Abscheren noch eine andere sehr brauchbare, aber sicher nicht vollständig zutreffende Annahme: Wir setzen voraus, daß sich die Scherspannung τ_a gleichmäßig über den Abscherquerschnitt F verteilt. Wir rechnen also mit

$$\tau_a = \frac{Q}{F}. \tag{2.24}$$

Wenn $\tau_{a,\,\mathrm{zul}}$ die zulässige Scherspannung ist, haben wir für einen Spannungsnachweis

$$\tau_a = \frac{Q}{F} \leqq \tau_{a,\,\mathrm{zul}} \tag{2.25}$$

und für eine Bemessung

$$F_{\mathrm{erf}} \geqq \frac{Q}{\tau_{a,\,\mathrm{zul}}} \tag{2.26}$$

zu verlangen.

Beispiel. Es ist der Durchmesser d des in Abb. 50 gezeigten zweischnittigen Nietes zu bestimmen, wenn $P = 12$ Mp und die Flachstahldicken $t_1 = 20$ mm, $t_2 = 12$ mm betragen.

Für Nietverbindungen im Hochbau und St 37 ist $\tau_{a,\,\mathrm{zul}} = 1400$ kp/cm². Aus (2.26) folgt daher

$$F_{\mathrm{erf}} \geqq \frac{P}{\tau_{a,\,\mathrm{zul}}} = \frac{12\,000}{1400} = 8{,}6 \ \mathrm{cm}^2.$$

Da der Niet zweischnittig ist, muß seine Querschnittsfläche größer als 4,3 cm² sein. Daraus ergibt sich für seinen Durchmesser hinsichtlich des Abscherens

$$d_{\mathrm{erf}} \geqq \sqrt{\frac{4{,}3 \cdot 4}{\pi}} = 2{,}34 \ \mathrm{cm}.$$

Es ist notwendig, jetzt auch noch auf die Lochleibung zu achten. Dazu greifen wir auf (2.10) zurück. Dort ist nach d aufzulösen und für l das $\mathrm{Min}\,(t_1, 2t_2)$ zu setzen. Das führt für eine Bemessung des Nietes auf Lochleibung zu

$$d_{\mathrm{erf}} \geqq \frac{P}{t_1\,\sigma_{l,\,\mathrm{zul}}}.$$

Für Nietverbindungen im Hochbau und St 37 ist der zulässige Lochleibungsdruck $\sigma_{l,\,\mathrm{zul}} = 2800$ kp/cm². Damit und mit den übrigen Zahlenwerten bekommt man

$$d_{\mathrm{erf}} \geqq \frac{12\,000}{2 \cdot 2800} = 2{,}14 \ \mathrm{cm}.$$

Für die Bemessung des Nietes ist also das Abscheren maßgeblich, da es den größeren Nietdurchmesser erfordert. Mit Rücksicht auf $d_{\mathrm{erf}} \geqq 2{,}34$ cm wird ein Niet aus St 37 mit $d = 25$ mm gewählt.

2.3 Biegung

2.3.1 Flächenträgheitsmomente

Um die Theorie der Stabbiegung behandeln zu können, müssen wir uns vorweg mit dem Begriff des Flächenträgheitsmomentes befassen.

Die *axialen Trägheitsmomente* (Abb. 51) sind bezüglich der x-Achse durch

$$J_x = \int\limits_F y^2 \, \mathrm{d}F \tag{2.27}$$

und bezüglich der y-Achse durch

$$J_y = \int\limits_F x^2 \, \mathrm{d}F \tag{2.28}$$

definiert. Man spricht bei ihnen auch von *Flächenmomenten 2. Grades* (im Gegensatz zu den *statischen Momenten*, die *Flächenmomente 1. Grades* sind). Sie sind stets positiv und haben die Dimension [cm⁴].

Für das Rechteck der Abb. 52 ist nach (2.27)

$$J_x = \int\limits_{-h/2}^{+h/2} y^2\, b\, \mathrm{d}y = \frac{b\,h^3}{12}. \tag{2.29}$$

Ganz entsprechend folgt aus (2.28)

$$J_y = \int\limits_{-b/2}^{+b/2} x^2\, h\, \mathrm{d}x = \frac{h\,b^3}{12}. \tag{2.30}$$

Häufig hat man es mit der Berechnung von Trägheitsmomenten für kompliziertere Flächen zu tun. Um diese Berechnung einfach zu gestalten, denken wir uns eine solche Fläche in einfache Teilflächen zerlegt und benutzen den folgenden, künftig als *Gruppensatz* bezeichneten Hilfssatz:

Das Trägheitsmoment einer Summe (oder Differenz) von Flächen bezüglich einer Achse ist gleich der Summe (oder Differenz) der Trägheitsmomente der Einzelflächen bezüglich dieser Achse.

Der Beweis für den Hilfssatz folgt sehr leicht daraus, daß die Integration eine additive Operation ist: Gesucht wird z. B.

$$J_x = \int\limits_{F} y^2\, \mathrm{d}F.$$

Es sei $F = \sum\limits_{i} F_i$, so daß man

$$J_x = \int\limits_{\sum\limits_i F_i} y^2\, \mathrm{d}F = \sum\limits_{i} \int\limits_{F_i} y^2\, \mathrm{d}F$$

schreiben kann. Es sind aber

$$J_{x,i} = \int\limits_{F_i} y^2\, \mathrm{d}F$$

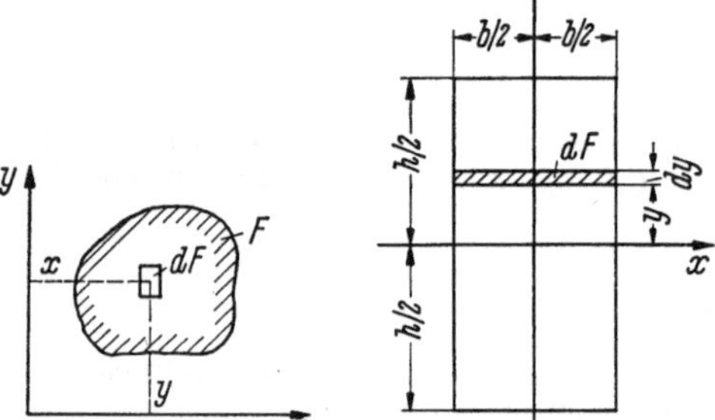

Abb. 51. Flächenmomente.　Abb. 52. Trägheitsmoment des Rechtecks.

die Trägheitsmomente der Teilflächen. Also gilt auch

$$J_x = \sum\limits_{i} J_{x,i},$$

und das ist gerade die Aussage des Hilfssatzes.

Beispiel. Es soll das Trägheitsmoment J_x des in Abb. 53 gezeigten I-Profils berechnet werden. Dazu stellen wir es uns aus dem Rechteck F_1 durch Abzug der beiden Rechtecke F_2 und F_3 entstanden vor. Nach dem Gruppensatz ist daher $J_x = J_{1x} - (J_{2x} + J_{3x})$. Die Teilflächen dieser Zerlegung sind Rechtecke, also haben wir für ihre Trägheitsmomente nach (2.29)

$$J_{1x} = \frac{b\,h^3}{12}, \qquad J_{2x} = J_{3x} = \frac{b-d}{2}\,\frac{(h-2t)^3}{12}.$$

Damit ergibt sich für das gesuchte Trägheitsmoment des I-Profils:

$$J_x = \frac{b\,h^3}{12} - \frac{(b-d)\,(h-2t)^3}{12}.$$

Ein weiterer wichtiger Hilfssatz ist der *Satz von* STEINER, der übrigens schon bei HUYGENS und EULER vorkommt und daher häufig auch nach diesen benannt wird. Er dient dazu, um Trägheitsmomente für Achsen zu berechnen, die zu einer durch den Flächenschwerpunkt gehenden Achse parallel sind (Abb. 54). Dabei wird angenommen, daß das Trägheitsmoment der Fläche bezüglich der Schwerachse bereits bekannt sei. Gesucht wird z. B.

$$J_{x*} = \int_F y^{*2}\, \mathrm{d}F = \int_F (y + a)^2\, \mathrm{d}F = \int_F y^2\, \mathrm{d}F + 2a \int_F y\, \mathrm{d}F + a^2 \int_F \mathrm{d}F.$$

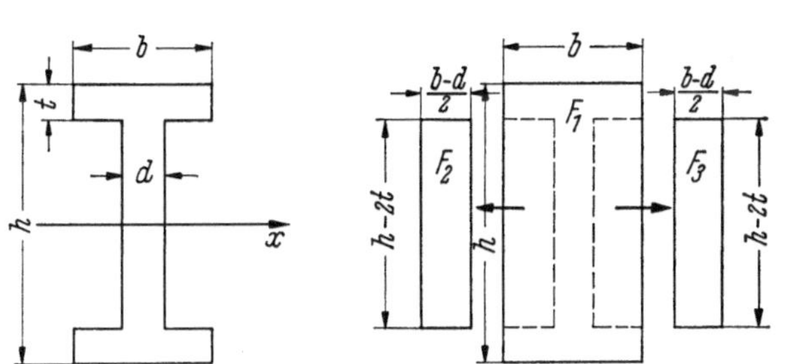

Abb. 53. Trägheitsmoment der I-Fläche.

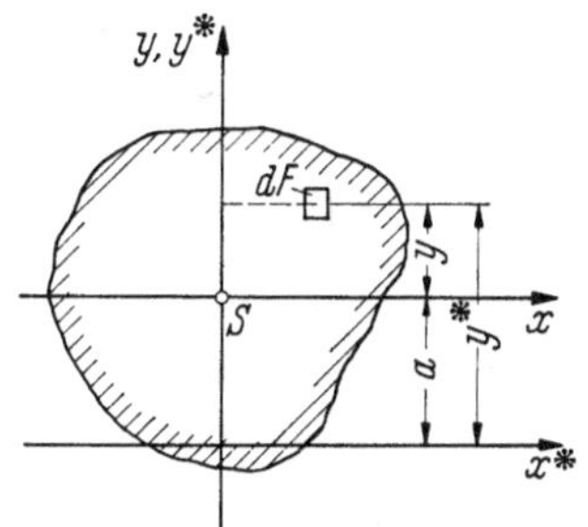

Abb. 54
Zur Herleitung des Satzes von STEINER.

Nun gilt aber wegen der Lage der x-Achse (sie geht durch den Schwerpunkt S der Fläche F) für das statische Moment S_x die Identität

$$S_x = \int_F y\, \mathrm{d}F \equiv 0,$$

und es ist außerdem

$$\int_F \mathrm{d}F \equiv F.$$

Daher folgt für das gesuchte Trägheitsmoment

$$J_{x*} = \int_F y^2\, \mathrm{d}F + a^2\, F.$$

Der erste Term auf der rechten Seite dieser letzten Formel stellt das Trägheitsmoment $J_{x,s}$ bezüglich der x-Achse, die Schwerachse ist, dar. Also können wir

$$J_{x*} = J_{x,s} + a^2\, F \tag{2.31}$$

setzen, und das ist die Aussage des Satzes von STEINER.

Wir wollen den Satz benutzen, um das Trägheitsmoment eines Rechtecks bezüglich einer Achse durch seine Grundseite zu berechnen (Abb. 55): Nach (2.29) ist

$$J_{x,s} = \frac{b\,h^3}{12}.$$

Ferner ist $a = h/2$ und $F = b\,h$. Also erhalten wir aus (2.31)

$$J_{a*} = \frac{b\,h^3}{12} + \frac{h^2}{4}\,b\,h = \frac{b\,h^3}{3}. \tag{2.32}$$

Neben den axialen Trägheitsmomenten ist das *polare Trägheitsmoment* J_p als

$$J_p = \int_F r^2\, \mathrm{d}F \tag{2.33}$$

definiert. Dabei ist r der Radiusvektor vom Ursprung des Achsenkreuzes zum Bezugspunkt (Abb. 56). J_p ist ebenso wie die axialen Trägheitsmomente stets positiv und hat wie diese die Dimension [cm⁴]. Man liest aus der Abbildung die Beziehung

$$J_p = \int\limits_F r^2 \, \mathrm{d}F = \int\limits_F (x^2 + y^2) \, \mathrm{d}F = \int\limits_F x^2 \, \mathrm{d}F + \int\limits_F y^2 \, \mathrm{d}F,$$

also nach (2.27), (2.28)

$$J_p = J_x + J_y \tag{2.34}$$

heraus.

Beispiel. Für die Kreisfläche der Abb. 57 ist $\mathrm{d}F = 2\pi r \, \mathrm{d}r$ und daher nach (2.33)

$$J_p = 2\pi \int\limits_0^R r^3 \, \mathrm{d}r = \frac{\pi}{2} R^4. \tag{2.35}$$

Wegen der Symmetrie dieser Fläche ist $J_x = J_y$ und nach (2.34) folglich

$$J_x = J_y = \frac{1}{2} J_p = \frac{\pi}{4} R^4. \tag{2.36}$$

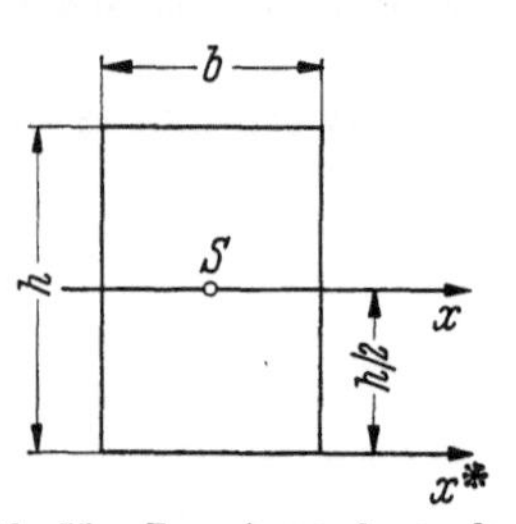

Abb. 55. Zur Anwendung des
Satzes von STEINER.

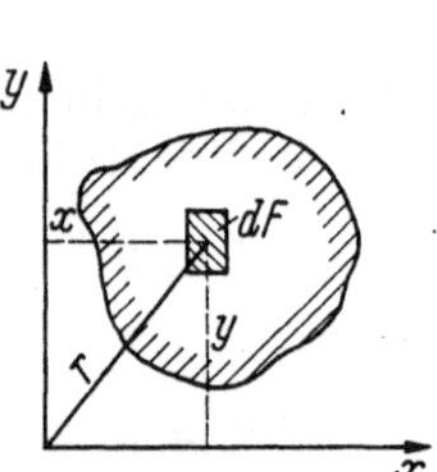

Abb. 56
Polares Trägheitsmoment.

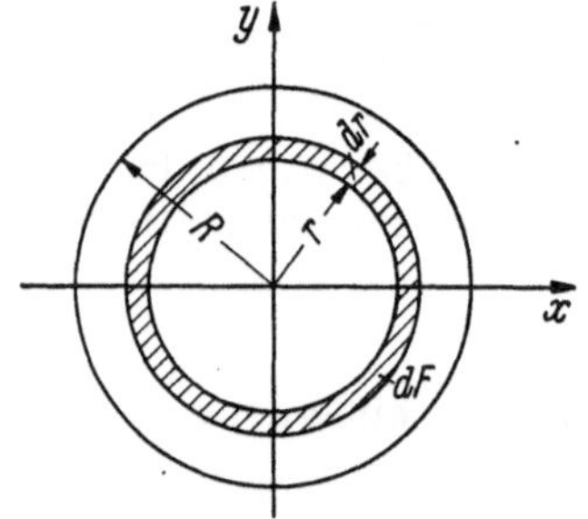

Abb. 57
Polares Trägheitsmoment der Kreisfläche

Als dritte Art von Flächenmomenten 2. Grades wollen wir jetzt die *Deviations-* bzw. *Zentrifugalmomente* einführen (Abb. 51). Sie sind durch

$$J_{xy} = \int\limits_F x\,y \, \mathrm{d}F = J_{yx} \tag{2.37}$$

definiert und können sowohl positiv als auch negativ sein sowie den Wert Null annehmen. Ihre Dimension ist [cm⁴].

Für Deviationsmomente werden wir ebenfalls zwei Hilfssätze herleiten: Der erste ist der *Symmetriesatz*. Er besagt, daß *das Deviationsmoment einer Fläche bezüglich eines Achsenkreuzes immer dann gleich Null ist, wenn mindestens eine der Achsen eine Symmetrieachse der Fläche ist.*

Zum Beweis betrachten wir Abb. 58: Es ist nach (2.37)

$$J_{xy} = \int\limits_F x\,y \, \mathrm{d}F = \lim_{\Delta F \to 0} \sum x\,y\,\Delta F.$$

Die Summe, deren Grenzwert wir zu bilden haben, können wir aber unterteilen, womit wir

$$J_{xy} = \lim_{\Delta F \to 0} \left(\sum_{F_l} x_l\,y_l\,\Delta F + \sum_{F_r} x_r\,y_r\,\Delta F \right)$$

erhalten. Wegen der Symmetrie der Fläche zur y-Achse ist

$$x_l = -x_r, \qquad y_l = y_r, \qquad F_l = F_r = F/2,$$

so daß wir schließlich

$$J_{xy} = \lim_{\Delta F \to 0} \left(\sum_{F/2} - x_r\, y_r\, \Delta F + \sum_{F/2} x_r\, y_r\, \Delta F \right) = 0$$

erhalten. Damit ist dieser Hilfssatz bewiesen.

Der zweite Hilfssatz ist die für Deviationsmomente interessierende Fassung des *Steinerschen Satzes*: Es ist das Deviationsmoment einer Fläche für ein Achsen-

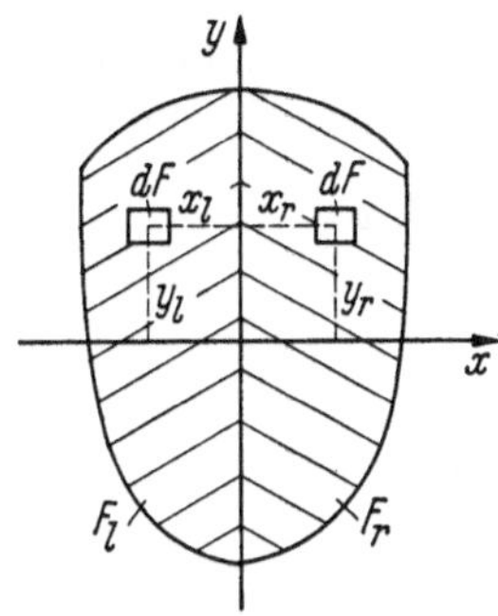

Abb. 58. Einfach symmetrische Fläche.

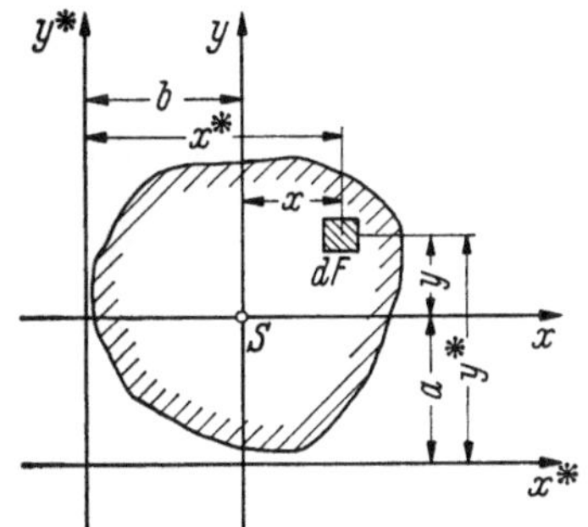

Abb. 59. Zur Herleitung des Satzes von STEINER.

kreuz x^*, y^* zu bestimmen, das gegenüber dem durch den Flächenschwerpunkt gehenden Achsenkreuz x, y parallel verschoben ist (Abb. 59).

Nach (2.37) haben wir

$$J_{x^* y^*} = \int\limits_F x^*\, y^*\, \mathrm{d}F.$$

Aus der Abbildung lesen wir

$$J_{x^* y^*} = \int\limits_F x^*\, y^*\, \mathrm{d}F = \int\limits_F (x + b)\,(y + a)\, \mathrm{d}F$$

ab. Das läßt sich in

$$J_{x^* y^*} = \int\limits_F x\, y\, \mathrm{d}F + a \int\limits_F x\, \mathrm{d}F + b \int\limits_F y\, \mathrm{d}F + a\, b\, F$$

umformen. Da die x- und die y-Achse Schwerachsen sind, gilt für die statischen Momente

$$S_x = \int\limits_F x\, \mathrm{d}F = 0, \qquad S_y = \int\limits_F y\, \mathrm{d}F = 0,$$

so daß

$$J_{x^* y^*} = \int\limits_F x\, y\, \mathrm{d}F + a\, b\, F$$

verbleibt. Es ist aber

$$J_{xy,S} = \int\limits_F x\, y\, \mathrm{d}F$$

das Deviationsmoment bezüglich der Schwerachsen. Wir können folglich

$$J_{x^* y^*} = J_{xy,S} + a\, b\, F \tag{2.37}$$

setzen. Das ist bereits die Aussage des Steinerschen Satzes für Deviationsmomente.

Wenn wir in einem beliebigen Punkt P einer Fläche ein kartesisches Achsenkreuz aufrichten, so können wir bezüglich des Achsenkreuzes und bezüglich des Bezugspunktes die Flächenmomente 2. Grades für die Fläche berechnen und erhalten die Größen

$$J_x, J_y, J_{xy} = J_{yx}.$$

Wir können diese sodann als die Komponenten eines zweidimensionalen, symmetrischen Tensors auffassen und gelangen auf solche Weise zum *Trägheitstensor*

$$\bar{\bar{D}} = \begin{pmatrix} J_x & -J_{xy} \\ -J_{yx} & J_y \end{pmatrix}. \tag{2.38}$$

Dabei ist besonders zu beachten, daß $\bar{\bar{D}}$ derart definiert ist, daß die Deviationsmomente negativ zu nehmen sind.

Der soeben gewonnene symmetrische Tensor $\bar{\bar{D}}$ ist völlig analog zu dem symmetrischen Tensor $\bar{S}$, (1.25), des ebenen Spannungszustandes. Es gilt also

$$\bar{\bar{D}} = \begin{pmatrix} J_x & -J_{xy} \\ -J_{yx} & J_y \end{pmatrix} \sim \bar{S} = \begin{pmatrix} \sigma_x & \tau_{xy} \\ \tau_{yx} & \sigma_y \end{pmatrix},$$

bzw.
$$J_x \sim \sigma_x, \qquad J_y \sim \sigma_y.$$
$$-J_{xy} \sim \tau_{xy}, \qquad -J_{yx} \sim \tau_{yx}. \tag{2.39}$$

Auf Grund dieser Analogie können wir feststellen, daß die Berechnung des Trägheitsmomentes J_ξ für die um den Winkel φ gegen die x-Achse gedrehte ξ-Achse der Abb. 60 völlig der Berechnung der Spannung σ_n für die um den Winkel φ gegen

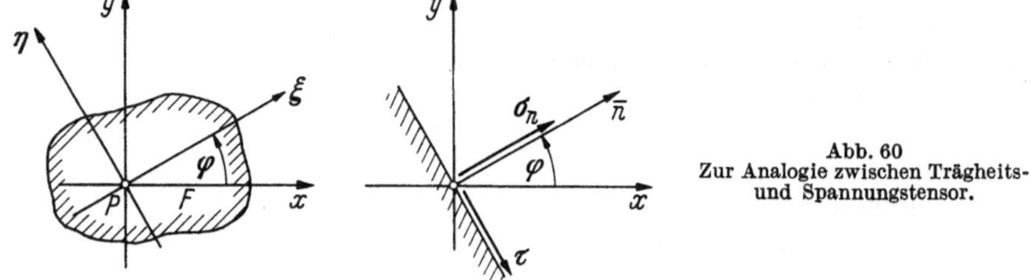

Abb. 60
Zur Analogie zwischen Trägheits- und Spannungstensor.

die x-Achse gedrehte $\bar{n}$-Achse entspricht. Wir dürfen daher die erste Formel von (1.30) unter Beachtung der durch (2.39) gegebenen Analogie in

$$J_\xi = \tfrac{1}{2}(J_x + J_y) + \tfrac{1}{2}(J_x - J_y)\cos 2\varphi - J_{xy}\sin 2\varphi \tag{2.40}$$

übersetzen. Ganz entsprechend erhalten wir J_η, wenn wir bei der ersten Formel von (1.30) für φ jetzt $\varphi + 90°$ setzen und sonst die gleiche Übersetzung vornehmen. Das gibt

$$J_\eta = \tfrac{1}{2}(J_x + J_y) - \tfrac{1}{2}(J_x - J_y)\cos 2\varphi + J_{xy}\sin 2\varphi. \tag{2.41}$$

Das Deviationsmoment $J_{\xi\eta}$ erhalten wir unserer Analogie (2.39) entsprechend, indem wir die zweite Formel von (1.30), für τ_n, übersetzen. Das gibt

$$J_{\xi\eta} = \tfrac{1}{2}(J_x - J_y)\sin 2\varphi + J_{xy}\cos 2\varphi. \tag{2.42}$$

So wie für den Spannungstensor das Hauptachsenkreuz existiert, für welches die Schubspannungen zu Null werden und die Normalspannungen als Hauptspannungen Extremwerte annehmen, so gibt es auf Grund der Analogie in dem Bezugspunkt P ein Hauptachsenkreuz des Trägheitstensors, für welches die Deviationsmomente verschwinden und die axialen Trägheitsmomente zu Extremwerten werden. Die Richtung der Hauptachsen findet man aus der mit (2.39) übersetzten Bedingung (1.32), welche jetzt

$$\tan 2\varphi_H = \frac{-2J_{xy}}{J_x - J_y} = \frac{2J_{xy}}{J_y - J_x} \tag{2.43}$$

lautet. Die extremalen Trägheitsmomente J_1 und J_2 bezüglich der Hauptachsen ergeben sich durch die Übersetzung von (1.35) zu

$$J_1 = \tfrac{1}{2}(J_x + J_y) + \tfrac{1}{2}\sqrt{(J_x - J_y)^2 + 4J_{xy}^2},$$
$$J_2 = \tfrac{1}{2}(J_x + J_y) - \tfrac{1}{2}\sqrt{(J_x - J_y)^2 + 4J_{xy}^2}. \tag{2.44}$$

Natürlich läßt sich ganz analog die graphische Konstruktion mit dem Mohrschen Kreis auf den symmetrischen Trägheitstensor $\overline{\overline{D}}$ übertragen. Das ist in Abb. 61 erläutert. Dabei sind wir bei der Herstellung dieser Zeichnung von der Annahme

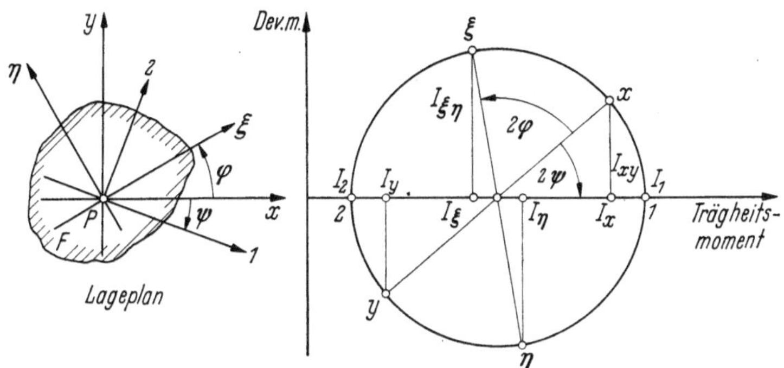

Abb. 61. Mohrscher Trägheitskreis.

ausgegangen, daß $J_x > J_y$ und $J_{xy} > 0$ sei. Die Strecke J_{xy} ist dabei über J_x unter Beachtung des positiven Vorzeichens nach oben abzutragen. Bei $J_x < J_y$ und beliebigem Vorzeichen von J_{xy} ändert sich an der Konstruktion des Mohrschen Kreises grundsätzlich nichts: Man muß nur immer J_{xy} beim Bildpunkt von J_x und für positives J_{xy} nach oben, für negatives J_{xy} nach unten abtragen.

Durch die Einführung des Trägheitstensors $\overline{\overline{D}}$ sind wir unmittelbar in der Lage, noch zwei interessante Beziehungen anzugeben, indem wir die Invarianten des Tensors hinschreiben:

$$I_1 = J_x + J_y = J_1 + J_2,$$
$$I_2 = J_x J_y - J_{xy}^2 = J_1 J_2. \tag{2.45}$$

Die erste dieser Beziehungen ist uns schon als (2.34) begegnet. Sie zeigt, daß das polare Trägheitsmoment J_p nichts anderes als die erste Invariante von $\overline{\overline{D}}$ ist. Beide Gln. (2.45) können als Rechenhilfe oder zur Rechenkontrolle verwendet werden.

Eine andere graphische Darstellung für den Trägheitstensor, die wir uns jetzt überlegen wollen, führt zur *Trägheitsellipse* (Abb. 62): Das x, y-System sei bei dieser Betrachtung mit dem Hauptachsensystem $1, 2$ identisch. Wir tragen im Bezugspunkt P den Radiusvektor

$$r_a = \frac{c}{\sqrt{J_\xi}} \tag{2.46}$$

ab und erhalten den Punkt A mit den Koordinaten

$$x_a = \frac{c}{\sqrt{J_\xi}} \cos\varphi, \qquad y_a = \frac{c}{\sqrt{J_\xi}} \sin\varphi. \tag{2.47}$$

Dabei ist c zunächst eine frei gewählte Konstante.

Für die um den Winkel φ gegenüber der 1-Richtung gedrehte ξ-Achse erhalten wir aus (2.40), mit $J_x \equiv J_1$, $J_y \equiv J_2$, $J_{xy} \equiv 0$ und nach einfacher trigonometrischer Umformung,

$$J_\xi = J_1 \cos^2\varphi + J_2 \sin^2\varphi. \tag{2.48}$$

Jetzt berechnen wir die Summe $J_1 x_a^2 + J_2 y_a^2$. Dazu benutzen wir (2.47) und erhalten

$$J_1 x_a^2 + J_2 y_a^2 = \frac{c^2}{J_\xi} \left(J_1 \cos^2\varphi + J_2 \sin^2\varphi \right).$$

Setzen wir auf der rechten Seite dieser Gleichung (2.48) ein, so bekommen wir

$$J_1 x_a^2 + J_2 y_a^2 = c^2. \tag{2.49}$$

Das ist die Gleichung einer Ellipse. Daraus folgt, daß wir, wenn wir r_a für alle möglichen Winkel φ abtragen, eben gerade die Trägheitsellipse erhalten.

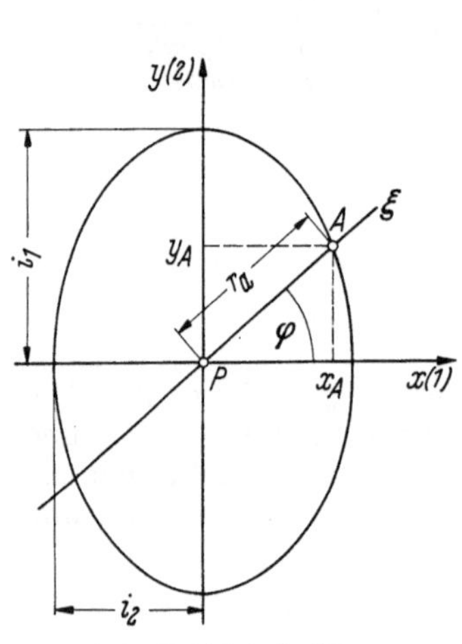

Abb. 62. Trägheitsellipse.

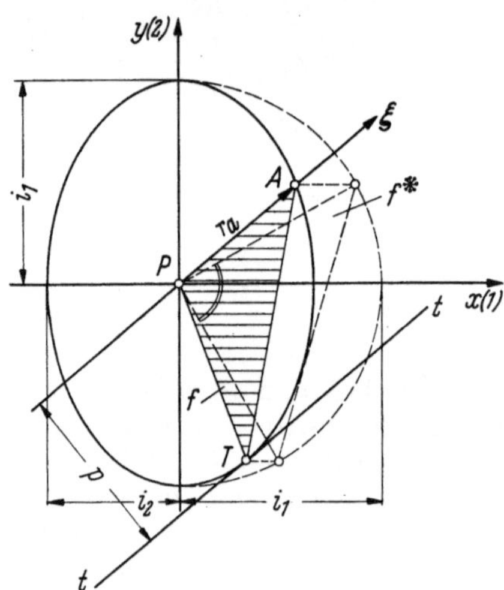

Abb. 63. Zur Anwendung der Trägheitsellipse.

Es sei F die Fläche, zu welcher der Bezugspunkt P gehört. Unter Verwendung von ihr führen wir die Größe

$$i = \sqrt{\frac{J}{F}}, \tag{2.50}$$

den *Trägheitsradius*, ein. Mit seiner Hilfe, und wenn wir noch

$$c = i_1 i_2 \sqrt{F} \tag{2.51}$$

wählen, erhalten wir als spezielle Gleichung der Trägheitsellipse

$$\frac{x^2}{i_2^2} + \frac{y^2}{i_1^2} = 1. \tag{2.52}$$

Die Trägheitsradien i_1, i_2 sind also die Hauptachsen der Ellipse.

Die Verwendung der Trägheitsellipse ist in Abb. 63 angedeutet: Da die Ellipse eine affine Abbildung des Kreises mit dem Radius i_1 ist, gilt für die Flächen f^* und f der beiden in Abb. 63 hervorgehobenen Dreiecke

$$f^* = \frac{1}{2} i_1^2, \quad f = \frac{i_2}{i_1} f^* = \frac{1}{2} i_1 i_2.$$

Außerdem liest man für f leicht die andere Beziehung

$$f = \tfrac{1}{2} r_a \, p$$

heraus. Gleichsetzung dieser beiden für f geltenden Ausdrücke ergibt

$$r_a \, p = i_1 \, i_2 \, .$$

Nun gilt aber für $r_a = c/\sqrt{J_\xi}$, wegen (2.50) und (2.51), auch

$$r_a = \frac{i_1 \, i_2}{i_\xi} \, .$$

Setzen wir dies in die darüberstehende Gleichung ein, so erhalten wir unmittelbar

$$i_\xi = p \, . \tag{2.53}$$

Das bedeutet aber, daß wir i_ξ und damit J_ξ für eine beliebige ξ-Achse durch P mit Hilfe der Trägheitsellipse folgendermaßen erhalten können: Wir zeichnen durch P die ξ-Achse und legen an die Ellipse eine zur ξ-Achse parallele Tangente $t-t$. Der senkrechte Abstand p der Tangente von der ξ-Achse liefert das gesuchte i_ξ.

2.3.2 Reine Biegung

Von *reiner Biegung* sprechen wir, wenn in jedem Querschnitt des Stabes, den wir auch *Biegebalken* oder einfach *Balken* nennen werden, nur ein Biegemoment M_z (Abb. 64) vorkommt, so daß die Momente M_y, M_x (letzteres ein Torsionsmoment) sowie die Normalkraft N und die Querkraft Q überall gleich Null sind.

Wegen dieser Voraussetzungen machen wir für den Spannungstensor die Annahme

$$\bar{S} = \begin{pmatrix} \sigma_x & 0 & 0 \\ 0 & 0 & 0 \\ 0 & 0 & 0 \end{pmatrix} \tag{2.54}$$

mit

$$\sigma_x = k \, y, \quad k = \text{const}, \quad \sigma_x \equiv \sigma_B \, .$$

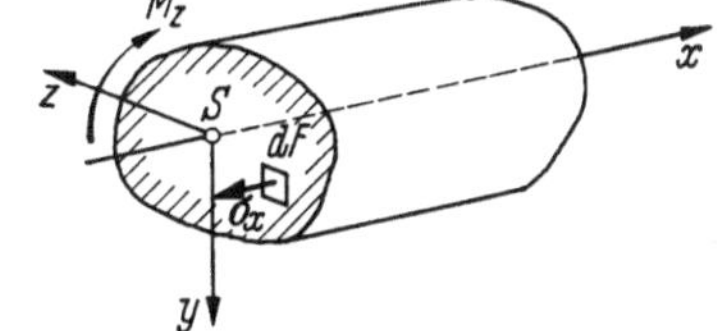

Abb. 64. Biegestab.

Da in $\bar{S}$ nur eine einzige Spannungskomponente vorkommt, könnten wir bei σ_x von einer Indizierung absehen. Das tun wir aber nicht, sondern wollen hervorheben, daß es sich bei dieser Normalspannung um die *Biegespannung* des Balkens handelt. Daher werden wir künftig statt σ_x eben σ_B schreiben. Durch den Index B weisen wir auf die besondere Art dieser Spannung hin. Für den Fall der reinen Biegung ist es eine Hauptspannung.

Mittels des Hookeschen Gesetzes (1.87) erhalten wir auf Grund von $\bar{S}$ und (2.54) für die Komponenten des Verzerrungstensors $\bar{V}$ die Beziehungen

$$\varepsilon_x = \frac{\sigma_B}{E} = \frac{k \, y}{E}, \quad \varepsilon_y = \varepsilon_z = -\frac{\nu \sigma_B}{E} = -\frac{\nu k \, y}{E}, \quad \varepsilon_{xy} = \varepsilon_{yz} = \varepsilon_{zx} = 0. \tag{2.55}$$

Wir untersuchen jetzt die Zulässigkeit unserer Annahme für den Spannungstensor: Wenn wir Volumenkräfte vernachlässigen, finden wir, daß die Gleichgewichtsbedingungen (1.90) erfüllt sind. Auch die aus dem Spannungstensor hergeleiteten Verzerrungen (2.55) erfüllen die Kompatibilitätsbedingungen (1.69). Unsere Annahme für $\bar{S}$ ist daher voll gerechtfertigt, wenn es uns noch gelingt, die Bedingungen

$$\int\limits_F \sigma_B \, \mathrm{d}F = N \equiv 0, \quad \int\limits_F z \, \sigma_B \, \mathrm{d}F = M_y \equiv 0, \quad \int\limits_F y \, \sigma_B \, \mathrm{d}F = M_z$$

zu erfüllen. Die Forderungen $Q \equiv 0$ und $M_x \equiv 0$ sind von vornherein erfüllt, da wir ja lediglich eine Normalspannung im Stabquerschnitt vorausgesetzt haben.

Die Bedingung $N \equiv 0$ führt mittels (2.54) zu

$$k \int_F y \, \mathrm{d}F \equiv 0,$$

d. h., das statische Moment $S_z = \int_F y \, \mathrm{d}F$ des Stabquerschnittes bezüglich der z-Achse muß verschwinden. Dem können wir gerecht werden, wenn wir die *z-Achse* zur *Schwerachse* machen: Sie muß durch den Schwerpunkt S des Stabquerschnittes gehen!

Die Bedingung $M_y \equiv 0$ ergibt mittels (2.54)

$$k \int_F z \, y \, \mathrm{d}F \equiv 0,$$

d. h., das Zentrifugalmoment J_{zy} des Stabquerschnittes muß verschwinden. Dem können wir genügen, wenn wir das durch S gehende y, z-Achsenkreuz als *Hauptachsenkreuz* des Querschnittes wählen!

Die Bedingung

$$\int_F y \, \sigma_B \, \mathrm{d}F = M_z$$

führt mittels (2.54) schließlich auf

$$k \int_F y^2 \, \mathrm{d}F = M_z.$$

Es ist aber $J_z = \int_F y^2 \, \mathrm{d}F$ das axiale Trägheitsmoment des Stabquerschnittes bezüglich der z-Achse. Folglich gelangen wir zu

$$k = \frac{M}{J_z}. \tag{2.56}$$

Dabei haben wir noch der Einfachheit halber $M_z \equiv M$ gesetzt und sprechen künftig einfach vom *Biegemoment M*, da auf Grund unserer Voraussetzungen ja keine Verwechslung möglich ist, so daß von einer Indizierung des Momentes abgesehen werden kann.

Wir können abschließend feststellen: Der Ansatz (2.54) für den Spannungstensor $\vec{S}$ genügt vollkommen dem Fall der reinen Biegung, wenn wir

1. das Achsenkreuz durch den Schwerpunkt S der Stabquerschnitte so legen, daß die y- und z-Achse Hauptachsen sind,

2. die Konstante k des Ansatzes (2.54) speziell durch (2.56) festlegen.

Durch (2.56) gelangen wir über (2.54) vor allem zu der wichtigen Formel

$$\sigma_B = \frac{M y}{J_z}, \tag{2.57}$$

die es gestattet, die im Querschnitt wirkende Biegespannung in Abhängigkeit vom Biegemoment zu berechnen. Wie man sieht, ist die Verteilung von σ_B mit y linear über den Querschnitt.

Jetzt wollen wir uns den Verschiebungen zuwenden. Wir erhalten sie wegen (1.55), (1.56), (1.59) und (2.55) durch die Integration von

$$\frac{\partial u}{\partial x} = \frac{k y}{E}, \qquad \frac{\partial v}{\partial y} = -\frac{\nu k y}{E}, \qquad \frac{\partial w}{\partial z} = -\frac{\nu k y}{E},$$

$$\frac{\partial u}{\partial y} + \frac{\partial v}{\partial x} = \frac{\partial v}{\partial z} + \frac{\partial w}{\partial y} = \frac{\partial w}{\partial x} + \frac{\partial u}{\partial z} = 0. \tag{2.58}$$

Zur Behandlung von (2.58) treffen wir die Näherungsannahme

$$w \equiv 0, \quad u = u(x, y), \quad v = v(x, y).$$

Damit gewinnen wir aus den ersten beiden Gleichungen der ersten Zeile von (2.58) durch Integration zunächst

$$u = \frac{k\,y\,x}{E} + f(y) + c_1,$$
$$v = -\frac{\nu\,k\,y^2}{2E} + g(x) + c_2,$$
(2.59)

wobei $f(y)$ und $g(x)$ Integrationsfunktionen und c_1, c_2 Integrationskonstanten sind.

Die erste Gleichung der zweiten Zeile von (2.58) verlangt

$$\frac{\partial v}{\partial x} = -\frac{\partial u}{\partial y},$$

was wegen (2.59) zu

$$\frac{\partial g(x)}{\partial x} = -\frac{k\,x}{E} - \frac{\partial f(y)}{\partial y}$$

führt. Da links eine Funktion nur von x steht, wird diese Gleichung durch

$$f(y) \equiv 0, \quad g(x) = -\frac{k\,x^2}{2E} + c_3$$
(2.60)

erfüllt. Wenn wir aber, wie soeben, bei den Verschiebungen von Starrkörperbewegungen absehen, können wir noch die Integrationskonstanten c_1, c_2 und c_3 unterdrücken. Es verbleibt daher sowie wegen (2.60) von (2.59)

$$u = \frac{k\,y\,x}{E}, \quad v = -\frac{k}{2E}(\nu\,y^2 + x^2).$$
(2.61)

Aus der ersten Gleichung von (2.61) lesen wir unmittelbar ab, daß bei der Verformung des gebogenen Balkens *Querschnitte, die vor der Verformung eben waren, nach der Verformung eben bleiben* (Hypothese von BERNOULLI).

Aus der zweiten Gleichung von (2.61) können wir, wenn wir $y = z = 0$ setzen, die Verformung der Balkenachse erhalten. Wir finden

$$v(x) = -\frac{k\,x^2}{2E},$$
(2.62)

was uns die *elastische Linie* des Balkens, d. h. die verformte Balkenachse, liefert. Aus (2.62) stellen wir durch zweimalige Differentiation nach x

$$v''(x) = -\frac{k}{E}$$

und daraus mittels (2.56),

$$v''(x) = -\frac{M}{E J_z},$$
(2.63)

nämlich die *Differentialgleichung der Biegelinie* (oder elastischen Linie) des Balkens, her. Dabei haben wir uns im allgemeinsten Fall auf der rechten Seite von (2.63) nicht nur M, sondern auch J_z als Funktion von x vorzustellen.

2.3.3 Querkraftbiegung

In vielen Fällen ist die Biegung nicht frei von Querkräften. Wir brauchen uns z. B. nur den Biegebalken der Abb. 65 vor Augen halten. Infolge der bei ihm vorhandenen Querkräfte müßten wir eigentlich mit dem Auftreten von Schubspannungen rechnen und daher den Ansatz (2.54) für den Spannungstensor $\overline{\overline{S}}$ mindestens in dieser Hinsicht abändern. Bei langen, schlanken Trägern, wie sie in der Praxis meistens vorkommen, sieht man aber trotzdem vom Einfluß der Querkräfte ab. Wir werden später sehen, daß das berechtigt ist. Man übernimmt daher auch für die Querkraftbiegung die wichtigsten Ergebnisse, die für die reine Biegung gelten und setzt, mindestens näherungsweise, folgendes fest:

1. Ebene Querschnitte bleiben bei der Biegung des Stabes eben (Hypothese von BERNOULLI).

2. Für die Biegespannung σ_B, die von allen anderen Spannungen, als überwiegend, allein berücksichtigt wird, gilt

$$\sigma_B = \frac{M\,y}{J_z}. \tag{2.57}$$

3. Die Differentialgleichung der Biegelinie lautet bei Linearisierung der Gegebenheiten

$$v'' = -\frac{M}{EJ_z}. \tag{2.63}$$

2.3.3.1 Gerade Biegung. Von *gerader Biegung* spricht man dann, wenn die *Lastebene* (das ist die Ebene der auf den Balken wirkenden Kräfte) die Stabquerschnitte in einer durch den Schwerpunkt gehenden Hauptachse schneidet (Abb. 66). Bei symmetrischen Querschnitten ist dies bekanntlich eine Symmetrieebene.

Wir wollen uns im weiteren zunächst auf die gerade Biegung mit Querkraft, aber vernachlässigbaren Schubspannungen, beschränken. Ein solcher Biegebalken kann aus drei Gründen unbrauchbar werden: durch *Bruch*, durch *unzulässig große Durchbiegung* und durch *Kippen* (Abb. 67). Letzteres ist eine Instabilitätserschei-

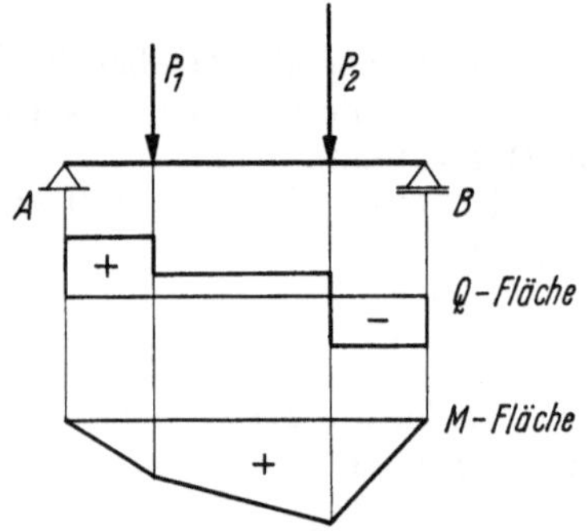

Abb. 65. Querkraftbiegung.

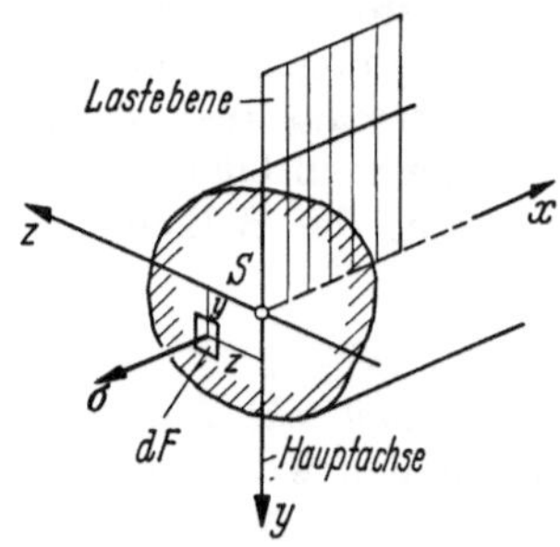

Abb. 66. Gerade Biegung.

nung. Wir werden uns vorläufig nur mit dem Versagen durch Bruch beschäftigen. Die Durchbiegung und das Kippen des Balkens wird an anderer Stelle behandelt werden.

Die Gl. (2.57) gibt uns die Möglichkeit, die Verteilung der Biegespannung σ_B entlang der Stabachse und über jeden der Stabquerschnitte, aufzutragen. Nehmen wir uns z. B. den Biegestab der Abb. 68 vor. Rechts vom Balken ist für irgendeinen der Stabquerschnitte das *Spannungsdiagramm* gezeichnet. Aus (2.57) geht hervor, daß die Verteilung von σ_B linear ist und daß es daher eine sogenannte *Nullinie* im Querschnitt gibt, entlang welcher die Biegespannung gleich Null ist. Da sich dies in jedem Querschnitt wiederholt, bildet sich im Balken, als Ganzes genommen, eine *Nullschicht* aus, in welcher der Balken spannungsfrei ist und daher auch, im Rahmen der von uns betriebenen Näherung, als ungedehnt betrachtet werden kann.

Für die gerade Biegung fällt die Nullinie mit der z-Achse und die Nullschicht mit der z, x-Ebene zusammen. Beiderseits der Nullinie hat die Spannung verschiedenes Vorzeichen. Bei dem in Abb. 68 gezeigten Beispiel biegt der Balken sich nach unten durch. Die Balkenfasern unterhalb der Nullinie werden also gezogen und die oberhalb von ihr gedrückt. Daher haben wir unterhalb der Nullinie Zug- und oberhalb von ihr Druckspannungen. Da für einen festgehaltenen Querschnitt M und J_z in (2.57) konstant sind und y von der Nullinie (z-Achse) aus gezählt wird, treten die für

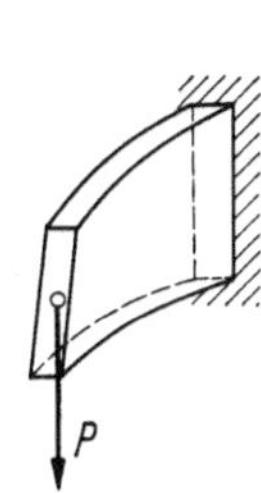

Abb. 67. Instabilität beim Biegebalken.

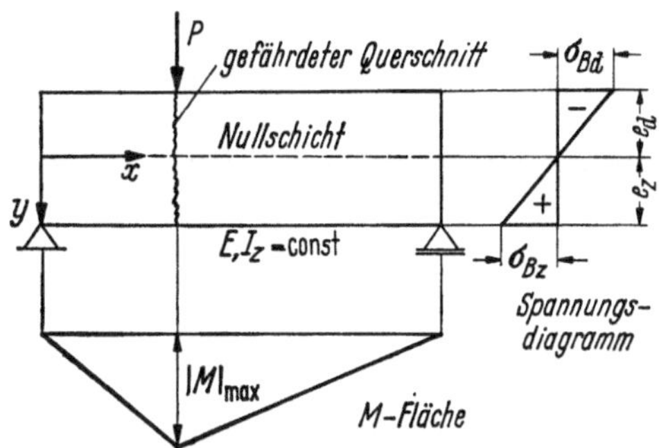

Abb. 68. Spannungsverteilung im Biegebalken.

einen Querschnitt extremalen Spannungen in den Punkten des Querschnittes auf, die von der Nullinie nach beiden Seiten hin am weitesten entfernt sind. Wir wollen die Beträge der Abstände von der Nullinie mit e_z auf der Zug- und mit e_d auf der Druckseite benennen. Dann haben wir als extremale Querschnittsspannungen die Biegezugspannung

$$\sigma_{Bz} = + \frac{|M|\, e_z}{J_z} \tag{2.64}$$

und die Biegedruckspannung

$$\sigma_{Bd} = - \frac{|M|\, e_d}{J_z} \tag{2.65}$$

in Rechnung zu stellen.

Es ist in der technischen Biegelehre üblich, die Größe J_z/e, welche die Dimension [cm³] hat, als *Widerstandsmoment* W zu bezeichnen. Infolgedessen gehen (2.64) und (2.65) in

$$\sigma_{Bz} = + \frac{|M|}{W_z}, \quad \sigma_{Bd} = - \frac{|M|}{W_d} \tag{2.66}$$

über.

Für den Nachweis der Festigkeit hinsichtlich der Spannungen ist zu fordern, daß unter Berücksichtigung sämtlicher Balkenquerschnitte

$$|\sigma_{Bz}|_{\max} = \text{Max}\, \frac{|M|}{W_z} \leqq \sigma_{Bz,\text{zul}},$$

$$|\sigma_{Bd}|_{\max} = \text{Max}\, \frac{|M|}{W_d} \leqq \sigma_{Bd,\text{zul}} \tag{2.67}$$

sei. Dabei haben wir zwischen $\sigma_{Bz,\text{zul}}$, der zulässigen Biegezug- und $\sigma_{Bd,\text{zul}}$, der zulässigen Biegedruckspannung unterschieden, was von Fall zu Fall nötig sein kann.

Die Querschnitte, in denen die Maxima von $|M|/W_z$ und $|M|/W_d$ auftreten, nennen wir die *gefährdeten Querschnitte* des Balkens, weil damit zu rechnen ist, daß bei ihnen ein eventueller Bruch des Balkens eintreten kann. Sie können natürlich auch in einem einzigen Querschnitt zusammenfallen. Man findet sie, indem man die mit W_z bzw. W_d reduzierte Momentenlinie über der Balkenachse aufträgt und die maximalen Ordinaten von M/W_z bzw. M/W_d aufsucht.

In der Praxis kommt es sehr häufig vor, daß die Balken konstanten Querschnitt haben. Dann sind W_z und W_d konstant. Diese Situation ist z. B. in Abb. 68 geschildert worden. Für sie vereinfacht sich (2.67) zu

$$|\sigma_{Bz}|_{\max} = \frac{|M|_{\max}}{W_z} \leqq \sigma_{Bz,\,\mathrm{zul}}, \qquad |\sigma_{Bd}|_{\max} = \frac{|M|_{\max}}{W_d} \leqq \sigma_{Bd,\,\mathrm{zul}}. \tag{2.68}$$

In diesem Fall gibt es nur einen gefährdeten Balkenquerschnitt, nämlich denjenigen, bei dem $|M|_{\max}$ auftritt. Man kann ihn durch Betrachtung der Momentenfläche finden.

Wenn wir diesen Sonderfall beibehalten und dazu noch annehmen, daß $\sigma_{Bz,\,\mathrm{zul}} = \sigma_{Bd,\,\mathrm{zul}} = \sigma_{B,\,\mathrm{zul}}$ sei, so geht (2.68) in

$$|\sigma_B|_{\max} = \frac{|M|_{\max}}{W_{\min}} \leqq \sigma_{B,\,\mathrm{zul}} \tag{2.69}$$

über. Dabei ist $|\sigma_B|_{\max} = \mathrm{Max}(|\sigma_{Bz}|_{\max}, |\sigma_{Bd}|_{\max})$, weil wir bei (2.69) mit $W_{\min} = \mathrm{Min}(W_z, W_d)$ rechnen.

Eine weitere Vereinfachung der Situation tritt ein, wenn die Querschnitte nicht nur konstant sind, sondern wenn die Nullinie auch noch jeweils ihre Mittellinie ist, so daß $e_z = e_d$ gilt. Dann wird $W_z = W_d = W$, und wir erhalten statt (2.69)

$$|\sigma_B|_{\max} = \frac{|M|_{\max}}{W} \leqq \sigma_{B,\,\mathrm{zul}}. \tag{2.70}$$

In den überwiegenden Fällen kann mit dieser einfachen Formel gearbeitet werden. Wir wollen sie daher auch zugrunde legen, wenn wir die Frage der Bemessung des Balkens hinsichtlich der Spannung erörtern. Für eine Bemessung haben wir (2.70) nach W aufzulösen und

$$W_{\mathrm{erf}} \geqq \frac{|M|_{\max}}{\sigma_{B,\,\mathrm{zul}}} \tag{2.71}$$

zu verlangen. Für die meisten technisch wichtigen Trägerquerschnitte oder, wie man auch sagt, Trägerprofile, liegen Profiltafeln vor, in denen neben anderem die Widerstandsmomente angegeben sind. Wenn man einen Biegebalken auszuwählen hat, sucht man in der betreffenden Tafel ein W heraus, das der Bedingung (2.71) genügt.

Wenn nicht der soeben betrachtete einfachste Sonderfall vorliegt, hat man W_{erf} für eine Bemessung sinngemäß mittels (2.69), (2.68) oder (2.67) festzulegen.

Beispiel 1. Der in Abb. 69 gezeigte Kragträger ist für $P = 40$ kp und $l = 1$ m als T 50 aus St 37 auszuführen. Man erbringe den Spannungsnachweis.

Der gefährdete Querschnitt ist der Einspannquerschnitt mit

$$|M|_{\max} = P\,l = 4000 \text{ kpcm}.$$

Aus einer Tabelle entnehmen wir, daß $J_z = 12{,}1$ cm^4, $e_d = 1{,}39$ cm, $h = 5$ cm betragen. Damit berechnen wir

$$e_z = h - e_d = 5 - 1{,}39 = 3{,}61 \text{ cm,}$$
$$W_z = J_z/e_z = 12{,}1/3{,}61 = 3{,}36 \text{ cm}^3,$$
$$W_d = J_z/e_d = 12{,}1/1{,}39 = 8{,}7 \text{ cm}^3.$$

Da es sich um einen Stahlträger aus St 37 handelt, dürfen wir $\sigma_{Bz,\,\mathrm{zul}} = \sigma_{Bd,\,\mathrm{zul}} = \sigma_{B,\,\mathrm{zul}} = 1400$ kp/cm^2 setzen und von der Formel (2.69) Gebrauch machen. Das ergibt wegen $W_{\min} = W_z$

$$|\sigma_B|_{\max} = \frac{4000}{3{,}36} = 1190 \text{ kp/cm}^2 < 1400 \text{ kp/cm}^2 = \sigma_{B,\,\mathrm{zul}}.$$

Die Verwendung des Profils T 50 für den Kragträger ist also statthaft.

Es sei noch bemerkt, daß bei der Aufstellung der Profiltafeln die Gegebenheiten vorausgesetzt werden, die der Formel (2.69) zugrunde liegen. Man kann aus ihnen daher unmittelbar $W_{\min}$ herauslesen und die Rechnung in der Praxis dadurch kürzer führen, als wir es in diesem Beispiel getan haben.

Beispiel 2. Der in Abb. 71 gezeigte Träger auf zwei Stützen ist für $P = 4\,\mathrm{Mp}$, $l = 6\,\mathrm{m}$, $\sigma_{B,\mathrm{zul}} = 1600\,\mathrm{kp/cm^2}$ unter Berücksichtigung seines Eigengewichts g als I-Balken zu bemessen.

Der gefährdete Querschnitt befindet sich in Trägermitte, denn dort tritt sowohl $|M_P|_{\max} = P\,l/4$ infolge der Last allein als auch $|M_g|_{\max} = g\,l^2/8$ infolge des Eigengewichts allein auf.

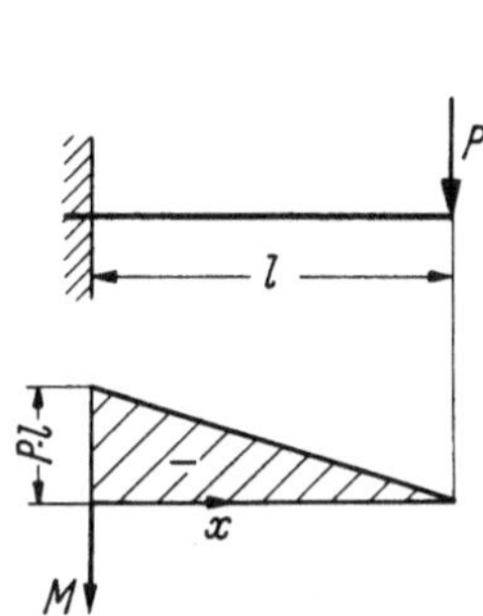

Abb. 69
Kragträger mit Momentenverteilung.

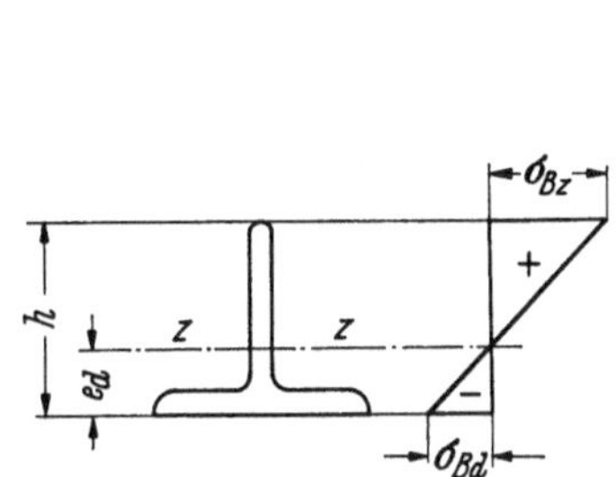

Abb. 70
Spannungsverteilung im Kragträger
mit T-Profil.

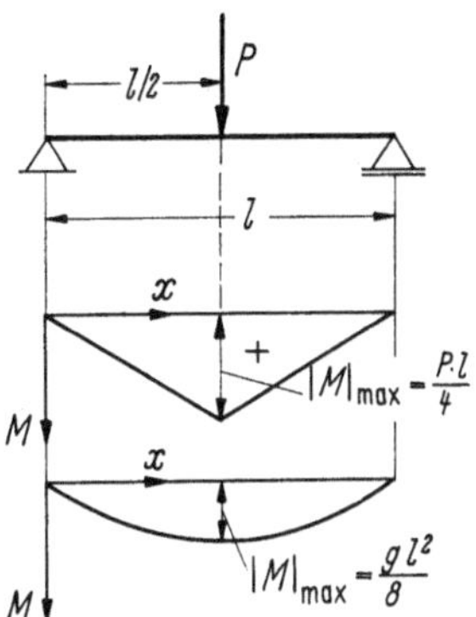

Abb. 71
Träger auf zwei Stützen mit
Momentenverteilung für mittige
Einzellast und Eigengewicht.

Es liegen solche Verhältnisse vor, daß mit (2.71) gerechnet werden darf. Da wir das Eigengewicht des Balkens noch nicht kennen, bemessen wir ihn zunächst nur in Hinblick auf P, also nach

$$W_{\mathrm{erf}} \geqq \frac{|M_P|_{\max}}{\sigma_{B,\mathrm{zul}}} = \frac{P\,l}{4\,\sigma_{B,\mathrm{zul}}} = \frac{4000 \cdot 600}{4 \cdot 1600} = 375\,\mathrm{cm^3}.$$

Aus einer Profiltabelle wählen wir I 260 mit $W_{\mathrm{vorh}} = 442\,\mathrm{cm^3} > 375\,\mathrm{cm^3} = W_{\mathrm{erf}}$ aus. Für dieses Profil ist $g = 41{,}9\,\mathrm{kp/m}$. Nun können wir den Spannungsnachweis unter Berücksichtigung des Eigengewichts führen.

Es ist

$$|M_P|_{\max} = \frac{P\,l}{4} = \frac{4000 \cdot 600}{4} = 600\,000\,\mathrm{kpcm},$$

$$|M_g|_{\max} = \frac{g\,l^2}{8} = \frac{41{,}9 \cdot 360\,000}{100 \cdot 8} = 18\,800\,\mathrm{kpcm}.$$

Durch Superposition erhalten wir

$$|M|_{\max} = |M_P|_{\max} + |M_g|_{\max} = 618\,800\,\mathrm{kpcm}$$

und daher nach (2.70)

$$|\sigma_B|_{\max} = \frac{|M|_{\max}}{W_{\mathrm{vorh}}} = \frac{618\,800}{442} = 1400\,\mathrm{kp/cm^2} < 1600\,\mathrm{kp/cm^2} = \sigma_{B,\mathrm{zul}}.$$

Wir brauchen die obige Bemessung also nicht zu verbessern, da die zulässige Biegespannung nicht überschritten wird.

2.3.3.2 Die Biegelinie. Zur Bestimmung der Biegelinie übernehmen wir von der Theorie der reinen Biegung her die Differentialgleichung

$$v''(x) = -\frac{M(x)}{E\,J_z(x)}. \tag{2.63}$$

Es gibt verschiedene Möglichkeiten, von (2.63) ausgehend, $v(x)$, d. h. die Gleichung der Biegelinie (elastische Linie, verformte Stabachse) zu berechnen: 1. durch Integration von (2.63), 2. durch Anwendung des *Mohrschen Verfahrens* oder 3. durch Benutzung des Superpositionsprinzips.

Bei der Integration von (2.63) setzen wir

$$-\frac{M(x)}{EJ_z(x)} = F(x) \tag{2.72}$$

und erhalten

$$v'(x) = \int F(x)\, \mathrm{d}x + c_1, \tag{2.73}$$

$$v(x) = \iint F(x)\, \mathrm{d}x^2 + c_1 x + c_2. \tag{2.74}$$

Durch (2.73) wird wegen $v'(x) = \tan\varphi \approx \varphi$ der Winkel φ gegeben, den die Tangente der Biegelinie mit der x-Achse bildet. Die Integrationskonstanten c_1 und c_2 ergeben sich aus den Randbedingungen.

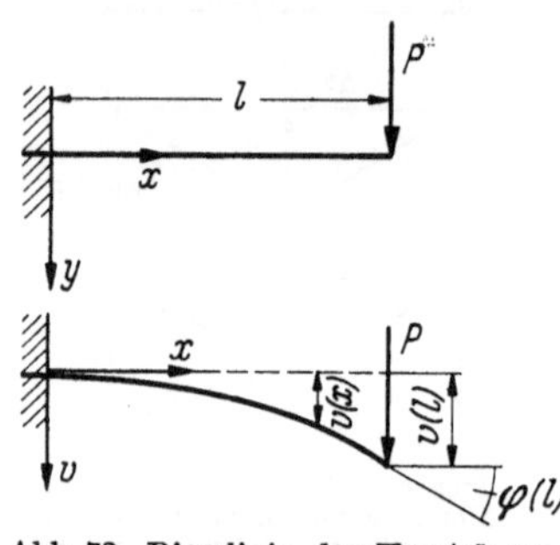

Abb. 72. Biegelinie des Kragträgers mit Einzellast am freien Ende.

Beispiel 1. Kragträger mit Einzellast P, $J_z(x) = \text{const}$, Abb. 72.

Die Randbedingungen lauten $v'(0) = 0$, $v(0) = 0$. Wegen $M(x) = -P(l-x)$ ist $F(x)$ nach (2.72)

$$F(x) = \frac{P(l-x)}{EJ}.$$

Das gibt nach (2.73)

$$v'(x) = \frac{P}{EJ} \int (l-x)\, \mathrm{d}x + c_1 = \frac{Px}{2EJ}(2l-x) + c_1.$$

Aus der Bedingung $v'(0) = 0$ folgt $c_1 = 0$. Daher wird durch nochmalige Integration

$$v(x) = \frac{P}{2EJ} \int x(2l-x)\, \mathrm{d}x + c_2 = \frac{Px^2}{6EJ}(3l-x) + c_2.$$

Aus der Bedingung $v(0) = 0$ ergibt sich $c_2 = 0$, so daß die Biegelinie schließlich

$$v(x) = \frac{Px^2}{6EJ}(3l-x) \tag{2.75}$$

lautet und der Winkel φ durch

$$v'(x) \sim \varphi(x) = \frac{Px}{2EJ}(2l-x) \tag{2.76}$$

gegeben ist.

Für $x = l$ erhalten wir

$$v(l) = \frac{Pl^3}{3EJ}, \qquad \varphi(l) = \frac{Pl^2}{2EJ}. \tag{2.77}$$

Beispiel 2. Träger auf zwei Stützen mit Moment M an einem Ende, $J_z(x) = J = \text{const}$, Abb. 73.

Die Randbedingungen lauten $v(0) = v(l) = 0$. Es ist $M(x) = M\,x/l$. Daher ist nach (2.72)

$$F(x) = -\frac{M\,x}{EJ\,l}$$

und nach (2.73), (2.74)

$$v'(x) = -\frac{M}{2EJ\,l} x^2 + c_1,$$

$$v(x) = -\frac{M\,x^3}{6EJl} + c_1 x + c_2.$$

Die Randbedingungen führen zu $c_2 = 0$ und

$$c_1 = \frac{Ml}{6EJ},$$

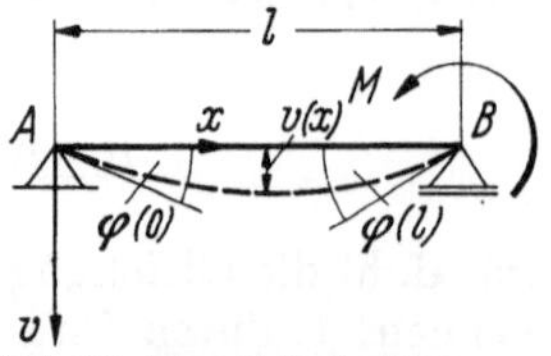

so daß wir

$$v'(x) \approx \varphi(x) = \frac{M}{6EJ\,l}(l^2 - 3x^2),$$

$$v(x) = \frac{M\,x}{6EJ\,l}(l^2 - x^2) \tag{2.78}$$

erhalten.

Für $x = 0$ ist

$$\varphi(0) = \frac{Ml}{6EJ} \tag{2.79}$$

Abb. 73. Biegelinie des Trägers auf zwei Stützen mit Momentenbelastung.

und für $x = l$

$$\varphi(l) = -\frac{Ml}{3EJ}. \tag{2.80}$$

Beispiel 3. Träger auf zwei Stützen mit gleichmäßig verteilter Last $q = $ const, $J_z(x) = J = $ const, Abb. 74.

Wir haben wie zuvor die Randbedingungen $v(0) = v(l) = 0$. Es ist

$$M(x) = \frac{q}{2}(lx - x^2)$$

und nach (2.72)

$$F(x) = -\frac{q}{2EJ}(lx - x^2).$$

Aus (2.73), (2.74) berechnen wir

$$v'(x) = -\frac{q}{2EJ}\left(\frac{lx^2}{2} - \frac{x^3}{3}\right) + c_1,$$

$$v(x) = -\frac{q}{2EJ}\left(\frac{lx^3}{6} - \frac{x^4}{12}\right) + c_1 x + c_2.$$

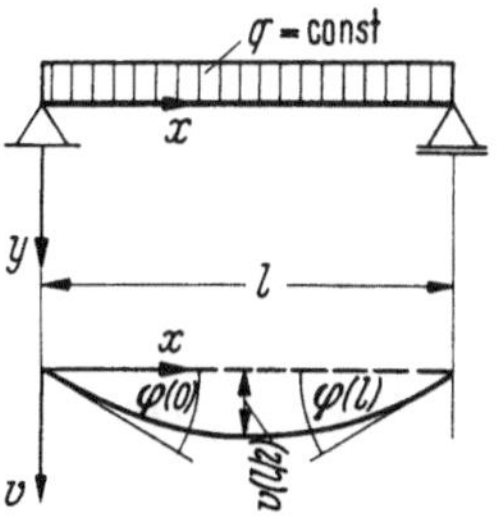

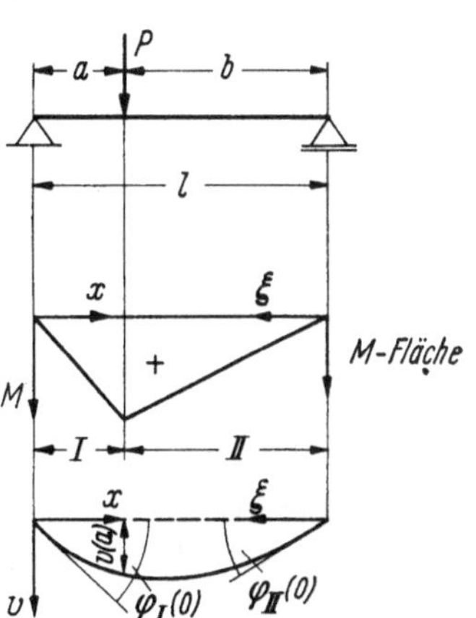

Abb. 74
Biegelinie des Trägers auf zwei Stützen mit gleichmäßig verteilter Last.

Die Randbedingungen liefern

$$c_2 = 0, \quad c_1 = \frac{ql^3}{24EJ},$$

so daß wir schließlich

$$v'(x) \approx \varphi(x) = -\frac{q}{24EJ}[x^2(6l - 4x) - l^3], \tag{2.81}$$

$$v(x) = -\frac{q}{24EJ}[x^3(2l - x) - l^3 x]$$

erhalten.

Für $x = 0$ ist

$$\varphi(0) = \frac{ql^3}{24EJ}, \tag{2.82}$$

für $x = l$ finden wir

$$\varphi(l) = -\frac{ql^3}{24EJ} \tag{2.83}$$

und für $x = l/2$ ergibt sich

$$v(l/2) = \frac{5q\,l^4}{384EJ}. \tag{2.84}$$

Beispiel 4. Träger auf zwei Stützen mit Einzellast P, $J_z(x) = J = $ const, Abb. 75. Die Berechnung muß jetzt felderweise erfolgen. Das ergibt für

Feld I:

$$M_{\mathrm{I}} = \frac{Pbx}{l},$$

$$F_{\mathrm{I}} = -\frac{Pbx}{EJl},$$

$$v'_{\mathrm{I}} = -\frac{Pbx^2}{2EJl} + c_{1\mathrm{I}},$$

$$v_{\mathrm{I}} = -\frac{Pbx^3}{6EJl} + c_{1\mathrm{I}} x + c_{2\mathrm{I}}.$$

Feld II:

$$M_{\mathrm{II}} = \frac{Pa\xi}{l},$$

$$F_{\mathrm{II}} = -\frac{Pa\xi}{EJl},$$

$$v'_{\mathrm{II}} = -\frac{Pa\xi^2}{2EJl} + c_{1\mathrm{II}},$$

$$v_{\mathrm{II}} = -\frac{Pa\xi^3}{6EJl} + c_{1\mathrm{II}}\xi + c_{2\mathrm{II}}.$$

Die Randbedingungen lauten:

$$v_{\mathrm{I}}(0) = v_{\mathrm{II}}(0) = 0, \quad v_{\mathrm{I}}(a) = v_{\mathrm{II}}(b), \quad v'_{\mathrm{I}}(a) = -v'_{\mathrm{II}}(b).$$

Mit ihrer Hilfe errechnen wir

$$c_{2\mathrm{I}} = c_{2\mathrm{II}} = 0,$$

$$c_{1\mathrm{I}} = \frac{Pab}{6EJl}(a + 2b), \quad c_{1\mathrm{II}} = \frac{Pab}{6EJl}(b + 2a).$$

Abb. 75. Biegelinie des Trägers auf zwei Stützen mit außermittiger Einzellast.

Das führt zu

$$v'_\mathrm{I} \approx \varphi_\mathrm{I} = \frac{P\,b}{6\,EJ\,l}\,[-3x^2 + a(a + 2b)], \qquad v'_\mathrm{II} \approx \varphi_\mathrm{II} = \frac{P\,a}{6\,EJ\,l}\,[-3\,\xi^2 + b(b + 2a)],$$

$$v_\mathrm{I} = \frac{P\,b}{6\,EJ\,l}\,[-x^3 + a(a + 2b)\,x], \qquad v_\mathrm{II} = \frac{P\,a}{6\,EJ\,l}\,[-\xi^3 + b(b + 2a)\,\xi]. \tag{2.85}$$

Für $x = 0$, bzw. $\xi = 0$ bekommen wir

$$\varphi_\mathrm{I}(0) = \frac{P\,b\,a}{6\,EJ\,l}\,(a + 2b), \qquad \varphi_\mathrm{II}(0) = \frac{P\,a\,b}{6\,EJ\,l}\,(b + 2a) \tag{2.86}$$

und für $x = a$, bzw. $\xi = b$

$$v_\mathrm{I}(a) = v_\mathrm{II}(b) = \frac{P\,a^2\,b^2}{3\,EJ\,l}. \tag{2.87}$$

Bei der Ermittlung der Biegelinie mit Hilfe des *Mohrschen Verfahrens* geht man von einer Analogiebetrachtung aus: Man führt an Stelle des wirklichen Balkens einen „ideellen Balken" ein, den man sich mit der „ideellen Last"

$$\tilde{q}(x) \equiv -F(x) = \frac{M(x)}{EJ_z(x)} \tag{2.88}$$

belastet vorstellt. Von der Statik her ist bekannt, daß die Differentialgleichung für das „ideelle Moment" $\tilde{M}(x)$ dieses „ideellen Balkens" dann eben

$$\tilde{M}''(x) = -\tilde{q}(x)$$

lautet. Wegen (2.88) gibt das aber

$$\tilde{M}''(x) = -\frac{M(x)}{EJ_z(x)}. \tag{2.89}$$

Der Vergleich von (2.89) mit (2.63) zeigt, daß man die gesuchte Biegelinie $v(x)$ des wirklichen Balkens erhält, wenn man die „ideelle Momentenlinie" $\tilde{M}(x)$ des mit der „ideellen Last" M/EJ_z belasteten „ideellen Balkens" ermittelt. Das hat jedoch so zu geschehen, daß die für $v(x)$ und $v'(x)$ vorgeschriebenen Randbedingungen des wirklichen Balkens eingehalten werden. Wir wissen bereits, daß $\tilde{M}$ analog zu v ist. Dann ist aber sehr leicht einzusehen, daß auch $\tilde{M}'(x) \equiv \tilde{Q}(x)$ analog zu $v'(x) \equiv \varphi(x)$ ist. Das bedeutet aber, daß man aus den „ideellen Querkräften" $\tilde{Q}(x)$ des „ideellen Balkens" die Tangentenwinkel φ der wirklichen Biegelinie erhält.

Jetzt sind wir in der Lage, aus dem wirklichen Balken den „ideellen Balken" herzustellen: Uns sind die Randbedingungen für v und v' gegeben. Wir übertragen sie analog auf $\tilde{M}$ und $\tilde{Q}$ und haben den „ideellen Balken" so zu lagern, daß diese Bedingungen für $\tilde{M}$ und $\tilde{Q}$ erfüllt werden. Das kann durchaus zur Folge haben, daß der „ideelle Balken" anders als der wirkliche Balken gelagert werden muß.

Der Gang des rechnerisch durchgeführten Mohrschen Verfahrens ist folgender: Wir ermitteln $\tilde{q}$ nach (2.88) und belasten damit den Balken. Zum „ideellen Balken" machen wir ihn dadurch, daß wir seine Lagerbedingungen so einrichten (wenn nötig, in Abänderung der wirklichen Lagerung), daß die Randbedingungen für $v \sim \tilde{M}$ und $v' \sim \tilde{Q}$ erfüllt werden. Für den mit $\tilde{q}$ belasteten „ideellen Balken" berechnen wir $\tilde{Q}$ und $\tilde{M}$. Mit einem geeigneten Maßstab versehen liefern uns diese Größen die gesuchten, nämlich φ und v.

Beispiel 1. Wir wollen mit dem Mohrschen Verfahren den Kragträger der Abb. 72 behandeln. Wir haben ihn mit

$$\tilde{q}(x) = -\frac{P(l - x)}{EJ}$$

zu belasten und so zu lagern, daß wegen $v'(0) = v(0) = 0$ gerade $\tilde{Q}(0) = \tilde{M}(0) = 0$ wird. Das ist erreicht, wenn wir wie in Abb. 76 vorgehen.

Für den „ideellen Träger" ist

$$\tilde{M}(l) \equiv v(l) = \frac{1}{2}\,\frac{P\,l}{EJ}\,l\,\frac{2}{3}\,l = \frac{P\,l^3}{3EJ},$$

$$\tilde{Q}(l) \equiv \varphi(l) = \frac{1}{2}\,\frac{P\,l}{EJ}\,l = \frac{P\,l^2}{2EJ},$$

was vollkommen mit (2.77) übereinstimmt.

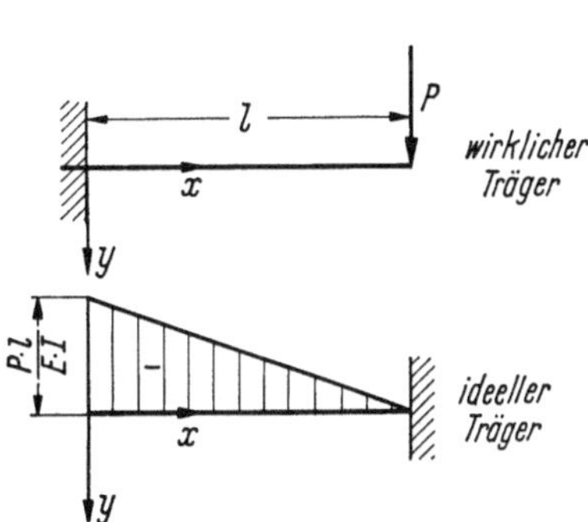

Abb. 76. Ideeller Träger des Mohrschen Verfahrens zum Kragträger.

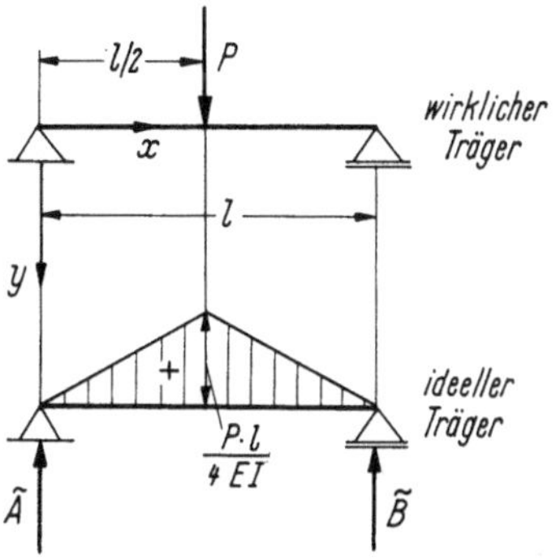

Abb. 77. Ideeller Träger des Mohrschen Verfahrens zum Träger auf zwei Stützen.

Beispiel 2. Für den in seiner Mitte mit der Einzellast P belasteten Träger auf zwei Stützen sind die Verhältnisse in Abb. 77 dargestellt. Der Balken wird mit $\tilde{q} = M/EJ$ belastet. Die Randbedingungen $v(0) = v(l) = 0$ sind in $\tilde{M}(0) = \tilde{M}(l) = 0$ zu übersetzen. Diese Bedingungen für $\tilde{M}$ sind erfüllt, wenn man den „ideellen Träger" genauso wie den wirklichen Träger lagert. Wir berechnen

$$\tilde{A} = \tilde{B} = \frac{1}{2}\,\frac{P\,l}{4EJ}\,\frac{l}{2} = \frac{P\,l^2}{16EJ} \equiv \varphi(0) = \varphi(l) \tag{2.90}$$

und damit

$$\tilde{M}\left(\frac{l}{2}\right) = \tilde{A}\,\frac{l}{2} - \frac{1}{2}\,\frac{P\,l}{4EJ}\,\frac{l}{2}\,\frac{1}{3}\,\frac{l}{2} = \frac{P\,l^3}{48EJ} \equiv v\left(\frac{l}{2}\right). \tag{2.91}$$

Diese Werte entsprechen (2.86) und (2.87) für $a = b = l/2$. Die Übereinstimmung erhärtet die Richtigkeit des Mohrschen Verfahrens.

Man kann das Mohrsche Verfahren auch graphisch durchführen. Das soll an dem in Abb. 78 gezeigten Beispiel geschildert werden: Zuerst wird der Lageplan maßstäblich aufgetragen. Mit Hilfe eines ersten Seilecks, das die Polweite H_1 [cm] hat, wird die Momentenfläche ermittelt. Die *reduzierte Momentenfläche* wird sodann als Belastungsfläche aufgefaßt. Wir erhalten sie dadurch, daß wir

$$M^* = M\,\frac{J_0}{J_{zi}}, \qquad i = a, b, c, \tag{2.92}$$

bilden. Dabei ist J_0 ein beliebig, aber zweckmäßig gewähltes *Vergleichsträgheitsmoment*. Wir haben $J_0 \equiv J_{za}$ gewählt. Da $J_{zb} > J_{za}$ und $J_{zc} < J_{za}$ ist, ergibt sich deswegen im mittleren Teil des Trägers eine Reduzierung, im rechten Teil eine Vergrößerung der ursprünglichen Momentenordinaten.

Die reduzierte Momentenfläche unterteilen wir in Flächenstücke F_i, $i = 1, 2, 3, 4$, deren Flächeninhalte mit der Dimension [kp/cm²] wir in den jeweiligen Schwerpunkten der Flächenstücke als „ideelle Flächenlasten" angreifen lassen. Dabei wirken sie, wenn sie positiv sind, nach unten, wenn sie negativ sind, nach oben. Für den mit den „ideellen Flächenlasten" belasteten „ideellen Balken" zeichnen wir mit der Polweite H_2 [cm] ein zweites Seileck, dessen Abschnitte v^* zu den wirklichen Durchbiegungsordinaten v des Balkens proportional sein sollen. Das ist der Fall, wenn wir die Schlußlinie s so einzeichnen, daß den Randbedingungen des wirklichen Balkens für v und v' genügt wird. In das Seileck als einhüllenden Tangentenzug fügen wir die Biegelinie des Balkens ein, wobei wahre Punkte der Biegelinie auf den Trennungslinien der reduzierten Momentenfläche liegen. Das haben wir

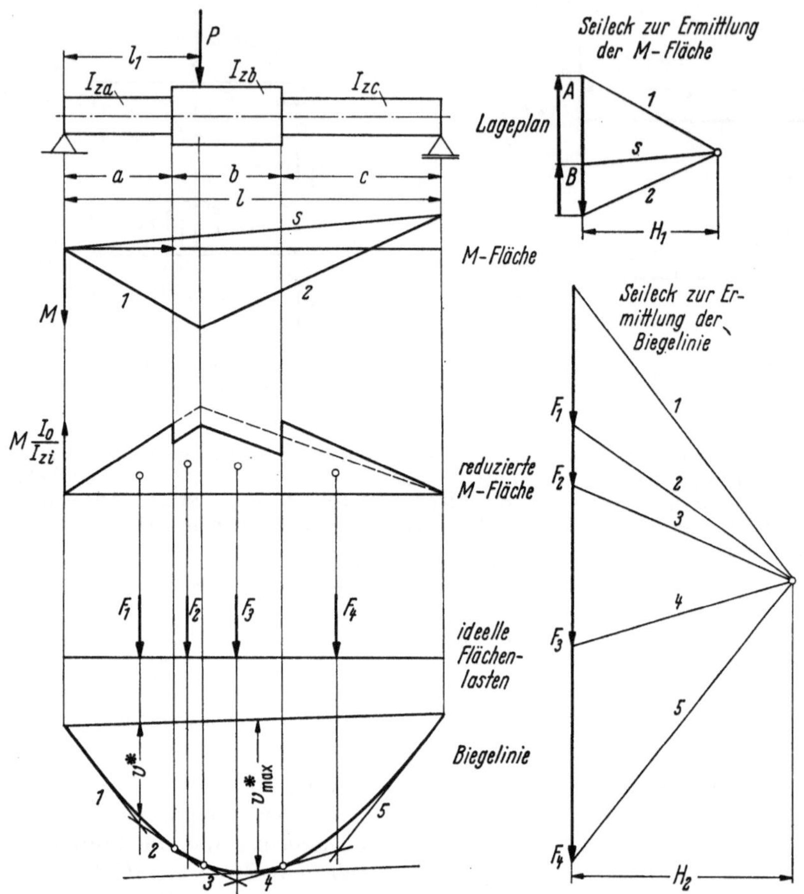

Abb. 78. Graphische Ausführung des Mohrschen Verfahrens.

als Zeichenhilfe benutzt. Die mit Hilfe der ideellen Flächenlasten gezeichnete Q^*-Linie würde uns übrigens den Tangentenneigungswinkel φ der Biegelinie liefern, wenn wir den entsprechenden Maßstab anwenden.

Überhaupt ist bei seiner graphischen Ausführung die Maßstabfrage die entscheidende Frage des ganzen Mohrschen Verfahrens. Daher wollen wir uns ihr jetzt sorgfältig widmen: Es sei m_L der Maßstab der Längen, m_K der Maßstab der Kräfte des ersten Seilecks. Dann haben wir als Maßstab für die Ordinaten der Momentenfläche

$$m_M = H_1\, m_L\, m_K \left[\frac{\mathrm{kpcm}}{\mathrm{cm}}\right]. \tag{2.93}$$

Die „ideellen Flächenlasten" F_i berechnen wir aus der reduzierten Momentenfläche in cm², stellen sie aber in cm dar, wobei wir dafür den Maßstab

$$m_\varphi = \left[\frac{\text{cm}^2}{\text{cm}}\right] \tag{2.94}$$

verwenden. Bei der Berechnung der F_i in cm² haben wir es aber versäumt zu beachten, daß wir in Wirklichkeit Momentenordinaten mit originalen Längen zu multiplizieren haben. Deswegen ist der endgültige Maßstab der „ideellen Flächenlasten" nicht m_φ, sondern

$$m_F = m_M\, m_L\, m_\varphi. \tag{2.95}$$

Für die Biegelinie gilt

$$v'' = -\frac{M}{E J_z}. \tag{2.63}$$

Wir haben aber mit der reduzierten Momentenfläche (2.92), also mit

$$E J_0\, v'' = -\frac{M J_0}{J_z}$$

gearbeitet. Daher erhalten wir nach Ausführung des zweiten Seilecks nicht v, sondern

$$E J_0\, v = H_2\, m_L\, m_F\, v^*, \tag{2.96}$$

wobei gegenüber (2.93) an die Stelle von m_K, dem Maßstab wirklicher Kräfte, m_F, der Maßstab der ideellen Flächenlasten, getreten ist.

Aus (2.96) bekommen wir zunächst

$$v = \frac{H_2}{E J_0}\, m_L\, m_F\, v^*. \tag{2.97}$$

Setzen wir in (2.97) die Beziehungen (2.95) und (2.93) ein, so verbleibt

$$v = \frac{H_1 H_2}{E J_0}\, m_L^3\, m_K\, m_\varphi\, v^*,$$

was mit

$$m_v = \frac{H_1 H_2}{E J_0}\, m_L^3\, m_K\, m_\varphi \tag{2.98}$$

schließlich in

$$v = m_v\, v^* \tag{2.99}$$

übergeht.

Aus (2.98) lesen wir

$$m_v = \left[\frac{\text{cm cm}}{\dfrac{\text{kp}}{\text{cm}^2}\,\text{cm}^4}\left(\frac{\text{cm}}{\text{cm}}\right)^3 \frac{\text{kp}}{\text{cm}}\,\frac{\text{cm}^2}{\text{cm}}\right] = \left[\frac{\text{cm}}{\text{cm}}\right]$$

heraus. Daraus folgt wegen (2.99) die Merkregel: *Der Abgriff v^* in cm aus der Zeichnung, multipliziert mit dem nach (2.98) genommenen Maßstab m_v liefert die gesuchte Durchbiegung v in cm.*

Für das in Abb. 78 dargestellte Beispiel haben wir $a = b = 2$ m, $c = 3$ m, $l = 7$ m, $l_1 = 2{,}5$ m, $P = 2{,}5$ Mp, $J_{za} = 2000$ cm⁴, $J_{zb} = 2500$ cm⁴, $J_{zc} = 1500$ cm⁴ gewählt. Die verwendeten Maßstäbe und Polweiten sind $m_L = 100\left[\dfrac{\text{cm}}{\text{cm}}\right]$, $m_K = 1000\left[\dfrac{\text{kp}}{\text{cm}}\right]$, $m_\varphi = 0{,}5\left[\dfrac{\text{cm}^2}{\text{cm}}\right]$, $H_1 = 2{,}5$ cm, $H_2 = 4$ cm.

Dazu kommt $E = 2{,}1 \cdot 10^6$ kp/cm², $J_0 = 2000$ cm⁴, so daß der Maßstab der Biegelinie nach (2.98)

$$m_v = \frac{2{,}5 \cdot 4 \cdot 10^6 \cdot 10^3 \cdot 1}{2{,}1 \cdot 10^6 \cdot 2000 \cdot 2} = 1{,}19\left[\frac{\text{cm}}{\text{cm}}\right]$$

beträgt.

Wir lesen aus Abb. 78 $v^*_{\max} = 2{,}9$ cm heraus und haben somit als größte Durchbiegung des Balkens

$$v_{\max} = 1{,}19 \cdot 2{,}9 = 3{,}45 \text{ cm}.$$

Die dritte Möglichkeit zur Ermittlung von Durchbiegungsordinaten besteht darin, das Superpositionsgesetz anzuwenden, indem man einen vorliegenden Belastungsfall in einfachere Belastungsfälle unterteilt, für welche die Biegelinien bekannt sein mögen. Die Biegelinie des zusammengesetzten Lastfalls erhält man dann durch Überlagerung der Biegelinien der Teillastfälle. Wir wollen das Vorgehen am Beispiel der Abb. 79 beschreiben: Für den in Abb. 79a gezeigten Rahmen ist die infolge der Belastung P sich ergebende horizontale Verschiebung v_c des Punktes C zu bestimmen. Dazu denken wir uns die vorgeschriebene Belastung nach Abb. 79b und c unterteilt. Wir betrachten zuerst die Wirkung des Momentes $M = P\,l$ am Auflager B allein. Nach (2.80) und Abb. 73 erzeugt es den Winkel

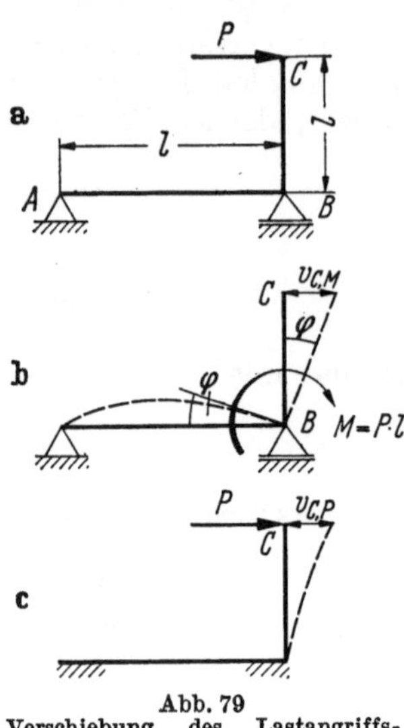

$$|\varphi| = \frac{M\,l}{3\,EJ} = \frac{P\,l^2}{3\,EJ}$$

und damit die Verschiebung

$$v_{C,M} = |\varphi|\,l = \frac{P\,l^3}{3\,EJ}$$

des Punktes C. Nun berücksichtigen wir die Wirkung von P am Stiel des Rahmens allein. Nach (2.77) ergibt sich die Verschiebung

$$v_{C,P} = \frac{P\,l^3}{3\,EJ}$$

Abb. 79
Verschiebung des Lastangriffspunktes an einem Rahmen.

des Punktes C. Die gesuchte Verschiebung v_C erhalten wir schließlich durch die Superposition von $v_{C,M}$ und $v_{C,P}$ zu

$$v_C = v_{C,M} + v_{C,P} = \frac{2\,P\,l^3}{3\,EJ}.$$

2.3.3.3 Biegung gekrümmter Stäbe. Wir haben bisher stillschweigend vorausgesetzt, daß die Stäbe gerade oder mindestens stückweise gerade sind. Das wird in manchen wichtigen Fällen nicht so sein. Deswegen wollen wir uns wenigstens näherungsweise mit der Biegung von gekrümmten Stäben befassen.

Wir betrachten dazu Abb. 80. Es handelt sich dabei um einen Stab mit konstantem Querschnitt, dessen Achse den Krümmungsradius R_S haben möge. Der

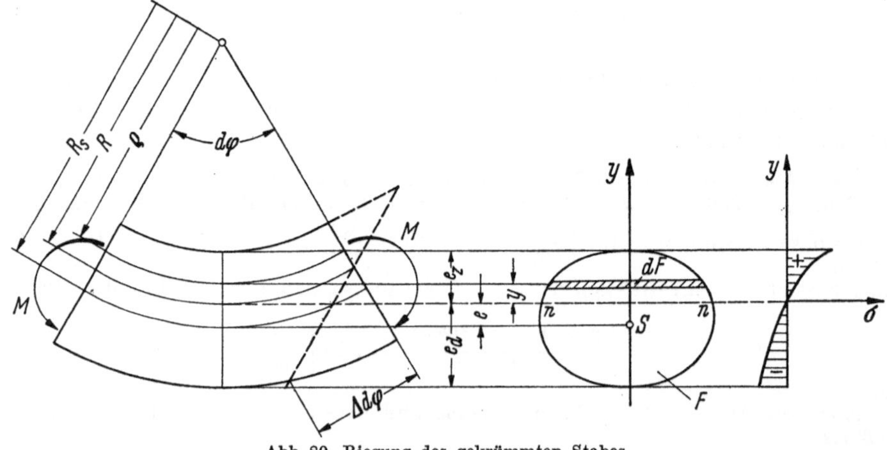

Abb. 80. Biegung des gekrümmten Stabes.

Stab werde durch das wie gezeichnet positiv gerechnete Biegemoment M auf gerade Biegung beansprucht. Infolgedessen bilden zwei Stabquerschnitte, die vor der Biegung den Winkel $\mathrm{d}\varphi$ miteinander gebildet haben, nach der Biegung den Winkel $\mathrm{d}\varphi + \Delta\mathrm{d}\varphi$ miteinander. Wenn wir davon ausgehen, daß ebene Querschnitte auch nach der Biegung eben bleiben, erhalten wir für die Dehnung derjenigen Fasern, die den Abstand y von der Nullinie $n-n$ haben,

$$\varepsilon = \frac{y\,\Delta\mathrm{d}\varphi}{\varrho\,\mathrm{d}\varphi},$$

denn $\varrho\,\mathrm{d}\varphi$ ist ihre ursprüngliche Länge und $y\,\Delta\mathrm{d}\varphi$ ihre Verlängerung. Es soll das Hookesche Gesetz gelten. Daher ist die Biegespannung

$$\sigma_B = E\,\varepsilon = \frac{E\,y\,\Delta\mathrm{d}\varphi}{\varrho\,\mathrm{d}\varphi}. \tag{2.100}$$

Im Stab ist keine Normalkraft N vorhanden. Also muß

$$N = \int\limits_F \sigma_B\,\mathrm{d}F = \frac{E\,\Delta\mathrm{d}\varphi}{\mathrm{d}\varphi} \int\limits_F \frac{y\,\mathrm{d}F}{\varrho} = 0 \tag{2.101}$$

sein. Setzen wir für $y = R - \varrho$, so folgt daraus

$$\int\limits_F \frac{R}{\varrho}\,\mathrm{d}F - \int\limits_F \mathrm{d}F = 0,$$

was schließlich zu

$$R = \frac{F}{\int\limits_F \dfrac{\mathrm{d}F}{\varrho}} \tag{2.102}$$

führt. Damit ist die Lage der Nullinie im Querschnitt festgelegt.

Das Gleichgewicht der Mcmente verlangt

$$\int\limits_F \sigma_B\,y\,\mathrm{d}F = M,$$

und mit $y \equiv R - (R - y)$ sowie $\varrho = R - y$ gibt das

$$\frac{E\,\Delta\mathrm{d}\varphi}{\mathrm{d}\varphi} \int\limits_F \frac{y[R - (R - y)]}{R - y}\,\mathrm{d}F = M. \tag{2.103}$$

Zuerst berechnen wir

$$\int\limits_F \frac{y[R - (R - y)]}{R - y}\,\mathrm{d}F = R \int\limits_F \frac{y\,\mathrm{d}F}{R - y} - \int\limits_F y\,\mathrm{d}F = R \int\limits_F \frac{y\,\mathrm{d}F}{\varrho} - \int\limits_F y\,\mathrm{d}F.$$

Das erste Integral ist wegen (2.101) gleich Null. Das zweite liefert $e\,F$, wo e der Abstand des Flächenschwerpunktes von der Nullinie ist. Das Resultat der Zwischenrechnung ist demnach

$$\int\limits_F \frac{y[R - (R - y)]}{R - y}\,\mathrm{d}F = e\,F. \tag{2.104}$$

Aus (2.100) ergibt sich noch

$$\frac{E\,\Delta\mathrm{d}\varphi}{\mathrm{d}\varphi} = \frac{\varrho}{y}\,\sigma_B = \frac{R - y}{y}\,\sigma_B. \tag{2.105}$$

Setzen wir (2.104) und (2.105) in (2.103) ein, so erhalten wir

$$\sigma_B \frac{R-y}{y} e F = M,$$

woraus für die Biegespannung

$$\sigma_B = \frac{M}{F e} \frac{y}{R-y} \tag{2.106}$$

folgt. Die Verteilung von σ_B über den Querschnitt ist also hyperbolisch. Für die Extremwerte von σ_B im Querschnitt erhalten wir aus (2.106) für $y = e_z$ bzw. $y = -e_d$:

$$\sigma_{Bz} = \frac{M}{F e} \frac{e_z}{R - e_z}, \qquad \sigma_{Bd} = -\frac{M}{F e} \frac{e_d}{R + e_d}. \tag{2.107}$$

Beispiel. Auf einen kreisförmig gekrümmten Stab mit dem Rechteckquerschnitt $b = 10\,\text{cm}$, $h = 12\,\text{cm}$ und mit $R_s = 30\,\text{cm}$ wirkt das Biegemoment $M = 15000\,\text{kpcm}$ (Abb. 81). Man berechne die extremalen Biegespannungen und vergleiche sie mit denjenigen, die sich in einem entsprechend beanspruchten geraden Stab einstellen würden.

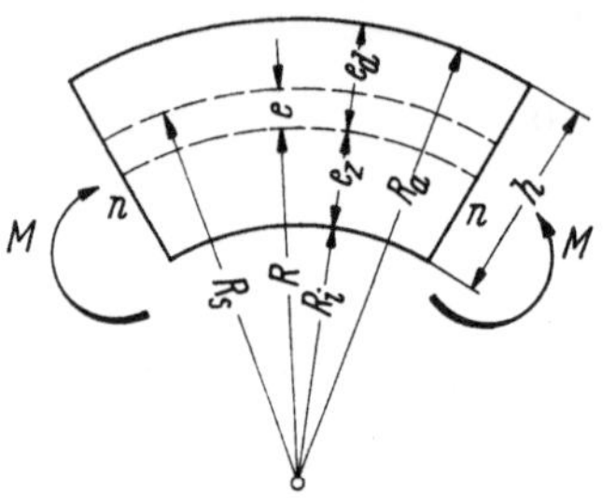

Aus (2.102) folgt mit $R_i = 30 - 6 = 24\,\text{cm}$ und $R_a = 30 + 6 = 36\,\text{cm}$

$$R = \frac{b\,h}{\displaystyle\int_{R_i}^{R_a} \frac{b\,d\varrho}{\varrho}} = \frac{h}{\ln\dfrac{R_a}{R_i}} = \frac{12}{\ln\dfrac{36}{24}} = 29{,}6\,\text{cm}.$$

Für den Abstand e der Nullinie von der Stabachse ergibt sich

$$e = R_s - R = 30 - 29{,}6 = 0{,}4\,\text{cm}.$$

Abb. 81. Gekrümmter Stab mit Rechteckquerschnitt.

Ferner sind $e_z = R - R_i = 29{,}6 - 24 = 5{,}6\,\text{cm}$, $e_d = R_a - R = 36 - 29{,}6 = 6{,}4\,\text{cm}$. Damit sind wir in der Lage, mittels (2.107) die Extremwerte der Spannung auszurechnen. Wir finden

$$\sigma_{Bz} = \frac{15000}{10 \cdot 12 \cdot 0{,}4} \frac{5{,}6}{29{,}6 - 5{,}6} = 73\,\text{kp/cm}^2,$$

$$\sigma_{Bd} = -\frac{15000}{10 \cdot 12 \cdot 0{,}4} \frac{6{,}4}{29{,}6 + 6{,}4} = -55{,}5\,\text{kp/cm}^2.$$

Für den geraden Stab sind nach (2.66) und mit $W = b\,h^2/6$ für den Rechteckquerschnitt die entsprechenden Werte

$$\sigma_{Bz} = \frac{15000 \cdot 6}{10 \cdot 12 \cdot 12} = 62{,}5\,\text{kp/cm}^2, \qquad \sigma_{Bd} = -\sigma_{Bz} = -62{,}5\,\text{kp/cm}^2.$$

Beim gekrümmten Stab ist also eine Erhöhung der extremalen Zugspannung um 16,8% und eine Verminderung der extremalen Druckspannung um 11,2% gegenüber dem geraden Stab eingetreten.

2.3.3.4 Schiefe Biegung. Wenn die Spur der Lastebene zwar durch den Querschnittsschwerpunkt geht, aber nicht mit einer der Hauptachsen zusammenfällt, liegt schiefe Biegung vor (Abb. 82).

Die Abb. 83 stellt einen bestimmten, auf schiefe Biegung beanspruchten Stabquerschnitt dar. In diesen haben wir das Biegemoment, das den *Betrag M* haben möge, in seiner tatsächlichen Orientierung eingetragen. Seine Wirkungslinie verläuft senkrecht zur Spur $l-l$ der Lastebene. Um die durch die schiefe Biegung im Querschnitt verursachte Spannungsverteilung berechnen zu können, zerlegen wir das Biegemoment in die Komponenten

$$M_z = M \cos\alpha, \qquad M_y = -M \sin\alpha, \tag{2.108}$$

wobei der Winkel α derjenige ist, um den wir M entgegen dem Uhrzeigersinn drehen müssen, damit M in die positive z-Achse fällt. Die Komponenten M_z und M_y ergeben sich dadurch als vorzeichenbehaftet: Sie sind positiv, wenn sie in Richtung positiver

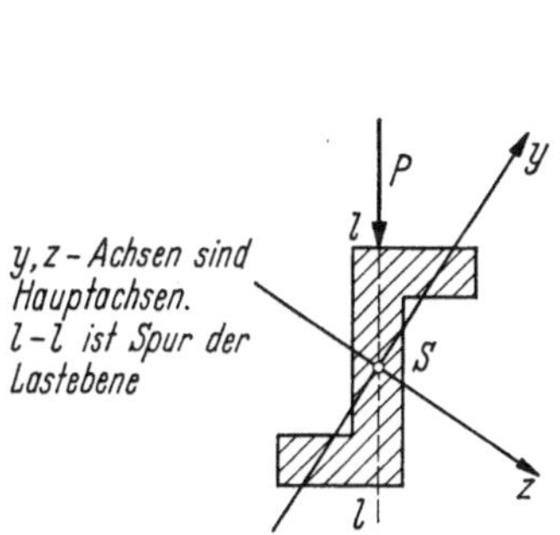

Abb. 82. Schiefe Biegung.

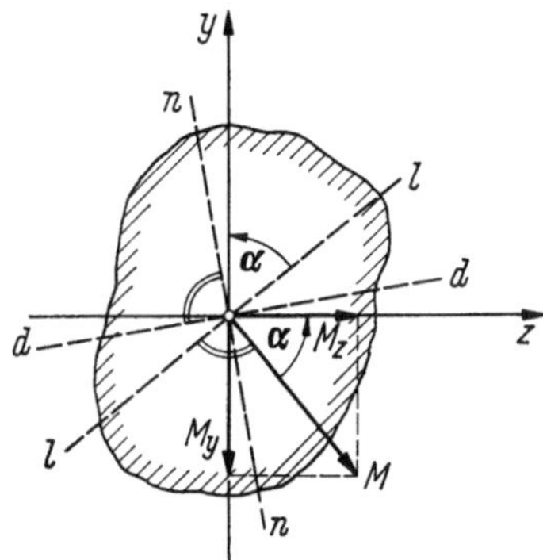

Abb. 83. Komponenten des Biegemomentes bei schiefer Biegung.

Achsen zeigen; sind sie entgegengesetzt orientiert, so ergeben sie sich als negativ. In Abb. 83 ist M_z also positiv und M_y negativ.

Haben wir die *y- sowie die z-Achse als Querschnittshauptachsen* gewählt, so können wir nach der Zerlegung des Biegemomentes die Wirkung einer jeden seiner Komponenten getrennt als *gerade Biegung* auffassen und erhalten gemäß (2.57)

$$\text{von } M_z \text{ den Beitrag } \sigma_B' = \frac{M_z y}{J_z},$$

$$\text{von } M_y \text{ den Beitrag } \sigma_B'' = -\frac{M_y z}{J_y}.$$

Die durch die schiefe Biegung verursachte Biegespannung σ_B erhalten wir durch Superposition dieser Beiträge als

$$\sigma_B = \sigma_B' + \sigma_B'' = \frac{M_z y}{J_z} - \frac{M_y z}{J_y}. \tag{2.109}$$

Die Spannung kommt vorzeichenrichtig (als Zug- oder Druckspannung) heraus, wenn wir in (2.109) sowohl M_y und M_z als auch y und z mit ihren Vorzeichen einsetzen.

Die Nullinie $n-n$ erhalten wir durch die Bedingung, daß auf ihr $\sigma_B = 0$ sei. Das führt über (2.109) und (2.108) zu

$$y = \frac{M_y}{M_z} \cdot \frac{J_z}{J_y} z = -\tan\alpha \frac{J_z}{J_y} z \tag{2.110}$$

als Gleichung der Nullinie, in welcher die Größen $\tan\alpha$, y und z mit ihren Vorzeichen einzusetzen sind.

Da die Spannung sich linear über den Querschnitt verteilt, wie man aus (2.109) herausliest, kann man leicht das in Abb. 84 gezeigte Spannungsdiagramm zeichnen, wenn man den Verlauf der Nullinie im Querschnitt kennt. Die extremalen Biegespannungen des Querschnittes treten in den Punkten z und d des Querschnittsrandes auf, die von der Nullinie den größten Abstand haben. Wenn

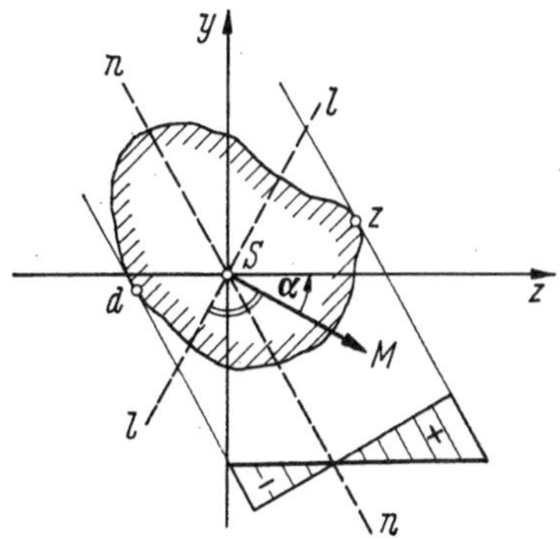

Abb. 84. Spannungsverteilung bei schiefer Biegung.

wir die Koordinaten von Punkt z mit y_z, z_z und die von Punkt d mit y_d, z_d bezeichnen, ist für die Verhältnisse der Abb. 84

$$\sigma_{Bz} = \frac{M_z y_z}{J_z} - \frac{M_y z_z}{J_y} = \frac{|M_z|\,|y_z|}{J_z} + \frac{|M_y|\,|z_z|}{J_y} = \sigma_{B,\max},$$

$$\sigma_{Bd} = \frac{M_z y_d}{J_z} - \frac{M_y z_d}{J_y} = -\frac{|M_z|\,|y_d|}{J_z} - \frac{|M_y|\,|z_d|}{J_y} = \sigma_{B,\min}. \tag{2.111}$$

Beim Spannungsnachweis haben wir zu verlangen, daß in *jedem Querschnitt*

$$|\sigma_{B,\max}| \leqq \sigma_{Bz,\mathrm{zul}}, \qquad |\sigma_{B,\min}| \leqq \sigma_{Bd,\mathrm{zul}}$$

sei.

Für die Herleitung einer einfachen Bemessungsformel beschränken wir uns auf den praktisch wichtigen und häufigen Fall, daß $\sigma_{Bz,\mathrm{zul}} = \sigma_{Bd,\mathrm{zul}} = \sigma_{B,\mathrm{zul}}$ ist. Ferner führen wir die Bezeichnungen

$$W_{z,\min} = \mathrm{Min}\left(\frac{J_z}{|y_z|}, \; \frac{J_z}{|y_d|}\right)$$

und

$$W_{y,\min} = \mathrm{Min}\left(\frac{J_y}{|z_z|}, \; \frac{J_y}{|z_d|}\right)$$

ein. Dann können wir für den Spannungsnachweis an Stelle von (2.111)

$$\frac{|M_z|}{W_{z,\min}} + \frac{|M_y|}{W_{y,\min}} \leqq \sigma_{B,\mathrm{zul}} \tag{2.112}$$

setzen, womit wir stets auf der sicheren Seite sind. Mit $W_{y,\min} = \dfrac{1}{c}\,W_{z,\min}$ ist es schließlich möglich, (2.112) in die Bemessungsformel

$$W_{z,\mathrm{erf}} \geqq \frac{|M_z| + c\,|M_y|}{\sigma_{B,\mathrm{zul}}} \tag{2.113}$$

umzurechnen.

Voraussetzung für die Anwendbarkeit von (2.113) ist, daß die *Profilzahl c* für technisch wichtige Querschnitte bekannt und einigermaßen konstant ist. Da das nicht immer der Fall ist, ist die Brauchbarkeit von (2.113) begrenzt.

Für die Durchbiegungen w und v des Stabes in Richtung der Hauptachsen z und y gelten die für die gerade Biegung üblichen Formeln, wenn wir sie für die in die jeweilige Achsrichtung fallenden Komponenten der Belastung aufstellen. Die Gesamtdurchbiegung f ergibt sich durch geometrische Addition von w und v, also aus

$$f = \sqrt{v^2 + w^2}. \tag{2.114}$$

Die Verschiebung f erfolgt stets senkrecht zur Nullinie $n-n$. Wenn der Stab konstante Querschnitte hat, ist seine Biegelinie auch bei der schiefen Biegung eine ebene Kurve, deren Spur $d-d$ senkrecht zur Nullinie verläuft, wie es Abb. 83 zeigt. Bei dem soeben geschilderten Vorgehen denken wir uns v, w und f als Beträge berechnet und ihre Orientierungen für das jeweils vorliegende Problem nach der Anschauung festgelegt.

Beispiel 1. Ein I-Träger ist auf schiefe Biegung beansprucht. Es sind $M = 140000$ kpcm und $\alpha = 220°$ vorgeschrieben. Wir bemessen den Träger für St 37, führen den Spannungsnachweis und geben den Verlauf der Nullinie an:

Zuerst zerlegen wir M nach den Hauptachsen z und y. Wir erhalten gemäß (2.108) die Biegemomentkomponenten

$$M_z = M\cos\alpha = -140000\cos 40° = -140000\cdot 0{,}766 = -107000 \text{ kpcm},$$

$$M_y = -M\sin\alpha = 140000\sin 40° = 140000\cdot 0{,}643 = 90000 \text{ kpcm}.$$

Für I-Träger ist $W_y \approx \frac{1}{8} W_z$ und daher $c \approx 8$. Für St 37 nehmen wir $\sigma_{B,\text{zul}} = 1400\ \text{kp/cm}^2$ an. Mit diesem Wert folgt aus (2.113)

$$W_{z\,\text{erf}} \geq \frac{107\,000 + 8 \cdot 90\,000}{1400} = \frac{827\,000}{1400} = 590\ \text{cm}^3.$$

Wir wählen I 320 mit $W_z = 653\ \text{cm}^3$, $W_y = 72,2\ \text{cm}^3$, $J_z = 9800\ \text{cm}^4$, $J_y = 451\ \text{cm}^4$. Der Verlauf der Nullinie wird durch (2.110) als

$$y = -\tan 40° \frac{9800}{451} z = -0,84 \frac{9800}{451} z = -18,2 z$$

gegeben. Er ist in Abb. 85 eingezeichnet. Aus ihm kann man auch auf die Lage der Punkte z und d schließen, in denen die extremalen Spannungen auftreten.

Für den Spannungsnachweis dürfen wir (2.112) benutzen und finden

$$\frac{107\,000}{653} + \frac{90\,000}{72,2} = 164 + 1240 = 1404\ \text{kp/cm}^2 \sim 1400\ \text{kp/cm}^2 = \sigma_{B,\,\text{zul}}.$$

Der Träger ist also gerade noch ausreichend bemessen.

Beispiel 2. Für den in Abb. 86 gezeigten Kragträger mit $\alpha = 225°$ sind die Nullinie, die extremalen Spannungen und die Durchbiegung f des Kragarmendes zu berechnen.

Es ist $|\sin\alpha| = |\cos\alpha| = 1/\sqrt{2}$, $\tan\alpha = 1$

$$J_z = \frac{b \cdot 8b^3}{12} = \frac{2}{3} b^4, \qquad J_y = \frac{2b\,b^3}{12} = \frac{1}{6} b^4.$$

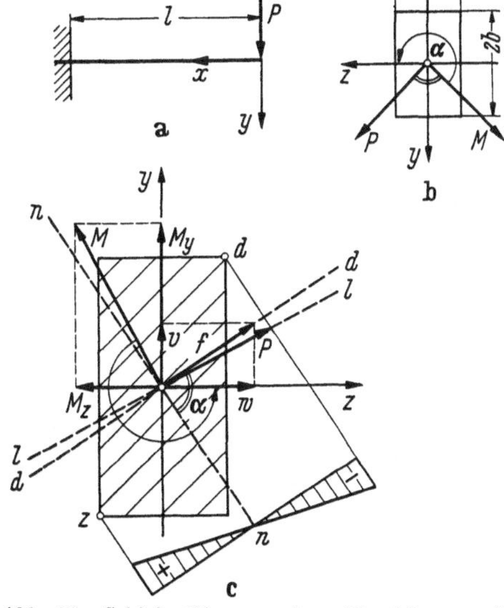

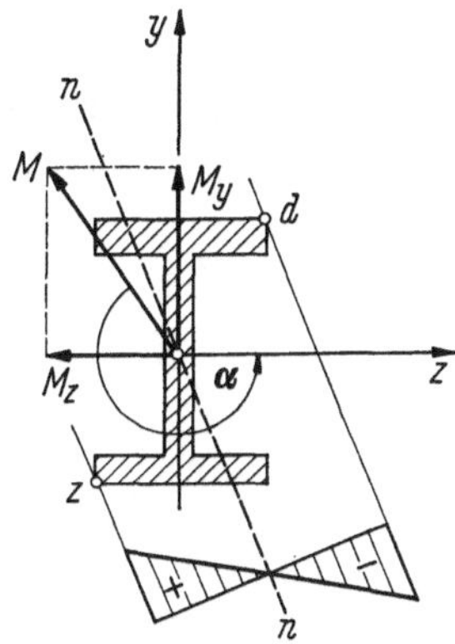

Abb. 85. Schiefe Biegung eines Balkens mit I-Profil.

Abb. 86. Schiefe Biegung eines Kragträgers mit Rechteckquerschnitt.

Damit ergibt sich nach (2.110) für die Gleichung der Nullinie

$$y = -\frac{2}{3} b^4 \frac{6}{b^4} z = -4z.$$

Auf Grund von (2.108) und nach der Vorzeichenregel für die Biegemomentkomponenten finden wir gemäß Abb. 86c mit $M = P\,x$

$$M_y = -P\,x \sin\alpha = \frac{P\,x}{\sqrt{2}}, \qquad M_z = P\,x \cos\alpha = -\frac{P\,x}{\sqrt{2}}.$$

Aus Abb. 86c lesen wir nach Kenntnis des Verlaufs der Nullinie

$$y_z = -b, \qquad z_z = -\frac{b}{2}, \qquad y_d = b, \qquad z_d = \frac{b}{2}$$

heraus. Damit erhalten wir mit $x = l$, der x-Koordinate des gefährdeten Querschnittes, aus (2.111) für die extremalen Spannungen

$$\sigma_{Bz,\,\mathrm{max}} = \frac{P\,l\,b}{\sqrt{2}}\,\frac{3}{2b^4} + \frac{P\,l\,b}{2\sqrt{2}}\,\frac{6}{b^4} = \frac{9P\,l}{2b^3\sqrt{2}},$$

$$\sigma_{Bd,\,\mathrm{min}} = -\frac{P\,l\,b}{\sqrt{2}}\,\frac{3}{2b^4} - \frac{P\,l\,b}{2\sqrt{2}}\,\frac{6}{b^4} = -\frac{9P\,l}{2b^3\sqrt{2}}.$$

Die bezüglich der y- und z-Achse genommenen Lastkomponenten sind

$$P_y = P\,|\cos\alpha| = \frac{P}{\sqrt{2}}, \qquad P_z = P\,|\sin\alpha| = \frac{P}{\sqrt{2}}.$$

Für die Durchbiegungskomponenten haben wir entsprechend zu (2.77)

$$v = \frac{P_y\,l^3}{3EJ_z} = \frac{P\,l^3}{3\sqrt{2}\,EJ_z}, \qquad w = \frac{P_z\,l^3}{3EJ_y} = \frac{P\,l^3}{3\sqrt{2}\,EJ_y},$$

so daß sich für die Durchbiegung f gemäß (2.114) und mit den soeben für v und w gefundenen Werten

$$f = \sqrt{v^2 + w^2} = \frac{P\,l^3}{2E\,b^4}\sqrt{\frac{17}{2}}$$

ergibt. Die Orientierung von v, w und f ist der Anschauung entsprechend in Abb. 86c eingetragen worden.

2.4 Torsion

2.4.1 Kreisquerschnitte

Die Torsion eines Stabes erfolgt durch das um die x-Achse drehende Torsionsmoment M_T (Abb. 87). Dadurch werden im Stabquerschnitt die Schubspannun-

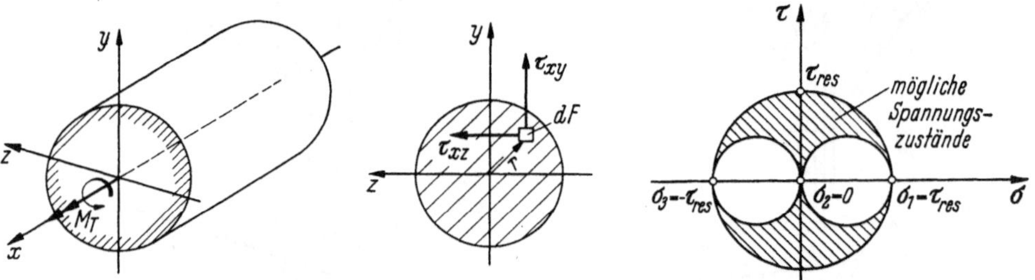

Abb. 87. Torsion eines Stabes mit Kreisquerschnitt.   Abb. 88. Mohrscher Kreis für den tordierten Stab.

gen τ_{xy} und τ_{xz} erzeugt, womit der Spannungstensor für diesen Belastungsfall die Form

$$\bar{S} = \begin{pmatrix} 0 & \tau_{xy} & \tau_{xz} \\ \tau_{yx} & 0 & 0 \\ \tau_{zx} & 0 & 0 \end{pmatrix} \tag{2.115}$$

erhält. Die Umrechnung auf Hauptachsen erfolgt mittels (1.20), was hier auf

$$\begin{vmatrix} -\sigma_i & \tau_{xy} & \tau_{xz} \\ \tau_{xy} & -\sigma_i & 0 \\ \tau_{xz} & 0 & -\sigma_i \end{vmatrix} = 0$$

bzw.

$$-\sigma_i^3 + \tau_{xy}^2\,\sigma_i + \tau_{xz}^2\,\sigma_i = 0$$

führt. Die Hauptspannungen ergeben sich daraus zu

$$\sigma_1 = \sqrt{\tau_{xy}^2 + \tau_{xz}^2} = \tau_{\text{res}}, \qquad \sigma_2 = 0, \qquad \sigma_3 = - \sqrt{\tau_{xy}^2 + \tau_{xz}^2} = -\tau_{\text{res}}, \qquad (2.116)$$

so daß der auf das HAS (Hauptachsensystem) bezogene Spannungstensor die Form

$$\bar{S}_{\text{HAS}} = \begin{pmatrix} \sigma_1 & 0 & 0 \\ 0 & 0 & 0 \\ 0 & 0 & \sigma_3 \end{pmatrix} = \begin{pmatrix} \tau_{\text{res}} & 0 & 0 \\ 0 & 0 & 0 \\ 0 & 0 & -\tau_{\text{res}} \end{pmatrix}$$

annimmt. Die auf allen möglichen durch den Stab geführten Schnitten auftretenden Spannungszustände sind mit Hilfe der Mohrschen Kreise in Abb. 88 gezeigt worden. Man entnimmt dieser Darstellung, daß τ_{res} eine Hauptschubspannung ist. Wir werden sehr bald erfahren, daß τ_{res} am Stabquerschnittsrand tangential zu diesem auftritt. Das wollen wir vorwegnehmen und können dann auf dem Stabmantel die in Abb. 89 eingezeichneten Spannungsverhältnisse zugrunde legen. Dabei haben wir von der aus dem größten Mohrschen Kreis der Abb. 88 abzulesenden Tatsache Gebrauch gemacht, daß die Hauptrichtungen unter 45° zur Hauptschubspannungsrichtung verlaufen. Tragen wir Linienelemente in Hauptspannungsrichtung auf, so erhalten wir ein Richtungsfeld, in das sich die sogenannten *Hauptspannungstrajektorien* als Integralkurven einzeichnen lassen. Das sind 45°-Spiralen (Abb. 89), entlang derer man bei übermäßig tordierten Stäben aus sprödem Werkstoff, welche zu Bruch gehen, das Einsetzen der Rißbildung beobachten kann. Das ist ein Vorgang, der uns im Zusammenhang mit den später noch zu erörternden Festigkeitshypothesen verständlich werden wird.

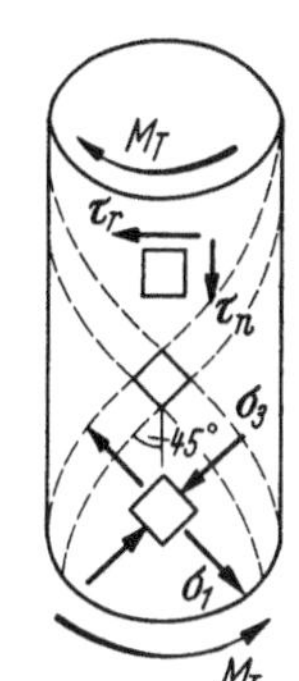

Abb. 89. Hauptspannungstrajektorien des tordierten Stabes.

Die Gleichgewichtsbedingungen (1.90) gehen wegen (2.115) und verschwindender Volumenkräfte in

$$\frac{\partial \tau_{xy}}{\partial y} + \frac{\partial \tau_{zz}}{\partial z} = 0,$$

$$\frac{\partial \tau_{xy}}{\partial x} = 0, \qquad\qquad (2.117)$$

$$\frac{\partial \tau_{xz}}{\partial x} = 0,$$

über. Aus den beiden unteren Gleichungen folgt

$$\tau_{xy} = F_1(y, z), \qquad \tau_{xz} = F_2(y, z) \qquad (2.118)$$

und aus der ersten Gleichung

$$\frac{\partial F_1}{\partial y} = - \frac{\partial F_2}{\partial z}. \qquad (2.119)$$

Mittels des Hookeschen Gesetzes (1.87) und der Zusammenhänge (1.55), (1.56) und (1.59) zwischen Verzerrungen und Verschiebungen erhalten wir

$$\varepsilon_x = \frac{\partial u}{\partial x} = 0, \qquad \varepsilon_y = \frac{\partial v}{\partial y} = 0, \qquad \varepsilon_z = \frac{\partial w}{\partial z} = 0,$$

$$\varepsilon_{xy} = \frac{1}{2}\left(\frac{\partial u}{\partial y} + \frac{\partial v}{\partial x}\right) = \frac{\tau_{xy}}{2G}, \qquad \varepsilon_{xz} = \frac{1}{2}\left(\frac{\partial u}{\partial z} + \frac{\partial w}{\partial x}\right) = \frac{\tau_{xz}}{2G}, \qquad (2.120)$$

$$\varepsilon_{zy} = \frac{1}{2}\left(\frac{\partial w}{\partial y} + \frac{\partial v}{\partial z}\right) = 0.$$

Aus den ersten drei Gleichungen dieses Systems lesen wir

$$u = u(y, z), \qquad v = v(x, z), \qquad w = w(x, y) \tag{2.121}$$

ab. Für tordierte Stäbe mit Kreisquerschnitt tritt keine Verwölbung der Querschnitte auf. Das ist eine schon von NAVIER vermutete und dann von DE ST.-VENANT bestätigte Gegebenheit. Wir dürfen daher künftig

$$u \equiv 0$$

setzen. Die Funktionen v und w finden wir mittels einer an Hand von Abb. 90 durchgeführten anschaulichen Überlegung: Infolge der Torsion verschiebt sich ein

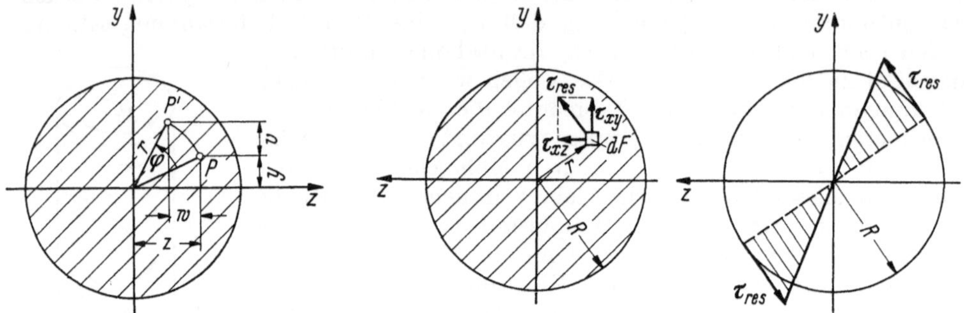

Abb. 90. Verschiebungen im Querschnitt des tordierten Stabes.   Abb. 91. Spannungsverteilung im tordierten Stab mit Kreisquerschnitt.

Punkt P des Stabquerschnittes nach P'. Aus der Abb. 90 lesen wir daher die Beziehungen

$$\overline{PP'} = r\,\varphi,$$

$$\frac{w}{\overline{PP'}} = -\frac{y}{r}, \qquad w = -\frac{y\,(\overline{PP'})}{r} = -y\,\varphi$$

ab. Ganz entsprechend finden wir

$$v = z\,\varphi.$$

Unter Einführung der *spezifischen Verdrehung*

$$\vartheta = \frac{\mathrm{d}\varphi}{\mathrm{d}x} = \text{const} \tag{2.122}$$

können wir

$$\varphi = \vartheta\,x \tag{2.123}$$

setzen und erhalten für die Verschiebungen in y- und z-Richtung

$$v = x\,z\,\vartheta, \qquad w = -x\,y\,\vartheta, \tag{2.124}$$

was in Übereinstimmung mit (2.121) ist.

Jetzt sind wir in der Lage, (2.120) auszuwerten, wobei wir noch $u \equiv 0$ benutzen. Das führt uns zu

$$\frac{\partial v}{\partial x} = z\,\vartheta = \frac{\tau_{xy}}{G}, \qquad \frac{\partial w}{\partial x} = -y\,\vartheta = \frac{\tau_{xz}}{G}$$

bzw.

$$\tau_{xy} = G\,z\,\vartheta = F_1, \qquad \tau_{xz} = -G\,y\,\vartheta = F_2. \tag{2.125}$$

Wir erkennen sofort, daß die Annahme (2.122) für ϑ notwendig war, damit kein Widerspruch mit (2.118) auftritt, und daß (2.119) durch (2.125) erfüllt wird. Außerdem erhalten wir mit (2.125) aus (2.116)

$$\tau_{\text{res}} = G\,\vartheta\,\sqrt{y^2 + z^2}.$$

Wenn wir, wie in Abb. 91 gezeigt, den Radiusvektor r einführen, so ergibt sich schließlich

$$\tau_{\text{res}} = G\,\vartheta\,r. \tag{2.126}$$

Die im Querschnitt mit dem Radius R vorkommende maximale Schubspannung beträgt wegen (2.126) und $r_{\max} = R$

$$\tau_{\max} = G\,\vartheta\,R, \tag{2.127}$$

und der zugehörige Schubspannungsvektor verläuft tangential zum Querschnittsrand. Das folgt bereits aus der Tatsache, daß die zu τ_{res} und damit auch zu $\tau_{\max}$ gehörenden Vektoren stets senkrecht zum Radiusvektor (hier Kreisradius) stehen. Daß dies so ist, erkennt man leicht aus der Komponentendarstellung (2.125) von τ_{res}. Aber auch aus Gleichgewichtsgründen werden wir darauf geführt, daß der resultierende Schubspannungsvektor tangential zum Querschnittsrand sein muß, denn der Mantel des tordierten Stabes ist ja lastfrei.

Das Gleichgewicht der Momente verlangt

$$\int_F \tau_{\text{res}}\,r\,\mathrm{d}F = M_T.$$

Infolge von (2.126) wird daraus

$$G\,\vartheta \int_F r^2\,\mathrm{d}F = M_T.$$

Mittels (2.33) können wir diese Beziehung in

$$M_T = G\,\vartheta\,J_p \tag{2.128}$$

überführen, wobei J_p das polare Trägheitsmoment des Stabquerschnittes ist. Es beträgt nach (2.35) für den vollen Kreisquerschnitt, den wir im folgenden zugrunde legen wollen,

$$J_p = \frac{\pi}{2}\,R^4,$$

womit (2.128) in

$$M_T = \frac{\pi\,G\,\vartheta\,R^4}{2} \tag{2.129}$$

übergeht. Wenn wir darin $G\,\vartheta$ durch (2.126) ausdrücken und (2.129) noch umformen, so ergibt sich die Beziehung

$$\tau_{\text{res}} = \frac{2\,M_T\,r}{\pi\,R^4}. \tag{2.130}$$

Für den Spannungsnachweis ist infolgedessen

$$|\tau_{\text{res}}|_{\max} = \frac{2\,|M_T|}{\pi\,R^3} \leqq \tau_{\text{zul}} \tag{2.131}$$

zu fordern. Für die Bemessung hinsichtlich der Spannung ist nach entsprechender Umrechnung von (2.131)

$$R \geqq \left(\frac{2\,|M_T|}{\pi\,\tau_{\text{zul}}}\right)^{1/3} \tag{2.132}$$

zu verwenden.

Jetzt kann noch auf eine wichtige Tatsache hingewiesen werden: Es gilt

$$\tau_{\text{res}} = \sqrt{\tau_{xy}^2 + \tau_{xz}^2},$$

und daher ist τ_{res} wegen (2.118) eine Funktion nur von y und z, nicht aber von x. Wenn nun der Zusammenhang (2.130) von τ_{res} mit M_T besteht, müssen wir demnach folgern, daß unsere Theorie nur richtig ist, wenn auch M_T nicht von x abhängt. Das bedeutet aber, daß $M_T = \mathrm{const}$ sein muß, was wir im folgenden zu beachten haben.

Um die Verdrehung einer Welle von der Länge l zu berechnen, gehen wir von (2.122) aus und setzen noch ϑ aus (2.128) ein. Das gibt

$$\frac{\mathrm{d}\varphi}{\mathrm{d}x} = \frac{M_T}{G J_p},$$

woraus durch Integration

$$\varphi = \frac{M_T\, l}{G J_p} = \frac{2\, M_T\, l}{\pi\, G\, R^4} \tag{2.133}$$

folgt. Dabei haben wir unserer vorangegangenen Überlegung entsprechend $M_T = \mathrm{const}$ gesetzt und stillschweigend auch noch mit $J_p = \mathrm{const}$ gerechnet, weil wir sonst wegen (2.122) und (2.128) einen Widerspruch gehabt hätten. Sollte M_T jedoch variabel sein, so können wir wenigstens näherungsweise mit

$$\varphi = \frac{1}{G J_p} \int\limits_0^l M_T(x)\, \mathrm{d}x$$

arbeiten. Eine Erweiterung der Formel für variables J_p auf

$$\varphi = \frac{1}{G} \int\limits_0^l \frac{M_T(x)}{J_p(x)}\, \mathrm{d}x$$

ist aber selbst näherungsweise nur für schwach veränderliches J_p, also nur für um ein weniges veränderliche Stabquerschnitte zulässig. Hinweise darauf, wie man bei stark veränderlichen Stabquerschnitten zu rechnen hat, findet man bei FR. A. WILLERS und R. SONNTAG [16].

Für eine Bemessung in bezug auf die Verformung steht uns bei Verwendung von (2.133)

$$|\varphi| = \frac{2\,|M_T|\,l}{\pi\, G\, R^4} \leqq \varphi_{\mathrm{zul}}$$

bzw.

$$R \geqq \left(\frac{2\,|M_T|\,l}{\pi\, G\, \varphi_{\mathrm{zul}}} \right)^{1/4} \tag{2.134}$$

zur Verfügung.

Bei übermäßig großer Torsion kann ein Versagen des Stabes auch durch *Ausknicken* eintreten. Einen solchen Fall der elastischen Instabilität wollen wir an dieser Stelle nicht behandeln, sondern dafür auf Abschn. 6 verweisen.

Beispiel 1. Eine zylindrische Welle aus Stahl mit $G = 8{,}1 \cdot 10^5\ \mathrm{kp/cm^2}$ und $\tau_{\mathrm{zul}} = 300\ \mathrm{kp/cm^2}$ wird durch ein Torsionsmoment $M_T = 400\ \mathrm{kpm}$ beansprucht. Die Verformung soll durch $\varphi/l \leqq 0{,}3°/\mathrm{m}$ beschränkt sein. Welchen Radius R muß die Welle haben?
Aus (2.132) und (2.134) folgern wir

$$R_{\mathrm{erf}} \geqq \mathrm{Max} \left[\left(\frac{2\,|M_T|}{\pi\, \tau_{\mathrm{zul}}} \right)^{1/3},\quad \left(\frac{2\,|M_T|\,l}{\pi\, G\, \varphi_{\mathrm{zul}}} \right)^{1/4} \right].$$

Es ist $\varphi_{\mathrm{zul}}/l = 0{,}3°/\mathrm{m} = 5{,}23 \cdot 10^{-3}/\mathrm{m}$. Mit den übrigen, zahlenmäßig bekannten Größen finden wir

$$R_{\mathrm{erf}} \geqq \mathrm{Max} \left[\left(\frac{2 \cdot 40000}{\pi \cdot 300} \right)^{1/3}\ \mathrm{cm},\quad \left(\frac{2 \cdot 40000 \cdot 100}{\pi \cdot 8{,}1 \cdot 10^5 \cdot 5{,}23 \cdot 10^{-3}} \right)^{1/4}\ \mathrm{cm} \right]$$

bzw.

$$R_{\mathrm{erf}} \geqq \mathrm{Max}[4{,}4\ \mathrm{cm},\ 4{,}95\ \mathrm{cm}].$$

Wir führen die Welle mit $R = 5$ cm aus. Die Nachweise für Spannung und Verformung ergeben damit

$$|\tau|_{\text{max, vorh}} = \frac{2\,|M_T|}{\pi\,R_{\text{vorh}}^3} = \frac{2 \cdot 40000}{\pi \cdot 125} = 204\,\frac{\text{kp}}{\text{cm}^2} < 300\,\frac{\text{kp}}{\text{cm}^2} = \tau_{\text{zul}},$$

$$\left(\frac{\varphi}{l}\right)_{\text{vorh}} = \frac{2\,|M_T|}{\pi\,G\,R_{\text{vorh}}^4} = \frac{2 \cdot 40000}{\pi \cdot 8,1 \cdot 10^5 \cdot 625} = 5 \cdot 10^{-5}\,\text{cm}^{-1} = 0{,}287°/\text{m} < 0{,}3°/\text{m} = \left(\frac{\varphi}{l}\right)_{\text{zul}}.$$

Die Welle ist also ausreichend bemessen.

Beispiel 2. Eine an ihren beiden Enden eingespannte zylindrische Welle wird, wie in Abb. 92 gezeigt, durch ein Torsionsmoment M_T beansprucht. Man berechne die in ihr auftretende maximale Schubspannung. Wie groß muß der Wellenradius R sein, damit τ_{zul} nicht überschritten wird?

In den Einspannquerschnitten der Welle treten die Momente M_{Tl} und M_{Tr} auf. Das Gleichgewicht der Momente verlangt

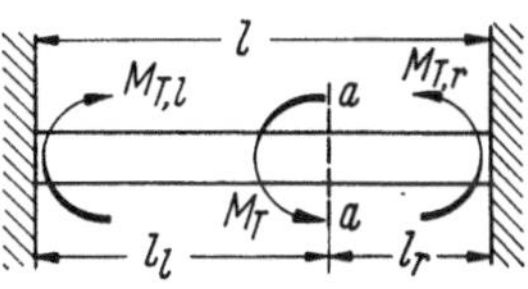

Abb. 92. Torsion einer beidseitig eingespannten Welle.

$$M_{Tr} + M_{Tl} = M_T.$$

Diese Gleichung reicht zur Lösung des gestellten Problems aber nicht aus. Die Aufgabe ist also statisch unbestimmt. Wir müssen daher auch noch die Verformungen berücksichtigen. Nach (2.133) ist für den Querschnitt $a{-}a$, in welchem M_T angreift,

$$\varphi_a = \frac{2 M_{Tl}\,l_l}{\pi\,G\,R^4} = \frac{2 M_{Tr}\,l_r}{\pi\,G\,R^4},$$

woraus

$$M_{Tl} = M_{Tr}\,\frac{l_r}{l_l}$$

folgt. Mit Hilfe der Gleichgewichtsbedingung können wir damit

$$M_{Tr} = \frac{l_l}{l}\,M_T$$

und sodann

$$M_{Tl} = \frac{l_r}{l}\,M_T$$

berechnen. Da $l_l > l_r$ ist, ist auch $M_{Tr} > M_{Tl}$. Wir finden daher gemäß (2.131), wenn wir dort statt $|M_T|$ eben $|M_{Tr}|$ einsetzen,

$$|\tau|_{\text{max}} = \frac{2 l_l\,|M_T|}{l\,\pi\,R^3}.$$

Damit τ_{zul} nirgends überschritten wird, muß $|\tau|_{\text{max}} \leqq \tau_{\text{zul}}$ sein. Infolgedessen müssen wir für die Auswahl des Wellenradius die Bedingung

$$R_{\text{erf}} \geqq \left(\frac{2 l_l\,|M_T|}{l\,\pi\,\tau_{\text{zul}}}\right)^{1/3}$$

einhalten.

2.4.2 Nichtkreisförmige Querschnitte

Bei der Torsion von nichtkreisförmigen Querschnitten erfolgt eine Verwölbung der Querschnitte, so daß die Verschiebung u nicht mehr gleich Null ist. Neben die Beziehungen von (2.124) tritt daher jetzt noch

$$u = \vartheta\,\psi(y, z), \tag{2.135}$$

so daß wir damit und mit (2.124) aus (2.120)

$$\frac{\partial u}{\partial y} + \frac{\partial v}{\partial x} = \vartheta\,\frac{\partial \psi}{\partial y} + z\,\vartheta = \frac{\tau_{xy}}{G}, \qquad \frac{\partial u}{\partial z} + \frac{\partial w}{\partial x} = \vartheta\,\frac{\partial \psi}{\partial z} - y\,\vartheta = \frac{\tau_{xz}}{G}$$

bzw.

$$\tau_{xy} = G\,\vartheta\left(\frac{\partial \psi}{\partial y} + z\right), \qquad \tau_{xz} = G\,\vartheta\left(\frac{\partial \psi}{\partial z} - y\right) \tag{2.136}$$

gewinnen.

Setzen wir (2.136) in die erste der Gleichgewichtsbedingungen (2.117) ein, so erhalten wir für die *Verwölbungsfunktion* ψ die Laplacesche Differentialgleichung

$$\frac{\partial^2 \psi}{\partial y^2} + \frac{\partial^2 \psi}{\partial z^2} = 0. \tag{2.137}$$

Da der Mantel des tordierten Stabes lastfrei ist, muß, wie wir schon wissen, der resultierende Schubspannungsvektor im Querschnittsrand aus Gleichgewichtsgründen tangential zu diesem verlaufen. Es muß also sein skalares Produkt mit dem auf dem Stabmantel errichteten Normalenvektor verschwinden. Das führt zu

$$\tau_{xy}\, n_y + \tau_{xz}\, n_z = 0, \tag{2.138}$$

wobei $n_x \equiv 0$, n_y, n_z die Komponenten des auf dem Mantel errichteten Normalenvektors sind. Aus Abb. 93 lesen wir

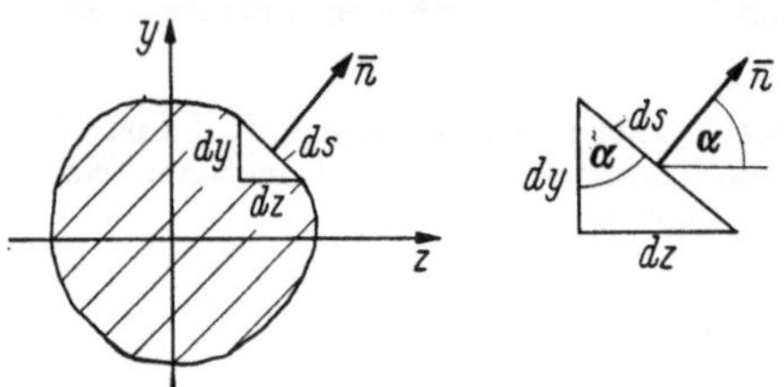

$$n_y = \sin\alpha = -\frac{\mathrm{d}z}{\mathrm{d}s}, \qquad n_z = \cos\alpha = \frac{\mathrm{d}y}{\mathrm{d}s}$$

ab, so daß wir hiermit und mittels (2.136) aus (2.138) für ψ die für den Stab-Querschnittsrand geltende *Randbedingung*

$$\left(\frac{\partial\psi}{\partial y} + z\right)\frac{\mathrm{d}z}{\mathrm{d}s} - \left(\frac{\partial\psi}{\partial z} - y\right)\frac{\mathrm{d}y}{\mathrm{d}s} = 0 \tag{2.139}$$

Abb. 93
Normalenvektor am Rand des tordierten Stabes.

herstellen können.

Haben wir für einen vorgegebenen Stabquerschnitt das Randwertproblem (2.137), (2.139) gelöst und ψ gewonnen, so können wir mittels (2.136) die im Stab herrschenden Schubspannungen angeben, wenn uns ϑ bekannt ist.

Diese Größe erhalten wir, indem wir

$$M_T = \int\limits_F (z\,\tau_{xy} - y\,\tau_{xz})\,\mathrm{d}F$$

ansetzen. Mittels (2.136) wird daraus

$$M_T = G\,\vartheta \int\limits_F \left(y^2 + z^2 + z\frac{\partial\psi}{\partial y} - y\frac{\partial\psi}{\partial z}\right)\mathrm{d}F,$$

was sich mit Hilfe des *Torsionsträgheitsmomentes*[1]

$$J_T = \int\limits_F \left(y^2 + z^2 + z\frac{\partial\psi}{\partial y} - y\frac{\partial\psi}{\partial z}\right)\mathrm{d}F \tag{2.140}$$

in Analogie zu (2.128) kurz als

$$M_T = G\,\vartheta\,J_T \tag{2.141}$$

schreiben läßt. Wenn ψ bereits ermittelt worden ist, läßt sich auch J_T ausrechnen. Die Größen G und M_T werden als gegeben vorausgesetzt. Also können wir aus (2.141) ϑ gewinnen.

Ist die Problemstellung eine andere, so genügen jedenfalls auch dann das aus (2.137), (2.139) berechnete ψ und das System der Gln. (2.136), (2.140), (2.141), (2.122), um alle anfallenden Fragen zu beantworten.

---

[1] Man sieht deutlich, daß für Kreisquerschnitte, für welche $\psi \equiv 0$ ist, weil keine Verwölbung eintritt, das Torsionsträgheitsmoment J_T wegen $y^2 + z^2 \equiv r^2$ in das polare Trägheitsmoment $J_p = \int\limits_F r^2\,\mathrm{d}F$ übergeht.

Die Herstellung von ψ durch Auflösung von (2.137), (2.139) ist ein schwieriges mathematisches Problem, das wir nicht weiter verfolgen wollen. Es sei dazu z. B. auf H. LEIPHOLZ [4] verwiesen. Wir wollen uns damit begnügen, in der Tabelle 1 für einige wichtige Stabprofile bereits fertige Resultate aufzuführen.

Tabelle 1

	Rechteck	Quadrat	Ellipse	Gleichseitiges Dreieck	Dünnwandige Profile	Profil	η
J_T	$\dfrac{a\,b^3}{\varkappa}$	$\dfrac{a^4}{7,11}$	$\dfrac{16\,\pi\,a^3\,b^3}{a^2+b^2}$	$\dfrac{a^4}{46,2}$	$\dfrac{\eta}{3}\sum_i t_i^3 h_i$	L	0,99
						$\sqsubset$	1,12
						$\perp$	1,12
$\tau_{\max}$	$\dfrac{\lambda\,M_T}{a\,b^2}$	$\dfrac{4,81\,M_T}{a^3}$	$\dfrac{16\,M_T}{\pi\,a\,b^2}$	$\dfrac{20\,M_T}{a^3}$	$\dfrac{3\,M_T\,t_{\max}}{\eta\sum\limits_i t_i^3 h_i}$	I	1,31
						I PB	1,29
						$+$	1,17

Für das Rechteck haben wir für die verschiedenen Seitenverhältnisse:

Tabelle 2

a/b	1,0	1,5	2,0	3,0	4,0	6,0	8,0	10,0	∞
$\varkappa$	7,1	5,1	4,37	3,84	3,56	3,34	3,26	3,19	3,0
λ	4,81	4,33	4,07	3,75	3,55	3,34	3,26	3,19	3,0

Von Interesse ist noch die Angabe, in welchen Punkten des Querschnittsrandes jeweils $\tau_{\max}$ auftritt:

beim Rechteck in der Mitte der *größten* Seite,

beim Quadrat in der Mitte der Seiten,

bei der Ellipse in den Endpunkten der *kleinen* Achse,

beim gleichseitigen Dreieck in der Mitte der Seiten,

bei dünnwandigen, aus Rechtecken zusammengesetzten Profilen in der Mitte der Längsseiten des Rechtecks mit der größten Breite $t_{\max}$.

Das mag gegenüber den Verhältnissen beim Kreisquerschnitt paradox erscheinen. Eine anschauliche Erklärung dieser Gegebenheiten und überhaupt für die Spannungsverteilung im nichtkreisförmigen Querschnitt können wir aus der Prandtlschen *Seifenhaut-Analogie* gewinnen, über welche in [9] unter der Bezeichnung *Membrane Analogy* ausführlich berichtet worden ist.

2.4.3 Dünnwandige Hohlquerschnitte

Im Leichtbau spielt die Torsion von dünnwandigen Hohlquerschnitten eine große Rolle.

Wir wollen zunächst einen Hohlquerschnitt ohne Zwischenstege betrachten. Er habe die kleine Wanddicke t. Wir dürfen daher eine gleichmäßige Verteilung der Schubspannung voraussetzen und im folgenden mit dem Mittelwert τ rechnen

(Abb. 94). Wenn wir an Hand von Abb. 94a das Gleichgewicht der Kräfte in x-Richtung aufstellen, erhalten wir

$$\tau_1\, t_1\, \mathrm{d}x - \tau_2\, t_2\, \mathrm{d}x = 0$$

bzw.

$$\tau_1\, t_1 = \tau_2\, t_2.$$

Daraus können wir folgern, daß

$$T = \tau\, t = \text{const} \tag{2.142}$$

gilt. Der *Schubfluß* T ist also konstant.

Das auf Grund von Abb. 94b anzugebende Gleichgewicht der Momente verlangt

$$\oint \tau\, t\, p\, \mathrm{d}s = M_T,$$

was wegen (2.142) zu

$$\tau\, t \oint p\, \mathrm{d}s = T \oint p\, \mathrm{d}s = M_T$$

führt. Es ist aber

$$\oint p\, \mathrm{d}s = 2F_m, \tag{2.143}$$

wobei F_m die von der Querschnittsmittellinie eingeschlossene Fläche ist. Wir dürfen daher auch

$$2\tau\, t\, F_m = 2T\, F_m = M_T \tag{2.144}$$

bzw.

$$\tau_{\max} = \frac{M_T}{2 t_{\min} F_m} \tag{2.145}$$

setzen, womit wir die *erste Bredtsche Formel* gewonnen haben.

Von (2.136) übernehmen wir

$$\tau_{xy} = G\, \vartheta \left(\frac{\partial \psi}{\partial y} + z \right).$$

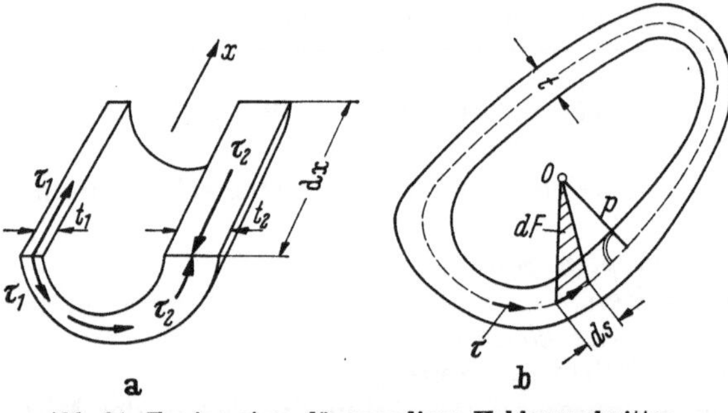
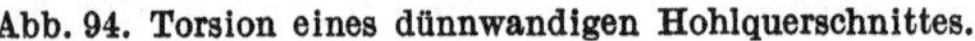
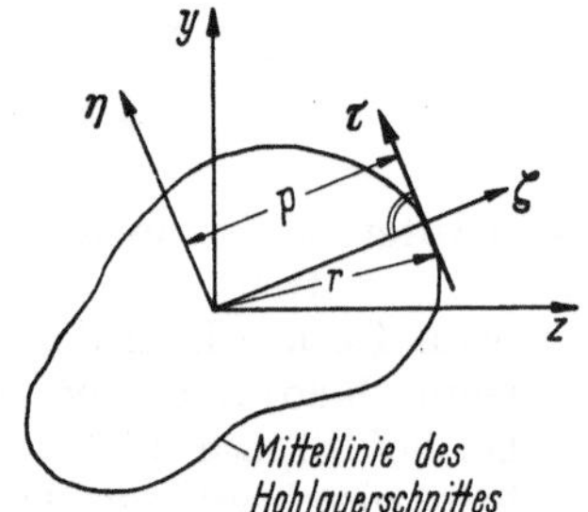

a　　　　　　　　　　b

Abb. 94. Torsion eines dünnwandigen Hohlquerschnittes.

Abb. 95. Variables ξ, η-Kreuz zur Herleitung der zweiten Bredtschen Formel.

Wir können jedoch statt mit y, z- auch mit den in Abb. 95 gezeigten (variablen) η, ζ-Achsen arbeiten. Dann geht die obige Formel mit $\tau_{\xi\eta} \equiv \tau$ in

$$\tau = G\, \vartheta \left(\frac{\partial \psi}{\partial \eta} + \zeta \right)$$

über. Da η jeweils tangential zur Mittellinie ist, können wir $\partial/\partial\eta \equiv \partial/\partial s$ setzen. Außerdem ist gerade immer $\zeta \equiv p$, so daß deswegen auch

$$\tau = G\, \vartheta \left(\frac{\partial \psi}{\partial s} + p \right) \tag{2.146}$$

gilt. Durch Integration gewinnen wir daraus

$$\oint \tau\, \mathrm{d}s = G\, \vartheta \oint p\, \mathrm{d}s, \tag{2.146a}$$

denn $\oint \mathrm{d}\psi \equiv 0$, weil ψ eine eindeutige Funktion ist. Wegen (2.142), (2.143) und (2.144) können wir (2.146a) in die *zweite Bredtsche Formel*

$$\vartheta = \frac{M_T}{4 F_m^2 G} \oint \frac{\mathrm{d}s}{t} \tag{2.147}$$

umrechnen. Kennen wir ϑ, so erhalten wir den Verdrehungswinkel φ gemäß (2.122).

Für Hohlquerschnitte mit Zwischenstegen (Abb. 96) dürfen wir in entsprechender Weise mit den soeben gewonnenen Bredtschen Formeln arbeiten. Wir wollen

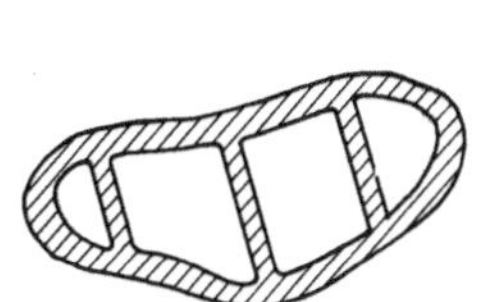

Abb. 96. Hohlquerschnitt mit Zwischenstegen.

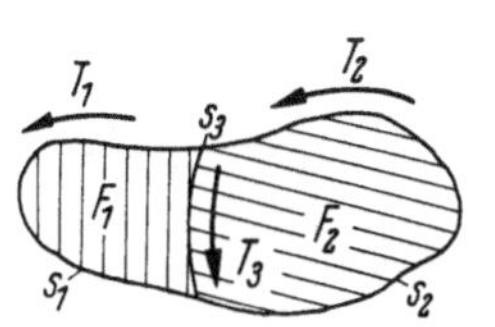

Abb. 97. Schubfluß im Hohlquerschnitt mit Zwischensteg.

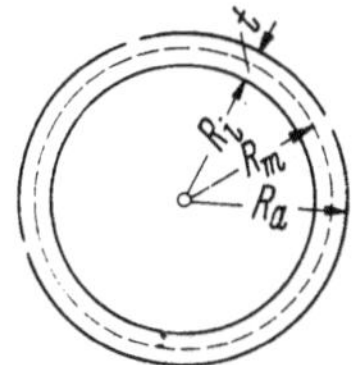

Abb. 98. Torsion eines dünnwandigen Rohres.

das an einem Profil mit nur einem Zwischensteg zeigen, wie es in Abb. 97 schematisch dargestellt ist.

Für die Schubflüsse T_1, T_2, T_3 muß wegen Gleichgewicht

$$T_1 + T_3 = T_2 \tag{2.148}$$

gelten. Für die Drehmomente ist wegen (2.144) und aus Gleichgewichtsgründen

$$2 F_{m1} T_1 + 2 F_{m2} T_2 = M_T. \tag{2.149}$$

Schließlich müssen die Verdrehungen der Teilzellen und des Gesamtstabs gleich sein. Das bedeutet wegen (2.142), (2.143) und (2.146a), daß die Beziehung

$$2 G \vartheta = \frac{1}{F_{m1}} \left(T_1 \int\limits_{S_1} \frac{\mathrm{d}s}{t} - T_3 \int\limits_{S_3} \frac{\mathrm{d}s}{t} \right) = \frac{1}{F_{m2}} \left(T_2 \int\limits_{S_2} \frac{\mathrm{d}s}{t} + T_3 \int\limits_{S_3} \frac{\mathrm{d}s}{t} \right) \tag{2.150}$$

besteht.

Aus dem Gleichungssystem (2.148), (2.149), (2.150) lassen sich bei gegebenem Querschnitt und Torsionsmoment die Schubflüsse T_1 bis T_3 und die spezifische Verdrehung ϑ berechnen, womit die Aufgabe gelöst ist.

Man erkennt leicht, wie man den Rechengang für Hohlquerschnitte mit mehr als zwei Zellen zu erweitern hat.

Beispiel 1. Torsion eines dünnwandigen Rohres. Aus Abb. 98 entnehmen wir, daß $F_m = \pi R_m^2$ und, wegen $t = \text{const}$,

$$\oint \frac{\mathrm{d}s}{t} = \frac{1}{t} \oint \mathrm{d}s = \frac{2 \pi R_m}{t}$$

gilt. Daher ist nach (2.145) und (2.147)

$$\tau_{\max} = \frac{M_T}{2 \pi R_m^2 t}, \qquad \vartheta = \frac{M_T}{4 \pi^2 R_m^4 G} \frac{2 \pi R_m}{t} = \frac{M_T}{2 \pi G R_m^3 t}.$$

Für einen Hohlzylinder, also ein Rohr, dürfen wir, weil er kreisförmigen Querschnitt hat, aber auch nach Abschn. 2.4.1 rechnen. Es ist für ihn

$$J_p = \frac{\pi}{2} \left(R_a^4 - R_i^4 \right)$$

und daher nach (2.128)

$$\vartheta = \frac{M_T}{G J_p} = \frac{2 M_T}{\pi G \left(R_a^4 - R_i^4 \right)}. \tag{2.151}$$

Für τ_{max} finden wir gemäß (2.127), wenn wir dort $R \equiv R_a$ setzen und außerdem den soeben für ϑ gefundenen Wert benutzen,

$$\tau_{max} = \frac{M_T R_a}{J_p} = \frac{2 M_T R_a}{\pi (R_a^4 - R_i^4)}. \qquad (2.152)$$

Diese beiden Formeln gelten für beliebige Wandstärken des Hohlzylinders, also auch für dickwandige Rohre. Wenn kleine Wandstärken vorliegen, dürfen wir $R_a^4 - R_i^4 \approx 4 R_m^3 t$ und $R_a \approx R_m$ setzen, womit (2.151) und (2.152) zwanglos in die weiter oben stehenden entsprechenden, mittels der Bredtschen Formeln erhaltenen Beziehungen übergehen, die eben nicht so allgemein sind.

Beispiel 2. Der Kastenquerschnitt von Abb. 99 ist mit den Bredtschen Formeln zu berechnen. Für ihn ist $F_m = s_1 s_2$, womit nach (2.144)

$$\tau_1 = \frac{M_T}{2 t_1 s_1 s_2}, \qquad \tau_2 = \frac{M_T}{2 t_2 s_1 s_2}$$

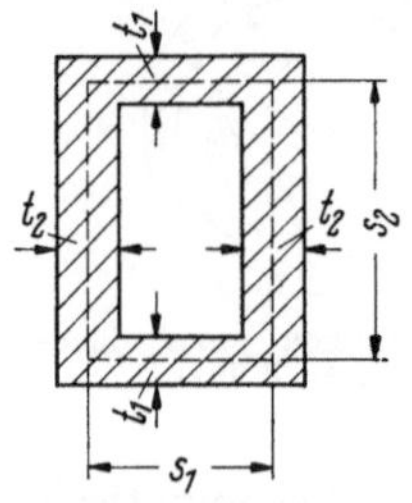

Abb. 99. Torsion eines Kastenquerschnittes.

wird. Ferner erhalten wir auf elementare Weise

$$\oint \frac{ds}{t} = 2 \left(\frac{s_1}{t_1} + \frac{s_2}{t_2} \right),$$

so daß nach (2.147)

$$\vartheta = \frac{M_T}{2 s_1^2 s_2^2 G} \left(\frac{s_1}{t_1} + \frac{s_2}{t_2} \right)$$

gilt.

2.5 Zusammengesetzte Beanspruchung

2.5.1 Festigkeitshypothesen

Für die Festigkeit eines Werkstoffs ist unter anderem sein Bruchverhalten maßgeblich. Wir müssen uns daher mit den dafür gegebenen Möglichkeiten befassen. Dazu können wir auf einiges zurückgreifen, was schon in Abschn. 1.4 gesagt worden ist und was hier der Vollständigkeit halber so weit wie nötig wiederholt werden wird.

Das Versagen eines zu hoch beanspruchten Bauteils kann durch *Spröd-*, *Fließ-* oder *Mischbruch* erfolgen.

Der *Spröd-* bzw. *Trennbruch* tritt vorwiegend bei spröden Werkstoffen wie z. B. Gußeisen und dann entlang derjenigen Flächen auf, wo die maximalen Normalspannungen herrschen. Das kann man, wie schon erwähnt, bei der Torsion von Wellen aus sprödem Material beobachten, bei denen der einsetzende Bruch sich entlang der spiraligen Hauptspannungstrajektorien abzuzeichnen beginnt.

Der *Fließ-* bzw. *Scherbruch* ist typisch für zähe Werkstoffe, wie z. B. Stahl. Er macht sich durch beginnendes Fließen des Materials bemerkbar und wird durch die maximalen Schubspannungen verursacht. Kennzeichnend dafür ist das Verhalten eines Zugstabs aus Stahl: Das Fließen setzt entlang der Hauptschubspannungsflächen ein, wodurch sich auf der Oberfläche des Stabes die Lüdersschen Linien, die uns schon bekannt sind, abzuzeichnen beginnen.

Selbstverständlich kommt in der Praxis häufig eine Kombination von Spröd- und Fließbruch vor. Das ist der *Mischbruch*.

Der Fließbruch ist nicht so gefährlich wie der Sprödbruch. Er führt nämlich nicht sofort zur Trennung des Bauteils: Wir brauchen nur an das in Abb. 29 angedeutete Verhalten eines Zugstabs aus Stahl zu denken: Hat bei diesem das Fließen eingesetzt, so wird erst nach einem Abschnitt der Verfestigung der eigentliche Bruch eintreten. Die Katastrophe kündigt sich also rechtzeitig an, und man kann womöglich durch sorgfältiges Beobachten des betreffenden Bauteils diese Ankündigung erkennen und durch entsprechendes Eingreifen einen Schadensfall verhüten.

Anders der Sprödbruch. Bei ihm erfolgt die Trennung des Bauteils augenblicklich und ohne besondere Warnung. Um diesen gegenüber dem des Fließbruches anderen Ablauf des Sprödbruches etwa verstehen zu können, betrachte man z. B. Abb. 32.

Wegen seiner Unkontrollierbarkeit ist der Sprödbruch besonders gefürchtet. Man wird deswegen darum bemüht sein, die Anfälligkeit eines Werkstoffs gegenüber Sprödbruch richtig zu beurteilen. Aus diesem Grunde führt man z. B. die schon in 1.4 beschriebenen Kerbschlagversuche durch. Die Erfahrung lehrt, daß tiefe Temperaturen sowie die Einwirkung von Neutronen, wie sie bei Reaktorwerkstoffen vorkommt, die Versprödung begünstigen. Auch bei Beanspruchung durch Stöße neigt selbst zähes Material zu sprödem Verhalten. Die Erklärung hierfür scheint auf Grund von Versuchen darin zu liegen, daß bei stoßartiger Belastung (Abb. 100) die Streckgrenze angehoben wird, während die Bruchgrenze unverändert bleibt. Dadurch wird die Möglichkeit des Materials, sich nach Überschreiten der Streckgrenze zu verfestigen, wesentlich eingeschränkt, so daß die Sprödbruchgefahr steigt.

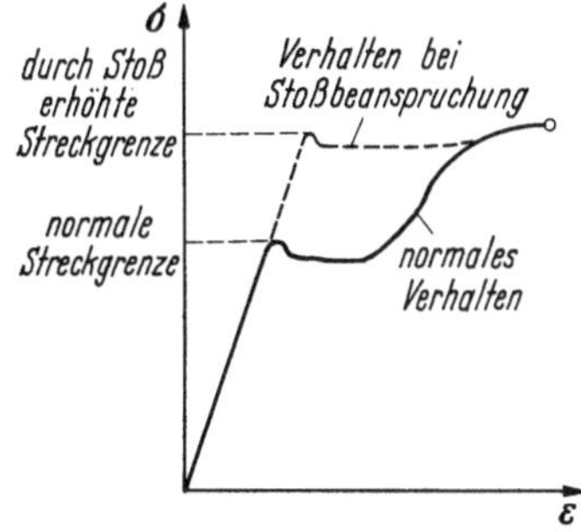

Abb. 100. Einfluß einer stoßartigen Beanspruchung auf die Streckgrenze.

Eine umfangreiche Theorie des Bruches findet man besonders in [7], aber auch in [3].

Wenn wir sprödes Material im Sinn haben und voraussetzen, daß sein Versagen durch Sprödbruch erfolgt, so nehmen wir nach der sogenannten *Normalspannungshypothese* an, daß der Bruch bewirkt wird, wenn die maximale Normalspannung einen kritischen Wert erreicht hat. Aus dem Spannungs-Dehnungs-Diagramm eines Zugversuches, den wir mit einem Stab aus dem betreffenden Material durchführen, lesen wir ab, daß für den Zugstab der kritische Wert für die maximale Normalspannung die Zugfestigkeit σ_B ist. Denn gerade wenn $\sigma_{\max} = \sigma_B$ ist, tritt gleich darauf der Bruch ein. Für Sicherheit gegen Sprödbruch ist daher

$$\sigma_{\max} \leqq \frac{\sigma_B}{S_B} = \sigma_{\mathrm{zul}} \qquad (2.153)$$

zu verlangen, wobei S_B ein entsprechender Sicherheitsfaktor ist.

Diese Verhältnisse des Zugstabs übertragen wir entsprechend auf den Fall des allgemeinen Spannungszustandes. Für ihn ist die größtmögliche Normalspannung σ_1. Wir schließen nach der Normalspannungshypothese daher auf Sprödbruch, wenn irgendwo im Material $\sigma_1 = \sigma_B$ ist. Da wir hier die Möglichkeit für Sprödbruch vergleichsweise zur maximalen Normalspannung des Zugstabs durch σ_1 abschätzen, sagen wir auch, daß σ_1 die *Vergleichsspannung* σ_v sei. Wir haben nach der Normalspannungshypothese daher

$$\sigma_v \equiv \sigma_1 \qquad (2.154)$$

und analog zu (2.153)

$$\sigma_v \leqq \frac{\sigma_B}{S_B} = \sigma_{\mathrm{zul}} \qquad (2.155)$$

zu fordern, um Sprödbruch auszuschließen.

In den technisch wichtigen Belastungsfällen haben wir es mit zweiachsigen Spannungszuständen zu tun. Für diese ist nach (2.154), (1.35) und (2.155)

$$\sigma_v = \frac{1}{2}\left(\sigma_x + \sigma_y + \sqrt{(\sigma_x - \sigma_y)^2 + 4\tau_{xy}^2}\right) \leqq \frac{\sigma_B}{S_B} = \sigma_{\mathrm{zul}} \qquad (2.156)$$

zu setzen. Häufig ist noch $\sigma_y \equiv 0$. Dann können wir ohne Anlaß zu Verwechslungen $\sigma_x \equiv \sigma$ und $\tau_{xy} \equiv \tau$ schreiben, womit aus (2.156) einfach

$$\sigma_v = \frac{1}{2}\left[\sigma + \sqrt{\sigma^2 + 4\tau^2}\right] \leqq \frac{\sigma_B}{S_B} = \sigma_{\text{zul}} \tag{2.157}$$

wird.

Bei zähem Material rechnen wir mit Versagen durch Fließbruch und setzen nach der sogenannten *Schubspannungshypothese* voraus, daß der Bruch durch einen kritischen Wert der maximalen Schubspannung ausgelöst wird. Wir orientieren uns wieder am Verhalten eines Zugstabs aus dem in Frage stehenden Material. Bei diesem setzt Fließen ein, wenn $\sigma = \sigma_s$ geworden ist. Da wir es bei ihm dazu noch mit einem einachsigen Spannungszustand zu tun haben, für welchen $\sigma_1 \equiv \sigma$, $\sigma_2 \equiv 0$ ist, so daß nach (1.48)

$$\sigma = 2\tau_{\text{max}}$$

gilt, haben wir für Sicherheit gegen Fließbruch, mit einem Sicherheitsfaktor S_s,

$$\sigma = 2\tau_{\text{max}} \leqq \frac{\sigma_s}{S_s} = \sigma_{\text{zul}} \tag{2.158}$$

zu setzen. Wenn die Streckgrenze σ_s nicht genügend ausgeprägt sein sollte, ist statt σ_s eben $\sigma_{0,2}$ zu nehmen.

Wir übertragen die Verhältnisse ganz entsprechend auf den Fall des allgemeinen Spannungszustandes. Gemäß (1.49) ist für ihn $2\tau_{\text{max}} = |\sigma_1 - \sigma_3|$, wenn wir $\sigma_1 > \sigma_2 > \sigma_3$ voraussetzen. Nach der Schubspannungshypothese rechnen wir mit dem Eintreten von Fließbruch, wenn irgendwo im Material $2\tau_{\text{max}} = \sigma_s$ bzw. $2\tau_{\text{max}} = \sigma_{0,2}$ ist. Da wir vergleichsweise zum Zugstab jetzt mit $2\tau_{\text{max}}$ an Stelle von σ auf die Gefahr für Fließbruch schließen, sagen wir, daß $2\tau_{\text{max}}$ die Vergleichsspannung σ_v sei. Nach der Schubspannungshypothese ist deshalb

$$\sigma_v \equiv 2\tau_{\text{max}} = |\sigma_1 - \sigma_3|, \tag{2.159}$$

und analog zu (2.158) haben wir zur Vermeidung von Fließbruch

$$\sigma_v \leqq \frac{\sigma_s}{S_s} = \sigma_{\text{zul}} \quad \text{bzw.} \quad \sigma_v \leqq \frac{\sigma_{0,2}}{S_s} = \sigma_{\text{zul}} \tag{2.160}$$

zu verlangen.

Für die praktisch wichtigen zweiachsigen Spannungszustände ist nach (2.159), (1.40) und (2.160)

$$\sigma_v = \sqrt{(\sigma_x - \sigma_y)^2 + 4\tau_{xy}^2} \leqq \begin{cases} \dfrac{\sigma_s}{S_s} = \sigma_{\text{zul}}, \\[2mm] \text{bzw.} \\[2mm] \dfrac{\sigma_{0,2}}{S_s} = \sigma_{\text{zul}}. \end{cases} \tag{2.161}$$

Wenn außerdem noch $\sigma_y \equiv 0$ sein sollte, können wir in (2.161) bei den übrigen Spannungskomponenten die Indizes unterdrücken und erhalten einfach

$$\sigma_v = \sqrt{\sigma^2 + 4\tau^2} \leqq \begin{cases} \dfrac{\sigma_s}{S_s} = \sigma_{\text{zul}}, \\[2mm] \text{bzw.} \\[2mm] \dfrac{\sigma_{0,2}}{S_s} = \sigma_{\text{zul}}. \end{cases} \tag{2.162}$$

Es gibt noch eine Reihe weiterer Festigkeitshypothesen, auf die nicht näher eingegangen werden soll. Es sei lediglich eine von ihnen, die *Gestaltänderungsenergiehypothese*, erwähnt, weil sie im Zusammenhang mit dem Fließbruch in Konkurrenz zur Schubspannungshypothese mit Erfolg für zähe Werkstoffe angewendet wird. Ohne Beweis sei mitgeteilt, daß bei dieser Hypothese für den allgemeinen Spannungszustand

$$\sigma_v = \{\tfrac{1}{2}[(\sigma_1 - \sigma_2)^2 + (\sigma_2 - \sigma_3)^2 + (\sigma_3 - \sigma_1)^2]\}^{1/2} \qquad (2.163)$$

gesetzt wird. Zur Verhütung von Fließbruch ist wieder (2.160) zu fordern. Bei zweiachsigen Spannungszuständen haben wir entsprechend

$$\sigma_v = \sqrt{\sigma_x^2 + \sigma_y^2 - \sigma_x\,\sigma_y + 3\tau_{xy}^2} \leqq \begin{cases} \dfrac{\sigma_s}{S_s} = \sigma_{\mathrm{zul}}, \\[2mm] \mathrm{bzw.} \\[2mm] \dfrac{\sigma_{0,2}}{S_s} = \sigma_{\mathrm{zul}} \end{cases} \qquad (2.164)$$

oder für $\sigma_y \equiv 0$

$$\sigma_v = \sqrt{\sigma^2 + 3\tau^2} \leqq \begin{cases} \dfrac{\sigma_s}{S_s} = \sigma_{\mathrm{zul}} \\[2mm] \mathrm{bzw.} \\[2mm] \dfrac{\sigma_{0,2}}{S_s} = \sigma_{\mathrm{zul}} \end{cases} \qquad (2.165)$$

zu verlangen.

Insbesondere der Vergleich von (2.165) mit (2.162) zeigt, daß sich die Schubspannungs- und die Gestaltänderungsenergiehypothese in ihren Forderungen nicht wesentlich unterscheiden. Sie können daher als nahezu gleichberechtigt angesehen werden, und man darf sich nach eigenem Ermessen für die eine oder andere von ihnen entschließen.

Im vorhergehenden haben wir eine Reihe von Belastungsfällen, wie z. B. Zug, Druck, Biegung, betrachtet, bei denen der hervorgerufene Spannungszustand einachsig war. Dann ist die Beurteilung der Beanspruchung einfach: Die vorkommende Spannung, z. B. Normalspannung, muß unter der zulässigen liegen. Es ist jedoch nicht selten der Fall, daß der durch die Belastung erzeugte Spannungszustand zwei- oder dreiachsig wird. Das ist bereits bei der Torsion so, wie ein Blick auf (2.115) zeigt. In solchen Fällen hat man sich für eine der soeben aufgeführten Festigkeitshypothesen zu entscheiden und die Beanspruchung durch die entsprechende Vergleichsspannung zu erfassen. Für die Torsion ist z. B. nach (2.159) und wegen (2.116) $\sigma_v = 2\tau_{\mathrm{res}}$. Dementsprechend haben wir dann auch für die Bemessung des tordierten Stabes (2.131) gefordert.

Es ist nicht selten der Fall, daß einige der von uns bisher behandelten Einzellastfälle unter gewissen Umständen für einen Bauteil gleichzeitig auftreten. Man spricht dann von *zusammengesetzter Beanspruchung*. Auch bei dieser kann es, wie z. B. bei Biegung mit Längskraft, vorkommen, daß der Spannungszustand einachsig bleibt. Meistens wird die zusammengesetzte Beanspruchung jedoch mehrachsige Spannungszustände verursachen, wie z. B. bei Biegung mit Torsion. Gerade für solche zusammengesetzten Beanspruchungen bieten also die Festigkeitshypothesen mit ihren Vergleichsspannungen die Möglichkeit, die Festigkeit der Bauteile sinnvoll zu beurteilen. Davon werden wir im folgenden Gebrauch machen.

2.5.2 Biegung mit Längskraft

Die in Abb. 101a angedeutete Beanspruchung eines Stabes auf Zug oder Druck durch die zentrische Kraft P und auf schiefe Biegung durch das Biegemoment M läßt sich stets in die statisch äquivalente Beanspruchung durch die *außermittige*

Zug- oder Druckkraft P der Abb. 101 b umdeuten. Die Kraft P hat gegenüber dem Querschnittsschwerpunkt S dann die Exzentrizität

$$e = \left| \frac{M}{P} \right|.$$

Nach welcher Seite hin man e von S aus auf der Spur $l-l$ der Lastebene abzutragen hat, richtet sich nach der Orientierung von P und M und ist der Anschauung zu entnehmen. Wir werden uns bei den weiteren Überlegungen an die Verhältnisse der

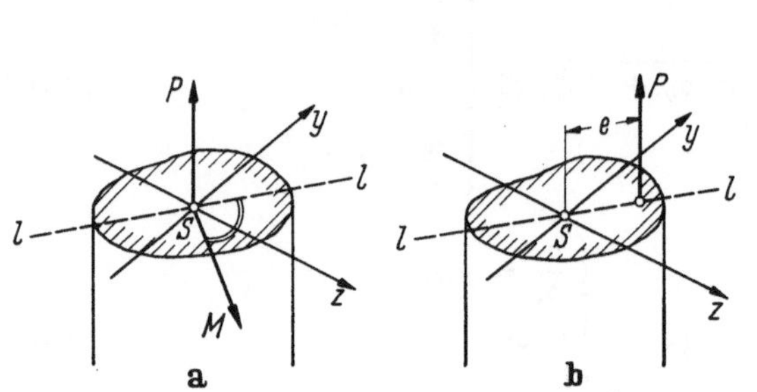

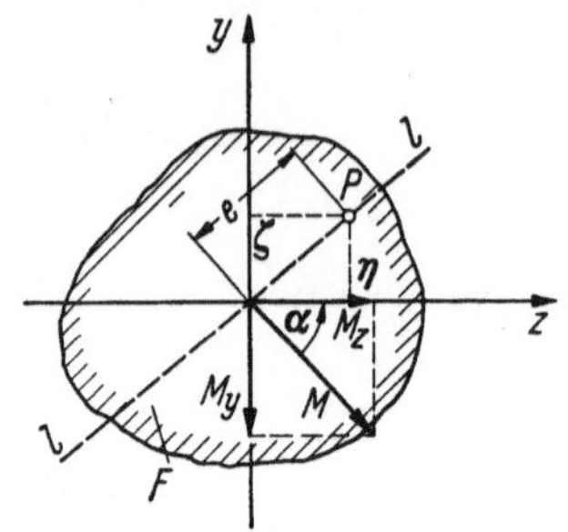

Abb. 101. Außermittige Längskraft.   Abb. 102. Biegung mit Längskraft.

Abb. 101 halten, die auch der Abb. 102 zugrunde liegen. Es ist wichtig zu beachten, daß dabei die y- und z-Achse als *Hauptachsen* gewählt worden sind, weil nur dann die folgenden Überlegungen richtig sind.

Wir betrachten die Beanspruchungen zunächst getrennt. Von der Axialkraft erhalten wir aus (2.4), wenn F die Querschnittsfläche ist,

$$\sigma_P = \frac{P}{F}$$

und von der schiefen Biegung gemäß (2.109)

$$\sigma_M = \frac{M_z\,y}{J_z} - \frac{M_y\,z}{J_y}.$$

Die Überlagerung der Beanspruchungen liefert endgültig

$$\sigma = \frac{P}{F} + \frac{M_z\,y}{J_z} - \frac{M_y\,z}{J_y}. \tag{2.166}$$

Es ist aber

$$M_y = -P\,e\sin\alpha = -P\,\zeta, \qquad M_z = P\,e\cos\alpha = P\,\eta,$$

wobei η und ζ die Koordinaten des Angriffspunktes der außermittigen Kraft P sind. Wenn wir noch die Definition (2.50) benutzen und

$$J_y = F\,i_y^2, \qquad J_z = F\,i_z^2$$

setzen, so gelangen wir von (2.166) zu

$$\sigma = \frac{P}{F}\left(1 + \frac{\eta\,y}{i_z^2} + \frac{\zeta\,z}{i_y^2}\right). \tag{2.167}$$

Aus dieser Formel erhalten wir die Normalspannung σ vorzeichenrichtig, wenn wir P als Zugkraft positiv, als Druckkraft negativ und alle Koordinaten, η, ζ, y und z, mit ihren Vorzeichen einsetzen.

Aus (2.167) ersehen wir, daß die Spannungsverteilung linear ist. Um die extremalen Spannungswerte finden zu können, müssen wir also den Verlauf der Nullinie kennen. Die extremalen Spannungen treten nämlich in den Punkten des Querschnittsrandes auf, die von der Nullinie nach der einen oder anderen Seite hin den größten Abstand haben. Kennen wir diese Punkte, so können wir in uns schon vertrauter Weise den Spannungsnachweis führen. Eine Bemessung muß dagegen wohl indirekt erfolgen, indem wir uns so lange Querschnitte vorgeben und für diese den Spannungsnachweis führen, bis allen Ansprüchen Genüge getan ist. Wir wollen das nicht im einzelnen verfolgen, sondern uns damit begnügen, die Ermittlung der Nullinie vorzuführen.

Wir erhalten die Nullinie, wenn wir in (2.167) $\sigma \equiv 0$ setzen. Das ergibt

$$\frac{\eta\, y}{i_z^2} + \frac{\zeta\, z}{i_y^2} + 1 = 0. \tag{2.168}$$

Der Vergleich mit (2.52), der Gleichung der Trägheitsellipse, die wir in dem hier vorliegenden Fall auch *Zentralellipse* nennen dürfen, weil ihr Mittelpunkt mit S, dem Schwerpunkt, zusammenfällt, zeigt, daß die Nullinie nichts anderes als die

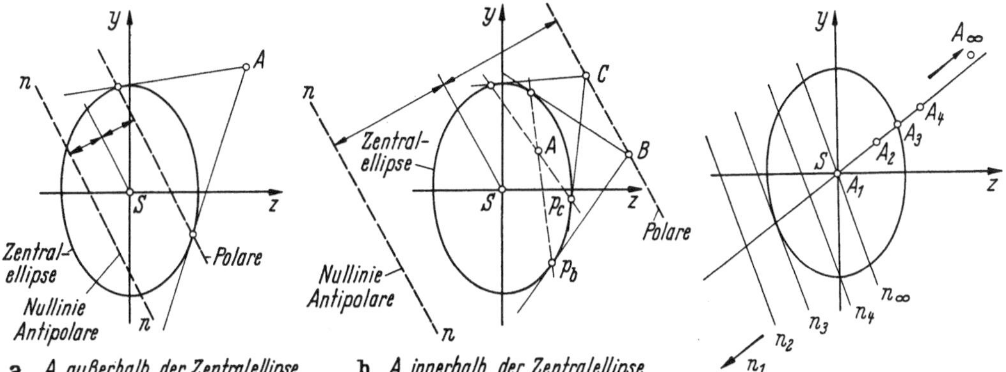

Abb. 103
Konstruktion der Nullinie mit Hilfe der Zentralellipse.

Abb. 104
Zusammenhang zwischen Angriffspunkt der Längskraft und Verlauf der Nullinie.

Antipolare zum Angriffspunkt von P bezüglich der Zentralellipse ist. Der Vergleich von (2.168) mit (2.52) ist aber ohne weiteres möglich, wenn wir uns daran erinnern, daß die y- und die z-Achse ja Hauptachsen sind, so daß die z- der 1-Achse und die y- der 2-Achse entsprechen. Gegenüber den Verhältnissen von (2.52) haben wir hier allerdings noch die Umbenennung von x in z vorgenommen.

Ist die Zentralellipse bekannt, so kann man die Antipolare zum Angriffspunkt A der Kraft P, und damit die Nullinie $n-n$, zeichnerisch finden. Das ist in Abb. 103 angedeutet worden: Man konstruiert zunächst in bekannter Weise die *Polare* des Punktes A. Wenn man diese dann an S spiegelt, erhält man die gesuchte Antipolare. Ein wenig schwierig ist das Aufzeichnen der Polaren für den Fall, daß A, wie in Abb. 103b, innerhalb der Zentralellipse liegt. Dann muß man zweimal den *Hilfssatz* anwenden:

Ist B (bzw. C) ein Punkt auf der Polaren von A, so geht seine Polare p_b (bzw. p_c) durch A.

Man kann die Verhältnisse von Abb. 103b und damit die Ergebnisse des Hilfssatzes auch so deuten, daß man feststellt:

Läßt man einen Punkt auf einer Geraden wandern (z. B. B nach C auf der Polaren von A), so dreht sich seine Polare um den Pol dieser Geraden (z. B. p_b um A nach p_c).

Wenn wir diese Feststellung auf Antipol und Antipolare übertragen, so können wir die Zusammenhänge zwischen Lastangriffspunkt und Nullinie sehr anschaulich erkennen: Lassen wir gemäß Abb. 104 den Angriffspunkt A auf einem Ellipsendurchmesser wandern, so dreht sich seine Antipolare, die Nullinie, um den Antipol des Ellipsendurchmessers, und das ist der unendlich ferne Punkt. Folglich entsprechen den verschiedenen Lagen von A auf dem Ellipsendurchmesser parallele Nullinien. Folgende interessante Grenzfälle seien noch hervorgehoben: Dem Punkt A_∞ entspricht n_∞ durch S, also reine Biegung, dem Punkt A_1 entspricht n_1 im Unendlichen, also zentrischer Zug oder Druck.

Oft ist es aus praktischen Gründen erwünscht, daß im Querschnitt Spannungen ein- und desselben Vorzeichens herrschen, weil das Material den Beanspruchungen auf Zug und Druck in verschiedener Weise widersteht (Mauerwerk oder Beton ist z. B. zwar druck- aber nicht zugfest). Dann muß man dafür Sorge tragen, daß die Angriffspunkte A_i, $i = 1, 2, 3, \ldots$, von P derart im Querschnitt liegen, daß die zugehörigen Nullinien den Querschnittsrand höchstens tangieren oder überhaupt

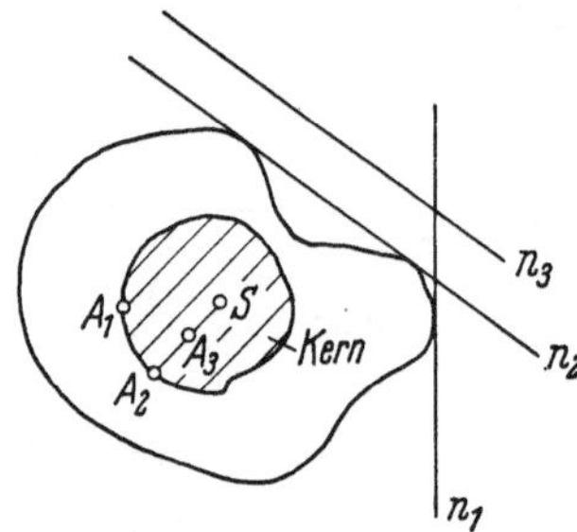

Abb. 105. Kern eines Querschnittes.

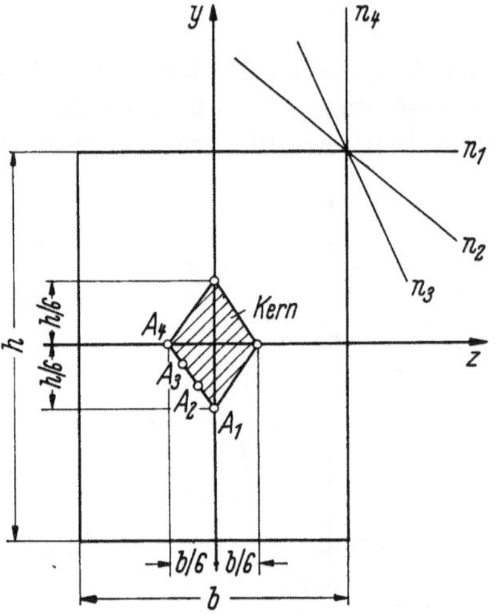

Abb. 106. Kern eines Rechteckquerschnittes.

nicht berühren, aber keinesfalls schneiden. Die Punkte A_i, die das gewährleisten, erfüllen den sogenannten *Kern* des Querschnittes. *Rand des Kernes ist der geometrische Ort aller derjenigen Punkte A_1, A_2, $\ldots$, deren Antipolaren n_1, n_2, $\ldots$ (Nullinien), bezüglich der Zentralellipse den Querschnittsrand gerade noch berühren. Der Kernrand ist also der geometrische Ort der Antipole aller der Tangenten an die kleinste konvexe Hülle des Querschnittes.*

Die Berechnung eines Kernes wollen wir am Beispiel des Rechteckquerschnitts zeigen (Abb. 106). Dazu werden wir mit Vorteil einen der zuvor genannten Hilfssätze benutzen.

Für das Rechteck ist

$$i_y^2 = \frac{b^2}{12}, \quad i_z^2 = \frac{h^2}{12}$$

und daher nach (2.168)

$$\frac{12\eta\,y}{h^2} + \frac{12\zeta\,z}{b^2} + 1 = 0 \tag{2.169}$$

die Gleichung der Nullinie ganz allgemein.

Die spezielle Nullinie n_1 hat die Gleichung

$$y = \frac{h}{2} \quad \text{bzw.} \quad -\frac{2}{h}\,y + 1 = 0. \tag{2.170}$$

Der Vergleich von (2.170) mit (2.169) zeigt, daß

$$\eta = -\frac{h}{6}, \quad \zeta = 0$$

sein muß. Damit haben wir die Koordinaten des Angriffspunktes A_1, der gleichzeitig ein Randpunkt des Kernes ist, gefunden.

Entsprechend finden wir durch Vergleich von

$$z = \frac{b}{2}, \quad \text{bzw.} \quad -\frac{2}{b}z + 1 = 0,$$

der Gleichung der speziellen Nullinie n_4, mit (2.169), daß nun

$$\eta = 0, \quad \zeta = -\frac{b}{6}$$

sein muß. Das sind die Koordinaten des Angriffs- bzw. Randpunktes A_4. Lassen wir sodann die Nullinien von n_1 über n_2, n_3 usw. um den oberen rechten Eckpunkt des Rechtecks nach n_4 drehen, so müssen sich nach unserem Hilfssatz die entsprechenden Angriffspunkte von A_1 über A_2, A_3 usw. auf einer Geraden nach A_4 bewegen. Damit haben wir ein Randstück des Kernes gefunden. Die übrigen Randstücke kann man aus Symmetriegründen leicht ergänzen und somit den Kern vollständig angeben.

Beispiel. Für den in Abb. 107 gezeigten Lasthaken mit dreieckförmigem Querschnitt sind die extremalen Spannungen im Schnitt $A-B$ zu berechnen. Es sind gegeben: $P = 10$ Mp, $R_i = 60$ mm, $b_i = 105$ mm, $h = 150$ mm.

Der Haken wird auf Biegung mit Längskraft beansprucht. Wegen $M_y \equiv 0$ handelt es sich um gerade Biegung. Trotzdem dürfen wir nicht einfach mit der um das letzte Glied verkürzten Formel (2.166) arbeiten: Da der Haken als gekrümmter Träger angesehen werden muß, ist die Biegung nämlich nach Abschn. 2.3.3.3 zu behandeln. Das wollen wir jetzt tun.

Es ist

$$\mathrm{d}F = b_\varrho\, \mathrm{d}\varrho, \quad b_\varrho = \frac{b_i(R_a - \varrho)}{R_a - R_i}, \quad F = \frac{b_i(R_a - R_i)}{2}$$

und daher nach (2.102)

$$R = \frac{\dfrac{b_i(R_a - R_i)}{2}}{\displaystyle\int_{R_i}^{R_a} \frac{b_i(R_a - \varrho)\,\mathrm{d}\varrho}{(R_a - R_i)\,\varrho}} = \frac{(R_a - R_i)^2}{2\left[R_a\left(\ln\dfrac{R_a}{R_i} - 1\right) + R_i\right]}.$$

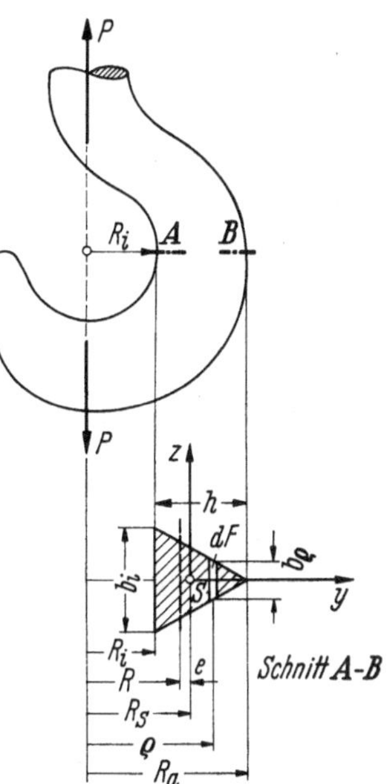

Abb. 107. Lasthaken als gekrümmter Träger, durch Biegung mit Längskraft beansprucht.

Mit $R_a = R_i + h$ erhalten wir durch Einsetzen der gegebenen Zahlenwerte

$$R = \frac{150^2}{2\left[210\left(\ln\dfrac{210}{60} - 1\right) + 60\right]} = 100\ \text{mm}.$$

Ferner ist $R_s = R_i + h/3 = 60 + 50 = 110$ mm. Damit finden wir für die übrigen noch benötigten Größen:

$$e = R_s - R = 10\ \text{mm},$$

$$e_z = R - R_i = 40\ \text{mm},$$

$$e_d = h - e_z = 110\ \text{mm},$$

$$F = \frac{b_i}{2}(R_a - R_i) = 79\ \text{cm}^2,$$

und das Biegemoment ist gleich dem Versetzungsmoment von P, nämlich gleich

$$M = P R_s = 10 \cdot 110 = 11 \cdot 10^2\ \text{Mp mm.}$$

Nun können wir nach (2.107) die Teilspannungen berechnen, die von der Biegung allein herrühren. Wir arbeiten dabei in kp und cm und erhalten

$$\sigma_{Bz} = \frac{110000}{79 \cdot 1}\,\frac{4}{6} = 930\ \text{kp/cm}^2,$$

$$\sigma_{Bd} = -\frac{110000}{79 \cdot 1}\,\frac{11}{21} = -730\ \text{kp/cm}^2.$$

Der von der Normalkraft P herrührende Spannungsanteil beträgt

$$\sigma_z = \frac{P}{F} = \frac{10000}{79} = 127 \text{ kp/cm}^2.$$

Durch Überlagerung der Teilresultate finden wir für die extremalen Spannungen im Schnitt $A-A$:

$$\sigma_{\text{innen}} = \sigma_z + \sigma_{Bz} = 127 + 930 = 1057 \text{ kp/cm}^2,$$
$$\sigma_{\text{außen}} = \sigma_z - \sigma_{Bd} = 127 - 730 = -603 \text{ kp/cm}^2.$$

2.5.3 Längskraft mit Abscheren

Ein Stab werde durch eine Normalkraft N auf Zug oder Druck und gleichzeitig durch eine Querkraft Q auf Abscheren beansprucht. Es wird in ihm dadurch eine Normalspannung σ und auch eine Schubspannung τ erzeugt. Seine Festigkeit müssen wir folglich nach einer der Festigkeitshypothesen beurteilen. Wählen wir z. B. die Schubspannungshypothese, so haben wir gemäß (2.162)

$$\sigma_v = \sqrt{\sigma^2 + 4\tau^2} \leqq \sigma_{\text{zul}}$$

zu verlangen. Diese Formel kann sowohl zum Spannungsnachweis als auch indirekt zur Bemessung dienen. Im letzteren Fall würden wir so lange geschätzte Querschnitte vorgeben, bis wir gerade σ_{zul} einhalten.

Eine Berücksichtigung der Verformung wird sich meist erübrigen. Denn wenn wir mit Abscheren rechnen, setzen wir ja voraus, daß der Stab so kurz ist, daß seine Biegung vernachlässigt werden kann. Dann trifft das auch auf die Durchbiegung zu.

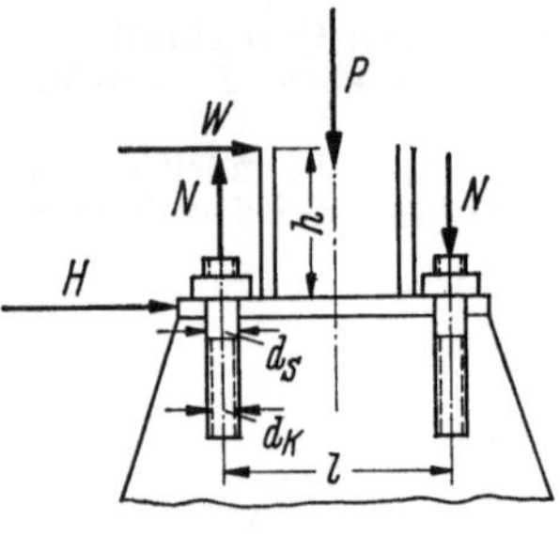

Abb. 108
Verankerung einer Stahlstütze.

Als Beispiel für diese Art von zusammengesetzter Belastung betrachten wir die in Abb. 108 gezeigte linke Ankerschraube einer Stahlstütze. An der Stütze greift in der Höhe h über der Fundamentplatte die Windkraft W an. Außerdem überträgt sie die zentrische Druckkraft P auf das Fundament. Infolge der Windkraft wird die linke Ankerschraube des Stützenauflagers durch

$$N = \frac{W h}{l}$$

auf Zug und durch die horizontale Kraft $H \equiv W$ auf Abscheren beansprucht. Wir erhalten daher zunächst getrennt für Abscheren

$$\tau_a = \frac{4H}{\pi d_s^2}$$

und für Zug

$$\sigma_z = \frac{4N}{\pi d_k^2}.$$

Dabei sind d_s bzw. d_k Schaft- bzw. Kerndurchmesser der Ankerschraube, denn wir haben vorausgesetzt, daß die Ankerschraube im Abscherquerschnitt durch kein Gewinde geschwächt ist.

Der Spannungsnachweis verlangt nach der Schubspannungshypothese, welche für die stählerne Ankerschraube angebracht ist,

$$\sqrt{\sigma_z^2 + 4\tau_a^2} = \frac{4}{\pi} \sqrt{\frac{N^2}{d_k^4} + \frac{4H^2}{d_s^4}} \leqq \sigma_{\text{zul}}.$$

Es sei aber nicht versäumt darauf hinzuweisen, daß man von Fall zu Fall auch noch die Lochleibung σ_l zu untersuchen hat, die, je nachdem welches Material die Ankerschraube umgibt, womöglich maßgeblich werden kann.

2.5.4 Biegung mit Schub

Im Grunde genommen ist jede Biegung mit einer Schubbeanspruchung verknüpft. Das sieht man unmittelbar ein, wenn man statt eines Balkens einen Stoß Blätter so wie jenen verbiegt (Abb. 109): Die einzelnen Blätter verschieben sich bei der Biegung gegeneinander, während die verschiedenen Balkenschichten das trotz der Biegung nicht tun. Dieser Unterschied im Verhalten ist nur möglich, weil beim Balken Schubspannungen zwischen den Balkenschichten geweckt werden, die bei unserer Wahl des Koordinatensystems τ_{yx} heißen, und die die Verschiebung der Schichten gegeneinander verhindern. Aus Gleichgewichtsgründen müssen dann in den Balkenquerschnitten auch Schubspannungen τ_{xy} vorkommen, die wir jetzt, wenigstens näherungsweise, berechnen wollen.

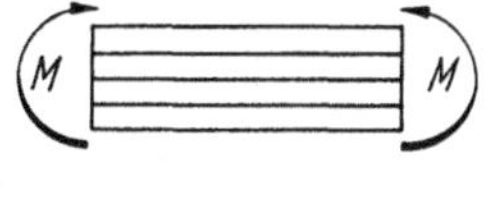

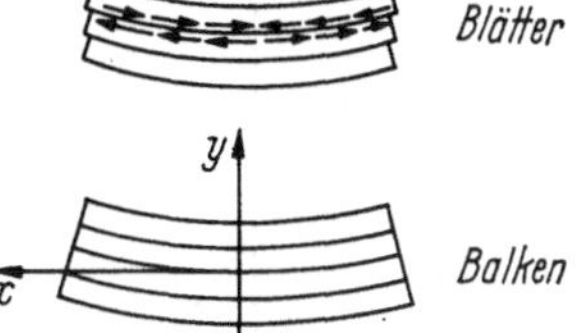

Abb. 109. Biegung mit Schub.

Dazu greifen wir unter Vernachlässigung von Volumenkräften auf (1.90) zurück. Indem wir nur die Spannungskomponenten $\sigma_x \equiv \sigma$ und $\tau_{xy} = \tau_{yx} \equiv \tau$ berücksichtigen und alle übrigen als unwesentlich unterdrücken, erhalten wir aus der ersten Zeile von (1.90) die Beziehung

$$\frac{\partial \sigma}{\partial x} + \frac{\partial \tau}{\partial y} = 0 \,.$$

Mit (2.57) für σ geht sie in

$$\frac{\partial \tau}{\partial y} = - \frac{\partial}{\partial x} \left(\frac{M \, y}{J_z} \right)$$

über. Nehmen wir $J_z = $ const an. Außerdem ist $\partial M / \partial x = Q$. Daher bekommen wir

$$\frac{\partial \tau}{\partial y} = - \frac{Q \, y}{J_z} \,. \tag{2.171}$$

Wir führen nun den Mittelwert

$$\bar{\tau} = \frac{1}{b} \int\limits_{L}^{R} \tau \, \mathrm{d}z$$

ein (Abb. 110). Damit erhalten wir

$$\int\limits_{L}^{R} \frac{\partial \tau}{\partial y} \, \mathrm{d}z = \frac{\partial}{\partial y} \int\limits_{L}^{R} \tau \, \mathrm{d}z = \frac{\partial}{\partial y} (\bar{\tau} \, b) \,.$$

Setzen wir in diese Gleichung (2.171) ein, so wird daraus

$$\int\limits_{L}^{R} - \frac{Q \, y}{J_z} \, \mathrm{d}z = \frac{\partial}{\partial y} (\bar{\tau} \, b) \,,$$

bzw.

$$- \frac{Q \, y}{J_z} \, b = \frac{\partial}{\partial y} (\bar{\tau} \, b) \,.$$

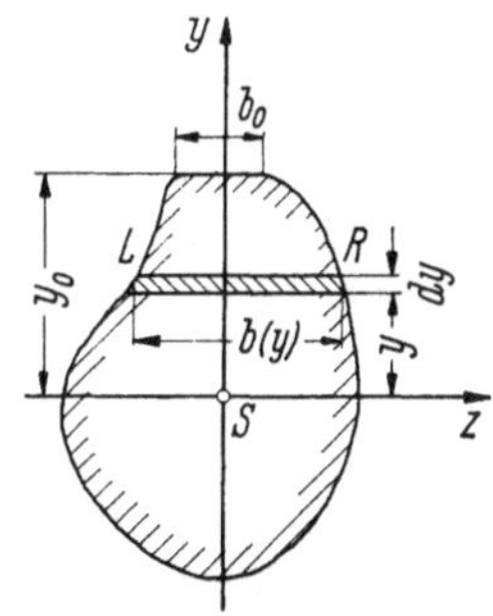

Abb. 110
Zur Berechnung des Schubes
in einem Biegebalken.

Integrieren wir beide Seiten, so folgt

$$- \int\limits_{y}^{y_0} \frac{Q \, y \, b}{J_z} \, \mathrm{d}y = [\bar{\tau} \, b]_{y}^{y_0} = \bar{\tau}(y_0) \, b_0 - \bar{\tau} \, b(y) \,.$$

Nun muß aber $\bar\tau(y_0) \equiv 0$ sein, weil der Mantel des Balkens ja lastfrei ist. Daher ergibt sich nach einfacher Umformung

$$\bar\tau = \frac{Q}{b\,J_z} \int\limits_y^{y_0} y\,b\,\mathrm{d}y.$$

Es ist

$$\int\limits_y^{y_0} y\,b\,\mathrm{d}y = S_z(y)$$

das statische Moment der zwischen y und y_0 gelegenen Querschnittsfläche bezüglich der z-Achse. Somit erhalten wir für die mit der Biegung verknüpfte Schubspannung τ_{xy}, wenn wir für das Weitere die Tatsache, daß es eigentlich nur ein Mittelwert ist, außer acht lassen,

$$\tau_{xy} = \frac{Q(x)\,S_z(y)}{b(y)\,J_z}. \tag{2.172}$$

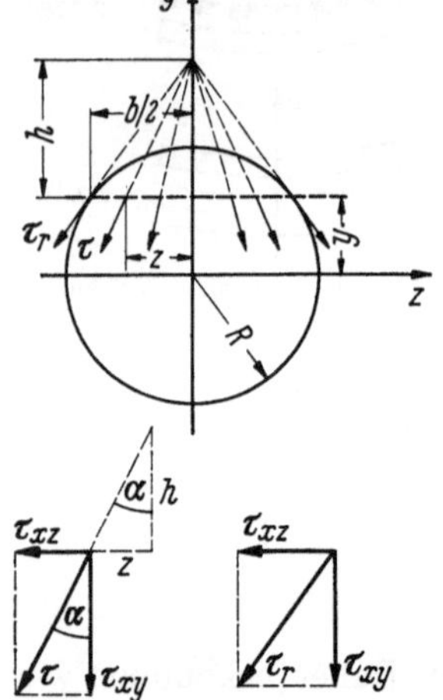

Abb. 111. Verteilung der Schubspannungen im Kreisquerschnitt.

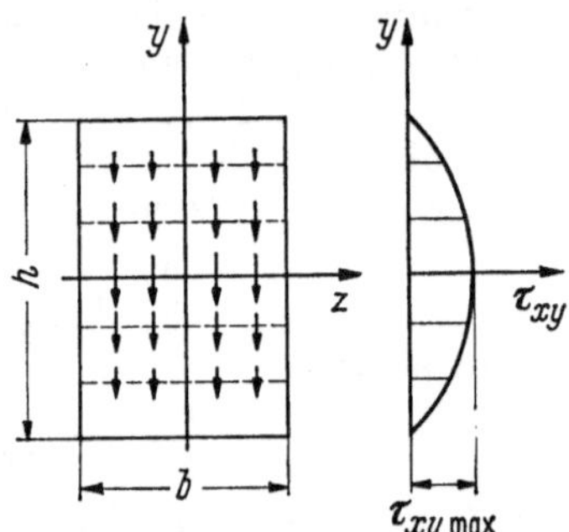

Abb. 112. Verteilung der Schubspannungen im Rechteckquerschnitt.

Wir hatten schon im Zusammenhang mit der Torsion erwähnt, daß wegen des lastfreien Stabmantels die Schubspannungen in einem Querschnitt so orientiert sein müssen, daß sie an seinem Rand tangential verlaufen. Das ist aber, wie es das in Abb. 111 gezeigte Beispiel deutlich macht, nur möglich, wenn im allgemeinen neben den Schubspannungen τ_{xy} auch Schubspannungen τ_{xz} im Querschnitt vorkommen. Wie wir diese nach Kenntnis von τ_{xy} abschätzen können, wird am Beispiel des Kreisquerschnittes gezeigt werden.

Jetzt soll für einige Querschnitte die Schubspannungsverteilung berechnet werden.

Für das *Rechteck* der Abb. 112 ist offensichtlich $\tau_{xz} \equiv 0$. Für τ_{xy} steht (2.172) zur Verfügung. Zunächst berechnen wir

$$S_z(y) = \int\limits_y^{h/2} b\,y\,\mathrm{d}y = b\left(\frac{h^2}{8} - \frac{y^2}{2}\right), \qquad J_z = \frac{b\,h^3}{12}$$

und erhalten dann damit aus (2.172) die parabolische Verteilung

$$\tau_{xy} = \frac{6Q}{b\,h}\left[\frac{1}{4} - \left(\frac{y}{h}\right)^2\right] = \frac{6Q}{F}\left[\frac{1}{4} - \left(\frac{y}{h}\right)^2\right].$$

Für $y = 0$ ergibt sich daraus

$$\tau_{xy,\,\mathrm{max}} = \frac{3}{2}\,\frac{Q}{F} = \frac{3}{2}\,\tau_{\mathrm{mittel}}, \qquad \tau_{\mathrm{mittel}} = \frac{Q}{F}. \tag{2.173}$$

Für den *Kreis* der Abb. 111 ist

$$b = 2\sqrt{R^2 - y^2}, \qquad S_z(y) = 2\int_y^R y\,\sqrt{R^2 - y^2}\,\mathrm{d}y = \frac{2}{3}(R^2 - y^2)^{3/2}, \qquad J_z = \frac{\pi R^4}{4},$$

so daß aus (2.172) die parabolische Verteilung

$$\tau_{xy} = \frac{4}{3}\,\frac{Q}{\pi R^2}\left[1 - \left(\frac{y}{R}\right)^2\right] = \frac{4Q}{3F}\left[1 - \left(\frac{y}{R}\right)^2\right]$$

folgt. Für $y = 0$ bekommen wir daraus

$$\tau_{xy,\,\mathrm{max}} = \frac{4}{3}\,\frac{Q}{F} = \frac{4}{3}\,\tau_{\mathrm{mittel}}. \tag{2.174}$$

Für die tangentiale Schubspannung τ_r am Kreisrand gilt

$$\tau_r : \tau_{xy} = R : \frac{b}{2},$$

womit wir für sie die elliptische Verteilung

$$\tau_r = \frac{R}{\sqrt{R^2 - y^2}}\,\tau_{xy} = \frac{4}{3}\,\frac{Q}{F}\left[1 - \left(\frac{y}{R}\right)^2\right]^{1/2}$$

erhalten. Es ist wieder gerade für $y = 0$

$$\tau_{r,\,\mathrm{max}} = \frac{4}{3}\,\frac{Q}{F},$$

wobei dieser Wert mit $\tau_{xy,\,\mathrm{max}}$ übereinstimmt.

Nun zu τ_{xz} im Punkt mit den Koordinaten y, z: Aus Abb. 111 lesen wir

$$\frac{b}{2} : h = y : \frac{b}{2}, \qquad h = \frac{b^2}{4y}$$

und

$$\tau_{xz} : \tau_{xy} = z : h$$

ab. Daraus folgt

$$\tau_{xz} = \frac{z}{h}\,\tau_{xy} = \frac{4yz}{b^2}\,\tau_{xy} = \frac{yz}{R^2 - y^2}\,\tau_{xy}$$

bzw.

$$\tau_{xz} = \frac{4}{3}\,\frac{Q}{F}\,\frac{yz}{R^2}.$$

Die Verteilung von τ_{xz} in der konstanten Höhe y über der z-Achse ist also linear in z.

Jetzt betrachten wir den *I-Querschnitt* der Abb. 113. Für ihn ist

$$F \approx 3Bt, \qquad J_z \approx 2\frac{Bt^3}{12} + 2Bt\frac{B^2}{4} + \frac{tB^3}{12} \approx \frac{7tB^3}{12}.$$

Für den Schnitt *1—1* haben wir

$$S_z \approx Bt\frac{B}{2} + \frac{B}{2}t\frac{B}{4} = \frac{5tB^2}{8}, \qquad b = t,$$

so daß nach (2.172)

$$\tau_{xy,\,1} = \frac{Q \cdot 5tB^2 \cdot 12}{t \cdot 8 \cdot 7tB^3} = \frac{45}{14}\,\frac{Q}{3Bt} = 3{,}2\,\frac{Q}{F} = \tau_{xy,\,\mathrm{max}}$$

wird.

Für den Schnitt *2—2* ist

$$S_z \approx Bt\frac{B}{2}.$$

Die anderen Größen bleiben unverändert, und aus (2.172) folgt daher

$$\tau_{xy,2} = \frac{Q\,t\,B^2 \cdot 12}{t \cdot 2 \cdot 7t\,B^3} = \frac{18}{7}\,\frac{Q}{3B\,t} = 2{,}6\,\frac{Q}{F}.$$

Für den Schnitt $3-3$ wird S_z sehr klein, $b = B$ sehr groß und damit die Schubspannung τ_{xy} sehr klein. Ihr Wert beträgt, wenn wir den Schnitt unmittelbar über dem Steg führen,

$$\tau_{xy,3} = \frac{2{,}6t}{B}\,\frac{Q}{F}.$$

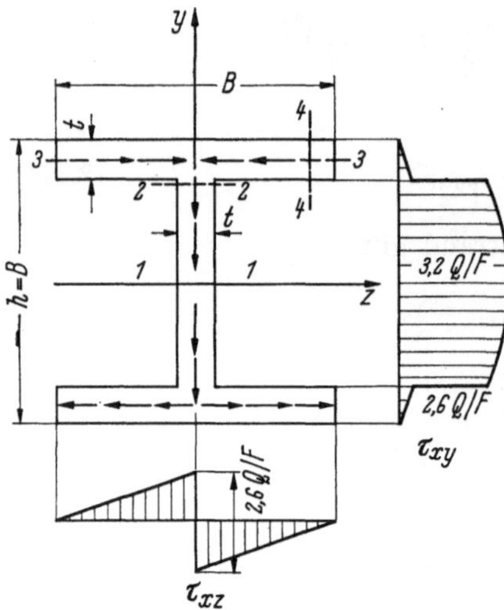

Abb. 113. Verteilung der Schubspannungen im I-Querschnitt.

Mit Hilfe dieser drei Ordinaten können wir bereits genau genug das τ_{xy}-Diagramm der Abb. 113 zeichnen.

In der Praxis rechnet man für beliebige I-Querschnitte übrigens der Einfachheit halber mit

$$\tau_{xy,\max} \approx \frac{Q}{F_{\mathrm{ST}}},$$

wobei F_{ST} die Stegfläche des Profils ist. Daß das berechtigt ist, prüfen wir für unser Beispiel nach:

$$F_{\mathrm{ST}} \approx B\,t, \quad \tau_{xy,\max} \approx \frac{Q}{B\,t}$$

gegenüber

$$\tau_{xy,\max} = \frac{3{,}2\,Q}{F} = \frac{3{,}2\,Q}{3B\,t} = 1{,}07\,\frac{Q}{B\,t}.$$

Um die Schubspannung τ_{xz} zu erhalten, die in den Flanschen auftritt, führen wir den Schnitt $4-4$. Für ihn haben wir

$$S_z \approx t\left(\frac{B}{2} - z\right)\frac{B}{2}, \quad b = t$$

zu nehmen, so daß formal nach (2.172), nun aber für τ_{xz},

$$\tau_{xz} = \frac{9\,Q}{7F}\,\frac{B - 2z}{B}$$

wird. In Flanschmitte, für $z = 0$, erhalten wir

$$\tau_{xz,\max} = 1{,}3\,\frac{Q}{F}.$$

Das ist gerade der halbe Wert von τ_{xy} im Schnitt $2-2$. Am Flanschende, für $z = B/2$ ist $\tau_{xz} = 0$. Da sich τ_{xy} linear mit z verändert, können wir, wie in Abb. 113 gezeigt, nach Kenntnis dieser beiden Ordinaten das τ_{xz}-Diagramm leicht zeichnen.

Auf eine Tatsache sei abschließend noch kurz hingewiesen: Wir sind bei der Herleitung von (2.172) von dem Fall der geraden Biegung ausgegangen. Alle Überlegungen, die wir zur Berechnung der Schubspannungen angestellt haben, sind daher nur richtig, wenn das y, z-System, auf das wir alles bezogen haben, ein Hauptachsensystem ist. Bei den von uns gewählten Beispielen haben wir das stillschweigend beachtet.

Das Auftreten sowohl von Schubspannungen als auch von Normalspannungen bei der Biegung hat zur Folge, daß man sich streng genommen bei dem Spannungsnachweis oder bei der Bemessung um beide Spannungen kümmern muß. Im einfachsten Fall kann das so geschehen, daß man im wesentlichen die Biegespannungen berücksichtigt und getrennt davon nachweist, daß die auftretenden Schubspannungen in gewissen exponierten Stellen, die von Fall zu Fall festzusetzen sind, ebenfalls nirgends die zulässigen Schubspannungen überschreiten. So geht man beispielsweise vor, wenn man *verdübelte Balken* oder *genietete Blechträger* berechnet. Man lese dazu bei F. CHMELKA und E. MELAN [17] nach.

Eine andere Möglichkeit, das gleichzeitige Auftreten von Biege- und Schubspannungen in bezug auf die Festigkeit des Balkens richtig zu beurteilen, besteht

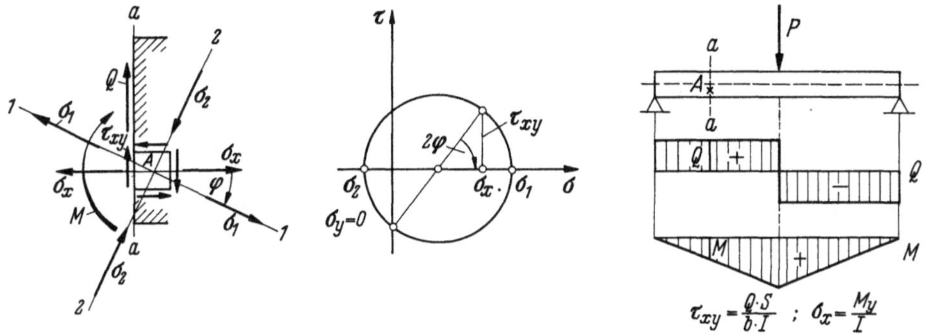

Abb. 114. Zur Bestimmung der Hauptrichtungen im Biegebalken.

darin, in jedem Punkt des Balkens die Hauptspannungen nach Betrag und Richtung, z. B. mit Hilfe des Mohrschen Kreises, zu ermitteln. Das ist in Abb. 114 für den Punkt A im Schnitt $a-a$ eines Balkens angedeutet worden. Aus der Q- und M-Fläche entnehmen wir die für den Schnitt $a-a$ maßgeblichen Ordinaten Q und M. Mittels der Formeln (2.57) und (2.172) berechnen wir $\sigma_B \equiv \sigma_x$ und τ_{xy}. Mit diesen Werten zeichnen wir im Punkt A einen Lageplan, daneben einen Kräfteplan mit Mohrschem Kreis. Aus dem Mohrschen Kreis können wir schließlich die Hauptspannungen $\sigma_1; \sigma_2$ und die Hauptrichtungen *1* und *2* ablesen und in den Lageplan

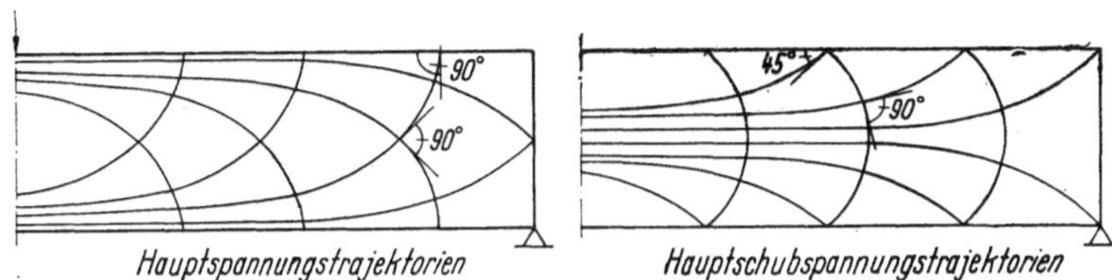

Abb. 115. Spannungstrajektorien im Biegebalken.

übertragen. Wenn wir dieses Vorgehen für eine genügende Anzahl von Balkenpunkten wiederholen, bekommen wir ein ganzes mit Hauptspannungswerten kotiertes Punktgitter und dazu ein Feld von Linienelementen, welche jeweils die Hauptrichtungen anzeigen. Zeichnen wir in dieses Feld die Integralkurven ein, so erhalten wir die Schar der *Hauptspannungstrajektorien* (Abb. 115). Damit haben wir die Möglichkeit, die Festigkeit des Biegebalkens nach der Normalspannungshypothese vollständig zu beurteilen. So geht man z. B. etwa bei der Konstruktion von Bauteilen aus bewehrtem Beton vor, bei denen man, ungefähr dem Verlauf der Hauptspannungstrajektorien folgend, die Rundstahlbewehrung einlegt, welche die Zugkräfte aufnehmen soll, da der Beton ja nur den Druckkräften zu widerstehen vermag (Abb. 116). — Wenn man die Hauptspannungstrajektorien kennt, ist es übrigens leicht, noch die *Hauptschubspannungstrajektorien* zu zeichnen (Abb. 115). Man kann dazu die schon erwähnte Tatsache verwenden, daß die Hauptschubspannungsrichtungen die Winkel zwischen den Hauptspannungsrichtungen halbieren.

Die dritte Möglichkeit, sowohl Biege- als auch Schubspannungen für die Festigkeitsberechnung in Ansatz zu bringen, besteht darin, mittels σ_B und τ nach der Schubspannungs- oder der Gestaltänderungsenergiehypothese die Vergleichsspannung σ_v zu berechnen und zu verlangen, daß ihr extremaler Wert unter der zulässigen Grenze bleibt.

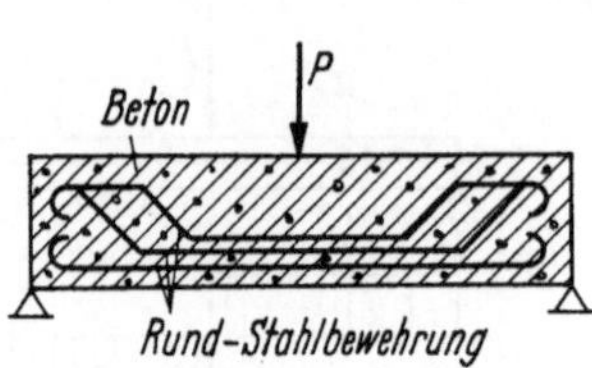

Abb. 116. Betonbalken mit Bewehrung.

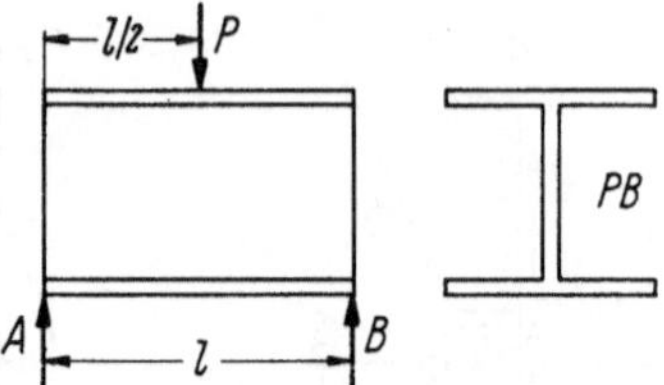

Abb. 117. Hoher, kurzer Träger.

Beispiel 1. Ein hoher, kurzer Träger mit I PB-Profil ist für die in Abb. 117 gezeigte Belastung zu bemessen. Gegeben sind $\sigma_{Bz,\text{zul}} = 1600\,\text{kp/cm}^2$, $\sigma_{Bd,\text{zul}} = 1400\,\text{kp/cm}^2$, $\tau_{\text{zul}} = 900\,\text{kp/cm}^2$, $l = 1{,}0$ m, $P = 250$ Mp.

Bemessung bezüglich der Biegespannung erfolgt nach (2.68). Wir verlangen

$$W_{\text{erf}} \geqq \frac{|M|_{\max}}{\sigma_{Bd,\text{zul}}}.$$

Es ist $|M|_{\max} = P\,l/4 = 250000 \cdot 100/4 = 6{,}25 \cdot 10^6$ kpcm und daher

$$W_{\text{erf}} \geqq \frac{6{,}25 \cdot 10^6}{1{,}4 \cdot 10^3} = 4470 \text{ cm}^3.$$

Wir wählen I PB 500 mit $W_{\text{vorh}} = 4530$ cm³ > 4470 cm³ $= W_{\text{erf}}$.

Jetzt führen wir getrennt den Nachweis der sicheren Aufnahme der größten Schubspannung durch. Es ist

$$\tau_{\max} \approx \frac{Q_{\max}}{F_{\text{ST}}}.$$

Aus Abb. 117 entnehmen wir $Q_{\max} = A = B = P/2 = 125$ Mp. Für das gewählte Profil ist die Stegfläche $F_{\text{ST}} = d(h_1 + r) = 1{,}6(39{,}2 + 2{,}4) \approx 66$ cm². Damit wird

$$\tau_{\max} \approx \frac{125 \cdot 10^3}{66} \approx 1900 \text{ kp/cm}^2 > 900 \text{ kp/cm}^2 = \tau_{\text{zul}}.$$

Das Profil ist also mit Rücksicht auf die hohe Schubspannung keineswegs ausreichend. Wir wählen daher jetzt an seiner Stelle I PB 900 mit $W_{\text{vorh}} = 11250$ cm³ $> W_{\text{erf}}$ und $F_{\text{ST}} = 1{,}9\,(76{,}8 + 3) \approx 151$ cm². Das gibt

$$\tau_{\max} \approx \frac{125 \cdot 10^3}{151} = 830 \text{ kp/cm}^2 < 900 \text{ kp/cm}^2 = \tau_{\text{zul}}.$$

Das Profil I PB 900 kann demnach zur Ausführung kommen.

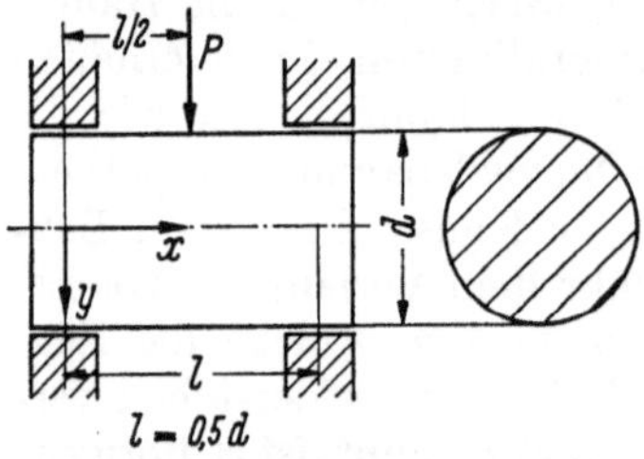

Abb. 118
Beanspruchung eines Bolzens.

Beispiel 2. Der in Abb. 118 gezeigte Bolzen soll nach der Schubspannungshypothese beurteilt werden.

Im Querschnitt $x = l/2$ ist $M = M_{\max} = P\,l/4$ und $Q = 0$. Daraus folgt mit $R = d/2$, $J = \pi R^4/4 = \pi d^4/64$, $l = 0{,}5\,d$

$$\sigma_{B,\max} = \frac{M_{\max}\,d}{2J} = \frac{P\,l \cdot 64\,d}{4 \cdot 2\pi\,d^4} = \frac{8\,P\,l}{\pi\,d^3} = \frac{4\,P}{\pi\,d^2},$$

$$\tau \equiv 0,$$

und nach (2.162) ist deswegen $\sigma_v(l/2) = \sqrt{\sigma_{B,\max}^2 + 4\tau^2} = \sigma_{B,\max}.$

Im Querschnitt $x = 0$ ist $M = 0$ und $Q_{\max} = P/2$. Wir erhalten folglich für $y = 0$

$$\tau_{\max} = \frac{4}{3} \frac{Q_{\max}}{F} = \frac{4 \cdot 4 P}{3 \pi d^2 \cdot 2} = \frac{8 P}{3 \pi d^2},$$

$$\sigma_B = 0.$$

Die Formel (2.162) liefert uns für diesen Querschnitt $\sigma_v(0) = \sqrt{\sigma_B^2 + 4\tau_{\max}^2} = 2\tau_{\max}$. Es ist im Vergleich

$$\frac{\sigma_v\left(\dfrac{l}{2}\right)}{\sigma_v(0)} = \frac{\sigma_{B,\max}}{2\tau_{\max}} = \frac{4 P}{\pi d^2} \frac{3 \pi d^2}{16 P} = \frac{3}{4}, \qquad \sigma_v(0) > \sigma_v\left(\frac{l}{2}\right).$$

Da die Vergleichsspannung $\sigma_v(0)$ für $x = 0$ größer als $\sigma_v(l/2)$, diejenige für $x = l/2$, ist, müssen wir $\sigma_v(0)$ für einen Spannungsnachweis oder für eine Bemessung des Bolzens zugrunde legen.

Aus den soeben behandelten Beispielen konnte man bei einiger Aufmerksamkeit bereits die Tatsache herauslesen, daß die von der Biegung herrührenden Schubspannungen immer dann merklich werden, wenn es sich um hohe Balken mit kleiner Stützweite handelt. Wir wollen diese Erkenntnis durch folgende Abschätzung erhärten: Für einen mit der Kraft P belasteten Kragträger mit der Stützweite l und dem Rechteckquerschnitt $b\,h$ ist

$$|\sigma|_{\max} = \frac{M\,h}{2 J} = \frac{12 P\,l\,h}{2 b\,h^3} = \frac{6 P\,l}{b\,h^2}$$

und

$$|\tau|_{\max} = \frac{3}{2} \frac{Q}{F} = \frac{3 P}{2 b\,h}.$$

Wir finden

$$\frac{|\tau|_{\max}}{|\sigma|_{\max}} = \frac{3 P}{2 b\,h} \frac{b\,h^2}{6 P\,l} = \frac{h}{4 l} \quad \text{bzw.} \quad |\tau|_{\max} = \frac{1}{4} \frac{h}{l} |\sigma|_{\max}.$$

Daraus ergibt sich offensichtlich, daß $|\tau|_{\max} \ll |\sigma|_{\max}$ für $h \ll l$ ist. Also brauchen wir uns bei langen, schlanken Balken tatsächlich nicht um die Schubspannungen zu kümmern. Wir brauchen solche Balken nur hinsichtlich der auftretenden Biegespannungen zu beurteilen.

Anders ist es für $l \ll h$. Dann ist $|\sigma|_{\max} \ll |\tau|_{\max}$. Die Biegespannungen sind für kurze, hohe Balken vernachlässigbar. Die Schubspannungen überwiegen. Damit haben wir eine nachträgliche Rechtfertigung dafür, daß wir in solch einem Fall den Balken bzw. Stab nur auf Abscheren berechnet haben.

Infolge der Schubspannungen geht übrigens die strenge Berechtigung der Bernoullischen Hypothese vom Ebenbleiben der Balkenquerschnitte verloren. Diese verwölben sich etwas, wie in Abb. 119 gezeigt, was noch dazu einen Einfluß auf die Durchbiegung des Balkens zur Folge hat. Wir wollen auch ihn abschätzen: Infolge des Schubes τ ergibt sich die Gleitung (Abb. 120)

$$\frac{\mathrm{d} v}{\mathrm{d} x} = \frac{\tau_{\max}}{G} = \frac{Q\,S}{G\,J\,b} = \frac{\varkappa\,Q}{G\,F}.$$

In dieser Formel ist $\varkappa$ ein Zahlenfaktor, der das Verhältnis von $\tau_{\max}$ zu $\tau_{\text{mittel}} = Q/F$ angibt. Für den Rechteckquerschnitt ist z. B., wie wir zuvor schon ausgerechnet haben, $\varkappa = 3/2$.

Für den Balken auf zwei Stützen mit einer Einzellast P in Balkenmitte ist $Q = P/2$ und daher

$$\frac{\mathrm{d} v}{\mathrm{d} x} = \frac{\varkappa\,P}{2 G\,F}, \qquad v = \frac{\varkappa\,P}{2 G\,F} x + c.$$

Für $x = 0$ muß wegen der Auflagerung des Balkens $v = 0$ sein. Also hat die Integrationskonstante c zu verschwinden:

$$v = \frac{\varkappa\,P}{2 G\,F} x = \frac{3}{4} \frac{P\,x}{G\,b\,h}.$$

In der Balkenmitte erhalten wir infolge des Schubes die Durchbiegung

$$v_s = \frac{3\,P\,l}{8\,G\,b\,h}.$$

Von der Biegung allein rührt die Durchbiegung

$$v_B = \frac{P\,l^3}{48\,E\,J} = \frac{P\,l^3}{4\,E\,b\,h^3}$$

her. Nun ist $G = \dfrac{E}{2\,(1 + v)}$. Mit $v \approx \dfrac{1}{3}$ gibt das $G \approx 3\,E/8$. Unter dieser Voraussetzung folgt

$$\frac{v_s}{v_B} = \frac{3\,P\,l \cdot 8}{8 \cdot 3\,E\,b\,h}\;\frac{4\,E\,b\,h^3}{P\,l^3} = \left(\frac{2\,h}{l}\right)^2.$$

Damit ist ganz entsprechend wie bei den Spannungen $v_S \ll v_B$, wenn $h \ll l$ ist. Das heißt aber, daß wir ebenso wie die Schubspannungen auch die Durchbiegung

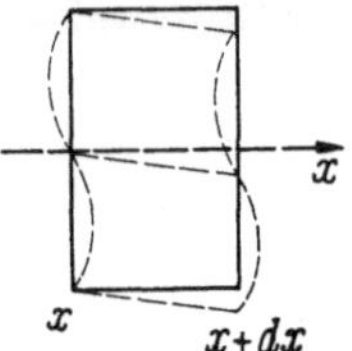

Abb. 119. Verwölbung der Querschnitte eines Biegebalkens durch den Schub.

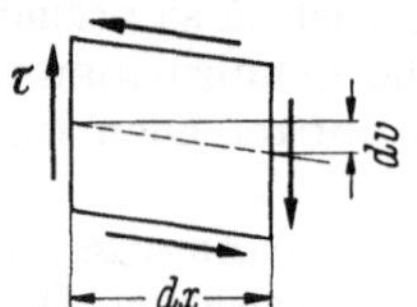

Abb. 120. Einfluß des Schubes auf die Durchbiegung eines Biegebalkens.

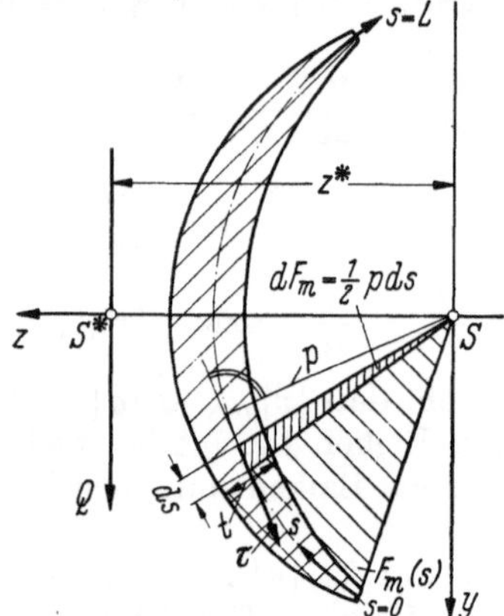

Abb. 121. Schubmittelpunkt eines einfachsymmetrischen Querschnittes.

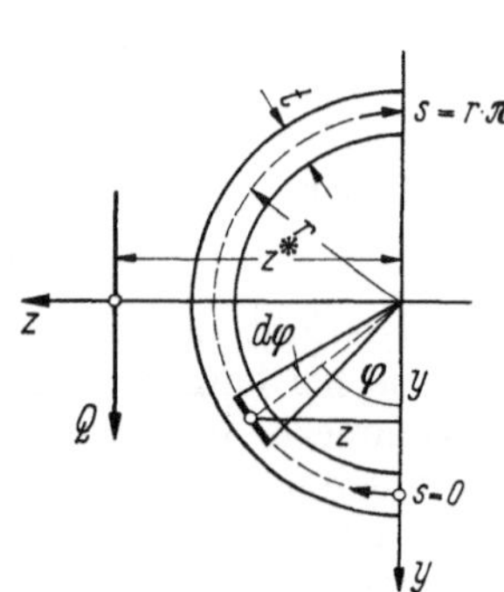

Abb. 122. Schubmittelpunkt eines halben Kreisringes.

infolge der Schubspannungen vernachlässigen dürfen, wenn der Balken lang und schlank ist. Das wird in der Praxis für die überwiegende Anzahl der Biegebalken zutreffen.

Falls die Spur der Lastebene im Querschnitt des Biegebalkens zwar eine Hauptachse durch den Schwerpunkt, aber nicht gleichzeitig eine Symmetrieachse ist, wird die Biegung mit einer Torsion des Balkens verbunden sein. Wenn wir eine torsionsfreie Biegung erhalten wollen, müssen wir dafür sorgen, daß die Spur der Lastebene durch den sogenannten *Schubmittelpunkt* S^* geht. Für Querschnitte mit zwei Symmetrieachsen sowie für zentrisch-symmetrische Querschnitte ist der Schubmittelpunkt mit dem Schwerpunkt identisch. Für einfachsymmetrische Querschnitte liegt er außerhalb vom Schwerpunkt auf der Symmetrieachse. Für unsymmetrische Querschnitte liegt er irgendwo außerhalb des Schwerpunktes. Wir werden uns im folgenden auf den praktisch wichtigen Fall der einfachsymmetrischen Querschnitte beschränken (Abb. 121).

Die z-Achse soll Symmetrieachse sein. Dann liegt S^* auf ihr. Um die Koordinate z^* zu erhalten, müssen wir von der Bedingung ausgehen, daß die Biegung torsionsfrei sein soll. Das wird der Fall sein, wenn das Moment der durch S^* gehenden Querkraft dem Moment des Schubflusses $T = \tau\,t$ gleich ist. Beide Momente nehmen wir bezüglich des Koordinatenursprungs. Wir verlangen also

$$Q\,z^* = \int_L T\,p\,\mathrm{d}s.$$

Nun ist aber

$$T = \tau\,t = \frac{Q\,S_z}{J_z},$$

womit wir

$$z^* = \frac{1}{J_z}\int_L S_z\,p\,\mathrm{d}s$$

erhalten. Wegen $p\,\mathrm{d}s = 2\,\mathrm{d}F_m$ wird daraus

$$z^* = \frac{2}{J_z}\int_L S_z\,\mathrm{d}F_m.$$

Diese Beziehung können wir durch partielle Integration umformen:

$$z^* = \frac{2}{J_z}\left\{[S_z\,F_m]_0^L - \int_L F_m\,\mathrm{d}S_z\right\}.$$

Es gilt jedoch

$$S_z(L) = S_z(0) = 0, \qquad \mathrm{d}S_z = y\,t\,\mathrm{d}s,$$

womit wir zu

$$z^* = -\frac{2}{J_z}\int_L y\,t\,F_m\,\mathrm{d}s \tag{2.175}$$

gelangen.

Wir wollen diese Formel zur Erläuterung für die Berechnung von z^* benutzen, wenn der Querschnitt wie in Abb. 122 ein halber Kreisring ist. Für ihn ist bei kleinem t

$$J_z = \frac{t\,r^3\,\pi}{2},$$

außerdem gilt

$$y = r\cos\varphi, \qquad F_m = \frac{r^2\,\varphi}{2}, \qquad \mathrm{d}s = r\,\mathrm{d}\varphi,$$

so daß wir

$$z^* = -\frac{4}{t\,r^3\,\pi}\int_0^\pi \frac{t\,r^4\,\varphi\cos\varphi}{2}\,\mathrm{d}\varphi = -\frac{2r}{\pi}\int_0^\pi \varphi\cos\varphi\,\mathrm{d}\varphi$$

zu rechnen haben. Das gibt nach Ausführung der Integration

$$z^* = -\frac{2r}{\pi}\,[\cos\varphi + \varphi\sin\varphi]_0^\pi = \frac{4r}{\pi}.$$

Damit ist der Schubmittelpunkt S^* festgelegt.

Die Kenntnis des Schubmittelpunktes ist wichtig, damit man bei einem Balken mit nicht doppelt- oder zentralsymmetrischem Querschnitt die Lastebene richtig anordnen kann. Eine zur Biegung zusätzliche Torsion sollte man nämlich deshalb vermeiden, weil sie nicht nur Schubspannungen, sondern bei verhinderter Querschnittsverwölbung auch noch weitere Normalspannungen zur Folge hat. Auf diese Tatsache werden wir im Zusammenhang mit dem Begriff der *Wölbkrafttorsion* zurückkommen.

Hier sei nur noch erwähnt, daß man für einige wichtige Profile, z. B. ⸦-Querschnitte, Angaben über den Schubmittelpunkt in den Profiltabellen findet. Noch besser ist es, unsymmetrische Querschnitte für Biegebalken ganz zu vermeiden und bei einfachsymmetrischen Querschnitten die Lastebene in die Symmetrieebene zu legen, wenn das möglich sein sollte.

2.5.5 Biegung mit Torsion

Ein in der Praxis sehr häufiger Lastfall ist der der Biegung mit gleichzeitiger Torsion. Man denke nur an die Beanspruchung, welche Maschinenwellen erfahren. Die Biegung bewirkt Biegespannungen σ_B gemäß (2.57) und die Torsion Schubspannungen τ_{res}, welche sich nach (2.126) berechnen lassen. Wir wollen uns hier nur mit der Frage der Spannungen befassen und die Untersuchung der Formänderungen (Durchbiegung, Verdrehung) übergehen. Das bedeutet aber keineswegs, daß wir sie in einer vollständigen Festigkeitsberechnung nicht doch auf dem uns schon bekannten Wege nachweisen müßten.

Der Einfachheit halber schreiben wir im folgenden $\sigma_B \equiv \sigma$, $\tau_{\text{res}} \equiv \tau$ und nehmen dann den Spannungsnachweis bzw. die Bemessung nach einer der Festigkeitshypothesen vor. Da man meist nicht mit Gewißheit voraussagen kann, ob Spröd- oder Fließbruch eintreten wird, empfiehlt es sich, vorsichtshalber sowohl mit der Normalspannungs- als auch mit der Schubspannungshypothese (bzw. Gestaltänderungsenergiehypothese) zu arbeiten und den dabei sich ergebenden ungünstigsten Fall als den maßgeblichen zu betrachten.

Beispiel. Eine Welle mit Kreisquerschnitt aus St 37 ($\sigma_S = 2400$ kp/cm², $\sigma_B = 3800$ kp/cm²) werde durch ein maximales Biegemoment $M = 17000$ kpcm und durch ein Torsionsmoment $M_T = 5000$ kpcm beansprucht. Man lege den im Hinblick auf die Spannungen erforderlichen Wellendurchmesser d fest.

Für die Welle mit Kreisquerschnitt ist

$$J_z = \frac{\pi\,d^4}{64},$$

so daß nach (2.57) mit $y = d/2$ die maximale Biegespannung

$$\sigma = \frac{32\,M}{\pi\,d^3}$$

und nach (2.131) die maximale Schubspannung mit $R = d/2$

$$\tau = \frac{16\,M_T}{\pi\,d^3}$$

beträgt.

Gemäß (2.157) haben wir nach der Normalspannungshypothese

$$\frac{1}{2}\left[\sigma + \left(\sqrt{\sigma^2 + 4\tau^2}\right)\right] = \frac{16\,M}{\pi\,d^3} + \frac{16}{\pi\,d^3}\sqrt{M^2 + M_T^2} \leqq \frac{\sigma_B}{S_B}$$

zu verlangen. Das führt zu der Bemessungsformel

$$d_{\text{erf}} \geqq \left[\frac{16\,S_B}{\pi\,\sigma_B}\left(M + \sqrt{M^2 + M_T^2}\right)\right]^{1/3}.$$

Mit $S_B = 2{,}5$ und den oben gegebenen Werten folgt daraus

$$d_{\text{erf}} \geqq \left[\frac{16 \cdot 2{,}5}{\pi \cdot 3800}\left(17000 + \sqrt{289 \cdot 10^6 + 25 \cdot 10^6}\right)\right]^{1/3} = 4{,}87 \text{ cm}.$$

Die Schubspannungshypothese liefert uns nach (2.162)

$$\sqrt{\sigma^2 + 4\tau^2} = \frac{32}{\pi\,d^3}\sqrt{M^2 + M_T^2} \leqq \frac{\sigma_S}{S_S}.$$

Daraus ergibt sich die Bemessungsformel

$$d_{\text{erf}} \geqq \left[\frac{32\,S_S}{\pi\,\sigma_S}\sqrt{M^2 + M_T^2}\right]^{1/3}.$$

Mit $S_s = 1,5$ und den übrigen Zahlenwerten erhalten wir

$$d_{\text{erf}} \geqq \left[\frac{32 \cdot 1,5}{\pi \cdot 2400} \sqrt{289 \cdot 10^6 + 25 \cdot 10^6} \right]^{1/3} = 4,93 \text{ cm.}$$

Aus den Ergebnissen der beiden Rechnungsgänge geht hervor, daß der Durchmesser mit Rücksicht auf die Fließbruchgefahr festzulegen ist. Deshalb wählen wir für die Ausführung eine Welle mit $d = 5$ cm.

2.5.6 Torsion mit Abscheren

Dieser Lastfall kann bei sehr kurzen Stäben (z. B. Bolzen) vorkommen, bei denen die im Grunde genommen immer vorhandene Biegebeanspruchung wegen ihrer Geringfügigkeit vernachlässigt werden kann.

Nach Abb. 123 werde z. B. der als Kragträger gelagerte runde Bolzen von der Länge l in diesem Sinn durch das Torsionsmoment $M_T = P\,d/2$ auf Verdrehen und durch die Querkraft P im Auflager auf Abscheren beansprucht. Das als sehr klein vorausgesetzte Biegemoment $M = P\,l$ lassen wir außer acht. Dann haben wir gemäß (2.174) vom Abscheren

$$\tau_a = \frac{16}{3} \frac{P}{\pi d^2}$$

und gemäß (2.130) mit $R = r = d/2$ von der Torsion

$$\tau_T = \frac{8P}{\pi d^2}.$$

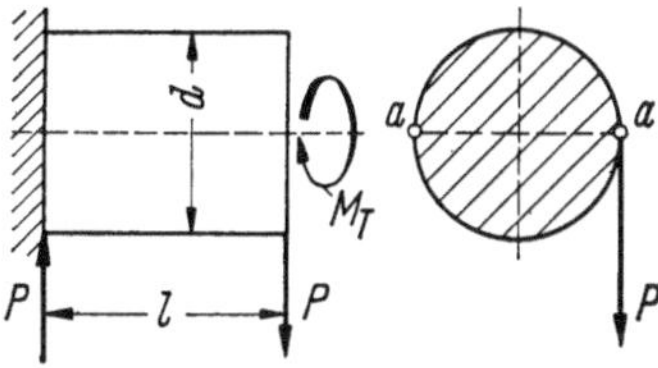

Abb. 123. Torsion mit Abscheren.

Die maximale Schubspannung, die in den Punkten a, a des Einspannquerschnittes auftritt, beträgt

$$\tau_{\max} = \tau_a + \tau_T = \frac{40}{3} \frac{P}{\pi d^2}.$$

Die *algebraische* Addition von τ_T und τ_a ist deshalb möglich, weil die Schubspannungen τ_a und τ_T in den Punkten a, a die gleiche Wirkungslinie (und dazu noch in einem von ihnen die gleiche Orientierung) haben.

Für den Spannungsnachweis oder die Bemessung hinsichtlich der Spannung haben wir $\tau_{\max} \leqq \tau_{\text{zul}}$ zu verlangen.

2.5.7 Torsion mit Längskraft

Zieht man belastete Schrauben an, so wird bei ihnen dieser Fall von zusammengesetzter Beanspruchung auftreten: Sie werden einem Zug oder Druck und gleichzeitig noch einer Torsion ausgesetzt sein. Man bestimmt dann zunächst getrennt die infolge der Normalkraft (Längskraft) N im Querschnitt F auftretende, als gleichmäßig verteilt gedachte Normalspannung $\sigma = N/F$ und die infolge der Torsion verursachte Schubspannung τ. Letztere beträgt bei einem Torsionsmoment M_T unter der Voraussetzung eines Kreisquerschnittes mit dem Radius R maximal

$$\tau = \frac{2\,|M_T|}{\pi R^3}.$$

Aus diesen beiden Spannungen bildet man sodann die einer Festigkeitshypothese entsprechende Vergleichsspannung σ_v, welche unterhalb von σ_{zul} bleiben muß.

2.5.8 Wölbkrafttorsion

Ein besonderer Fall von zusammengesetzter Beanspruchung ist der der *Wölbkrafttorsion*. Dabei ist er dem vorangegangenen durchaus ähnlich, denn auch bei ihm haben wir es mit dem gleichzeitigen Auftreten von Normal- und Schubspannungen zu tun. Festigkeitsmäßig ist er daher ganz entsprechend wie vorher zu behandeln: Mit σ und τ bildet man nach einer der Hypothesen σ_v und verlangt $\sigma_v \leqq \sigma_{\text{zul}}$. Das besondere an diesem Fall ist aber sein Anlaß: Wir wissen bereits, daß die Torsion mit einer Querschnittsverwölbung verbunden sein kann. Wenn diese durch Einspannen des Stabendes oder durch stark veränderlichen Querschnitt oder durch veränderliches Drehmoment verhindert wird, so werden im Stab zusätzlich zu den von der reinen Torsion herrührenden Schubspannungen noch Schubspannungen und Normalspannungen durch die Wölbbehinderung erzeugt.

Bei Vollquerschnitten und bei geschlossenen Hohlquerschnitten ist die Wirkung der Wölbbehinderung unerheblich. Man kann bei ihnen daher weitgehend wenigstens näherungsweise mit den Formeln der reinen Torsion rechnen, selbst wenn die Voraussetzungen dazu nicht vollkommen erfüllt sein sollten. Anders ist es bei *dünnwandigen offenen* Querschnitten. Sie sind gegen Wölbbehinderung empfindlich. Man hat für sie daher eine besondere Theorie der Wölbkrafttorsion geschaffen. In [9], dort Kapitel VII, Ziffer 49, und bei J. Szabó [18] ist eine elementare Herleitung dieser Theorie gegeben worden. Da sie vor allem im Leichtbau eine große Rolle spielt, findet man sie z. B. eingehend bei G. Czerwenka und W. Schnell [19] dargestellt.

Wir wollen hier nur einen kurzen Überblick geben.

In einem schmalen Rechteck hat man nach der Seifenhaut-Analogie etwa die in Abb. 124 angedeutete Verteilung von Torsionsschubspannungen. Man kann deswegen sagen, daß bei ihm der Schubfluß T gleich Null ist. Wenn wir nun die unseren

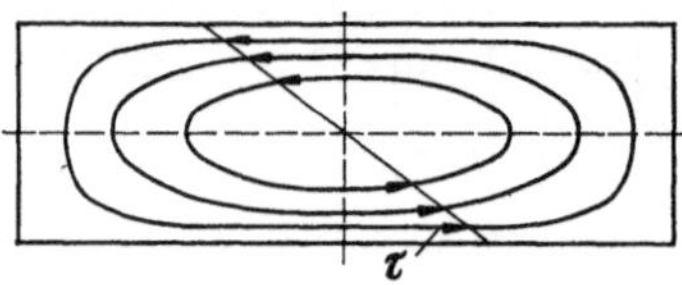

Abb. 124. Verteilung der Torsionsschubspannungen im Rechteckquerschnitt.

Betrachtungen zugrunde liegenden offenen Querschnitte als verformte schmale Rechtecke ansehen, so können wir auch bei ihnen den Schubfluß T bei reiner Torsion gleich Null setzen.

Ist t die Querschnittsbreite, so folgt aus (2.146)

$$T = G\,\vartheta\,t\left(\frac{\partial \psi}{\partial s} + p\right).$$

Nun soll aber $T = 0$ sein, also haben wir für die Verwölbungsfunktion ψ die Beziehung

$$\frac{\partial \psi}{\partial s} = -p. \tag{2.176}$$

Durch Integration folgt aus (2.176)

$$\psi = \psi_0 - \int\limits_0^s p\,\mathrm{d}s = \psi_0 - 2F_m(s). \tag{2.177}$$

Dabei ist noch die wichtige Tatsache zu beachten, daß ψ auf den Schubmittelpunkt S^* bezogen werden muß, da bei der Wölbkrafttorsion die Drehachse nicht beliebig verläuft, sondern gerade immer durch S^* geht. In (2.177) ist $F_m(s)$ die von dem von S^* ausgehenden Radiusvektor überstrichene Mittelfläche des Querschnittes.

Aus (2.135) und $\sigma = E\,\partial u/\partial x$ folgt

$$\sigma = E\,\vartheta'\,\psi. \tag{2.178}$$

Da der Querschnitt tordiert wird, muß die Normalkraft für ihn verschwinden. Wir müssen also

$$\int\limits_F \sigma\,\mathrm{d}F = 0$$

und folglich nach (2.178)

$$\int_F \psi \, \mathrm{d}F = 0$$

verlangen. Das ist eine Bestimmungsgleichung für die in (2.177) vorkommende Integrationskonstante ψ_0.

Von (1.90) übernehmen wir, auf den hier vorliegenden Fall übertragen, die Gleichgewichtsbedingung

$$\frac{\partial \tau_w}{\partial s} + \frac{\partial \sigma}{\partial x} = 0,$$

mit welcher wir die von der Wölbbehinderung herrührende Schubspannung τ_w berechnen können: Durch Integration und mittels (2.178) gelangen wir nämlich unmittelbar zu

$$\tau_w = -\int_0^s \frac{\partial \sigma}{\partial x} \, \mathrm{d}s = -E\,\vartheta''\int_0^s \psi \, \mathrm{d}s. \tag{2.179}$$

Aus (2.179) ergibt sich für den Schubfluß

$$T_w = -E\,\vartheta''\int_0^s \psi\, t \, \mathrm{d}s.$$

Der von der Wölbbehinderung kommende Anteil M_w zum Torsionsmoment beträgt

$$M_w = \int_0^L T_w\, p \, \mathrm{d}s = -E\,\vartheta''\int_0^L p\left[\int_0^s \psi\, t \, \mathrm{d}s\right] \mathrm{d}s.$$

Aus (2.176) folgt $p\,\mathrm{d}s = -\mathrm{d}\psi$, also auch

$$M_w = E\,\vartheta''\int_0^L \left[\int_0^s \psi\, t \, \mathrm{d}s\right] \mathrm{d}\psi.$$

Hierauf können wir partielle Integration anwenden und erhalten

$$M_w = E\,\vartheta''\left\{\left[\psi\int_0^s \psi\, t \, \mathrm{d}s\right]_0^L - \int_0^L \psi^2\, t \, \mathrm{d}s\right\}.$$

Es ist aber

$$\int_0^L \psi\, t \, \mathrm{d}s \equiv \int_F \psi \, \mathrm{d}F = 0,$$

also verbleibt

$$M_w = -E\,\vartheta''\int_0^L \psi^2\, t \, \mathrm{d}s.$$

Man nennt

$$C_w = \int_0^L \psi^2\, t \, \mathrm{d}s \tag{2.180}$$

den *Wölbwiderstand* des Querschnittes, so daß man schließlich

$$M_w = -E\,C_w\,\vartheta'' \tag{2.181}$$

schreiben kann.

Für den von der reinen Torsion herrührenden Anteil zum Torsionsmoment müssen wir (2.141) nehmen, so daß wir durch Superposition von (2.141) und (2.181) als gesamtes Torsionsmoment

$$M_T = G J_T \vartheta - E C_w \vartheta'' \tag{2.182}$$

erhalten. Man bezeichnet übrigens den ersten Anteil von M_T als das St.-Venantsche Torsionsmoment $M_{ST} = G J_T \vartheta$.

Die Gl. (2.182) stellt die Differentialgleichung der Wölbkrafttorsion dar. Ihre allgemeine Lösung lautet

$$\vartheta = \frac{M_T}{G J_T} (1 + c_1 \cosh \lambda x + c_2 \sinh \lambda x), \tag{2.183}$$

mit

$$\lambda = \sqrt{\frac{G J_T}{E C_w}}. \tag{2.184}$$

Die Integrationskonstanten ergeben sich aus den Randbedingungen. Wenn wir an einen einseitig eingespannten Stab denken, so muß für das freie Ende ($x = l$) gerade $\sigma = 0$, bzw. nach (2.178) $\vartheta' = 0$, und für das eingespannte Ende ($x = 0$) wegen verhinderter Verwölbung $u = 0$ bzw. nach (2.135) $\vartheta = 0$ sein. Das ergibt wegen (2.183) die Bedingungen

$$\vartheta'(l) = \frac{M_T}{G J_T} (\lambda c_1 \sinh \lambda l + \lambda c_2 \cosh \lambda l) = 0,$$

$$c_2 = - c_1 \tanh \lambda l$$

und

$$\vartheta(0) = \frac{M_T}{G J_T} (1 + c_1) = 0, \quad c_1 = -1.$$

Für den einseitig eingespannten Stab gilt somit die partikuläre Lösung

$$\vartheta = \frac{M_T}{G J_T} (1 - \cosh \lambda x + \tanh \lambda l \sinh \lambda x).$$

Wegen $d\varphi/dx = \vartheta$ können wir für die Verdrehung φ durch Integration aus ihr

$$\varphi = \frac{M_T}{\lambda G J_T} [\lambda x - \sinh \lambda x + \tanh \lambda l (\cosh \lambda x - 1)]$$

gewinnen, wobei wir die Integrationskonstante bereits so gewählt haben, daß für $x = 0$, also im Einspannquerschnitt, $\varphi = 0$ wird, wie es sein muß. Das Problem der Wölbkrafttorsion ist grundsätzlich gelöst, wenn wir die Querschnittsgrößen J_T und C_w kennen. Dann können wir nämlich bei gegebenem Torsionsmoment M_T die Verdrehung φ angeben, und auch ϑ ist uns zusammen mit seinen Ableitungen ϑ' und ϑ'' bekannt. Schließlich können wir damit und mit Hilfe der Funktion ψ, die für jeden in Frage stehenden Querschnitt nach (2.177) berechnet werden muß, über (2.178) die noch zusätzlich zu den St.-Venantschen Schubspannungen auftretenden Normalspannungen σ und über (2.179) die sekundären Schubspannungen τ_w berechnen. Die primären St.-Venantschen Schubspannungen bekommt man aus M_{ST} in der in Abschn. 2.4.2 geschilderten Weise.

Beispiel. Für das in Abb. 125 dargestellte ⌐-Profil mit $b = 6{,}5$ cm, $H = 10$ cm und $t = 0{,}5$ cm soll der Wölbwiderstand berechnet werden.

Zuerst berechnen wir nach (2.175) die Koordinate z^* des Schubmittelpunktes S^*, denn wir brauchen S^*, weil wir uns ja mit der Verwölbungsfunktion ψ darauf beziehen müssen.

Um (2.175) auswerten zu können, legen wir folgendes fest: Wir zählen s in derjenigen Orientierung, welche sich ergibt, wenn wir die y-Achse in die z-Achse, also im Uhrzeigersinn drehen, positiv. Ebenso sind alle Flächen F_m, die vom Radiusvektor in diesem Sinn überstrichen werden, positiv.

Für F_m und y haben wir:

entlang des Unterflansches $F_m = \dfrac{1}{4} H s, \quad y = \dfrac{H}{2},$

entlang des Steges $\qquad F_m = \dfrac{1}{4} H b, \quad y = \dfrac{H}{2} - s + b,$

entlang des Oberflansches $\quad F_m = \dfrac{1}{4} H b + \dfrac{1}{4} H(s - b - H), \quad y = -\dfrac{H}{2}.$

Diese Funktion F_m ist in Abb. 125b dargestellt.

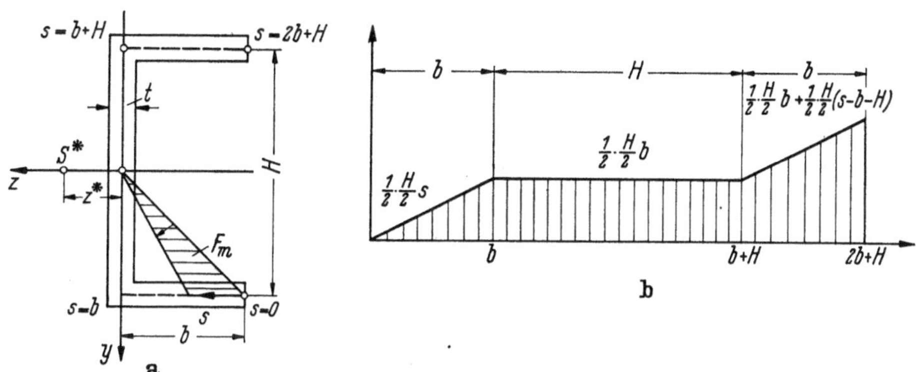

Abb. 125. Schubmittelpunkt eines [-Querschnittes.

Jetzt können wir integrieren. Es wird nach längerer Rechnung

$$-2 \int_L y\, t\, F_m\, \mathrm{d}s$$

$$= -2t \left\{ \int_0^b \frac{H}{4}\frac{H}{2} s\, \mathrm{d}s + \int_b^{b+H} \frac{H}{4} b \left(\frac{H}{2} - s + b \right) \mathrm{d}s + \int_{b+H}^{2b+H} \left[\frac{H}{4} b + \frac{H}{4}(s - b - H) \right] \frac{H}{2}\, \mathrm{d}s \right\},$$

$$-2 \int_L y\, t\, F_m\, \mathrm{d}s = \frac{H^2 b^2 t}{4}.$$

Ein Blick auf (2.175) zeigt, daß dann auch

$$z^* J_z = \frac{H^2 b^2 t}{4}$$

ist. Wir müssen also noch J_z berechnen. Das geschieht mit Hilfe des Steinerschen Satzes:

$$J_z = \frac{t H^3}{12} + 2t b \left(\frac{H}{2} \right)^2 = \frac{H^2 t}{12}(H + 6b).$$

Damit erhalten wir schließlich

$$z^* = \frac{3b^2}{H + 6b}.$$

Mit den vorgeschriebenen Zahlenwerten gibt das

$$z^* = \frac{3 \cdot 6{,}5^2}{10 + 6 \cdot 6{,}5} \approx 2{,}6 \text{ cm}.$$

Nun gehen wir zur Bestimmung der Verwölbungsfunktion ψ über. Dazu müssen wir nach der Formel (2.177) verfahren. Außerdem haben wir das Achsenkreuz in S^* zu errichten, wie es in Abb. 126a gezeigt ist. Daraus folgt, daß für diesen Bezugspunkt F_m sowohl positive als negative Anteile hat, je nachdem ob der Radiusvektor die Fläche beim Durchlaufen von s im positiven

Sinn (im Uhrzeigersinn) oder entgegengesetzt überstreicht. Dieser Vorzeichenfestsetzung entsprechend haben wir

$$\text{entlang des linken Flansches}\quad F_m = \frac{H}{4}\,s,$$

$$\text{entlang des Steges}\quad F_m = \frac{H}{4}\,b - \frac{z^*}{2}\,(s-b),$$

$$\text{entlang des rechten Flansches}\quad F_m = \frac{H}{4}\,b - \frac{z^*}{2}\,H + \frac{H}{4}\,(s-b-H).$$

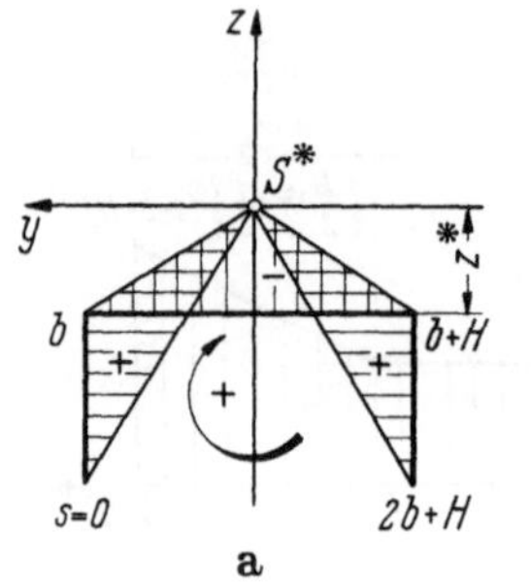

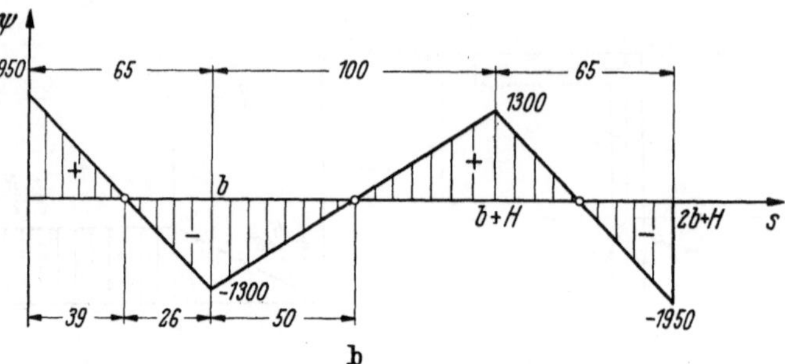

Abb. 126. Zur Berechnung des Wölbwiderstandes eines [-Querschnittes.

Um die in (2.177) vorkommende Konstante ψ_0 zu bestimmen, berechnen wir

$$\int_F \psi\,\mathrm{d}F = \int_F \psi_0\,\mathrm{d}F - 2\int_F F_m\,\mathrm{d}F = 0,$$

woraus

$$\psi_0 = + \frac{2\int_F F_m\,\mathrm{d}F}{F}\quad \text{mit}\quad F = (2b+H)\,t$$

folgt.

Nun werten wir mit den oben angegebenen Werten von F_m folgendes Integral aus:

$$2\int_F F_m\,\mathrm{d}F = \int_0^b \frac{H}{2}\,s\,t\,\mathrm{d}s + \int_b^{b+H}\left[\frac{H}{2}\,b\,t - z^*(s-b)\,t\right]\mathrm{d}s +$$

$$+ \int_{b+H}^{2b+H}\left[\frac{H}{2}\,b\,t - z^*\,H\,t + \frac{H}{2}\,(s-b-H)\,t\right]\mathrm{d}s.$$

Nach einiger Zwischenrechnung bekommen wir

$$2\int_F F_m\,\mathrm{d}F = \frac{H\,t(2b+H)}{2}\,(b-z^*) = \frac{H}{2}\,(b-z^*)\,F,$$

so daß schließlich

$$\psi_0 = \frac{H}{2}\,(b-z^*)$$

wird.

Die Verwölbungsfunktion $\psi = \psi_0 - 2F_m$ kann jetzt angegeben werden:

$$\text{für}\quad 0 \leq s \leq b\quad \text{ist}\quad \psi = \frac{H}{2}\,(b-z^*) - \frac{H}{2}\,s,$$

$$\text{für}\quad b \leq s \leq b+H\quad \text{ist}\quad \psi = \frac{H}{2}\,(b-z^*) - \frac{H}{2}\,b + z^*(s-b) = z^*\left(s - \frac{H}{2} - b\right),$$

für $b+H \leq s \leq 2b+H$ ist

$$\psi = \frac{H}{2}\,(b-z^*) - \frac{H}{2}\,b + z^*\,H - \frac{H}{2}\,(s-b-H) = \frac{H}{2}\,(H+b-s+z^*).$$

Ihr Verlauf ist unter Verwendung der in dieser Aufgabe vorgeschriebenen Zahlenwerte in Abb. 126b aufgezeichnet worden.

Der Wölbwiderstand ergibt sich gemäß (2.180) mit konstantem t zu

$$C_w = t \int\limits_0^L \psi^2 \, \mathrm{d}s.$$

Um dieses Integral auszuwerten, machen wir von der Tatsache Gebrauch, daß die ψ-Fläche sich abschnittsweise aus Dreiecken zusammensetzt. Dann können wir nämlich die in Abb. 127 angegebene Integralformel benutzen. Indem wir die jeweiligen Zahlenwerte aus Abb. 126b herauslesen, bekommen wir nach der Formel von Abb. 127

$$\int\limits_0^L \psi^2 \, \mathrm{d}s = \tfrac{2}{6}[1950^2 \cdot 39 + 1300^2(26 + 50)] = 185 \cdot 10^6 \text{ mm}^5.$$

Mit $t = 5$ mm wird dann

$$C_w = 5 \cdot 185 \cdot 10^6 = 925 \cdot 10^6 \text{ mm}^6 = 925 \text{ cm}^6$$

der Wölbwiderstand des Profils.

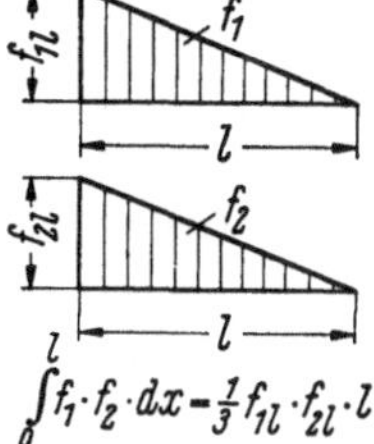

Abb. 127. Zur Integration der ψ-Fläche.

2.6 Gestaltfestigkeit

Die technische Festigkeitslehre liefert nur eine grobe Auskunft über die Spannungsverteilung. Oft sogar nicht einmal das, sondern nur eine Abschätzung der sogenannten Nennspannung σ_n. Die tatsächliche Spannungsverteilung kann aber sehr kompliziert sein und ist vor allem häufig nicht so gleichmäßig, wie das in der technischen Festigkeitslehre vorausgesetzt wird. Daraus folgt dann, daß die in Wirklichkeit auftretenden Spannungsspitzen wesentlich größer als $|\sigma_n|_{\max}$ sein können. Das einfachste und bekannteste Beispiel für eine solche Gegebenheit ist der in Abb. 128 gezeigte Zugstab, bei dem die Spannungsverteilung im „*geschwächten*" *Querschnitt* eben nicht mehr konstant ist. In der Abbildung sind übrigens die wesentlichsten Arten der Querschnittsschwächung gezeigt: plötzliche Querschnittsänderung, Lochung und Kerbung. Infolge der Schwächung ergeben sich die schon erwähnten Spannungsspitzen, so daß man von *Kerbwirkung* spricht. Es ist Aufgabe der *Kerbspannungslehre*, die Folgen der Kerbwirkung theoretisch vorauszusagen. Man findet die Theorie bei H. NEUBER [20] und G. N. SAWIN [21] dargestellt und einige Berechnungsergebnisse bei F. A. McCLINTOCK, A. S. ARGON in [3] zusammengestellt. Da eine mathematische Beherrschung der Kerbwirkung in schwierigeren Fällen aussichtslos ist, hilft man sich in der technischen Festigkeitslehre so, daß man für die örtliche Spannungsspitze die Formel

$$|\sigma|_{\max} = \alpha_k \, |\sigma_n|_{\max}, \qquad |\sigma_n|_{\max} = \frac{P}{F_n} = \frac{P}{b\,h} \tag{2.185}$$

verwendet, in welcher die *Formzahl* α_k vorkommt. Diese stammt in den einfachsten Fällen aus einer Berechnung, meistens aber ist sie aus Erfahrung und Messung gewonnen. Da die Formzahl nur von der geometrischen Form der Querschnittsschwächung und der Beanspruchungsart, aber nicht vom Werkstoff abhängt, kann man sie z. B. mit Hilfe der Spannungsoptik an Hand von Modellen ermitteln. Sie wächst für den gelochten Zugstab der Abb. 128 mit *abnehmendem* Kerbradius r von $\alpha_k = 1$ auf maximal $\alpha_k = 3$ an. Braucht man genauere Angaben für α_k, so kann man dazu bei K. WELLINGER, H. DIETMANN [14] nachlesen, wo auch noch allgemeinere Kerbformen als in Abb. 128 angenommen worden sind.

Für den Zugstab mit elliptischem Loch (Abb. 129) ist der rechnerische Wert der Formzahl

$$\alpha_k = 1 + \frac{2a}{b}, \qquad \left.\begin{array}{l} a = \text{große} \\ b = \text{kleine} \end{array}\right\} \text{Halbachse.}$$

Wie wir daraus ablesen können, kann sehr kleines b erheblich großes α_k und damit beträchtliche Spannungsspitzen zur Folge haben. Faßt man einen Riß im Werk-

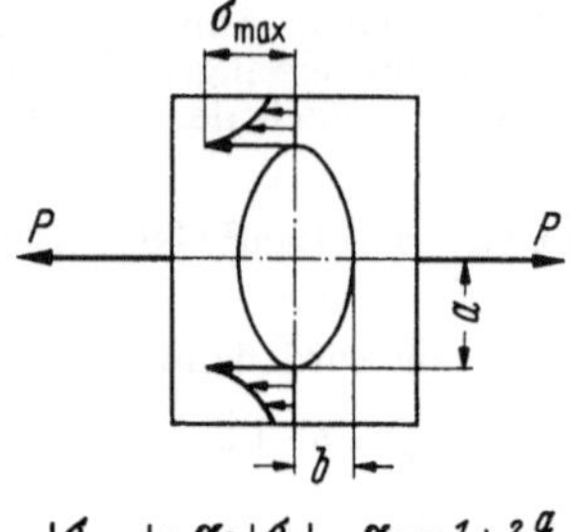

$$|\sigma_{max}| = \alpha_k |\sigma_n|, \quad \alpha_k = 1 + 2\frac{a}{b}$$

Abb. 129
Formzahl für Zugstab mit elliptischem Loch.

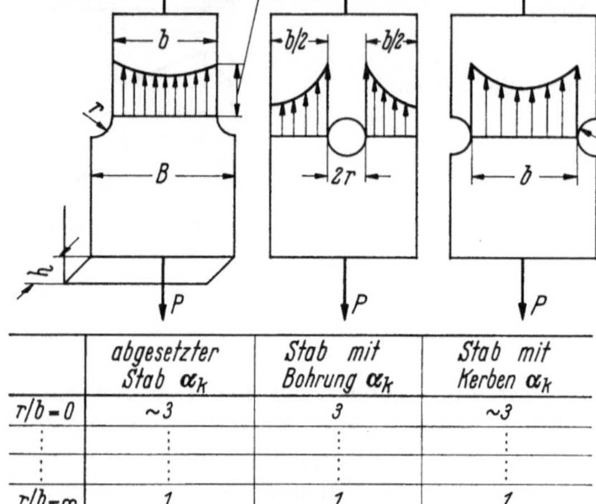

	abgesetzter Stab α_k	Stab mit Bohrung α_k	Stab mit Kerben α_k
$r/b = 0$	~3	3	~3
⋮	⋮	⋮	⋮
$r/b = \infty$	1	1	1

Abb. 128. Formzahlen für Zugstäbe.

stoff als eine sehr schmale Ellipse auf, so versteht man, daß er Anlaß zu örtlich hohen Spannungen und damit zum Beginn eines Bruches geben kann.

Wir haben bisher nur den Zugstab im Sinn gehabt. Selbstverständlich gilt das Entsprechende für den Druckstab, und auch bei Biegung und Torsion können bei Querschnittsschwächung örtliche Spannungsspitzen auftreten, die mit Hilfe von geeigneten Formzahlen α_k zu berücksichtigen sind.

So ist für Biegung

$$|\sigma|_{max} = \alpha_k \, |\sigma_n|_{max}, \qquad |\sigma_n|_{max} = \frac{|M|_{max}}{W_{min}}$$

zu setzen. Die Verhältnisse für Flachstäbe unter Biegebeanspruchung mit Kerben sind in Abb. 130 dargestellt worden. Weitere Angaben über α_k-Werte bei Biegung findet man wieder in [14] oder bei S. Timoshenko [9].

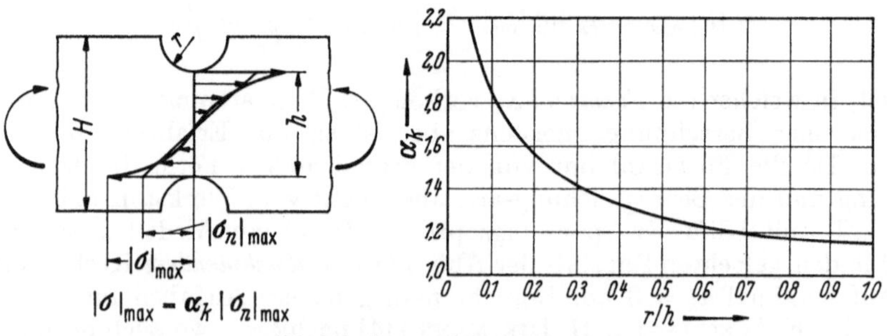

Abb. 130. Formzahl für Biegebalken.

Bei der Torsion beschränken wir uns jetzt im wesentlichen auf die Verhältnisse bei Kreisquerschnitten mit

$$|\tau|_{\max} = \alpha_k\,|\tau_n|_{\max}, \qquad |\tau_n|_{\max} = \frac{2\,|M_T|}{\pi\,R^3}.$$

Hier ist der Fall der *Keilnut* von Interesse (Abb. 131). Für die halbkreisförmige Nut läßt sich α_k leicht berechnen. Man bekommt dadurch die geschlossene Formel

$$\alpha_k = 2 - \frac{r}{2R}$$

und sieht, daß α_k maximal 2 betragen kann. Für die rechteckige Nut muß man sich wegen der schwierigen Rechnung und ihres komplizierten Ergebnisses auf ein Diagramm für α_k beschränken.

Ein zweiter interessanter und für die Praxis wichtiger Fall ist der der plötzlichen Querschnittsänderung der tordierten Welle (Abb. 132). Hierfür und auch für den gekerbten Stab findet man α_k-Diagramme in [14].

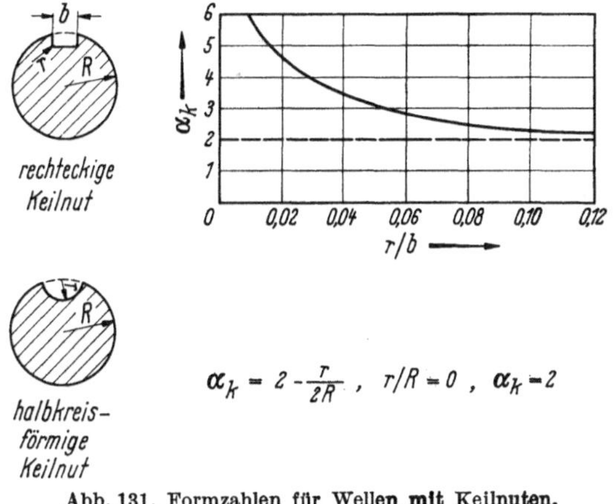

Abb. 131. Formzahlen für Wellen mit Keilnuten.

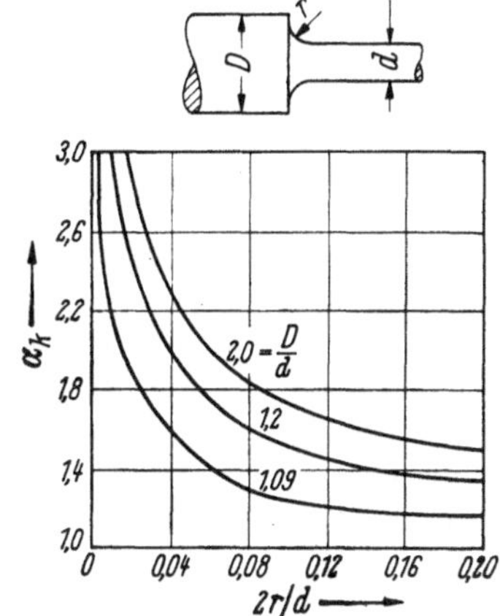

Abb. 132. Formzahlen für Wellen mit Querschnittsänderung.

Über unsere obige Beschränkung hinausgehend sei doch noch erwähnt, daß bei der Torsion von dünnwandigen Walzträgerprofilen, die aus Rechtecken zusammengesetzt gedacht werden, die maximale Schubspannung nominell zwar in der Mitte der Längsseiten des Rechtecks mit der größten Dicke $t_{\max}$ auftritt, daß aber in den Abrundungen, die den Übergang von einem Rechteck zum anderen vermitteln, Spannungsspitzen mit α_k von 1,16 bis 1,6 möglich sind (Abb. 133). Ähnliche Ver-

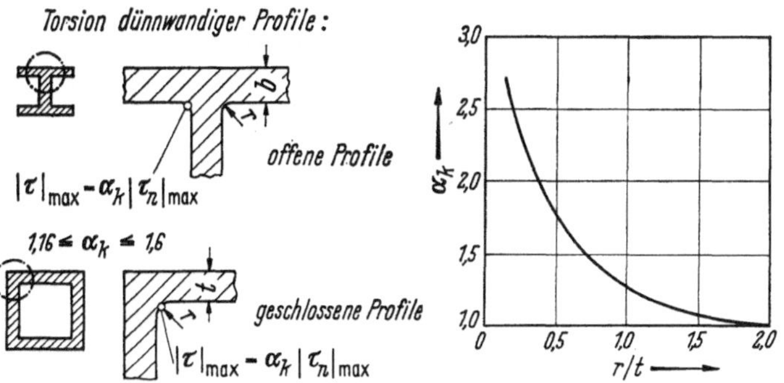

Abb. 133. Formzahlen für Torsion dünnwandiger Profile.

hältnisse liegen in den Ecken geschlossener dünnwandiger Profile vor. Allerdings sind die α_k-Werte dann noch größer, wie es das Diagramm von Abb. 133 zeigt.

Die Tatsache, daß die Gestalt des Bauteils seine Festigkeit beeinflußt, indem sie Ursache für örtliche Spannungsspitzen ist, sollte nicht nur Anlaß dafür eins, daß man diese extremalen Spannungen in der Festigkeitsberechnung durch Verwendung der Formzahlen α_k erfaßt. Sie sollte den Konstrukteur vor allem veranlassen, die Gestalt des Bauteils von vornherein so zu wählen, daß eine Kerbwirkung vermieden wird. Das kann unter anderem dadurch geschehen, daß man schroffe Querschnittsänderungen, also kleine Kerbradien vermeidet, manchmal aber auch paradoxerweise dadurch, daß man an geeigneten Stellen Material wegnimmt. Das ist in Abb. 134 für den abgesetzten Zugstab gezeigt: Indem man die Ausrundung des Absatzes unterschneidet, erreicht man es nämlich, daß an der Stelle, wo die Spannungsspitze auftritt, ein größerer Übergangsradius vorhanden ist, was zum teilweisen Abbau der Spannungsspitze beiträgt. Eine ganz ähnliche Wirkung kann man durch die Anbringung von *Entlastungskerben*

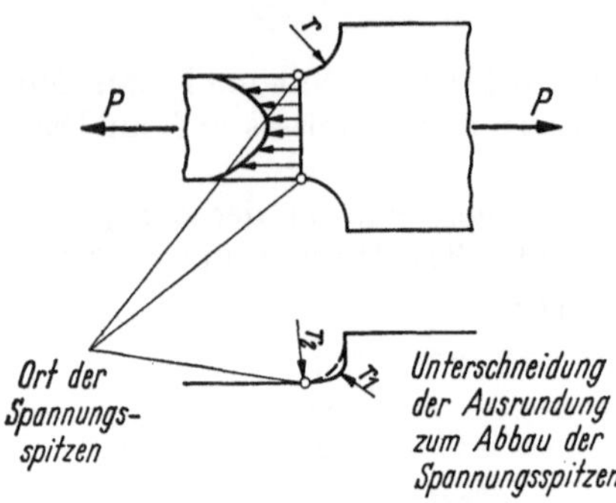

Abb. 134. Entlastungskerbe.

erzielen: Man führt in der Nähe einer den Bauteil gefährdenden Kerbe eine weitere Kerbe aus. Diese zweite Kerbe wird in ihrer eigenen Umgebung zwar wiederum eine gewisse Spannungserhöhung, gleichzeitig aber in der Umgebung der ersten Kerbe auch eine erwünschte Entlastung zur Folge haben.

Die Erkenntnisse der Gestaltfestigkeitslehre sollten also eher ein Ansporn zu geschickter, fachgerechter Konstruktion als nur eine Grundlage zu verfeinerter Rechnung sein.

3. Energiemethoden

3.1 Prinzip der virtuellen Arbeit

Das *Prinzip der virtuellen Arbeit* kann als das grundlegendste Prinzip der Mechanik angesehen werden. Auf ihm aufbauend kann man alle übrigen Sätze der Mechanik herleiten. Das wollen wir uns in einem gewissen Umfang zunutze machen. Dazu werden wir das Prinzip jetzt in zwei Formulierungen, nämlich als Prinzip der virtuellen Verrückung und als Prinzip der virtuellen Kräfte, aufstellen.

Um das *Prinzip der virtuellen Verrückung* aussprechen zu können, müssen wir vorweg einige Begriffe festlegen. Wir nehmen zuerst eine Klassifizierung der Kräfte vor. Je nach Betrachtungsweise unterscheiden wir zwischen eingeprägten und Reaktionskräften, äußeren und inneren sowie Volumen- und Flächenkräften.

Die *eingeprägten Kräfte* sind solche, die, gegeben durch physikalische Gesetze, auf die Körper einwirken. Nach dem *Newtonschen Reaktionsgesetz* kommen die eingeprägten Kräfte aber nicht allein vor, sondern wecken den *Bindungen* der Körper, d. h. den Bedingungen entsprechend, welche die Beweglichkeit und Verformungsmöglichkeit der Körper einschränken, *Reaktions-* bzw. *Zwangskräfte.*

Die *äußeren Kräfte* sind alle diejenigen, welche von außen auf einen abgeschlossenen Körper einwirken. Das können sowohl eingeprägte Kräfte als auch Reaktionen sein, denn die verschiedenen Klassifikationen überschneiden sich und schließen sich gegenseitig nicht aus.

Innere Kräfte sind solche, welche infolge eines wirklichen oder nur gedachten Schnittes durch den betreffenden Körper in den Schnittflächen frei und damit der Betrachtung sowie der Behandlung als äußere Kräfte zugänglich werden.

Volumenkräfte sind, wie z. B. die Schwerkraft oder wie elektrische und magnetische Kräfte, räumlich über das Volumen der Körper verteilt. *Flächenkräfte* sind statt dessen flächenhaft über die Berührungsflächen zweier Körper oder über die durch Anwendung des *Schnittprinzips* erzeugten Schnittflächen verteilt. Die inneren Flächenkräfte sind die uns bereits bekannten *Spannungen*, die äußeren Flächenkräfte, die eingeprägt oder als Reaktionen vorkommen können, werden wir als *Oberflächenkräfte* bezeichnen.

Nun zu dem Begriff der virtuellen Verrückung: Der *Verschiebungsvektor* sei $\bar{u} = (u, v, w)$, seine *Variation* sei $\delta \bar{u} = (\delta u, \delta v, \delta w)$. Wir sagen, daß ein Körper eine *virtuelle Verrückung* erleide, wenn wir seinen Punkten eine Verschiebung $\delta \bar{u}$ auferlegen, die infinitesimal ist und sich *kompatibel* verhält. Dann ist sie mindestens eine stückweise stetige Funktion des Ortes. Man kann sie darüber hinaus noch als verträglich mit den tatsächlichen Bindungen des Körpers annehmen. Dann erleiden die Angriffspunkte der Reaktionskräfte keine Verschiebungen. Man kann sie aber auch als nichtverträglich mit den Bindungen wählen. Dann muß man allerdings beachten, daß die Angriffspunkte der Reaktionskräfte die Verschiebung mitmachen. Außerdem muß die virtuelle Verrückung nichts mit der tatsächlichen Verschiebung der Punkte des Körpers zu tun haben, sondern kann eine im Rahmen der offengelassenen Möglichkeiten nur gedachte sein.

Das *Prinzip der virtuellen Verrückung*, das als Axiom nicht beweisbar ist, sondern seine Rechtfertigung aus der Tatsache herleitet, daß es sich bisher in allen nur denkbaren Fällen als gültig erwiesen hat, lautet folgendermaßen: *Befindet sich ein Körper unter einem System von äußeren und inneren Kräften im Gleichgewicht, so ist die von den Kräften bei einer jeden virtuellen Verrückung geleistete virtuelle Arbeit gleich Null.*

Wir wollen diesen Satz für einen Körper, der die Oberfläche O und das Volumen V besitzen möge, formelmäßig ausdrücken. Als äußere, eingeprägte Kräfte oder als Reaktionen mögen die Einzelkräfte $\bar{P}_i$ $(i = 1, 2, 3, \ldots, n)$, die Oberflächenkräfte $\bar{p}$ und die Volumenkräfte $\bar{K}$ angreifen, während als innere Kräfte die Spannungen σ_{ij} $(i, j = x, y, z)$ wirken mögen. Infolge der virtuellen Verschiebung $\delta \bar{u}$ leisten die äußeren Kräfte die virtuelle Arbeit

$$A_a^{(v)} = \sum_i \bar{P}_i \, \delta \bar{u}_i + \int_O \bar{p} \, \delta \bar{u} \, \mathrm{d}O + \int_V \bar{K} \, \delta \bar{u} \, \mathrm{d}V, \qquad (3.1)$$

während die inneren Kräfte die virtuelle Arbeit $A_i^{(v)}$ bewirken. Nach dem Prinzip muß

$$A_a^{(v)} + A_i^{(v)} = \sum_i \bar{P}_i \, \delta \bar{u}_i + \int_O \bar{p} \, \delta \bar{u} \, \mathrm{d}O + \int_V \bar{K} \, \delta \bar{u} \, \mathrm{d}V + A_i^{(v)} = 0 \qquad (3.2)$$

gelten. Dabei sind $\delta \bar{u}_i$ diejenigen virtuellen Verschiebungen, welche gerade die Angriffspunkte der Einzelkräfte $\bar{P}_i$ erleiden.

Wir müssen noch über die virtuelle Arbeit $A_i^{(v)}$ der inneren Kräfte nähere Angaben machen: Die inneren Kräfte des Körpers treten nicht in Erscheinung, wenn sich der eigentlich deformierbare Körper vorübergehend quasi-starr verhält. Wenn der Körper in diesem Zustand verschoben wird, leisten sie daher trotz dieser Verschiebung keine Arbeit. Die inneren Kräfte werden erst dann sichtbar, wenn man, wie z. B. bei der Durchführung des Schnittprinzips, Teile des Körpers voneinander zu trennen versucht. Für die inneren Kräfte ist demnach nicht die Verschiebung schlechthin, sondern nur die relative Verschiebung der Körperpunkte gegeneinander, also die *Verformung* des Körpers von Bedeutung. Die virtuelle Verschiebung eines beliebigen Körperpunktes P sei $\delta\bar{u}(P) = (\delta u, \delta v, \delta w)$. Die virtuelle Verschiebung eines in x-Richtung um dx entfernten Körperpunktes $P^{(x)}$ ist dann nach dem Taylorschen Satz in erster Näherung

$$\delta\bar{u}(P^{(x)}) = \left(\delta u + \frac{\partial\delta u}{\partial x}\,dx,\ \delta v + \frac{\partial\delta v}{\partial x}\,dx,\ \delta w + \frac{\partial\delta w}{\partial x}\,dx\right),$$

und die relative virtuelle Verschiebung der beiden Punkte gegeneinander beträgt somit

$$\delta\bar{u}(P^{(x)}) - \delta\bar{u}(P) = \left(\frac{\partial\delta u}{\partial x}\,dx,\ \frac{\partial\delta v}{\partial x}\,dx,\ \frac{\partial\delta w}{\partial x}\,dx\right). \tag{3.3}$$

Wir können (3.3) auch als die relative virtuelle Verschiebung eines in $P^{(x)}$ aufgespannten Flächenelementes dF_x mit einer in x-Richtung zeigenden Normalen auffassen. Auf dieser Fläche wirkt die innere Kraft $\bar{\mathfrak{s}}_x\,dF_x = dF_x(\sigma_x, \tau_{xy}, \tau_{xz})$, welche die relative virtuelle Verschiebung (3.3) von dF_x zu *verhindern* trachtet. Infolgedessen wird, wenn sie doch stattfindet, der Körper sich also deformiert, die virtuelle Arbeit

$$-\,\bar{\mathfrak{s}}_x\big(\delta\bar{u}(P^{(x)}) - \delta\bar{u}(P)\big)\,dF_x = -\left(\sigma_x\frac{\partial\delta u}{\partial x}\,dx + \tau_{xy}\frac{\partial\delta v}{\partial x}\,dx + \tau_{xz}\frac{\partial\delta w}{\partial x}\,dx\right)dF_x \tag{3.4}$$

geleistet, welche negativ angesetzt werden muß, weil die innere Kraft der relativen Verschiebung entgegenwirkt.

Man kann die gleichen Überlegungen für die y- bzw. z-Richtung sowie für die von P um dy bzw. dz entfernten Punkte $P^{(y)}$ bzw. $P^{(z)}$ und die in ihnen aufgespannten Flächenelemente dF_y bzw. dF_z mit Normalen in y- bzw. z-Richtung durchführen. Man kommt dann auf die virtuellen Arbeiten

$$-\,\bar{\mathfrak{s}}_y\big(\delta\bar{u}(P^{(y)}) - \delta\bar{u}(P)\big)\,dF_y$$
$$= -\left(\tau_{yx}\frac{\partial\delta u}{\partial y}\,dy + \sigma_y\frac{\partial\delta v}{\partial y}\,dy + \tau_{yz}\frac{\partial\delta w}{\partial y}\,dy\right)dF_y,$$

bzw. $\tag{3.5}$

$$-\,\bar{\mathfrak{s}}_z\big(\delta\bar{u}(P^{(z)}) - \delta\bar{u}(P)\big)\,dF_z$$
$$= -\left(\tau_{zx}\frac{\partial\delta u}{\partial z}\,dz + \tau_{zy}\frac{\partial\delta v}{\partial z}\,dz + \sigma_z\frac{\partial\delta w}{\partial z}\,dz\right)dF_z.$$

Um die gesamte im Punkt P des Körpers von den inneren Kräften geleistete virtuelle Arbeit zu erhalten, haben wir die Ausdrücke (3.4) und (3.5) zu addieren. Wir führen das unter Verwendung von

$$dF_x = dy\,dz,\qquad dF_y = dx\,dz,\qquad dF_z = dx\,dy,$$
$$\tau_{xy} = \tau_{yx},\qquad\qquad \tau_{yz} = \tau_{zy},\qquad\qquad \tau_{zx} = \tau_{xz}$$

durch. Dann bekommen wir nach einfacher Umformung die Beziehung

$$-\big[\bar{\mathfrak{s}}_x\big(\delta\bar{u}(P^{(x)}) - \delta\bar{u}(P)\big)dF_x + \bar{\mathfrak{s}}_y\big(\delta\bar{u}(P^{(y)}) - \delta\bar{u}(P)\big)dF_y + \bar{\mathfrak{s}}_z\big(\delta\bar{u}(P^{(z)}) - \delta\bar{u}(P)\big)dF_z\big]$$
$$= -\left[\sigma_x\frac{\partial\delta u}{\partial x} + \sigma_y\frac{\partial\delta v}{\partial y} + \sigma_z\frac{\partial\delta w}{\partial z} + \tau_{xy}\left(\frac{\partial\delta u}{\partial y} + \frac{\partial\delta v}{\partial x}\right) + \tau_{yz}\left(\frac{\partial\delta v}{\partial z} + \frac{\partial\delta w}{\partial y}\right) + \right.$$
$$\left. +\ \tau_{zx}\left(\frac{\partial\delta w}{\partial x} + \frac{\partial\delta u}{\partial z}\right)\right]dx\,dy\,dz. \tag{3.6}$$

Jetzt machen wir von der erlaubten Möglichkeit Gebrauch, das Differentiationszeichen ∂ mit dem Variationszeichen δ zu vertauschen und verwenden außerdem (1.55), (1.56), (1.57), (1.58), so daß wir

$$\varepsilon_x = \frac{\partial u}{\partial x}, \qquad \varepsilon_y = \frac{\partial v}{\partial y}, \qquad \varepsilon_z = \frac{\partial w}{\partial z},$$

$$\gamma_{xy} = \frac{\partial u}{\partial y} + \frac{\partial v}{\partial x}, \qquad \gamma_{yz} = \frac{\partial v}{\partial z} + \frac{\partial w}{\partial y}, \qquad \gamma_{zx} = \frac{\partial w}{\partial x} + \frac{\partial u}{\partial z}$$

setzen können. Damit geht die rechte Seite von (3.6) in

$$- [\sigma_x\,\delta\varepsilon_x + \sigma_y\,\delta\varepsilon_y + \sigma_z\,\delta\varepsilon_z + \tau_{xy}\,\delta\gamma_{xy} + \tau_{yz}\,\delta\gamma_{yz} + \tau_{zx}\,\delta\gamma_{zx}]\,\mathrm{d}x\,\mathrm{d}y\,\mathrm{d}z \qquad (3.7)$$

über. Wenn man noch über das Volumen integriert, wobei $\mathrm{d}V \equiv \mathrm{d}x\,\mathrm{d}y\,\mathrm{d}z$ ist, steht auf der linken Seite von (3.6) die virtuelle Arbeit $A_i^{(v)}$ der inneren Kräfte, und wir erhalten

$$A_i^{(v)} = - \int_V (\sigma_x\,\delta\varepsilon_x + \sigma_y\,\delta\varepsilon_y + \sigma_z\,\delta\varepsilon_z + \tau_{xy}\,\delta\gamma_{xy} + \tau_{yz}\,\delta\gamma_{yz} + \tau_{zx}\,\delta\gamma_{zx})\,\mathrm{d}V. \qquad (3.8)$$

Dieser Ausdruck ist in (3.2) einzuführen, womit die mathematische Formulierung des Prinzips der virtuellen Verrückung endgültig

$$\sum_i \bar{P}_i\,\delta\bar{u}_i + \int_O \bar{p}\,\delta\bar{u}\,\mathrm{d}O + \int_V \bar{K}\,\delta\bar{u}\,\mathrm{d}V - \int_V (\sigma_x\,\delta\varepsilon_x + \sigma_y\,\delta\varepsilon_y + \sigma_z\,\delta\varepsilon_z +$$

$$+ \tau_{xy}\,\delta\gamma_{xy} + \tau_{yz}\,\delta\gamma_{yz} + \tau_{zx}\,\delta\gamma_{zx})\,\mathrm{d}V = 0 \qquad (3.9)$$

lautet.

Jetzt wollen wir anschließend das Grundprinzip der Mechanik in einer Fassung darstellen, in der es als *Prinzip der virtuellen Kräfte* bekannt ist. Wir stellen uns dazu wieder einen Körper vor, an dem die inneren und äußeren Kräfte im Gleichgewicht und damit kompatibel sind. Diesen Zustand verändern wir diesmal durch die Variation der Kräfte und nicht, wie vorher, durch die der Verschiebungen. Dabei haben wir aber darauf zu achten, daß das variierte System der Kräfte wieder im Gleichgewicht ist. Das ist sicher der Fall, wenn sich das System der Variationen selbst im Gleichgewicht befindet, da das ursprüngliche System der Kräfte es nach Voraussetzung ja schon gewesen ist. Auf dieses Gleichgewichtssystem der Kräftevariationen können wir dann aber formal das Prinzip der virtuellen Verrückung anwenden, *wobei wir allerdings den tatsächlichen Verschiebungszustand $\bar{u}$ speziell als den virtuellen wählen*. Das ist möglich, denn er ist wieder kompatibel und mit allen Bindungen verträglich. Außerdem darf man in den üblichen Fällen annehmen, daß seine Komponenten genügend klein sind, so daß er als virtuell gelten kann. Auf diese Weise kommen wir zu der virtuellen Arbeit

$$\sum_i \delta\bar{P}_i\,\bar{u}_i + \int_O \delta\bar{p}\,\bar{u}\,\mathrm{d}O + \int_V \delta\bar{K}\,\bar{u}\,\mathrm{d}V - \int_V (\delta\sigma_x\,\varepsilon_x + \delta\sigma_y\,\varepsilon_y + \delta\sigma_z\,\varepsilon_z +$$

$$+ \delta\tau_{xy}\,\gamma_{xy} + \delta\tau_{yz}\,\gamma_{yz} + \delta\tau_{zx}\,\gamma_{zx})\,\mathrm{d}V = 0, \qquad (3.10)$$

die sich infolge der Variation der Kräfte ergibt, und die nach dem Prinzip eben wieder gleich Null sein muß.

Im Unterschied zu (3.1) wollen wir

$$\overset{*}{A}_a^{(v)} = \sum_i \delta\bar{P}_i\,\bar{u}_i + \int_O \delta\bar{p}\,\bar{u}\,\mathrm{d}O + \int_V \delta\bar{K}\,\bar{u}\,\mathrm{d}V \qquad (3.11)$$

als die *konjugierte virtuelle Arbeit der äußeren Kräfte* und im Unterschied zu (3.8)

$$\overset{*}{A}_i^{(v)} = - \int\limits_V (\delta\sigma_x\,\varepsilon_x + \delta\sigma_y\,\varepsilon_y + \delta\sigma_z\,\varepsilon_z + \delta\tau_{xy}\,\gamma_{xy} + \delta\tau_{yz}\,\gamma_{yz} + \delta\tau_{zx}\,\gamma_{zx})\,\mathrm{d}V \qquad (3.12)$$

als die *konjugierte virtuelle Arbeit der inneren Kräfte* bezeichnen. Dann läßt sich das bereits durch (3.10) ausgedrückte Prinzip der virtuellen Kräfte auch kurz als

$$\overset{*}{A}_a^{(v)} + \overset{*}{A}_i^{(v)} = 0 \qquad (3.13)$$

schreiben.

3.2 Formänderungsenergie

Unter der *Formänderungsenergie* π_i verstehen wir die bei der elastischen Verformung des Körpers *aufgespeicherte potentielle Energie*, welche bei der Entlastung und Aufhebung seiner Verformung wieder frei wird. Von dieser Definition ausgehend, können wir z. B.

$$\delta\pi_i = -\overset{*}{A}_i^{(v)} \qquad (3.14)$$

setzen, so daß wir durch gleichzeitige Anwendung des Hookeschen Gesetzes (1.87) und wegen (3.12) zu

$$\delta\pi_i = \int\limits_V \left[\frac{1}{E}\{[\sigma_x - \nu(\sigma_y + \sigma_z)]\,\delta\sigma_x + [\sigma_y - \nu(\sigma_x + \sigma_z)]\,\delta\sigma_y + \right.$$

$$\left. + [\sigma_z - \nu(\sigma_x + \sigma_y)]\,\delta\sigma_z\} + \frac{1}{G}(\tau_{xy}\,\delta\tau_{xy} + \tau_{yz}\,\delta\tau_{yz} + \tau_{zx}\,\delta\tau_{zx}) \right]\,\mathrm{d}V$$

gelangen. Diesen Ausdruck können wir in

$$\delta\pi_i = \int\limits_V \left[\frac{1}{E}\{\sigma_x\,\delta\sigma_x + \sigma_y\,\delta\sigma_y + \sigma_z\,\delta\sigma_z - \nu[(\sigma_y\,\delta\sigma_x + \sigma_x\,\delta\sigma_y) + (\sigma_z\,\delta\sigma_y + \sigma_y\,\delta\sigma_z) + \right.$$

$$\left. + (\sigma_x\,\delta\sigma_z + \sigma_z\,\delta\sigma_x)]\} + \frac{1}{G}(\tau_{xy}\,\delta\tau_{xy} + \tau_{yz}\,\delta\tau_{yz} + \tau_{zx}\,\delta\tau_{zx}) \right]\,\mathrm{d}V$$

bzw.

$$\delta\pi_i = \int\limits_V \left[\frac{1}{E}\{\sigma_x\,\delta\sigma_x + \sigma_y\,\delta\sigma_y + \sigma_z\,\delta\sigma_z - \nu[\delta(\sigma_x\,\sigma_y) + \delta(\sigma_y\,\sigma_z) + \delta(\sigma_z\,\sigma_x)]\} + \right.$$

$$\left. + \frac{1}{G}(\tau_{xy}\,\delta\tau_{xy} + \tau_{yz}\,\delta\tau_{yz} + \tau_{zx}\,\delta\tau_{zx}) \right]\,\mathrm{d}V$$

umformen, so daß wir durch ihn

$$\pi_i = \int\limits_V \left[\frac{1}{2E}\{\sigma_x^2 + \sigma_y^2 + \sigma_z^2 - 2\nu[\sigma_x\,\sigma_y + \sigma_y\,\sigma_z + \sigma_z\,\sigma_x]\} + \right.$$

$$\left. + \frac{1}{2G}(\tau_{xy}^2 + \tau_{yz}^2 + \tau_{zx}^2) \right]\,\mathrm{d}V \qquad (3.15)$$

gewinnen.

Für die von uns im Zusammenhang mit dem Stab behandelten einfachen Belastungsfälle können wir von (3.15) zu recht einfachen Ergebnissen für π_i kommen. Nehmen wir z. B. den *Zug-* oder *Druckstab* mit (2.1)

$$\sigma_x \equiv \sigma = \frac{N(x)}{F(x)}$$

und $\mathrm{d}V = F(x)\,\mathrm{d}x$ (Abb. 135). Da alle übrigen Spannungen gleich Null sind, folgt aus (3.15)

$$\pi_i = \int\limits_0^l \frac{1}{2E}\,\frac{N^2(x)}{F^2(x)}\,F(x)\,\mathrm{d}x = \frac{1}{2E}\int\limits_0^l \frac{N^2(x)}{F(x)}\,\mathrm{d}x.$$

Für den häufigen Sonderfall $F(x) = F = $ const wird daraus

$$\pi_i = \frac{1}{2EF}\int\limits_0^l N^2(x)\,\mathrm{d}x \qquad\qquad (3.16)$$

und wenn auch noch $N(x) = P = $ const ist, haben wir

$$\pi_i = \frac{P^2\,l}{2EF}. \qquad\qquad (3.16^*)$$

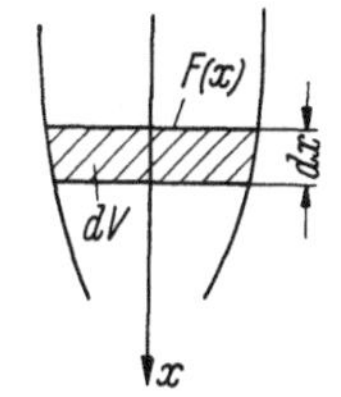

Abb. 135
Zugstab.

Dabei ist l hier und im folgenden die Stablänge.

Beim *Biegebalken* haben wir nach (2.57)

$$\sigma_x \equiv \sigma = \frac{M(x)}{J_z(x)}\,y.$$

Wieder setzen wir alle übrigen Spannungen gleich Null und erhalten mit $\mathrm{d}V = \mathrm{d}F\,\mathrm{d}x$ aus (3.15)

$$\pi_i = \int\limits_0^l \frac{1}{2E}\,\frac{M^2(x)}{J_z^2(x)}\left[\int\limits_F y^2\,\mathrm{d}F\right]\mathrm{d}x.$$

Nun ist aber gemäß (2.27) (bei Umbenennung von x in z)

$$\int\limits_F y^2\,\mathrm{d}F = J_z(x),$$

womit wir zu

$$\pi_i = \frac{1}{2E}\int\limits_0^l \frac{M^2(x)}{J_z(x)}\,\mathrm{d}x$$

gelangen. Vielfach dürfen wir $J_z(x) = J_z = $ const setzen. Außerdem ist es ohne Gefahr für eine Verwechslung möglich, den Index z zu unterdrücken. Dann haben wir

$$\pi_i = \frac{1}{2EJ}\int\limits_0^l M^2\,\mathrm{d}x. \qquad\qquad (3.17)$$

Mit (2.63), nämlich $M = -EJ\,v''$, können wir (3.17) leicht in

$$\pi_i = \frac{EJ}{2}\int\limits_0^l v''^2\,\mathrm{d}x \qquad\qquad (3.18)$$

überführen.

Die von den *Querkräften Q verursachte Formänderungsenergie* π_i erhalten wir durch folgende Rechnung: Gemäß (2.172) ist

$$\tau_{xy} = \frac{Q(x)\,S_z(y)}{b(y)\,J_z(x)}.$$

Mit diesem Wert von τ_{xy} gehen wir in (3.15) ein und setzen alle übrigen Spannungen gleich Null. Das hat mit $\mathrm{d}V = b(y)\,\mathrm{d}y\,\mathrm{d}x$ (Abb. 136)

$$\pi_i = \int\limits_0^l \frac{1}{2G}\,\frac{Q^2(x)}{J_z^2(x)}\left[\int\limits_{y_u}^{y_0}\frac{S_z^2(y)}{b(y)}\,\mathrm{d}y\right]\mathrm{d}x$$

zur Folge. Mit dem *Formfaktor*

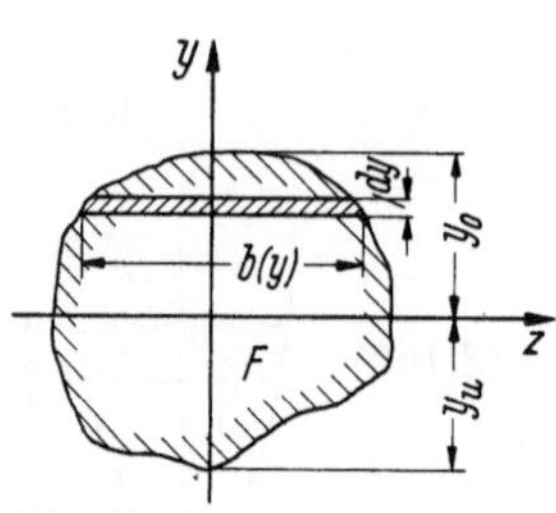

Abb. 136. Durch Querkraft beanspruchter Stab.

$$\varkappa = \frac{F}{J_z^2}\int\limits_{y_u}^{y_0}\frac{S_z^2(y)}{b(y)}\,\mathrm{d}y$$

gelangen wir dann zu

$$\pi_i = \frac{1}{2G}\int\limits_0^l \frac{\varkappa}{F}\,Q^2\,\mathrm{d}x.$$

In sehr vielen Fällen dürfen wir F und $\varkappa$ als konstant annehmen, so daß

$$\pi_i = \frac{\varkappa}{2GF}\int\limits_0^l Q^2(x)\,\mathrm{d}x \tag{3.19}$$

wird.

Schließlich wollen wir noch auf den *tordierten Stab* eingehen. Bei ihm treten die Spannungen τ_{xy},τ_{xz} auf, so daß wir nach (2.116)

$$\tau_{xy}^2 + \tau_{xz}^2 = \tau^2$$

setzen dürfen. Gehen wir damit in (3.15) ein, wobei wir noch alle übrigen Spannungen gleich Null setzen, so gelangen wir mit (2.126) und (2.128), d. h.

$$\tau = \frac{M_T}{J_p}\,r,$$

und $\mathrm{d}V = \mathrm{d}F\,\mathrm{d}x$ zu

$$\pi_i = \int\limits_0^l \frac{M_T^2}{2GJ_p^2}\left[\int\limits_F r^2\,\mathrm{d}F\right]\mathrm{d}x.$$

Wegen (2.33) dürfen wir

$$\int\limits_F r^2\,\mathrm{d}F = J_p$$

setzen, womit wir für $J_p = \text{const}$, $M_T = \text{const}$

$$\pi_i = \frac{M_T^2\,l}{2GJ_p} \tag{3.20}$$

erhalten. Es ist noch (2.128), nämlich

$$M_T = GJ_p\,\vartheta,$$

anwendbar. Damit wird aus (3.20) auch

$$\pi_i = \frac{GJ_p}{2}\,\vartheta^2\,l.$$

3.3 Die Sätze von Castigliano und Menabrea. Der Arbeitssatz. Die Sätze von Betti und Maxwell.

Wir wollen die im vorangehenden Abschnitt gewonnenen Ergebnisse benutzen, um jetzt einige sehr nützliche spezielle Sätze herzuleiten.

Zuerst beschäftigen wir uns mit dem *Satz von* CASTIGLIANO. Dazu greifen wir auf (3.10) zurück, treffen aber noch besondere Voraussetzungen: Wir nehmen an, daß nur eine einzige Einzelkraft $\bar{P}$ vorkomme, daß die Verschiebung $\bar{u}$ in die Richtung der Variationen $\delta\bar{P}$ falle und daß sie die gleiche Orientierung wie diese habe. Außerdem seien $\bar{p}$ und $\bar{K}$ gleich Null. Ferner verwenden wir für $\overset{*}{A}_i^{(v)}$ den durch (3.14) gegebenen Zusammenhang. Dann wird mit diesem allen aus (3.10)

$$\delta P\, u_p = \delta\pi_i. \tag{3.21}$$

Dabei ist u_p der Betrag der mit der Orientierung von $\delta\bar{P}$ in die Richtung von $\delta\bar{P}$ fallenden Verschiebung $\bar{u}$.

Wenn wir beim Stab gleichzeitig sowohl den Einfluß von N und Q als auch von M berücksichtigen, so können wir nach dem Superpositionsprinzip gemäß (3.16), (3.17) und (3.19)

$$\pi_i = \frac{1}{2EF}\int\limits_0^l N^2(x)\,\mathrm{d}x + \frac{\varkappa}{2GF}\int\limits_0^l Q^2(x)\,\mathrm{d}x + \frac{1}{2EJ}\int\limits_0^l M^2\,\mathrm{d}x \tag{3.22}$$

setzen, wobei wir mit konstanten Stabquerschnitten rechnen.

Jetzt stellen wir uns vor, daß δP die Variation einer tatsächlich am betreffenden Körper angreifenden Kraft $\bar{P}$ sei. Dann sind N, Q und M Funktionen von $\bar{P}$, z. B. $f(P)$, so daß wir von der bekannten Formel

$$\delta f = \frac{\partial f}{\partial P}\,\delta P,$$

die für die Variation einer von P abhängigen Funktion f gilt, Gebrauch machen können, um mittels (3.22) $\delta\pi_i$ zu berechnen. Wir erhalten auf diese Weise aus (3.22), unter Beachtung der Kettenregel der Differentiation,

$$\delta\pi_i = \frac{\partial\pi_i}{\partial P}\,\delta P = \left[\frac{1}{EF}\int\limits_0^l N\,\frac{\partial N}{\partial P}\,\mathrm{d}x + \frac{\varkappa}{GF}\int\limits_0^l Q\,\frac{\partial Q}{\partial P}\,\mathrm{d}x + \frac{1}{EJ}\int\limits_0^l M\,\frac{\partial M}{\partial P}\,\mathrm{d}x\right]\delta P.$$

Setzen wir diesen Ausdruck in (3.21) ein und berücksichtigen die Tatsache, daß die Variation δP willkürlich ist, so können wir folgern, daß

$$u_p = \frac{\partial\pi_i}{\partial P} = \frac{1}{EF}\int\limits_0^l N\,\frac{\partial N}{\partial P}\,\mathrm{d}x + \frac{\varkappa}{GF}\int\limits_0^l Q\,\frac{\partial Q}{\partial P}\,\mathrm{d}x + \frac{1}{EJ}\int\limits_0^l M\,\frac{\partial M}{\partial P}\,\mathrm{d}x$$

sein muß. In den meisten Fällen bleibt der Einfluß von N und Q gering. Man kann in der Praxis daher im allgemeinen genau genug mit

$$u_p = \frac{\partial\pi_i}{\partial P} = \frac{1}{EJ}\int\limits_0^l M\,\frac{\partial M}{\partial P}\,\mathrm{d}x \tag{3.23}$$

arbeiten.

Die Beziehung $u_p = \partial\pi_i/\partial P$ ist übrigens bereits die Aussage des *Satzes von* Castigliano: *Die partielle Ableitung der Formänderungsenergie π_i nach der Last P liefert die Verschiebung u_p in Lastrichtung.*

Der Vollständigkeit halber sei ohne Beweis mitgeteilt, daß man, vom Prinzip der virtuellen Verrückung ausgehend, ganz entsprechend eine zweite Formulierung des Satzes von Castigliano gewinnen kann: $P = \partial\pi_i/\partial u_p$. Diese kann sich der Leser leicht selbst herleiten. Wenn sie hier nicht ausführlich behandelt wird, so deswegen, weil sie für die Anwendung nicht ganz so bedeutend wie die erste Fassung des Satzes ist.

Es sei noch darauf aufmerksam gemacht, daß man in (3.21) den Begriff der „Kraft" P und den der mit dieser „Kraft" zusammengehörenden „Verschiebung" u_p ganz abstrakt auffassen kann: Wenn P eine Einzelkraft ist, wie wir es bisher angenommen hatten, so ist u_p tatsächlich eine echte Verschiebungskomponente. Wenn wir unter Abstrahierung der Begriffe aber P z. B. als ein Moment auffassen, wobei dieses Moment dann eben eine „verallgemeinerte Kraft" darstellt, so wird das zugehörige u_p auch eine „verallgemeinerte Verschiebung", nämlich ein Drehwinkel sein. Wir werden das an Hand eines Beispiels weiter unten deutlich machen.

Beispiel 1. Für den in Abb. 137 dargestellten Kragträger ist die Durchbiegung $v(l)$ am Kragarmende zu berechnen.

Da $v(l)$ eine Durchbiegung in Richtung der wirkenden Kraft P ist, können wir sofort $v(l) \equiv u_p$ setzen und (3.23) anwenden. Es ist $M = -P(l - x)$ und daher $\partial M/\partial P = x - l$. Führen wir das in (3.23) ein, so erhalten wir

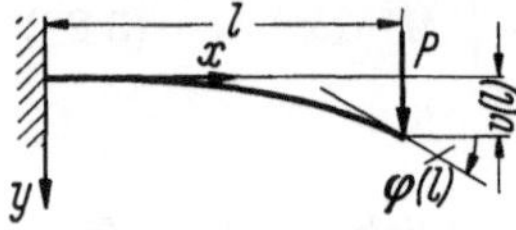

$$v(l) = \frac{1}{EJ} \int\limits_0^l [-P(l - x)](x - l)\,\mathrm{d}x = \frac{1}{EJ} \int\limits_0^l P(l - x)^2\,\mathrm{d}x.$$

Durch Auswertung des Integrals ergibt sich

$$v(l) = \frac{P\,l^3}{3EJ},$$

Abb. 137. Durchbiegung eines Kragträgers mit Einzelkraft am freien Ende.

was mit der ersten Gleichung von (2.77) übereinstimmt.

Beispiel 2. Für den gleichen Kragträger soll der Winkel $\varphi(l)$ am Kragarmende bestimmt werden. Dazu denken wir uns außer P noch das „fiktive Moment" $\tilde{M}$ am freien Balkenende angreifend (Abb. 138). Da es im gleichen Sinn wie $\tilde{\varphi}(l)$ dreht, können wir $\tilde{\varphi}(l)$ als eine zugehörige „Verschiebung" $u_{\tilde{M}}$ auffassen. Außerdem ist $\tilde{M}$ in (3.23) als diejenige Größe P aufzufassen, nach welcher differenziert wird.

Jetzt haben wir also mit $M = -P(l - x) - \tilde{M}$ und $\partial M/\partial \tilde{M} = -1$ zu rechnen, so daß aus (3.23), was für den vorliegenden Fall

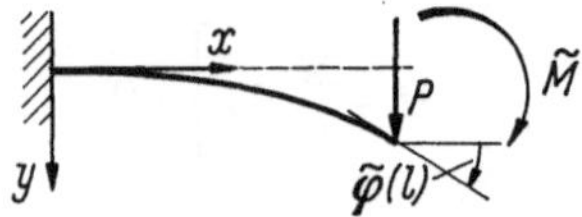

$$\tilde{\varphi}(l) = \frac{1}{EJ} \int\limits_0^l M\,\frac{\partial M}{\partial \tilde{M}}\,\mathrm{d}x$$

lautet,

Abb. 138
Durchbiegung eines Kragträgers mit Einzelkraft am freien Ende.

$$\tilde{\varphi}(l) = \frac{1}{EJ} \int\limits_0^l [P(l - x) + \tilde{M}]\,\mathrm{d}x$$

folgt. Wir wollen aber nicht $\tilde{\varphi}(l)$ sondern

$$\varphi(l) = \lim_{\tilde{M} \to 0} \tilde{\varphi}(l)$$

gewinnen. Folglich müssen wir

$$\varphi(l) = \lim_{\tilde{M} \to 0} \left\{ \frac{1}{EJ} \int\limits_0^l [P(l - x) + \tilde{M}]\,\mathrm{d}x \right\} = \frac{1}{EJ} \int\limits_0^l P(l - x)\,\mathrm{d}x$$

bilden. Das gibt nach Auswertung des Integrals gerade

$$\varphi(l) = \frac{P\,l^2}{2EJ},$$

was mit der zweiten Gleichung von (2.77) übereinstimmt.

Dieses soeben behandelte Beispiel hat zwei Dinge gezeigt: erstens, wie man durch Anbringung von fiktiven „Kräften", die man nachträglich gegen Null gehen läßt, an interessierenden Stellen zugehörige „Verschiebungen" ermitteln kann und zweitens, daß man die Begriffe „Kraft" und „Verschiebung" wirklich ganz allgemein auffassen kann, denn in dem Beispiel war die sogenannte „Kraft" ja das *Moment* $\tilde{M}$ und die sogenannte „Verschiebung" der *Drehwinkel* $\tilde{\varphi}(l)$.

Beispiel 3. Für den mit der Streckenlast $q = \text{const}$ belasteten Balken der Abb. 139 ist die Durchbiegung $v(l/2)$ in Balkenmitte zu berechnen.

Wir bringen zusätzlich zu q in Balkenmitte die „fiktive Einzelkraft" $\tilde{P}$ an. $\tilde{P}$ ist so gerichtet, daß $\tilde{v}(l/2)$ als seine zugehörige Verschiebung $u_{\tilde{p}}$ angesehen werden kann. Es ist

$$M = \frac{q\,x}{2}(l-x) + \frac{\tilde{P}}{2}x, \qquad \frac{\partial M}{\partial \tilde{P}} = \frac{x}{2}, \qquad \text{für} \quad 0 \le x \le \frac{l}{2},$$

womit aus (3.23), bzw.

$$\tilde{v}\left(\frac{l}{2}\right) = \frac{1}{E\,J}\int_0^l M\,\frac{\partial M}{\partial \tilde{P}}\,\mathrm{d}x,$$

wegen der Symmetrie der Momentenfläche,

$$\tilde{v}\left(\frac{l}{2}\right) = \frac{2}{E\,J}\int_0^{l/2}\left[\frac{q\,x}{2}(l-x) + \frac{\tilde{P}\,x}{2}\right]\frac{x}{2}\,\mathrm{d}x$$

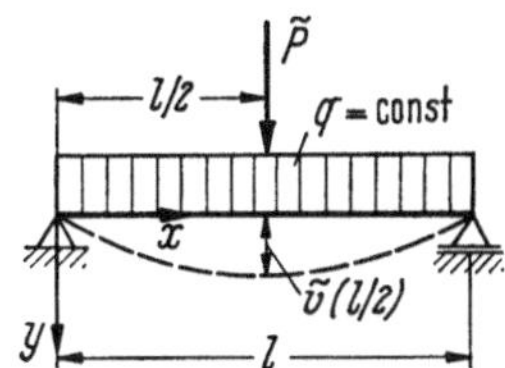

Abb. 139
Durchbiegung eines Trägers auf zwei Stützen mit gleichmäßig verteilter Belastung.

folgt. Die gesuchte Durchbiegung ist

$$v\left(\frac{l}{2}\right) = \lim_{\tilde{P}\to 0}\tilde{v}\left(\frac{l}{2}\right) = \frac{2}{E\,J}\int_0^{l/2}\frac{q\,x^2}{4}(l-x)\,\mathrm{d}x = \frac{5q\,l^4}{E\,J\cdot 384},$$

in Übereinstimmung mit (2.84).

Wir wollen jetzt den Satz von Castigliano spezialisieren. Dazu nehmen wir an, daß die in (3.21) vorkommende „Kraft" P eine Auflagerreaktion sei, die wir noch dazu als statisch unbestimmt voraussetzen und daher künftig mit X bezeichnen wollen. Wegen der durch das Auflager verursachten *Bindung* gelte für die zu P gehörende „Verschiebung" insbesondere $u_p \equiv 0$. Dann haben wir statt (3.21), mit $P \equiv X$,

$$\delta\pi_i = \frac{\partial\pi_i}{\partial X}\,\delta X = 0 \quad \text{bzw.} \quad \frac{\partial\pi_i}{\partial X} = 0. \tag{3.24}$$

Das ist die mathematische Formulierung des *Satzes von Menabrea*. Er lautet: *Die statisch unbestimmte Auflagerreaktion X macht die Formänderungsenergie π_i zum Extremum.*

Wir wollen auch zu diesem Satz und seiner Anwendung Beispiele geben:

Beispiel 4. Für den in Abb. 140 dargestellten Träger ist die Auflagerreaktion B als statisch Unbestimmte X zu wählen und zusammen mit allen übrigen Auflagerreaktionen zu berechnen. Es ist, wenn wir nur den Einfluß des Biegemoments berücksichtigen, wegen (3.23) und (3.24)

$$\frac{\partial\pi_i}{\partial X} = \frac{1}{E\,J}\int_0^l M\,\frac{\partial M}{\partial X}\,\mathrm{d}x = 0, \qquad \int_0^l M\,\frac{\partial M}{\partial X}\,\mathrm{d}x = 0. \tag{3.25}$$

Wir finden

$$M = X\,x - \frac{q\,x^2}{2}, \qquad \frac{\partial M}{\partial X} = x,$$

und daher gemäß (3.25)

$$\int_0^l\left(X\,x - \frac{q\,x^2}{2}\right)x\,\mathrm{d}x = \left[X\,\frac{x^3}{3} - \frac{q}{2}\,\frac{x^4}{4}\right]_0^l = 0,$$

$$X\,\frac{l^3}{3} - \frac{q}{8}\,l^4 = 0, \qquad X = \frac{3}{8}\,q\,l.$$

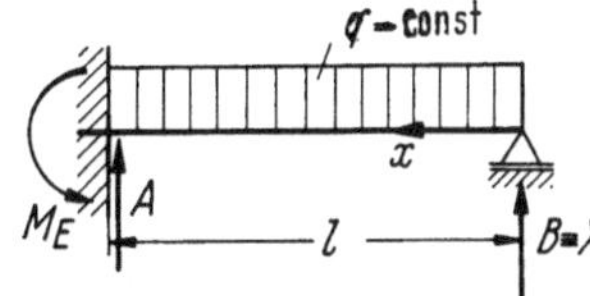

Abb. 140. Einfach statisch unbestimmter Biegebalken.

Mit Hilfe der Gleichgewichtsbedingungen folgt nach Kenntnis von X, wegen „Summe aller vertikalen Kräfte gleich Null",

$$A + X - q\,l = 0, \qquad A = q\,l - X = \tfrac{5}{8}q\,l$$

und nach Kenntnis von A, wegen „Summe aller Momente bezüglich des rechten Auflagers gleich Null",

$$M_E + \frac{q\,l^2}{2} - A\,l = 0, \qquad M_E = A\,l - \frac{q\,l^2}{2} = \frac{1}{8}\,q\,l^2.$$

Beispiel 5. Für den in Abb. 141 gezeigten Träger auf drei Stützen sind die Auflagerkräfte zu bestimmen.

Wir wählen $B \equiv X$ als statisch Unbestimmte und haben für $0 \leqq x \leqq l/2$

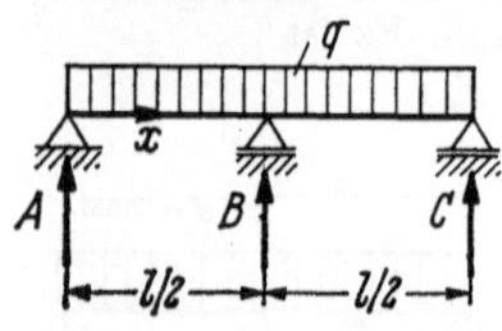

$$M = \frac{q\,l}{2}\,x - \frac{X}{2}\,x - \frac{q\,x^2}{2}, \qquad \frac{\partial M}{\partial X} = -\frac{x}{2}.$$

Nun verwenden wir (3.25) und bekommen wegen der Symmetrie von M

$$-\frac{2}{4} \int_0^{l/2} (q\,l\,x - X\,x - q\,x^2)\,x\,\mathrm{d}x = 0,$$

$$X = \tfrac{5}{8}\,q\,l. \tag{3.26}$$

Abb. 141. Durchlaufträger auf drei Stützen.

Aus Symmetriegründen muß $A = C$ sein, und das Gleichgewicht der vertikalen Kräfte verlangt daher

$$A + B + C = 2A + \tfrac{5}{8}q\,l = q\,l,$$

womit man für die noch fehlenden Auflagerkräfte

$$A = C = \frac{3}{16}\,q\,l$$

erhält.

Jetzt wenden wir uns der Herleitung eines dritten Satzes, des sogenannten *Arbeitssatzes*, zu. Wieder bauen wir auf (3.21) auf. Wenn wir uns auf den Einfluß der Biegung beschränken, können wir dafür

$$\delta P\,u_p = \delta\pi_i = \frac{\partial\pi_i}{\partial P}\,\delta P = \frac{1}{E\,J} \int_0^l M\,\delta M\,\mathrm{d}x \tag{3.27}$$

schreiben.

Zunächst müssen wir eine Angabe für δM machen: *Es sei M^* das Moment, welches von einer „Kraft 1", die die Richtung, Orientierung und den Angriffspunkt von δP hat, am Stab erzeugt wird.* Nach dem Superpositionsgesetz ist dann $M^*\,\delta P$ das Moment, welches von δP selbst herrührt. Das ursprüngliche Kräftesystem hatte das Moment M zur Folge. Durch zusätzliches Aufbringen von δP wird, wieder nach dem Superpositionsprinzip, das am Stab angreifende Moment auf $M + M^*\,\delta P$ bzw. $M + \delta M$ anwachsen. Daraus ersieht man, daß $\delta M = M^*\,\delta P$ ist.

Das benutzen wir für (3.27) und gelangen zu

$$\delta P\,u_p = \frac{1}{E\,J} \int_0^l M\,M^*\,\delta P\,\mathrm{d}x.$$

Wegen der Willkürlichkeit von δP muß dann aber

$$u_p = \frac{1}{E\,J} \int_0^l M\,M^*\,\mathrm{d}x \tag{3.28}$$

gelten. Das ist bereits die *mathematische Formulierung des Arbeitssatzes.*

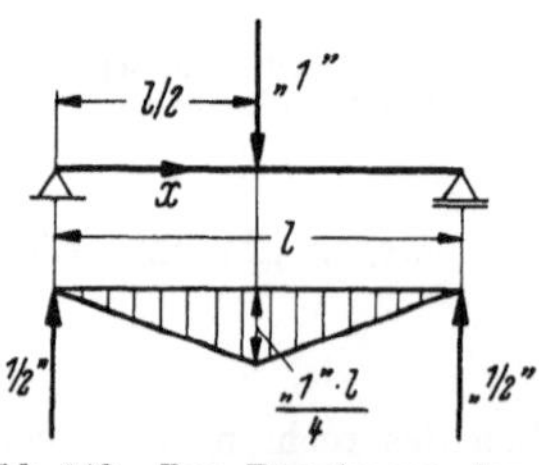

Abb. 142. Zur Berechnung der Durchbiegung mit Hilfe des Arbeitssatzes.

Beispiel 6. Die Durchbiegung $v\left(\frac{l}{2}\right)$ des in Abb. 139 gezeigten Balkens soll mit Hilfe des Arbeitssatzes bestimmt werden. Zuerst stellen wir uns M^* her: Nach Abb. 142 ist

$$M^* = \frac{1}{2}\,x \qquad \text{für} \quad 0 \leqq x \leqq \frac{l}{2}.$$

Außerdem ist

$$M = \frac{q\,x}{2}\,(l - x) \qquad \text{für} \quad 0 \leqq x \leqq \frac{l}{2}.$$

Damit erhalten wir aus (3.28), bei Verwendung der Symmetrie

von M^* und M,

$$u_p = v\left(\frac{l}{2}\right) = \frac{2}{E\,J} \int\limits_0^{l/2} \frac{q\,x^2}{4}\,(l-x)\,\mathrm{d}x = \frac{5\,q\,l^4}{E\,J\cdot 384},$$

wie es nach (2.84) sein muß.

Beispiel 7. Es ist die horizontale Verschiebung des Angriffspunktes der Kraft P_l für den in Abb. 143a gezeigten Rahmen mittels des Arbeitssatzes anzugeben.

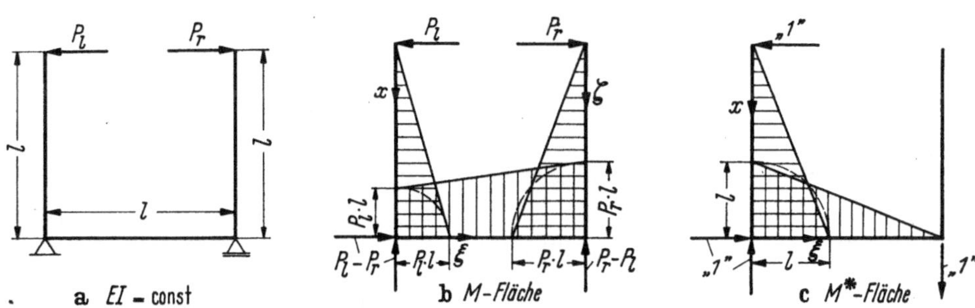

Abb. 143. Verschiebung der Kraftangriffspunkte bei einem Rahmen.

Wir stellen uns zunächst die Momentenflächen her. Aus den Abb. 143b und c lesen wir ab:

linker Stiel:	$M = P_l\,x,$	$M^* = x,$	für $0 \leqq x \leqq l,$
rechter Stiel:	$M = P_r\,\zeta,$	$M^* = 0,$	für $0 \leqq \zeta \leqq l,$
Riegel:	$M = P_l(l-\xi) + P_r\,\xi,$	$M^* = l-\xi,$	für $0 \leqq \xi \leqq l.$

Damit erhalten wir aus (3.28) für die gesuchte Verschiebung

$$u_{pl} = \frac{1}{E\,J}\left\{ \int\limits_0^l P_l\,x^2\,\mathrm{d}x + \int\limits_0^l [P_l(l-\xi) + P_r\,\xi]\,[l-\xi]\,\mathrm{d}\xi \right\},$$

$$u_{pl} = \frac{1}{E\,J}\left\{ \left[\frac{P_l\,x^3}{3}\right]_0^l + \left[P_l\,l^2\,\xi - \frac{2P_l\,l\,\xi^2}{2} + \frac{P_l\,\xi^3}{3} + \frac{P_r\,l\,\xi^2}{2} - \frac{P_r\,\xi^3}{3}\right]_0^l \right\},$$

$$u_{pl} = \frac{l^3}{E\,J}\left(\frac{2}{3}\,P_l + \frac{1}{6}\,P_r\right).$$

Zum Abschluß leiten wir die *Sätze von* MAXWELL *und* BETTI her. Wir legen Abb. 144 zugrunde und ermitteln die *Durchbiegung* u_{ik}, *welche an der Stelle* x_i *infolge einer Last* P_k *an der Stelle* x_k *auftritt.* Um den Arbeitssatz (3.28) anwenden zu können, bringen wir an der Stelle der gesuchten Durchbiegung, also in x_i, die Last „1" auf und bestimmen das zugehörige Moment M_i^*. Das von P_k verursachte Moment M läßt sich nach dem Superpositionsgesetz als $M = P_k M_k^*$ darstellen, wobei M_k^* das von der in x_k wirkenden Last „1" hervorgerufene Moment ist. Gemäß (3.28) können wir nun

$$u_{ik} = \frac{1}{E\,J} \int\limits_0^l P_k\,M_k^*\,M_i^*\,\mathrm{d}x \tag{3.29}$$

setzen.

Wenn im Sonderfall $P_k = 1$ ist, schreiben wir speziell $u_{ik} = \alpha_{ik}$ und haben

$$\alpha_{ik} = \frac{1}{E\,J} \int\limits_0^l M_k^*\,M_i^*\,\mathrm{d}x \tag{3.30}$$

8*

für die sogenannte *Einflußzahl* der Durchbiegung. Sie wird deswegen so genannt, weil wir den „Einfluß" einer beliebigen Last P_k in x_k auf die Durchbiegung in x_i berücksichtigen können, indem wir

$$u_{ik} = \alpha_{ik}\, P_k \qquad (3.31)$$

schreiben.

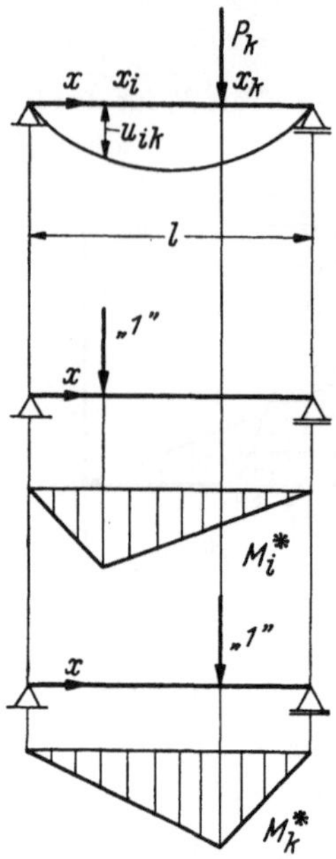

Man überlegt sich leicht, daß man die *Durchbiegung an der Stelle x_k infolge einer Last P_i an der Stelle x_i* ganz entsprechend als

$$u_{ki} = \frac{1}{EJ} \int_0^l P_i\, M_i^*\, M_k^*\, \mathrm{d}x \qquad (3.32)$$

erhält. Und ebenso wie zuvor können wir auch

$$u_{ki} = \alpha_{ki}\, P_i \qquad (3.33)$$

mit der Einflußzahl

$$\alpha_{ki} = \frac{1}{EJ} \int_0^l M_i^*\, M_k^*\, \mathrm{d}x \qquad (3.34)$$

setzen.

Der Vergleich von (3.30) mit (3.34) liefert

$$\alpha_{ik} = \alpha_{ki} \qquad (3.35)$$

und damit den *Satz von* MAXWELL, *welcher besagt, daß die Einflußzahlen bezüglich ihrer Indizes symmetrisch sind.*

Abb. 144. Zur Herleitung des Satzes von MAXWELL.

Nun können wir noch sehr schnell zu unserem letzten Satz kommen. Dazu bilden wir die sogenannten *Ergänzungsarbeiten* $P_i\,u_{ik}$ und $P_k\,u_{ki}$. Nach (3.31), (3.33) und (3.35) dürfen wir für sie

$$P_i\,u_{ik} = \alpha_{ik}\, P_i\, P_k,$$

$$P_k\,u_{ki} = \alpha_{ki}\, P_k\, P_i = \alpha_{ik}\, P_i\, P_k,$$

$$P_i\,u_{ik} = P_k\,u_{ki} \qquad (3.36)$$

schreiben und haben mit (3.36) den *Satz von* BETTI gewonnen, nach welchem *die Ergänzungsarbeiten einander gleich sind.*

4. Berechnung von statisch unbestimmten Systemen

4.1 Anwendung des Superpositionsprinzips

Wir wollen annehmen, daß ein Tragwerk äußerlich statisch unbestimmt sei, so daß an ihm eine oder mehrere Auflagerreaktionen die *statisch Unbestimmten* darstellen. Wenn nur wenige, am besten nur eine statisch Unbestimmte vorkommen, kann man zu ihrer Ermittlung mit Vorteil die nachstehende Methode anwenden, die auch als *geometrische Methode* bekannt ist.

Ihr Gang ist folgender: Die statisch Unbestimmte, z. B. $B \equiv X$ (Abb. 145), wird entfernt, wodurch aus dem ursprünglichen Tragwerk das sogenannte *statisch bestimmte Grundsystem* entsteht. Für den in Abb. 145 gezeigten *Durchlaufträger* auf drei Stützen ist es ein *Balken auf zwei Stützen.* Sodann werden *am Angriffspunkt von X für das statisch bestimmte Grundsystem* die „Verschiebungen" (Durchbiegungen, Tangentendrehungen) $v^0_{X,P}$ *in Richtung von X infolge der wirklichen Lasten* und $v^0_{X,X}$ *in Richtung von X infolge von X* bestimmt. Dabei können wir nach dem Superpositionsprinzip auch $v^0_{X,X} = X\, v^0_{X,X=1}$ setzen, wobei $v^0_{X,X=1}$ die „Verschiebung" *am Angriffspunkt von X* für das statisch bestimmte Grundsystem *in Richtung von X infolge von X = 1* ist. Nun möge $v_{X,PX}$ die „Verschiebung" *am Angriffspunkt von X in Richtung von X infolge von X sowie infolge der wirklichen Lasten* sein, also diejenige „Verschiebung", welche *am Angriffspunkt von X in Richtung von X am eigentlichen, statisch unbestimmten Tragwerk* auftritt. Nach dem Superpositionsprinzip gilt dafür

$$v_{X,PX} = v^0_{X,P} + X\, v^0_{X,X=1}. \qquad (4.1)$$

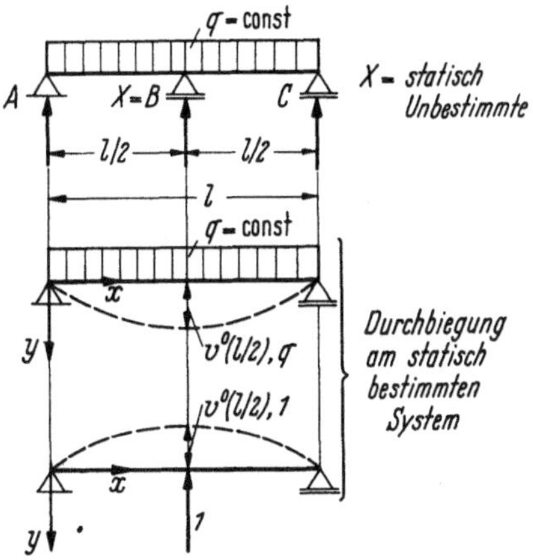

Abb. 145. Durchlaufträger auf drei Stützen.

Bei dem von uns in Abb. 145 betrachteten Beispiel ist übrigens $v_{X,PX} = 0$, weil das mittlere Auflager ja nicht vertikal verschieblich ist. Daher gilt speziell

$$X = -\frac{v^0_{X,P}}{v^0_{X,X=1}}. \qquad (4.2)$$

Ferner ist für das Beispiel insbesondere

$$v^0_{X,P} = v^0\left(\frac{l}{2}\right)_{,q}, \qquad v^0_{X,X=1} = v^0\left(\frac{l}{2}\right)_{,1},$$

was nach (2.84) und (2.91)

$$v^0_{X,P} = \frac{5}{384}\frac{q\,l^4}{E\,J}, \qquad v^0_{X,X=1} = -\frac{l^3}{48\,E\,J}$$

ergibt. Setzen wir diese Beziehungen in (4.2) ein, so erhalten wir in Übereinstimmung mit (3.26)

$$X = \tfrac{5}{8}\, q\, l.$$

Es sei noch bemerkt, daß hier und im folgenden die Wahl des statisch bestimmten Grundsystems zwar beliebig ist, daß aber die zweckmäßige Festlegung eines Grundsystems den Rechenaufwand oft stark reduzieren kann.

4.2 Anwendung des Satzes von Menabrea

Der *Satz von* MENABREA, mathematisch durch

$$\frac{\partial \pi_i}{\partial X} = 0 \qquad (3.24)$$

gegeben, ist dann nützlich, wenn das statisch unbestimmte Tragwerk eine oder nur wenige statisch Unbestimmte aufweist. Wenn man sich bei der Angabe von π_i noch dazu auf den Einfluß der Biegung, also auf

$$\pi_i = \frac{1}{2\,E\,J} \int\limits_0^l M^2\, \mathrm{d}x, \qquad (3.17)$$

beschränken darf, so kann man, indem man diese Beziehung in (3.24) einsetzt, leicht auf (3.25), nämlich auf

$$\int_0^l M \frac{\partial M}{\partial X}\, dx = 0 \qquad\qquad (3.25)$$

als spezielle Formulierung dieses Satzes kommen.

Die Anwendung von (3.24) bzw. (3.25) ist zwar schon im vorangehenden Abschnitt gezeigt worden. Doch sollen hier weitere Beispiele die Nützlichkeit des Satzes für den Umgang mit statisch unbestimmten Systemen zeigen.

Beispiel 1. Man berechne für den in Abb. 146 dargestellten Rahmen die Auflagerreaktionen.

Als statisch Unbestimmte wählen wir $B_H = X$. Das Gleichgewicht der Momente bezüglich Punkt a liefert

$$B_V\, l + B_H\, h + M_C = 0, \qquad B_V = -\frac{h}{l} B_H - \frac{1}{l} M_C = -\left(\frac{h}{l} X + \frac{1}{l} M_C\right).$$

Damit haben wir für die Biegemomente

$$\left.\begin{aligned}
\text{im Riegel: } \quad M &= B_V\, x = -\left(\frac{h}{l} X + \frac{1}{l} M_C\right) x, \\
\frac{\partial M}{\partial X} &= -\frac{h}{l}\, x,
\end{aligned}\right\} \quad \text{für} \quad 0 \leq x \leq l,$$

$$\left.\begin{aligned}
\text{im Stiel: } \quad M &= B_V\, l + B_H\, \xi + M_C = B_H(\xi - h) = X(\xi - h), \\
\frac{\partial M}{\partial X} &= \xi - h,
\end{aligned}\right\} \quad \text{für} \quad 0 \leq \xi \leq h.$$

Gl. (3.25) liefert damit

$$\int_0^l \left(\frac{h^2}{l^2} X + \frac{h}{l^2} M_C\right) x^2\, dx + \int_0^h X(\xi - h)^2\, d\xi = 0,$$

$$X \frac{h^2\, l}{3} + M_C \frac{h\, l}{3} + X \frac{h^3}{3} = 0,$$

$$X = B_H = -\frac{l}{h(l + h)}\, M_C.$$

Nach Kenntnis der statisch Unbestimmten ergeben sich die übrigen Auflagerreaktionen aus den Gleichgewichtsbedingungen:

$$B_V = -\frac{h}{l} B_H - \frac{1}{l} M_C = +\frac{M_C}{l + h} - \frac{M_C}{l} = -\frac{h}{l(l + h)}\, M_C,$$

$$A_V = P - B_V = P + \frac{h}{l(l + h)}\, M_C,$$

$$A_H = -B_H = \frac{l}{h(l + h)}\, M_C.$$

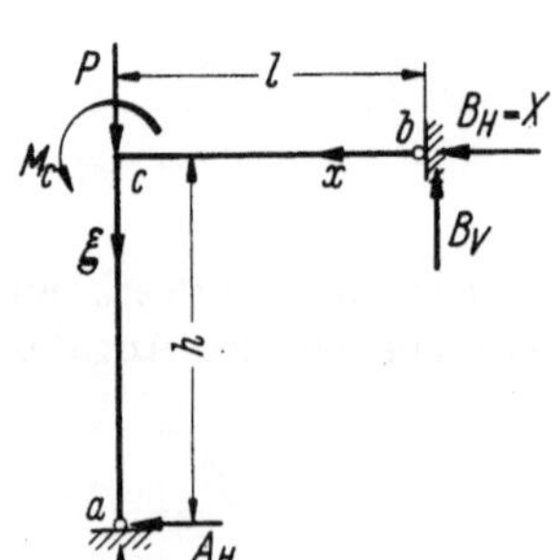

Abb. 146. Zur Berechnung der Auflagerkräfte eines statisch unbestimmt gelagerten Rahmens.

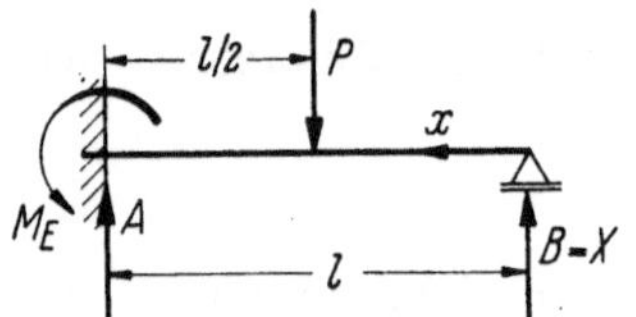

Abb. 147. Einfach statisch unbestimmter Biegebalken.

Beispiel 2. Für den in Abb. 147 gezeigten Balken sind die Auflagerreaktionen zu bestimmen. Wir wählen $B = X$ als statisch Unbestimmte. Dann haben wir für die Momente

$$M = B\,x = X\,x, \qquad \partial M/\partial X = x, \qquad\qquad \text{für} \quad 0 \leqq x \leqq l/2,$$

$$M = B\,x - P\left(x - \frac{l}{2}\right) = X\,x - P\left(x - \frac{l}{2}\right), \qquad \frac{\partial M}{\partial X} = x, \quad \text{für} \quad l/2 \leqq x \leqq l.$$

Die Auswertung von (3.25) muß daher mit zwei getrennten Integrationsabschnitten erfolgen:

$$\int\limits_0^{l/2} X\,x^2\,\mathrm{d}x + \int\limits_{l/2}^{l} \left[X\,x - P\left(x - \frac{l}{2}\right)\right] x\,\mathrm{d}x = 0,$$

$$\frac{X\,l^3}{24} + \left[\frac{X\,x^3}{3} - \frac{P\,x^3}{3} + \frac{P\,l}{2}\,\frac{x^2}{2}\right]_{l/2}^{l} = X\left(\frac{l^3}{24} + \frac{l^3}{3} - \frac{l^3}{24}\right) + P\left(\frac{l^3}{24} - \frac{l^3}{3} + \frac{l^3}{4} - \frac{l^3}{16}\right) = 0,$$

$$\frac{1}{3}X = \frac{5}{48}P, \qquad X = B = \frac{5}{16}P.$$

Jetzt können wir die noch fehlenden Auflagerreaktionen mit Hilfe der Gleichgewichtsbedingungen ermitteln:

$$A = P - B = \frac{11}{16}P,$$

$$M_E = \frac{P\,l}{2} - B\,l = P\,l\left(\frac{1}{2} - \frac{5}{16}\right) = \frac{3}{16}P\,l.$$

4.3 Elastizitätsgleichungen

Wenn die Anzahl der bei einem System vorkommenden statisch Unbestimmten groß ist, muß man mit den sogenannten *Elastizitätsgleichungen* arbeiten. Diese stellen ein System von linearen Bestimmungsgleichungen für die statisch Unbestimmten X_i, $i = 1, 2, \ldots, n$, dar. Wir wollen uns hier im wesentlichen auf die Herleitung der Gleichungen und dabei noch darauf beschränken, daß der Einfluß von M gegenüber dem von N und Q in A_i stark überwiegt, so daß wir (3.17) benutzen dürfen. Zur Handhabung der Elastizitätsgleichungen sei nur so viel erwähnt, daß man bei sehr vielen Unbekannten von den Hilfsmitteln der Matrizenrechnung, vom Gaußschen Algorithmus sowie von elektronischen Rechenanlagen Gebrauch machen muß.

Nun zur Aufstellung der Elastizitätsgleichungen: Am betreffenden System mögen die n statisch Unbestimmten X_i, $i = 1, 2, \ldots, n$, vorkommen. Es sei $v_{X_i, P X_1 \ldots X_n}$ die *„Verschiebung" am eigentlichen Tragwerk im Angriffspunkt von X_i in Richtung von X_i infolge der wirklichen „Lasten" P sowie aller statisch Unbestimmten $X_1, X_2, \ldots, X_n$*. Ferner sei $\overset{0}{v}_{X_i, X_k = 1}$ die *„Verschiebung" am statisch bestimmten Grundsystem im Angriffspunkt von X_i in Richtung von X_i infolge von $X_k = 1$.* Schließlich sei $\overset{0}{v}_{X_i, P}$ die *„Verschiebung" am statisch bestimmten Grundsystem im Angriffspunkt von X_i in Richtung von X_i infolge der wirklichen „Lasten" P.* Dann gilt nach dem Superpositionsprinzip

$$v_{X_i, P X_1 \ldots X_n} = \overset{0}{v}_{X_i, P} + \sum_{k=1}^{n} X_k\,\overset{0}{v}_{X_i, X_k = 1}, \qquad i = 1, 2, \ldots, n. \tag{4.3}$$

Das ist bereits das System der Elastizitätsgleichungen, mit welchem die Berechnung der X_k, $k = 1, 2, \ldots, n$, erfolgen kann.

Wir wollen an ihm noch einige Umformungen vornehmen. Zunächst einmal finden wir, wenn wir $v^0_{X_i,\,X_k=1}$ nach dem Arbeitssatz (3.28) festlegen, daß

$$v^0_{X_i,\,X_k=1} = \frac{1}{EJ} \int\limits_0^l M_k^{0*}\, M_i^{0*}\, \mathrm{d}x \tag{4.4}$$

ist, so daß der Vergleich mit (3.30)

$$v^0_{X_i,\,X_k=1} = \alpha^0_{ik} \tag{4.5}$$

liefert. Dabei ist α^0_{ik} die betreffende, für das statisch bestimmte Grundsystem genommene Einflußzahl.

Ganz entsprechend gelangen wir über (3.28) und (3.29) zu

$$v^0_{X_i,\,P} = \frac{1}{EJ} \int\limits_0^l M_P^0\, M_i^{0*}\, \mathrm{d}x = u^0_{iP}, \tag{4.6}$$

wobei die dabei auftretenden Momente wieder bezüglich des statisch bestimmten Grundsystems zu nehmen sind.

Nun können wir (4.3) in

$$\sum_{k=1}^n X_k\, \alpha^0_{ik} = v_{X_i,\,PX_1\ldots X_n} - u^0_{iP}, \quad i = 1, 2, \ldots, n, \tag{4.7}$$

umschreiben. Das ist die Form der Elastizitätsgleichungen, mit der wir künftig arbeiten wollen. Es muß noch darauf hingewiesen werden, daß die $v_{X_i,\,PX_1\ldots X_n}$ Größen sind, welche als bekannt angesehen werden dürfen, weil sie durch die Bindungen an den Auflagern des in Frage stehenden Systems vorgeschrieben sind. Meistens ist $v_{X_i,\,PX_1\ldots X_n} \equiv 0$, so daß man statt mit (4.7) einfach mit

$$\sum_{k=1}^n X_k\, \alpha^0_{ik} = - u^0_{iP}, \quad i = 1, 2, \ldots, n, \tag{4.8}$$

rechnen kann.

Wir wollen die Anwendung der Elastizitätsgleichungen am Beispiel des Rahmens der Abb. 148 vorführen. Es handelt sich dabei um ein Tragwerk mit drei statisch Unbestimmten.

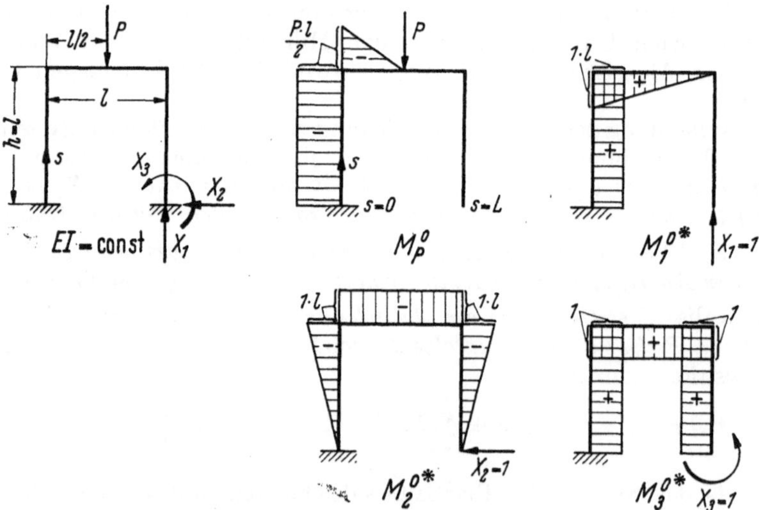

Abb. 148. Rahmen, beidseitig eingespannt.

So wie wir diese gewählt haben, ist das statisch bestimmte Grundsystem ein geknickter Kragträger, für den die Momente M_P^0 und $M_i^0{}^*$, $i = 1, 2, 3$, leicht zu ermitteln sind. Man findet ihren Verlauf in Abb. 148 dargestellt.

Zunächst berechnen wir gemäß (4.5), (4.4), und mit $h = l$ sowie L als Gesamtlänge der Rahmenachse

$$\alpha_{11}^0 = \frac{1}{EJ} \int_0^L M_1^0{}^{*2}\, \mathrm{d}s = \frac{1}{EJ}\left(l^2 h + \frac{1}{3} l^2 l\right) = \frac{4}{3}\frac{l^3}{EJ},$$

$$\alpha_{12}^0 = \alpha_{21}^0 = \frac{1}{EJ} \int_0^L M_1^0{}^* M_2^0{}^*\, \mathrm{d}s = -\frac{1}{EJ}\left(l\,\frac{1}{2}\,h\,l + l\,\frac{1}{2}\,l\,l\right) = -\frac{l^3}{EJ},$$

$$\alpha_{13}^0 = \alpha_{31}^0 = \frac{1}{EJ} \int_0^L M_1^0{}^* M_3^0{}^*\, \mathrm{d}s = \frac{1}{EJ}\left(l\,h + \frac{1}{2}\,l\,l\right) = \frac{3}{2}\frac{l^2}{EJ},$$

$$\alpha_{23}^0 = \alpha_{32}^0 = \frac{1}{EJ} \int_0^L M_2^0{}^* M_3^0{}^*\, \mathrm{d}s = -\frac{1}{EJ}\left(\frac{1}{2}\,h\,l\,2 + l\,l\right) = -\frac{2l^2}{EJ},$$

$$\alpha_{22}^0 = \frac{1}{EJ} \int_0^L M_2^0{}^{*2}\, \mathrm{d}s = \frac{1}{EJ}\left(2\,\frac{1}{3}\,l^2 h + l^2 l\right) = \frac{5}{3}\frac{l^3}{EJ},$$

$$\alpha_{33}^0 = \frac{1}{EJ} \int_0^L M_3^0{}^{*2}\, \mathrm{d}s = \frac{1}{EJ}(2h + l) = \frac{3l}{EJ}.$$

Sodann erhalten wir gemäß (4.6)

$$u_{1P}^0 = \frac{1}{EJ} \int_0^L M_P^0 M_1^0{}^*\, \mathrm{d}s = -\frac{1}{EJ}\left(\frac{P\,l^2}{2}\,h + \frac{5}{24}\,\frac{P}{2}\,l^3\right) = -\frac{29}{48}\frac{P\,l^3}{EJ},$$

$$u_{2P}^0 = \frac{1}{EJ} \int_0^L M_P^0 M_2^0{}^*\, \mathrm{d}s = \frac{1}{EJ}\left(\frac{P\,l}{2}\,\frac{1}{2}\,h\,l + l\,\frac{1}{2}\,\frac{l}{2}\,\frac{P\,l}{2}\right) = \frac{3}{8}\frac{P\,l^3}{EJ},$$

$$u_{3P}^0 = \frac{1}{EJ} \int_0^L M_P^0 M_3^0{}^*\, \mathrm{d}s = -\frac{1}{EJ}\left(\frac{P\,l}{2}\,h\,1 + \frac{1}{2}\,\frac{l}{2}\,\frac{P\,l}{2}\,1\right) = -\frac{5}{8}\frac{P\,l^2}{EJ}.$$

Da die Auflager unverschieblich sind, sind alle $v_{X_i,\,XP_1\ldots X_n}$ gleich Null, so daß wir mit (4.8) rechnen dürfen. Unter Verwendung der soeben ermittelten Größen gibt das

$$\frac{4}{3}\,l\,X_1 - l\,X_2 + \frac{3}{2}\,X_3 = \frac{29}{48}\,P\,l,$$

$$-l\,X_1 + \frac{5}{3}\,l\,X_2 - 2X_3 = -\frac{3}{8}\,P\,l,$$

$$\frac{3}{2}\,l\,X_1 - 2l\,X_2 + 3X_3 = \frac{5}{8}\,P\,l.$$

Die Auflösung dieses Gleichungssystems liefert

$$X_1 = \frac{1}{2}\,P, \quad X_2 = \frac{1}{8}\,P, \quad X_3 = \frac{1}{24}\,P\,l,$$

womit die statisch Unbestimmten festliegen. Nach ihrer Kenntnis kann der Rahmen anschließend mit den Gesetzen der Statik vollständig berechnet werden. Das wollen wir hier nicht weiter verfolgen.

5. Flächentragwerke

Bisher haben wir uns mit den einfachen und zusammengesetzten Beanspruchungen nur im Zusammenhang mit Stäben oder mit Stabwerken befaßt. Eine solche Beschränkung des Umfangs der Betrachtungen ist jedoch gerade für den Maschineningenieur nicht immer zulässig, denn häufig wird er es mit Bauteilen zu tun haben, welche in den Bereich der *Flächentragwerke* gehören. Ihnen müssen wir uns daher jetzt zuwenden. Allerdings nur mit einer kurzen Einführung. Zur vollständigen Einarbeitung in ihre Theorie muß auf die Spezialliteratur, [4, 22, 23] und [24], verwiesen werden.

Flächentragwerke sind flächig ausgebildete *dünnwandige* Tragwerke. Ihre Mittelfläche ist diejenige Fläche, welche die Dicke des Flächentragwerks überall halbiert. Nach Abb. 149 unterscheiden wir zwischen Scheiben, Platten und Schalen. *Scheiben*

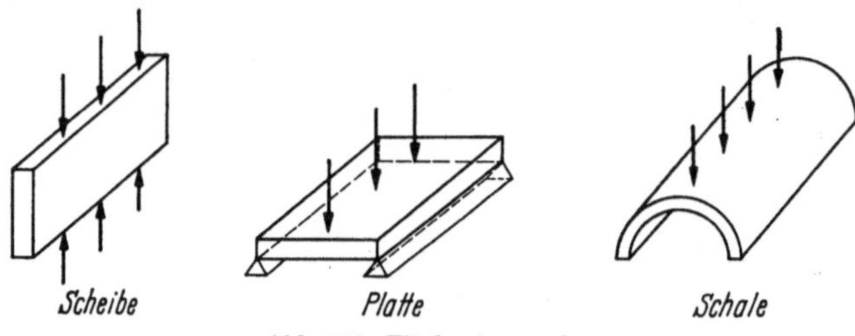

Abb. 149. Flächentragwerke.

und *Platten* sind ebene Flächentragwerke. Bei den Scheiben wirken die angreifenden Kräfte in der Mittelebene, bei den Platten senkrecht zu ihr. *Schalen* sind Flächentragwerke, bei denen die Mittelfläche gekrümmt ist. Ohne daß wir weiter auf sie eingehen werden, sei noch erwähnt, daß *Faltwerke* ein Sonderfall der Schalen sind, bei welchen die Mittelfläche sich aus *ebenen* Teilflächen zusammensetzt. Ein anderer Sonderfall der Schalen, welcher uns im folgenden sehr beschäftigen wird, sind die *Rohre*. Ihrer großen praktischen Bedeutung wegen und weil für sie eine besondere Theorie aufgebaut worden ist, werden wir sie außerhalb des den Schalen gewidmeten Abschnittes behandeln.

5.1 Rohre

5.1.1 Dünnwandige Rohre

Von *dünnwandigen Rohren* (Abb. 150) sprechen wir dann, wenn $h \ll R$ gilt. Wir können in diesem Fall die Annahme treffen, daß sich die durch den Innendruck p_i erzeugten Spannungen σ_t, welche tangential zum Querschnittsrand gerichtet sind, gleichförmig über die Rohrwand verteilen. Das erlaubt es, mittels des Schnittprinzips und der Gleichgewichtsbedingungen

$$2K_t = P_v \tag{5.1}$$

zu setzen und aus Abb. 151

$$K_t = \sigma_t h L \tag{5.2}$$

zu entnehmen. Aus Abb. 152 folgt

$$\mathrm{d}P_v = p_v \, \mathrm{d}F, \quad p_v = p_i \sin\alpha, \quad \mathrm{d}F = LR \, \mathrm{d}\alpha,$$

so daß

$$P_v = \int_0^\pi \mathrm{d}P_v = p_i\,L\,R \int_0^\pi \sin\alpha\,\mathrm{d}\alpha = 2\,p_i\,L\,R \tag{5.3}$$

ist. Mit (5.2) und (5.3) erhalten wir aus (5.1) schließlich die sogenannte *Kesselformel*

$$\sigma_t = \frac{p_i\,R}{h}, \tag{5.4}$$

die man mit genügender Genauigkeit für die Berechnung der *Tangentialspannungen* in Rohren oder zylindrischen Behältern verwenden kann, wenn diese unter Innendruck stehen. Ist der zylindrische Behälter durch Deckel abgeschlossen, so werden

Abb. 150. Dünnwandiges Rohr mit Innendruck.

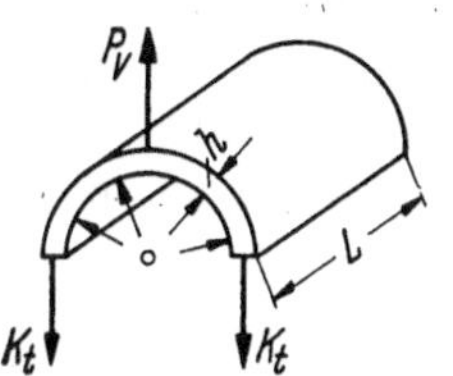

Abb. 151. Aufgeschnittenes dünnwandiges Rohr mit Innendruck.

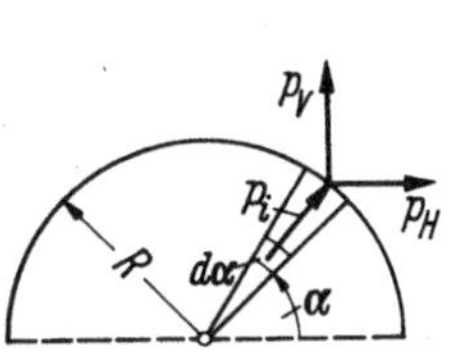

Abb. 152. Komponenten des Innendruckes.

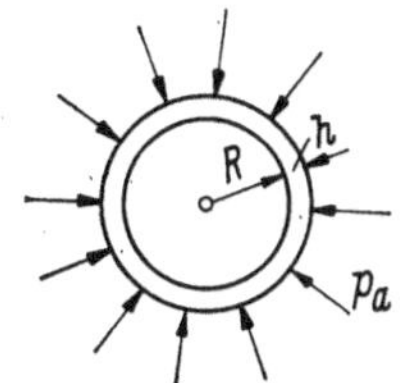

Abb. 153. Dünnwandiges Rohr mit Außendruck.

in seiner Wand noch Längsspannungen auftreten, die sich aus der Gleichgewichtsbedingung

$$p_i\,\pi\,R^2 = 2\,\pi\,R\,h\,\sigma_L$$

als

$$\sigma_L = \frac{p_i\,R}{2h} = \frac{\sigma_t}{2} \tag{5.5}$$

berechnen lassen. Des weiteren könnte man dann in der uns schon bekannten Weise mit dem zweiachsigen durch (5.4) und (5.5) gegebenen Hauptspannungszustand arbeiten. Dabei werden allerdings die in der Rohrwand vorhandenen Radialspannungen σ_r und ebenso die beim Übergang von Rohr zu Deckel entstehenden Störungen dieses Hauptspannungszustandes völlig vernachlässigt. Daß dies hinsichtlich σ_r berechtigt ist, werden wir bei Behandlung des dickwandigen Rohres zeigen. Die Vernachlässigung des in der Umgebung des Deckelanschlusses auftretenden Biege- und Schubspannungszustandes wird gerechtfertigt werden, wenn wir den *Membranspannungszustand* für dünnwandige Schalen begründen.

Man könnte daran denken, die Formel (5.4) ganz entsprechend, nämlich als

$$\sigma_t = \frac{p_a\,R}{h}, \qquad p_a < 0, \tag{5.6}$$

für Außendruck p_a anzuwenden. Dabei ist aber Vorsicht geboten, denn diese Spannungsabschätzung kann völlig unbedeutend vor der Tatsache werden, daß das Rohr sich bei Außendruck instabil verhält und sich durch Verbeulen längst in unzulässigem Maße verformt hat, ehe die durch (5.6) gegebene Spannung den zulässigen Wert erreicht.

Für die Bemessung dünnwandiger Rohre ist es üblich, mit σ_t als maßgeblicher Spannung zu arbeiten. Aus (5.4) folgt daher für die erforderliche Wanddicke des Rohres

$$h_{\mathrm{erf}} \geqq \frac{p_i\,R}{\sigma_{t\,\mathrm{zul}}}.$$

Diese Formel wird für die praktische Anwendung noch in

$$h_{\text{erf}} \geqq \frac{p_i R}{v\,K/S} + c = h_0 + c \tag{5.7}$$

umgeformt. Dabei ist $0{,}7 < v < 0{,}9$ ein Faktor, der das Vorhandensein einer Längsschweißnaht berücksichtigt. Für nahtlose Rohre ist $v = 1$. K ist der Werkstoffkennwert. Er kann bei $0{,}8\,\sigma_B$ liegen. S ist der Sicherheitsfaktor, der für Werkstoffe ohne Abnahmezeugnisse $2{,}0$ betragen muß. Der Zuschlag c zu h_0 soll Wanddickenunterschreitung und Korrosion ausgleichen. Für nahtlose Rohre kann er als $c = 0{,}085\,h_0 + 1$ mm gewählt werden. Weitere Einzelheiten zur Berechnung dünnwandiger Rohre findet man in DIN 2413.

5.1.2 Dickwandige Rohre

Für die Berechnung *dickwandiger Rohre* benutzen wir *Zylinderkoordinaten* r, φ, z. Wegen der Rotationssymmetrie des vorliegenden Problems können sich an dem in Abb. 154 b gezeigten, aus der Rohrwand herausgeschnittenen Element keine

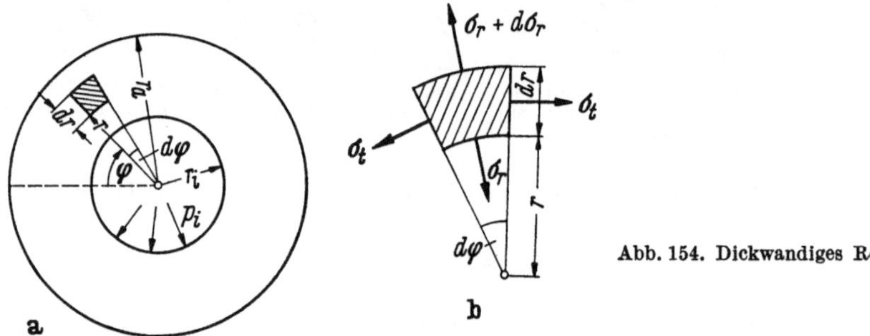

Abb. 154. Dickwandiges Rohr.

Gleitungen einstellen. Es bleibt daher schubspannungsfrei, und die an ihm angreifenden Spannungen σ_r und σ_t sind Hauptspannungen.

Das Gleichgewicht der Kräfte in radialer Richtung verlangt, wie man von Abb. 154 b ablesen kann,

$$-\sigma_r z\, r\, \mathrm{d}\varphi + (\sigma_r + \mathrm{d}\sigma_r)\, z(r + \mathrm{d}r)\, \mathrm{d}\varphi - 2\sigma_t z\, \mathrm{d}r \sin\frac{\mathrm{d}\varphi}{2} = 0. \tag{5.8}$$

Wegen der Kleinheit des Winkels $\mathrm{d}\varphi$ kann man

$$\sin\frac{\mathrm{d}\varphi}{2} \approx \frac{1}{2}\,\mathrm{d}\varphi$$

setzen. Damit sowie bei Vernachlässigung aller Glieder, die von höherer Ordnung klein sind, ergibt sich aus (5.8) nach einfacher Umformung

$$\sigma_r\,\mathrm{d}r + r\,\mathrm{d}\sigma_r - \sigma_t\,\mathrm{d}r = 0,$$

was auch als

$$\sigma_t = \frac{\mathrm{d}(r\,\sigma_r)}{\mathrm{d}r} \tag{5.9}$$

geschrieben werden kann.

Wenn wir unter u die *radiale Verschiebung* verstehen, erhalten wir für die Dehnungen

$$\varepsilon_r = \frac{\left(u + \dfrac{\mathrm{d}u}{\mathrm{d}r}\,\mathrm{d}r\right) - u}{\mathrm{d}r} = \frac{\mathrm{d}u}{\mathrm{d}r}, \tag{5.10a}$$

$$\varepsilon_t = \frac{(r + u)\,\mathrm{d}\varphi - r\,\mathrm{d}\varphi}{r\,\mathrm{d}\varphi} = \frac{u}{r}. \tag{5.10b}$$

Ein Vergleich von (5.10a) mit (5.10b) zeigt, daß

$$\varepsilon_r = \frac{\mathrm{d}(r\,\varepsilon_t)}{\mathrm{d}r} \tag{5.11}$$

ist.

Das Hookesche Gesetz lautet für die von uns benutzten Hauptwerte, für Zylinderkoordinaten und wegen $\sigma_z = 0$

$$\varepsilon_r = \frac{1}{E}\,(\sigma_r - \nu\,\sigma_t), \quad \varepsilon_t = \frac{1}{E}\,(\sigma_t - \nu\,\sigma_r). \tag{5.12}$$

Aus (5.11) und (5.12) folgt

$$E\,\varepsilon_r = (\sigma_r - \nu\,\sigma_t) = E\,\frac{\mathrm{d}(r\,\varepsilon_t)}{\mathrm{d}r} = \frac{\mathrm{d}}{\mathrm{d}r}\,[r\,(\sigma_t - \nu\,\sigma_r)]. \tag{5.13}$$

Daraus ergibt sich

$$\sigma_r = \frac{\mathrm{d}(r\,\sigma_t)}{\mathrm{d}r}, \tag{5.14}$$

was mittels (5.9) in

$$\sigma_r = \frac{\mathrm{d}}{\mathrm{d}r}\left[r\,\frac{\mathrm{d}}{\mathrm{d}r}\,(r\,\sigma_r)\right] \tag{5.15}$$

überführbar ist. Damit haben wir die *Differentialgleichung des dickwandigen Rohres* gewonnen.

Mit dem Lösungsansatz $\sigma_r = C\,r^n$ wird aus (5.15)

$$(n + 1)^2 = 1$$

mit den Lösungen $n_1 = 0$, $n_2 = -2$. Die allgemeine Lösung für (5.15) lautet daher

$$\sigma_r = C_1\,r^{n_1} + C_2\,r^{n_2} = C_1 + C_2\,r^{-2}, \tag{5.16}$$

wobei C_1 und C_2 Integrationskonstanten sind. Mit Hilfe von (5.9) bekommen wir noch

$$\sigma_t = C_1 - C_2\,r^{-2}. \tag{5.17}$$

Die Integrationskonstanten sind aus den *Randbedingungen* zu berechnen.

Steht das Rohr unter *Innendruck*, so lauten die Randbedingungen

$$\sigma_r = -p_i \quad \text{für} \quad r = r_i, \quad \sigma_r = 0 \quad \text{für} \quad r = r_a. \tag{5.18}$$

Damit folgt aus (5.16)

$$C_1 = p_i\,\frac{r_i^2}{r_a^2 - r_i^2}, \quad C_2 = -p_i\,\frac{r_i^2\,r_a^2}{r_a^2 - r_i^2}, \tag{5.19}$$

so daß sich für den Verlauf der Radialspannung σ_r und Tangentialspannung σ_t gemäß (5.16) und (5.17)

$$\sigma_r = \frac{p_i\,r_i^2}{r_a^2 - r_i^2}\left[1 - \left(\frac{r_a}{r}\right)^2\right], \quad \sigma_t = \frac{p_i\,r_i^2}{r_a^2 - r_i^2}\left[1 + \left(\frac{r_a}{r}\right)^2\right] \tag{5.20}$$

ergibt (Abb. 155). Man sieht, daß stets $|\sigma_t| > |\sigma_r|$ gilt. Das ist eine gewisse Rechtfertigung dafür, daß bei dünnwandigen Rohren σ_t als die maßgebliche Spannung angesehen und σ_r unterdrückt wird. Noch deutlicher wird diese Rechtfertigung, wenn man in (5.20) wegen $h \ll r_i, r_a$ mit

$$r_a^2 - r_i^2 \approx 2r_i h, \quad r \approx r_a$$

rechnet. Dann geht σ_r in Null und σ_t in die Kesselformel (5.4) über, wobei man dort noch $r_i \approx R$ zu setzen hat.

Bei *Außendruck* sind die Randbedingungen

$$\sigma_r = 0 \quad \text{für} \quad r = r_i, \quad \sigma_r = -\,p_a \quad \text{für} \quad r = r_a, \tag{5.21}$$

und mit ihnen ergibt sich aus (5.16)

$$C_1 = -\,p_a \frac{r_a^2}{r_a^2 - r_i^2}, \quad C_2 = p_a \frac{r_i^2 r_a^2}{r_a^2 - r_i^2}. \tag{5.22}$$

Für σ_r und σ_t wird damit aus (5.16) und (5.17)

$$\sigma_r = -\,\frac{p_a r_a^2}{r_a^2 - r_i^2}\left[1 - \left(\frac{r_i}{r}\right)^2\right], \quad \sigma_t = -\,\frac{p_a r_a^2}{r_a^2 - r_i^2}\left[1 + \left(\frac{r_i}{r}\right)^2\right]. \tag{5.23}$$

Dieser Verlauf der Spannungen ist in Abb. 156 dargestellt.

Aus den Gln. (5.20) und (5.23) und den Abb. 155, 156 entnehmen wir folgende Tatsachen: Die betragsmäßig größte Spannung tritt in jedem Fall für $r = r_i$ also

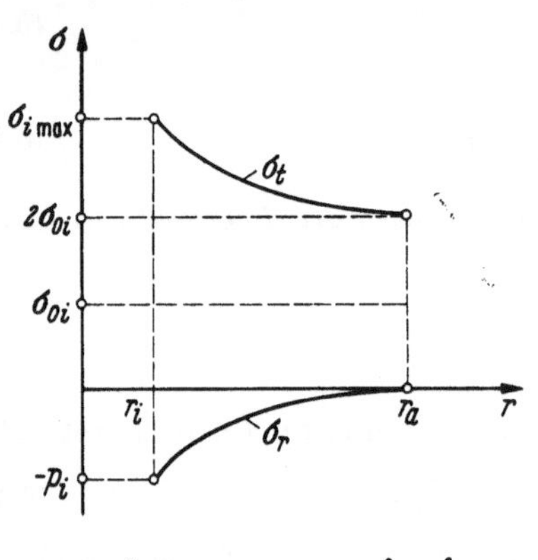

$$\sigma_{0i} = \frac{p_i r_i^2}{r_a^2 - r_i^2} \; ; \quad \sigma_{i\,max} = p_i \frac{r_a^2 + r_i^2}{r_a^2 - r_i^2}$$

Abb. 155. Spannungsverteilung im dickwandigen Rohr mit Innendruck.

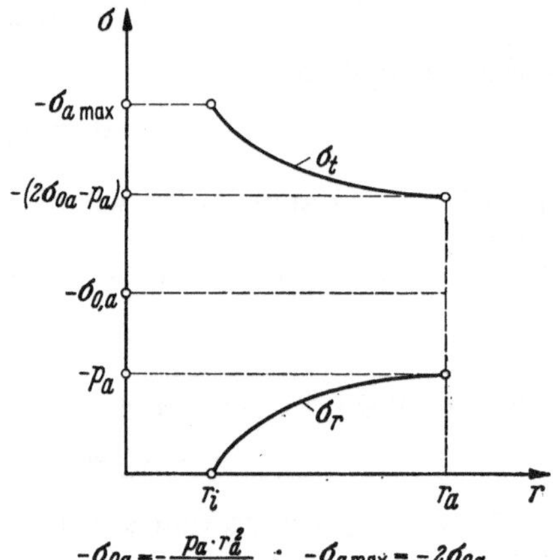

$$-\sigma_{0a} = -\frac{p_a \cdot r_a^2}{r_a^2 - r_i^2} \; ; \quad -\sigma_{a\,max} = -2\sigma_{0a}$$

Abb. 156. Spannungsverteilung im dickwandigen Rohr mit Außendruck.

im Innern des Rohres auf. Das gilt selbst für den Fall des Außendrucks. *Die Zerstörung des Rohres beginnt also stets im Innern.* Außerdem sieht man leicht, daß für $p_a = p_i$ immer $\sigma_{a\,max} > \sigma_{i\,max}$ gilt. Der Fall des Außendrucks ist daher für das Rohr der gefährlichere.

Will man für ein Rohr Innen- und Außendruck gleichzeitig berücksichtigen, so kann man die Ergebnisse (5.20) und (5.23) superponieren.

Bisher haben wir die Frage außer acht gelassen, ob das Rohr *offen* oder *geschlossen* ist. Handelt es sich um *geschlossene Rohre*, so tritt zu den von uns schon ermittelten Hauptspannungen σ_r und σ_t noch die dritte Hauptspannung

$$\sigma_z = \frac{p_i r_i^2}{r_a^2 - r_i^2} = \sigma_{0\,i} \quad \text{für Innendruck,} \tag{5.24}$$

$$\sigma_z = -\,\frac{p_a r_a^2}{r_a^2 - r_i^2} = -\sigma_{0\,a} \quad \text{für Außendruck,} \tag{5.25}$$

hinzu. Diese beiden Beziehungen für σ_z erhält man leicht, jeweils durch eine Gleichgewichtsbetrachtung.

Für die *Bemessung* von dickwandigen Stahlrohren haben wir nach einer der Festigkeitshypothesen vorzugehen. Wenn wir uns für die Schubspannungshypothese entscheiden, also gemäß (2.159) mit $\sigma_v = 2\tau_{max}$ arbeiten, so gibt es bei Innendruck keinen Unterschied, ob es sich um ein offenes oder geschlossenes Rohr handelt. Denn nehmen wir z. B. ein *offenes Rohr unter dem Innendruck* p_i, so ist der Hauptspannungszustand zweiachsig, und wir erhalten nach (1.48) mit $\sigma_1 \equiv \sigma_t$, $\sigma_2 \equiv \sigma_r$

$$\tau_{\max} = \tfrac{1}{2} |\sigma_t - \sigma_r|_{\max} = \tfrac{1}{2}(\sigma_{t\,\max} + |\sigma_r|_{\max}).$$

Gemäß Abb. 155 tritt bei $r = r_i$

$$\sigma_{t\,\max} = \sigma_{i\,\max} = p_i \frac{r_a^2 + r_i^2}{r_a^2 - r_i^2}, \qquad |\sigma_r|_{\max} = p_i$$

auf, so daß

$$\tau_{\max} = \frac{1}{2}\left(p_i \frac{r_a^2 + r_i^2}{r_a^2 - r_i^2} + p_i\right) = \frac{p_i\, r_a^2}{r_a^2 - r_i^2} = \left(\frac{r_a}{r_i}\right)^2 \sigma_{0\,i}$$

wird. Die Bemessung hat also mit

$$\sigma_v = 2\tau_{\max} = \frac{2 p_i\, r_a^2}{r_a^2 - r_i^2} = 2\left(\frac{r_a}{r_i}\right)^2 \sigma_{0\,i} \leqq \sigma_{\mathrm{zul}}$$

zu erfolgen.

Nehmen wir statt dessen ein *geschlossenes Rohr unter dem Innendruck* p_i, so ist der Hauptspannungszustand zwar dreiachsig, weil aber offensichtlich auch für $r = r_i$, wo die extremalen Spannungen auftreten (Abb. 155), $\sigma_1 \equiv \sigma_t > \sigma_2 \equiv \sigma_z > {} > \sigma_3 \equiv \sigma_r$ gilt, bleibt es gemäß (1.49) bei

$$\tau_{\max} = \tfrac{1}{2} |\sigma_t - \sigma_r|_{\max}$$

und damit bei allem übrigen, wie beim offenen Rohr.

Für Rohre unter Außendruck liefert die Schubspannungshypothese für offene und geschlossene Rohre dagegen verschiedene Ergebnisse: Beim *offenen Rohr unter dem Außendruck* p_a tritt gemäß Abb. 156 $\tau_{\max}$ gerade wieder für $r = r_i$ auf, und es beträgt, weil dort $\sigma_r = 0$ ist,

$$\tau_{\max} = \frac{1}{2} |\sigma_t|_{\max} = \sigma_{0\,a} = \frac{p_a\, r_a^2}{r_a^2 - r_i^2}.$$

Für die Bemessung ist daher

$$\sigma_v = 2\tau_{\max} = \frac{2 p_a\, r_a^2}{r_a^2 - r_i^2} \leqq \sigma_{\mathrm{zul}}$$

zu verlangen.

Beim *geschlossenen Rohr unter dem Außendruck* p_a haben wir für die maßgebliche Stelle $r = r_i$ wegen $\sigma_r = 0$ einen zweiachsigen Hauptspannungszustand mit σ_t und σ_z für die Ermittlung von σ_v zugrunde zu legen. Es ist daher jetzt

$$\tau_{\max} = \tfrac{1}{2} |\sigma_t - \sigma_z|_{\max},$$

was mit $\sigma_{t\,\min} = -2\sigma_{0\,a}$, $\sigma_z = -\sigma_{0\,a}$ für

$$\tau_{\max} = \tfrac{1}{2} |-2\sigma_{0\,a} + \sigma_{0\,a}| = \tfrac{1}{2}\sigma_{0\,a}$$

und daher für die Bemessung, im Unterschied zum offenen Rohr,

$$\sigma_v = 2\tau_{\max} = \sigma_{0\,a} = \frac{p_a\, r_a^2}{r_a^2 - r_i^2} \leqq \sigma_{\mathrm{zul}}$$

ergibt.

Beispiel. Das in Abb. 157 dargestelle dickwandige, offene Rohr mit dem Innenradius $r_i = 10$ cm steht unter einem Innendruck p_i vom Betrag 500 kp/cm². Es sei $E = 2{,}1 \cdot 10^6$ kp/cm², $\nu = 1/3$. Hierfür bestimme man die Wanddicke d des Rohres unter der Bedingung, daß der Innenradius r_i sich infolge des Innendruckes um nicht mehr als 0,1 mm vergrößern darf. Wie groß ist dann die maximale Spannung, wo tritt sie auf und welches Vorzeichen hat sie?

Aus (5.20) erhalten wir für $r = r_i$

$$\sigma_r = \frac{p_i\, r_i^2}{(r_i + d)^2 - r_i^2}\left[1 - \frac{(r_i + d)^2}{r_i^2}\right], \qquad \sigma_t = \frac{p_i\, r_i^2}{(r_i + d)^2 - r_i^2}\left[1 + \frac{(r_i + d)^2}{r_i^2}\right] \tag{5.24}$$

und aus (5.10), (5.12)

$$u = \varepsilon_i\, r_i = \frac{r_i}{E}(\sigma_t - \nu\, \sigma_r). \tag{5.25}$$

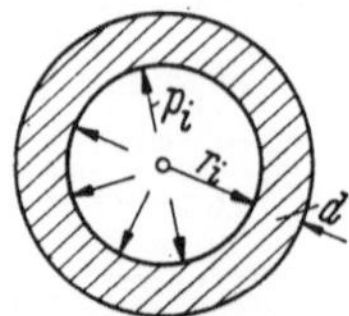

Abb. 157
Dickwandiges Rohr
mit Innendruck.

Dabei ist u die mit 0,1 mm zugelassene Verlängerung von r_i.

Setzen wir (5.24) in (5.25) ein, so erhalten wir nach einigen Umformungen

$$d^2 + 2\,r_i\, d - \frac{2\,r_i^2}{\alpha - 1} = 0, \qquad \alpha = \frac{E\,u}{r_i\, p_i} - \nu,$$

bzw.

$$d = r_i\left[-1 + \sqrt{\frac{\alpha + 1}{\alpha - 1}}\right].$$

Mit den gegebenen Zahlenwerten ist

$$\alpha = \frac{2,1 \cdot 10^6 \cdot 0,01}{10 \cdot 500} - \frac{1}{3} = 4,2 - 0,333 = 3,867$$

$$d = 10\left[-1 + \sqrt{\frac{4,87}{2,87}}\right] = 10[-1 + 1,30] = 3 \text{ cm}.$$

Ein Blick auf Abb. 155 zeigt, daß die größte Spannung σ_t ist, daß sie im Innern des Rohres, also für $r = r_i$ auftritt, daß sie positives Vorzeichen hat und somit eine Zugspannung ist. Für ihren Betrag erhalten wir mit $r_a = r_i + d = 13$ cm und $r = r_i$ sowie unter Vernachlässigung der Aufweitung der Radien aus der zweiten Gleichung (5.20):

$$\sigma_{t\,\text{max}} = \sigma_{i\,\text{max}} = p_i\,\frac{r_a^2 + r_i^2}{r_a^2 - r_i^2} = 500\,\frac{13^2 + 10^2}{13^2 - 10^2} = 500\,\frac{269}{69} = 1950 \text{ kp/cm}^2.$$

5.2 Scheiben

Aus dem weiten Bereich der Scheibentheorie wollen wir hier nur ein Thema, nämlich das der *rotierenden Scheiben* herausgreifen und an ihm andeuten, wie man grundsätzlich und im allgemeinen vorzugehen hat. Aber selbst im Rahmen dieses Themas wollen wir uns wieder auf die *Scheiben gleicher Dicke* beschränken.

Rotierende Scheiben spielen im Maschinenbau, z. B. bei der Konstruktion von Strömungsmaschinen, eine große Rolle. Neben den rotierenden Scheiben gleicher Dicke sind noch rotierende Scheiben gleicher Festigkeit, mit veränderlicher Dicke, mit Kranz und Nabe sowie mit Rippen von Bedeutung, wobei man meist annimmt, daß das Profil der Scheiben zu ihrer Mittelfläche *symmetrisch* ist. Bei *unsymmetrischen* Scheiben werden die Gegebenheiten sehr kompliziert, weil nun neben den Fliehkräften auch eine zusätzliche Biegung auf die Scheibe einwirkt, welche ihrerseits wieder auf die Verteilung der Fliehkräfte Einfluß hat. Über diese Fülle von Problemen möge man in der Spezialliteratur, z. B. bei BIEZENO-GRAMMEL in [25] oder bei TRAUPEL in [26] nachlesen. Wir werden uns jetzt der rotierenden Scheibe gleicher Dicke zuwenden und dabei, wie im vorigen Abschnitt, Zylinderkoordinaten benutzen. Wir setzen voraus, daß die Scheibe so dünn ist, daß die axiale Spannung σ_z vernachlässigt werden kann. Dann haben wir es mit einem zweiachsigen Hauptspannungszustand mit der Radialspannung σ_r und der Tangentialspannung σ_t zu tun.

Die Scheibe sei gelocht und habe den Innenradius r_i, den Außenradius r_a. Ihre Dicke sei h. Sie rotiere mit der Winkelgeschwindigkeit ω. Ihre Dichte sei ϱ. Dann greift an dem in Abb. 158b gezeigten Scheibenelement die Fliehkraft

$$K_r = r\,\mathrm{d}m\,\omega^2 = r\,r\,\mathrm{d}\varphi\,\mathrm{d}r\,h\,\varrho\,\omega^2 = \varrho\,h\,\omega^2\,r^2\,\mathrm{d}r\,\mathrm{d}\varphi \tag{5.26}$$

an. Das Gleichgewicht der Kräfte in radialer Richtung ist durch

$$(\sigma_r + \mathrm{d}\sigma_r)\,(r + \mathrm{d}r)\,\mathrm{d}\varphi\,h - \sigma_r\,r\,\mathrm{d}\varphi\,h - 2\sigma_t\,\mathrm{d}r\,h\sin\frac{\mathrm{d}\varphi}{2} + \varrho\,h\,\omega^2\,r^2\,\mathrm{d}r\,\mathrm{d}\varphi = 0$$

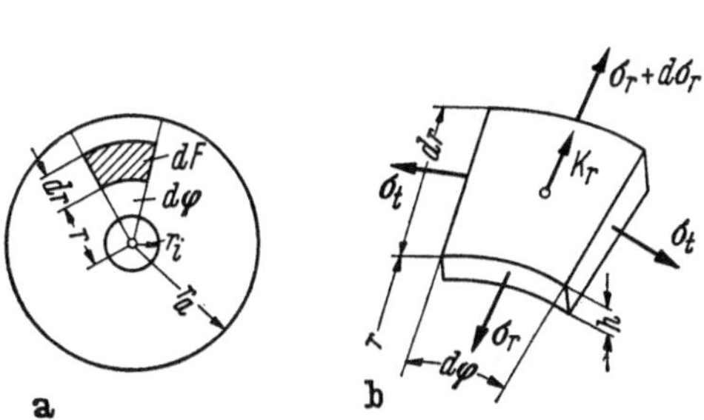

Abb. 158. Rotierende Scheibe konstanter Dicke.

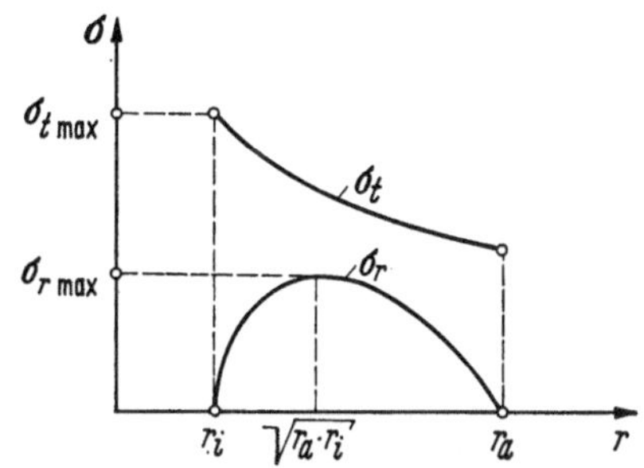

Abb. 159. Spannungsverteilung in der gelochten rotierenden Scheibe konstanter Dicke.

gegeben. Setzt man hier $\sin \mathrm{d}\varphi/2 \approx \mathrm{d}\varphi/2$, vernachlässigt Glieder, die von höherer Ordnung klein sind, dividiert mit $h\,\mathrm{d}\varphi$ und formt noch etwas um, so folgt

$$\mathrm{d}(r\,\sigma_r) - \sigma_t\,\mathrm{d}r + \varrho\,r^2\,\omega^2\,\mathrm{d}r = 0$$

und daraus schließlich

$$\sigma_t = \frac{\mathrm{d}(r\,\sigma_r)}{\mathrm{d}r} + \varrho\,r^2\,\omega^2. \tag{5.27}$$

Von Abschn. 5.1.2 her können wir (5.10), (5.11), (5.12) übernehmen, und entsprechend zu (5.13) haben wir

$$\sigma_r - \nu\,\sigma_t = \frac{\mathrm{d}}{\mathrm{d}r}\left[r\,(\sigma_t - \nu\,\sigma_r)\right].$$

Setzen wir in diese Gl. (5.27) ein, so erhalten wir nach einer einfachen Zwischenrechnung, als *Differentialgleichung für die rotierende Scheibe gleicher Dicke,*

$$\sigma_r = \frac{\mathrm{d}}{\mathrm{d}r}\left[r\,\frac{\mathrm{d}(r\,\sigma_r)}{\mathrm{d}r}\right] + \varrho\,\omega^2\,r^2\,(3 + \nu). \tag{5.28}$$

Ihre allgemeine Lösung lautet

$$\sigma_r = C_1 + \frac{C_2}{r^2} - \frac{\varrho\,\omega^2(3 + \nu)}{8}\,r^2. \tag{5.29}$$

Die Integrationskonstanten C_1, C_2 ergeben sich aus den Randbedingungen: Es muß

$$\sigma_r = 0 \quad \text{für} \quad r = \begin{cases} r_i \\ r_a \end{cases} \tag{5.30}$$

sein. Aus (5.29) folgt damit

$$C_1 = \frac{\varrho\,\omega^2(3 + \nu)}{8}\,(r_a^2 + r_i^2), \qquad C_2 = -\frac{\varrho\,\omega^2(3 + \nu)}{8}\,r_i^2\,r_a^2,$$

womit (5.29) in

$$\sigma_r = \frac{\varrho\,\omega^2(3 + \nu)}{8}\left(r_a^2 + r_i^2 - \frac{r_i^2\,r_a^2}{r^2} - r^2\right) \tag{5.31}$$

übergeht. Mittels (5.27) gelangt man von (5.31) zu

$$\sigma_t = \frac{\varrho\,\omega^2\,(3 + \nu)}{8}\left(r_a^2 + r_i^2 + \frac{r_a^2\,r_i^2}{r^2} - \frac{1 + 3\nu}{3 + \nu}\,r^2\right). \tag{5.32}$$

Der durch (5.31), (5.32) vorgeschriebene Spannungsverlauf ist in Abb. 159 dargestellt. Die größte Spannung beträgt

$$\sigma_{max} = \sigma_{t\,max} = \sigma_t(r_i) = \frac{\varrho\,\omega^2\,(3+\nu)}{4}\left(r_a^2 + \frac{1-\nu}{3+\nu}\,r_i^2\right). \qquad (5.33)$$

Eine Zerstörung der Scheibe wird also, wie beim Rohr, am Innenrand beginnen! Ferner sieht man, daß stets $\sigma_t > \sigma_r$ ist, und man findet noch leicht

$$\sigma_{r\,max} = \frac{\varrho\,\omega^2(3+\nu)}{8}\,(r_a - r_i)^2 \quad \text{bei} \quad r = \sqrt{r_a\,r_i}. \qquad (5.34)$$

Lassen wir im Grenzfall $r_i \to 0$ gehen, so geht wegen (5.33)

$$\sigma_{max} \to \frac{\varrho\,\omega^2(3+\nu)}{4}\,r_a^2. \qquad (5.35)$$

Bei der *Vollscheibe* bleibt (5.29) gültig, und diese Beziehung, in (5.27) eingesetzt, liefert

$$\sigma_t = C_1 - \frac{C_2}{r^2} - \frac{\varrho\,\omega^2(1+3\nu)}{8}\,r^2. \qquad (5.36)$$

Für die Konstanten C_1 und C_2 haben wir jetzt andere Bedingungen als bei der gelochten Scheibe: Es müssen σ_r und σ_t für $r = 0$ endlich bleiben. Das ist nur für $C_2 = 0$ möglich. Und es muß $\sigma_r = 0$ für $r = r_a$ sein. Das wird durch

$$C_1 = \frac{\varrho\,\omega^2(3+\nu)}{8}\,r_a^2 \qquad (5.37)$$

erfüllt. Mit diesen Werten für C_1 und C_2 gehen (5.29) und (5.36) in

$$\sigma_r = \frac{\varrho\,\omega^2(3+\nu)}{8}\,(r_a^2 - r^2),$$

$$\sigma_t = \frac{\varrho\,\omega^2(3+\nu)}{8}\left(r_a^2 - \frac{1+3\nu}{3+\nu}\,r^2\right) \qquad (5.38)$$

über. Der Spannungsverlauf ist in Abb. 160 gezeigt. Man findet, daß

$$\sigma_{max} = \sigma_{t\,max} = \sigma_{r\,max} = \frac{\varrho\,\omega^2(3+\nu)}{8}\,r_a^2 \qquad (5.39)$$

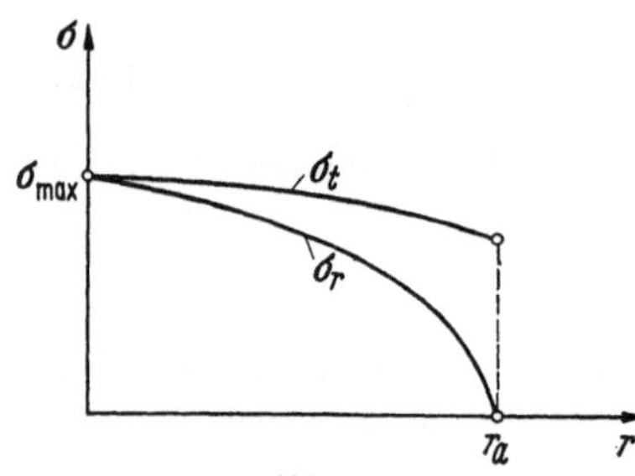

Abb. 160
Spannungsverteilung in der ungelochten rotierenden Scheibe konstanter Dicke.

ist. Diese maximale Spannung tritt in Scheibenmitte auf, und sie ist nur *halb so groß wie der Grenzwert* (5.35), der für die gelochte Scheibe gilt. Damit haben wir ein schönes Beispiel für die Spannungserhöhung infolge der Kerbwirkung eines Loches erhalten. Besonders bemerkenswert ist es, daß diese Wirkung bereits für ein unendlich kleines Loch auftritt.

5.3 Platten

Wir nehmen hier Einblick in die *Kirchhoffsche Plattentheorie*. Diese gründet sich auf folgende Voraussetzungen: Die Plattendicke h, die wir im weiteren als konstant annehmen wollen, soll klein sein. Ebenso sollen die Durchbiegungen w und ihre Ableitungen $\partial w/\partial x$, $\partial w/\partial y$ klein sein. Außerdem sollen, entsprechend zur Bernoullischen Hypothese der Balkenbiegung, Geraden, die parallel zur z-Achse sind, auch nach der Deformation noch Geraden bleiben. Schließlich soll das Hookesche Gesetz gelten.

Für die am Plattenelement angreifenden *Schnittkräfte* (Abb. 161) geben wir folgende Definitionen:

$$\text{Biegemomente} \qquad M_x = \int\limits_{-h/2}^{+h/2} \sigma_x\, z\, \mathrm{d}z, \qquad M_y = \int\limits_{-h/2}^{+h/2} \sigma_y\, z\, \mathrm{d}z, \qquad (5.40)$$

$$\text{Torsionsmomente} \qquad M_{xy} = M_{yx} = \int\limits_{-h/2}^{+h/2} \tau_{xy}\, z\, \mathrm{d}z, \qquad (5.41)$$

$$\text{Querkräfte} \qquad Q_x = \int\limits_{-h/2}^{+h/2} \tau_{xz}\, \mathrm{d}z, \qquad Q_y = \int\limits_{-h/2}^{+h/2} \tau_{yz}\, \mathrm{d}z. \qquad (5.42)$$

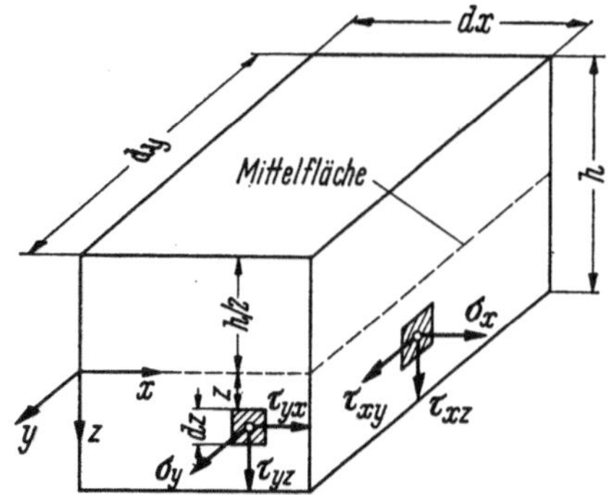

Abb. 161. Spannungen in der Platte.

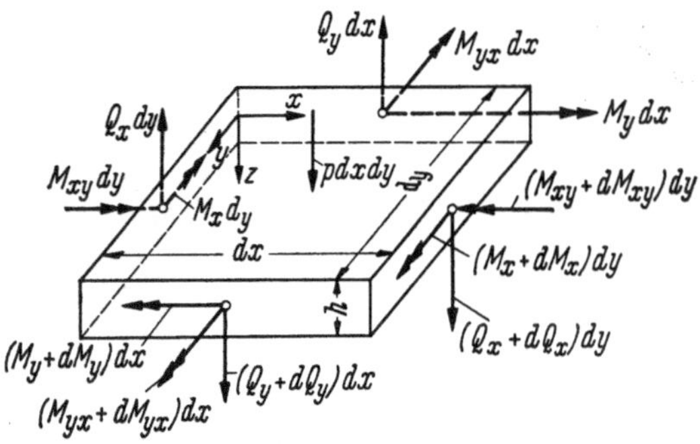

Abb. 162. Schnittkräfte in der Platte.

Als Gleichgewichtsbedingung am Plattenelement lesen wir aus Abb. 162 heraus:

für die senkrechten Kräfte:

$$p\, \mathrm{d}x\, \mathrm{d}y + \frac{\partial Q_x}{\partial x}\, \mathrm{d}y\, \mathrm{d}x + \frac{\partial Q_y}{\partial y}\, \mathrm{d}x\, \mathrm{d}y = 0, \qquad p + \frac{\partial Q_x}{\partial x} + \frac{\partial Q_y}{\partial y} = 0, \qquad (5.43)$$

für die Momente in x-Richtung:

$$\frac{\partial M_{xy}}{\partial x}\, \mathrm{d}y\, \mathrm{d}x + \frac{\partial M_y}{\partial y}\, \mathrm{d}x\, \mathrm{d}y - Q_y\, \mathrm{d}x\, \mathrm{d}y = 0, \qquad \frac{\partial M_{xy}}{\partial x} + \frac{\partial M_y}{\partial y} - Q_y = 0, \qquad (5.44)$$

für die Momente in y-Richtung:

$$\frac{\partial M_{yx}}{\partial y}\, \mathrm{d}x\, \mathrm{d}y + \frac{\partial M_x}{\partial x}\, \mathrm{d}y\, \mathrm{d}x - Q_x\, \mathrm{d}y\, \mathrm{d}x = 0, \qquad \frac{\partial M_{yx}}{\partial y} + \frac{\partial M_x}{\partial x} - Q_x = 0. \qquad (5.45)$$

Lösen wir (5.44), (5.45) nach Q_y, Q_x auf und setzen die so erhaltenen Werte in (5.43) ein, so gelangen wir mit (5.41) zu

$$\frac{\partial^2 M_x}{\partial x^2} + 2\frac{\partial^2 M_{xy}}{\partial x\, \partial y} + \frac{\partial^2 M_y}{\partial y^2} = -p. \qquad (5.46)$$

Für die fünf unbekannten Schnittkräfte stehen uns jetzt die drei Gln. (5.44), (5.45), (5.46) zur Verfügung. Um weitere Gleichungen aufstellen zu können, müssen wir auf die Verformung der Platte eingehen.

Weil die Plattendicke h klein ist, können wir die Spannungen σ_z vernachlässigen. Daher liefert uns unter dieser Voraussetzung das Hookesche Gesetz

$$\varepsilon_x = \frac{\partial u}{\partial x} = \frac{1}{E}(\sigma_x - \nu\, \sigma_y), \qquad \varepsilon_y = \frac{\partial v}{\partial y} = \frac{1}{E}(\sigma_y - \nu\, \sigma_x), \qquad \gamma_{xy} = \frac{\partial u}{\partial y} + \frac{\partial v}{\partial x} = \frac{\tau_{xy}}{G}.$$

9*

Wenn wir diese Beziehungen nach den Spannungen auflösen, erhalten wir

$$\sigma_x = \frac{E}{1-\nu^2}\left(\frac{\partial u}{\partial x} + \nu\,\frac{\partial v}{\partial y}\right), \qquad \sigma_y = \frac{E}{1-\nu^2}\left(\frac{\partial v}{\partial y} + \nu\,\frac{\partial u}{\partial x}\right),$$

$$\tau_{xy} = G\left(\frac{\partial u}{\partial y} + \frac{\partial v}{\partial x}\right). \tag{5.47}$$

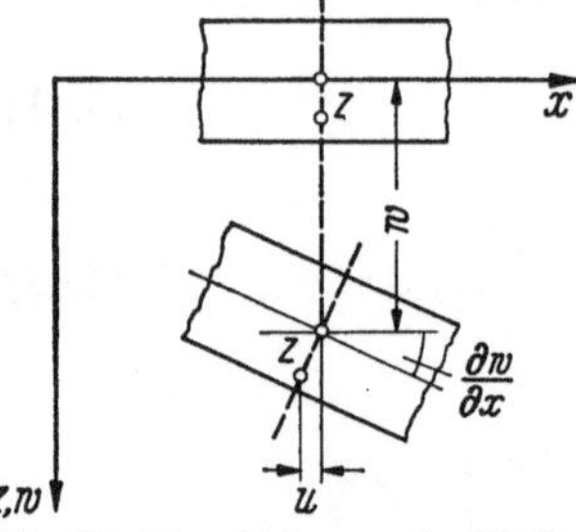

Aus Abb. 163 können wir, der Kleinheit der Winkel wegen,

$$u = -z\,\frac{\partial w}{\partial x} \tag{5.48}$$

herauslesen. Ganz entsprechend finden wir

$$v = -z\,\frac{\partial w}{\partial y}. \tag{5.49}$$

Abb. 163. Verschiebungen der Platte. Setzen wir (5.48), (5.49) in (5.47) ein, so wird aus diesem Gleichungssatz

$$\sigma_x = -\frac{E\,z}{1-\nu^2}\left(\frac{\partial^2 w}{\partial x^2} + \nu\,\frac{\partial^2 w}{\partial y^2}\right), \qquad \sigma_y = -\frac{E\,z}{1-\nu^2}\left(\frac{\partial^2 w}{\partial y^2} + \nu\,\frac{\partial^2 w}{\partial x^2}\right),$$

$$\tau_{xy} = -2\,G\,z\,\frac{\partial^2 w}{\partial x\,\partial y} = -\frac{E\,z}{1+\nu}\,\frac{\partial^2 w}{\partial x\,\partial y}. \tag{5.50}$$

Rechnen wir nun mittels (5.50) die Momente nach (5.40), (5.41) aus, so bekommen wir für sie

$$M_x = -N\left(\frac{\partial^2 w}{\partial x^2} + \nu\,\frac{\partial^2 w}{\partial y^2}\right), \qquad M_y = -N\left(\frac{\partial^2 w}{\partial y^2} + \nu\,\frac{\partial^2 w}{\partial x^2}\right), \tag{5.51}$$

$$M_{xy} = -(1-\nu)\,N\,\frac{\partial^2 w}{\partial x\,\partial y}, \tag{5.52}$$

während für die Querkräfte mit (5.51), (5.52) aus (5.44), (5.45)

$$Q_x = -N\,\frac{\partial}{\partial x}\left(\frac{\partial^2 w}{\partial x^2} + \frac{\partial^2 w}{\partial y^2}\right) = -N\,\frac{\partial}{\partial x}\,(\Delta w),$$

$$Q_y = -N\,\frac{\partial}{\partial y}\,(\Delta w) \tag{5.53}$$

wird. Wir haben dabei die Abkürzung

$$N = \frac{E\,h^3}{12(1-\nu^2)} \tag{5.54}$$

für die *Plattensteifigkeit* und den Laplaceschen Differentialoperator $\Delta = \partial^2/\partial x^2 + \partial^2/\partial y^2$ benutzt.

Setzen wir die Ausdrücke (5.51), (5.52) in (5.46) ein, so erhalten wir die *Differentialgleichung*

$$\frac{\partial^4 w}{\partial x^4} + 2\,\frac{\partial^4 w}{\partial x^2\,\partial y^2} + \frac{\partial^4 w}{\partial y^4} = \Delta\Delta w = \frac{p}{N} \tag{5.55}$$

der *Kirchhoffschen Plattentheorie*. Es ist eine *inhomogene Bipotentialgleichung*, und ihre Lösung unter Berücksichtigung der jeweiligen Randbedingungen aufzusuchen, ist das Kernproblem der Plattenlehre.

Für *gerade Ränder* haben wir folgende *Randbedingungen*:

Beim *frei gestützten Rand* $x = 0$ (Abb. 164) ist $w = 0$, $M_x = 0$. Nach (5.51) ist deswegen $\partial^2 w/\partial x^2 + \nu\,\partial^2 w/\partial y^2 = 0$. Da entlang des Randes durchweg $\partial w/\partial y = 0$ gilt, muß auch $\partial^2 w/\partial y^2 = 0$ sein. Damit ergibt sich aus der vorangegangenen Beziehung für den frei gestützten Rand auch sofort $\partial^2 w/\partial x^2 = 0$. Wir können daher für diesen Fall

$$w = 0, \qquad \frac{\partial^2 w}{\partial x^2} + \frac{\partial^2 w}{\partial y^2} = \Delta w = 0 \quad \text{für} \quad x = 0 \tag{5.56}$$

als Randbedingungen nehmen.

Beim *eingespannten Rand* $x = 0$ (Abb. 165) sind die Randbedingungen unmittelbar als

$$w = 0, \qquad \partial w/\partial x = 0 \quad \text{für} \quad x = 0 \tag{5.57}$$

angebbar.

Beim *freien Rand*, es sei wieder derjenige mit $x = 0$, ist offensichtlich $M_x = 0$, was wie weiter oben zu der ersten Randbedingung $\partial^2 w/\partial x^2 + \nu\, \partial^2 w/\partial y^2 = 0$ führt.

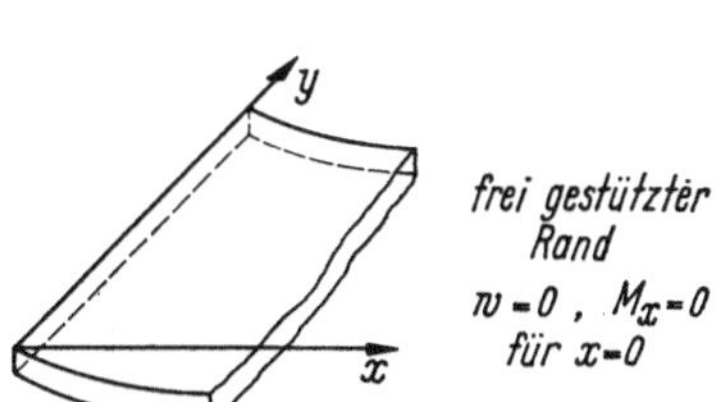

Abb. 164. Platte mit frei gestütztem Rand.

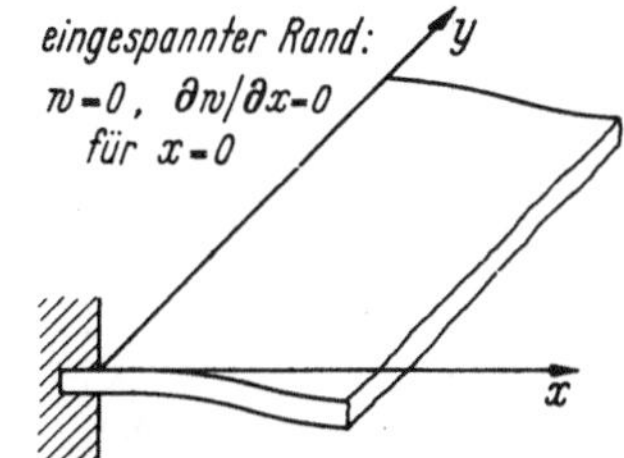

Abb. 165. Platte mit eingespanntem Rand.

Die zweite Randbedingung folgt aus $Q_x + \partial M_{xy}/\partial y = 0$, was mit Hilfe von (5.52) und (5.53) umgerechnet werden kann. Wir haben daher für den freien Rand die Bedingungen

$$\frac{\partial^2 w}{\partial x^2} + \nu\,\frac{\partial^2 w}{\partial y^2} = 0, \qquad \frac{\partial^3 w}{\partial x^3} + (2 - \nu)\,\frac{\partial^3 w}{\partial x\,\partial y^2} = 0 \quad \text{für} \quad x = 0. \tag{5.58}$$

Häufig ist es notwendig, die *Randbedingungen* für *gekrümmte Ränder* aufzustellen. Dazu müssen wir nach Abb. 166 mit

$$M_n = -N\left(\frac{\partial^2 w}{\partial n^2} + \nu\,\frac{\partial^2 w}{\partial t^2}\right), \qquad M_{nt} = N(1 - \nu)\,\frac{\partial^2 w}{\partial n\,\partial t},$$

$$Q_n = -N\,\frac{\partial}{\partial n}\,(\Delta w),$$

$$\frac{\partial^2 w}{\partial n^2} = \frac{1}{2}\left(\frac{\partial^2 w}{\partial x^2} + \frac{\partial^2 w}{\partial y^2}\right) + \frac{1}{2}\left(\frac{\partial^2 w}{\partial x^2} - \frac{\partial^2 w}{\partial y^2}\right)\cos 2\alpha + \frac{\partial^2 w}{\partial x\,\partial y}\sin 2\alpha,$$

$$\frac{\partial^2 w}{\partial t^2} = \frac{1}{2}\left(\frac{\partial^2 w}{\partial x^2} + \frac{\partial^2 w}{\partial y^2}\right) - \frac{1}{2}\left(\frac{\partial^2 w}{\partial x^2} - \frac{\partial^2 w}{\partial y^2}\right)\cos 2\alpha - \frac{\partial^2 w}{\partial x\,\partial y}\sin 2\alpha,$$

$$\frac{\partial^2 w}{\partial n\,\partial t} = -\frac{1}{2}\left(\frac{\partial^2 w}{\partial x^2} - \frac{\partial^2 w}{\partial y^2}\right)\sin 2\alpha + \frac{\partial^2 w}{\partial x\,\partial y}\cos 2\alpha,$$

$$\frac{\partial}{\partial n} = \cos\alpha\,\frac{\partial}{\partial x} + \sin\alpha\,\frac{\partial}{\partial y}, \qquad \frac{\partial}{\partial t} = -\sin\alpha\,\frac{\partial}{\partial x} + \cos\alpha\,\frac{\partial}{\partial y},$$

$$\Delta w = \frac{\partial^2 w}{\partial n^2} + \frac{\partial^2 w}{\partial t^2},$$

arbeiten. Dann ergibt sich

für den *frei gestützten Rand*, entsprechend zu (5.56)

$$w|_R = 0, \qquad M_n|_R = 0,$$

bzw.

$$w|_R = 0, \qquad \left[\frac{\partial^2 w}{\partial n^2} + \nu\,\frac{\partial^2 w}{\partial t^2}\right]_R = 0, \tag{5.59}$$

für den *eingespannten Rand*, entsprechend zu (5.57)

$$w|_R = 0, \qquad \frac{\partial w}{\partial n}\Big|_R = 0, \tag{5.60}$$

für den *freien Rand*, entsprechend zu (5.58)

$$M_n|_R = 0, \qquad \left[Q_n - \frac{\partial M_{nt}}{\partial t}\right]_R = 0$$

bzw.

$$\left[\frac{\partial^2 w}{\partial n^2} + \nu\,\frac{\partial^2 w}{\partial t^2}\right]_R = 0, \qquad \left[\frac{\partial^3 w}{\partial n^3} + (2 - \nu)\,\frac{\partial^3 w}{\partial n\,\partial t^2}\right]_R = 0. \tag{5.61}$$

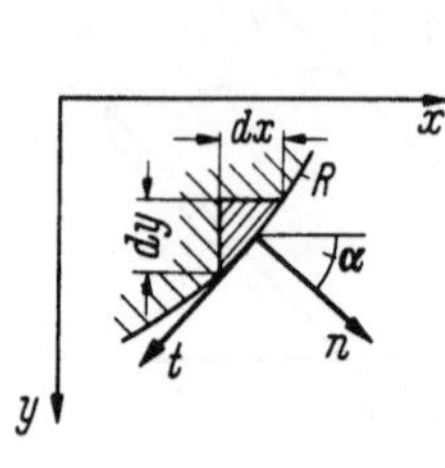
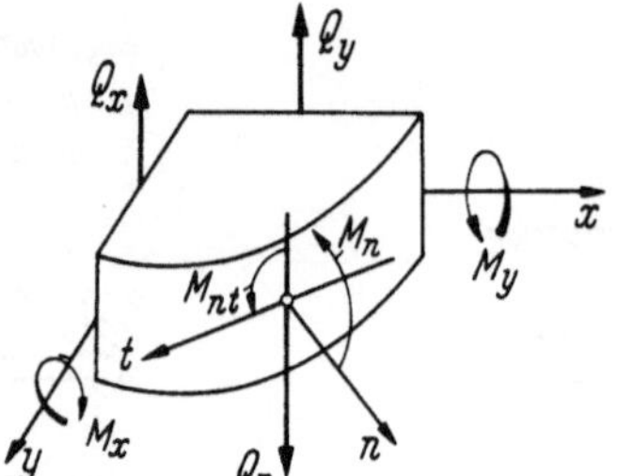

Abb. 166. Schnittkräfte der Platte mit gekrümmtem Rand.

Für die praktische Anwendung dieser Formeln sei noch erwähnt, daß für Polarkoordinaten r, φ z. B.

$$\frac{\partial}{\partial n} = \frac{\partial}{\partial r}, \qquad \frac{\partial}{\partial t} = \frac{1}{r}\,\frac{\partial}{\partial \varphi}, \qquad \frac{\partial^2}{\partial n\,\partial t} = \frac{\partial}{\partial r}\left(\frac{1}{r}\,\frac{\partial}{\partial \varphi}\right), \qquad \frac{\partial^2}{\partial n^2} = \frac{\partial^2}{\partial r^2},$$

$$\frac{\partial^2}{\partial t^2} = \frac{1}{r}\,\frac{\partial}{\partial r} + \frac{1}{r^2}\,\frac{\partial^2}{\partial \varphi^2}, \qquad \frac{\partial^3}{\partial n^3} = \frac{\partial^3}{\partial r^3}, \qquad \frac{\partial^3}{\partial n\,\partial t^2} = \frac{\partial}{\partial r}\left(\frac{1}{r}\,\frac{\partial}{\partial r} + \frac{1}{r^2}\,\frac{\partial^2}{\partial \varphi^2}\right)$$

ist.

Beispiel 1. Es soll die an allen vier Rändern frei gestützte *Rechteckplatte* mit den Kantenlängen a in x-Richtung, b in y-Richtung nach der *Methode von* NAVIER für die gleichförmig verteilte Belastung p berechnet werden.

Wir machen den Lösungsansatz

$$w = \sum_{m=1}^{\infty} \sum_{n=1}^{\infty} c_{mn} \sin\frac{m\,\pi\,x}{a} \sin\frac{n\,y\,\pi}{b} \tag{5.62}$$

mit den zunächst unbestimmten Koeffizienten c_{mn}, der die Bedingungen des freien Randes (5.56), nämlich

$$w = 0, \quad \Delta w = 0 \quad \text{für} \quad \begin{cases} x = 0, & x = a \\ y = 0, & y = b \end{cases}$$

erfüllt. Es muß aber auch noch die Differentialgleichung (5.55) erfüllt werden. Also gehen wir auf der linken Seite von (5.55) mit (5.62) ein, während wir auf der rechten Seite für p die Fourier-Entwicklung

$$p = \sum_{m=1}^{\infty} \sum_{n=1}^{\infty} p_{mn} \sin\frac{m\,\pi\,x}{a} \sin\frac{n\,\pi\,y}{b}$$

mit

$$p_{mn} = \frac{16p}{\pi^2\,mn} \tag{5.63}$$

durchführen. Durch Koeffizientenvergleich für beide Seiten von (5.55) finden wir, daß der Differentialgleichung genügt wird, wenn

$$c_{mn} = \frac{p_{mn}}{N\,\pi^4\left(\dfrac{m^2}{a^2} + \dfrac{n^2}{b^2}\right)^2} \tag{5.64}$$

gilt. Damit ist die Aufgabe grundsätzlich gelöst, denn durch (5.64) sind mit den bekannten p_{mn} auch die c_{mn} bekannt und damit die Lösung (5.62) für w. Alles übrige ist anschließend nicht mehr schwer: die Schnittkräfte findet man über w mittels (5.51), (5.52), (5.53) und die Spannungen mittels (5.50).

Beispiel 2. Es soll die am Rand eingespannte *elliptische Platte* für die gleichförmig verteilte Last p berechnet werden (Abb. 167).

Der Plattenrand R ist durch

$$\frac{x_R^2}{a^2} + \frac{y_R^2}{b^2} - 1 = 0 \qquad (5.65)$$

gegeben. Die Randbedingungen lauten nach (5.60)

$$w|_R = 0,$$

$$\left.\frac{\partial w}{\partial n}\right|_R = \left[\cos\alpha\,\frac{\partial w}{\partial x} + \sin\alpha\,\frac{\partial w}{\partial y}\right]_{|_R} = 0. \qquad (5.66)$$

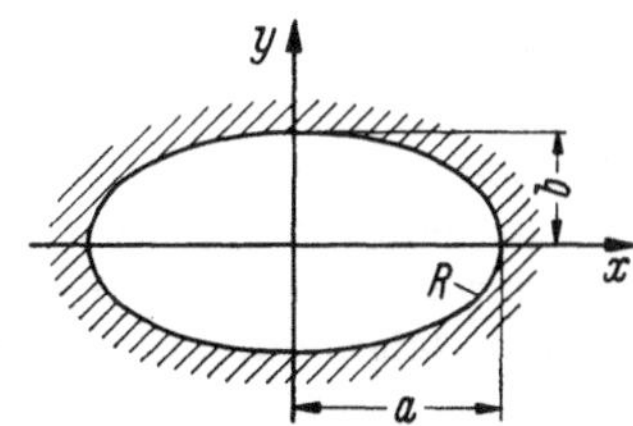
Abb. 167. Elliptische Platte mit eingespanntem Rand.

Sie sind für den Lösungsansatz mit der vorläufig noch unbestimmten Konstanten

$$w = C\left[\left(\frac{x}{a}\right)^2 + \left(\frac{y}{b}\right)^2 - 1\right]^2 \qquad (5.67)$$

erfüllt, denn es ist gemäß (5.65) offensichtlich $w(R) = 0$, und außerdem finden wir leicht

$$\left.\frac{\partial w}{\partial x}\right|_R = 0, \qquad \left.\frac{\partial w}{\partial y}\right|_R = 0,$$

womit auch die zweite Zeile von (5.66) erfüllt wird.

Setzen wir (5.67) in die Differentialgleichung (5.55) ein, so ergibt sich

$$8C\left[3\left(\frac{1}{a^2} + \frac{1}{b^2}\right)^2 - \frac{4}{a^2 b^2}\right] = \frac{p}{N},$$

was zur Bestimmung der bisher unbestimmten Konstanten, nämlich zu

$$C = \frac{p\,a^4\,b^4}{8N[3(a^2 + b^2)^2 - (2a\,b)^2]} \qquad (5.68)$$

führt. Damit ist die Lösung (5.67) für die Durchbiegung w vollständig festgelegt und wir können von ihr, wie im vorangegangenen Beispiel schon gesagt, ohne weiteres zu den Schnittkräften und Spannungen gelangen.

Für den Sonderfall der *Kreisplatte* ist $a = b = r$ und daher

$$C = \frac{p\,r^4}{64N}, \qquad w = \frac{p}{64N}\,(x^2 + y^2 - r^2)^2.$$

Die größte Durchbiegung tritt in Plattenmitte auf und beträgt

$$w(0,0) = w_{\max} = \frac{p\,r^4}{64N} \equiv C.$$

Es ist außerdem

$$\frac{\partial^2 w}{\partial x^2} = \frac{p}{16N}\,(3x^2 + y^2 - r^2), \qquad \frac{\partial^2 w}{\partial y^2} = \frac{p}{16N}\,(x^2 + 3y^2 - r^2).$$

Damit können z. B. die Normalspannungen σ_x und σ_y nach (5.50) berechnet werden. Ihre Extremwerte treten am Plattenrand auf und betragen unter Verwendung von (5.54)

$$\sigma_x\left(\pm r, 0, \pm\frac{h}{2}\right) = \mp\,\frac{E\,h}{2(1 - \nu)^2}\,\frac{2r^2\,p}{16N} = \mp\,\frac{3p\,r^2}{4h^2},$$

$$\sigma_y\left(0, \pm r, \pm\frac{h}{2}\right) = \mp\,\frac{3p\,r^2}{4h^2}.$$

5.4 Schalen

Als *Schalen* ausgebildete Maschinen- und Bauwerksteile sind schon immer von großer Wichtigkeit gewesen und häufig angewendet worden. Man denke nur an *Kessel* und an die *Behälter*, welche in der Verfahrenstechnik benutzt werden. Auch im *Leichtbau* haben Schalen eine große Bedeutung gewonnen. Es existiert für sie daher eine umfassende Literatur, von welcher z. B. die Werke [22—24] und [25] schon genannt worden sind. Über Schalen im Leichtbau kann man noch besonders bei E. Schapitz [27] nachlesen.

Während Platten vorzüglich auf Biegung beansprucht werden, kann man bei Schalen unter geeigneten Voraussetzungen vor allem die Ausbildung eines *Membranspannungszustandes* beobachten. Dieser Zustand kann an den Schalenrändern, oder z. B. bei Kesseln, am Übergang des Mantels in den Kesselboden, durch die Überlagerung eines *Biegespannungszustandes* gestört sein. Meist klingt eine solche Störung aber mit wachsender Entfernung von der betreffenden Stelle rasch ab. Wir wollen uns hier daher nur mit dem Membranspannungszustand beschäftigen. Einmal, weil

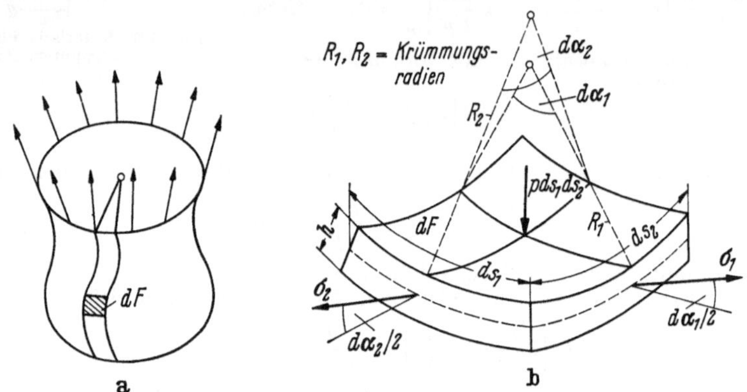

Abb. 168. Behälter als Schale mit Membranspannungszustand.

er in weitem Umfang für die Berechnung von Schalen als maßgeblich angesehen werden kann, zum anderen, weil er sich mit den von uns beherrschten Hilfsmitteln noch einfach erfassen läßt. Der Biegespannungszustand erfordert dagegen die Anwendung einer komplizierten Theorie. Für den Fall, daß dieser Zustand bei der festigkeitsmäßigen Betrachtung einer Schale berücksichtigt werden muß, muß man deswegen die oben schon erwähnte Spezialliteratur zu Rate ziehen.

Wir wollen jetzt die Voraussetzungen aufzählen, die wir der Behandlung des Membranspannungszustandes zugrunde legen:

1. Die Behälter seien *rotationssymmetrisch* und unterliegen dem *Druck eines Schüttgutes, Gases oder einer Flüssigkeit.*

2. Die *Wanddicke h* sei gegenüber den anderen Abmessungen der Schale so *klein*, daß wir Normalspannungen in der Behälterwand senkrecht zu ihrer Mittelfläche vernachlässigen können.

3. Die *Biegesteifigkeit* der Behälterwand sei so *gering*, daß sich in ihr keine Biegespannungen, sondern nur solche Normalspannungen parallel zur Mittelfläche ausbilden können, die wir wegen der kleinen Wanddicke als über sie gleichmäßig verteilt annehmen dürfen.

4. Die äußere Belastung wirke *normal* zur Behälterwand. Wegen der Symmetrie von Behälter und Belastung treten *keine Schubspannungen* auf. Die in der Behälterwand vorkommenden Normalspannungen sind also *Hauptspannungen.*

Zur Berechnung der *Membranspannungen* betrachten wir Abb. 168b:
Das Gleichgewicht der Kräfte in Richtung der Flächennormalen ist durch

$$2\sigma_1 h\,ds_2 \sin\frac{d\alpha_1}{2} + 2\sigma_2 h\,ds_1 \sin\frac{d\alpha_2}{2} - p\,ds_1\,ds_2 = 0$$

gegeben. Wegen der Kleinheit der Winkel dürfen wir $\sin \mathrm{d}\alpha_i/2 \approx \mathrm{d}\alpha_i/2$, $i = 1, 2$, setzen. Außerdem ist $\mathrm{d}s_1 = R_1\,\mathrm{d}\alpha_1$, $\mathrm{d}s_2 = R_2\,\mathrm{d}\alpha_2$. Dadurch erhalten wir aus der obigen Gleichgewichtsbedingung zunächst

$$\sigma_1\,h\,R_2\,\mathrm{d}\alpha_1\,\mathrm{d}\alpha_2 + \sigma_2\,h\,R_1\,\mathrm{d}\alpha_1\,\mathrm{d}\alpha_2 = p\,R_1\,R_2\,\mathrm{d}\alpha_1\,\mathrm{d}\alpha_2$$

und daraus durch Division mit $R_1\,R_2\,\mathrm{d}\alpha_1\,\mathrm{d}\alpha_2\,h$

$$\frac{\sigma_1}{R_1} + \frac{\sigma_2}{R_2} = \frac{p}{h} \tag{5.69}$$

als *erste Grundgleichung der Membrantheorie*.

Wir brauchen noch eine zweite Gleichung und orientieren uns zu ihrer Herleitung an Abb. 169. Die Gleichung der Meridiankurve des Behälters sei $r = r(z)$. Die Belastung sei durch $p = p(z)$ gegeben. Das Kräftegleichgewicht in der z-Richtung verlangt

$$K_{v,\sigma} = K_{v,p} \tag{5.70}$$

mit

$$K_{v,\sigma} = 2\pi\,r\,h\,\sigma_2\,\sin\varphi \tag{5.71}$$

und

$$K_{v,p} = \int \mathrm{d}K_{v,p}, \qquad \mathrm{d}K_{v,p} = 2\pi\,\varrho\,\mathrm{d}s\,p\,\cos\varphi.$$

Es ist aber $\mathrm{d}s\,\cos\varphi = \mathrm{d}\varrho$ und daher $\mathrm{d}K_{v,p} = 2\pi\,p\,\varrho\,\mathrm{d}\varrho$, so daß

$$K_{v,p} = 2\pi \int_0^r p\,\varrho\,\mathrm{d}\varrho \tag{5.72}$$

wird.

Mittels (5.71) und (5.72) folgt aus (5.70) durch Umformen die *zweite Grundgleichung der Membrantheorie*

$$\sigma_2 = \frac{1}{r\,h\,\sin\varphi} \int_r^0 p\,\varrho\,\mathrm{d}\varrho. \tag{5.73}$$

Durch (5.69) und (5.73) ist der Membranspannungszustand einer Schale vollständig berechenbar.

Beispiel 1. *Kugelbehälter* mit $R_1 = R_2 = R$, $\sigma_1 = \sigma_2 = \sigma$ (wegen Symmetrie), $p = \mathrm{const}$. In diesem Fall kommt man bereits mit (5.69) aus und erhält

$$\frac{2\sigma}{R} = \frac{p}{h}, \qquad \sigma = \frac{p\,R}{2h}. \tag{5.74}$$

Wenn wir zur Bemessung des Behälters z. B. nach der Schubspannungstheorie vorgehen, so ist

$$\tau_{\max} = \sigma/2, \qquad \sigma_v = 2\tau_{\max} = \sigma.$$

Das bedeutet, daß wir (5.74) unmittelbar zur Bemessung des Behälters als

$$\sigma_v = \frac{p\,R}{2h} \leqq \sigma_{\mathrm{zul}}$$

verwenden können.

Beispiel 2. *Zylindrischer Behälter* mit $R_1 = R = \mathrm{const}$, $R_2 = \infty$, $p = \mathrm{const}$. Gl. (5.69) liefert uns

$$\frac{\sigma_1}{R} = \frac{p}{h}, \qquad \sigma_1 = \frac{p\,R}{h},$$

also die Kesselformel des dünnwandigen Rohres. Für den geschlossenen Behälter erhalten wir aus (5.73), wegen $\sin\varphi = \sin 90° = 1$,

$$\sigma_2 = \frac{p}{R\,h} \int_0^R \varrho\,\mathrm{d}\varrho = \frac{p\,R^2}{2R\,h} = \frac{p\,R}{2h}.$$

Auch dieses Resultat ist uns bereits vom dünnwandigen Rohr her bekannt.

Für eine Bemessung ist zu beachten, daß σ_2 die *mittlere Hauptspannung* ist und daß die dritte Hauptspannung durchweg den Wert Null hat. Dann ist nämlich $\tau_{max} = \sigma_1/2$, $\sigma_v = 2\tau_{max} = \sigma_1$ und nach der Schubspannungstheorie haben wir

$$\sigma_v = \frac{p\,R}{h} \leqq \sigma_{zul}$$

für die Bemessung des Zylinders zu nehmen, wobei diese Formel unabhängig davon gültig bleibt, ob der Behälter offen ($\sigma_2 = 0$) oder geschlossen ($\sigma_2 \neq 0$) ist.

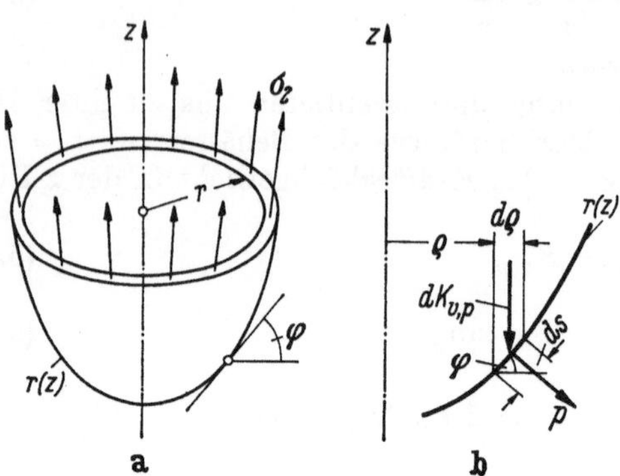

Abb. 169. Rotationssymmetrischer Behälter.

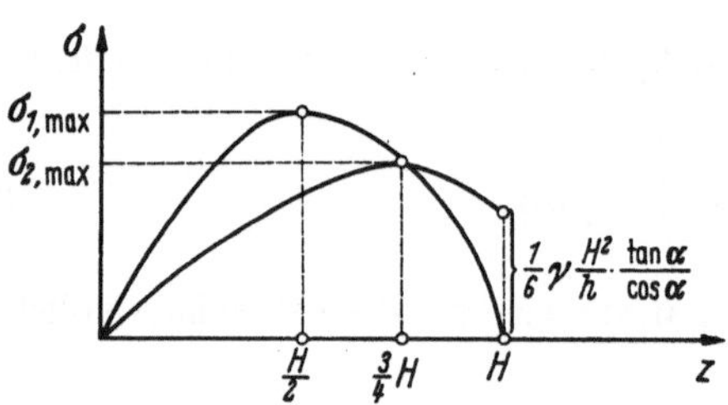

Abb. 171. Spannungsverlauf in der Kegelschale.

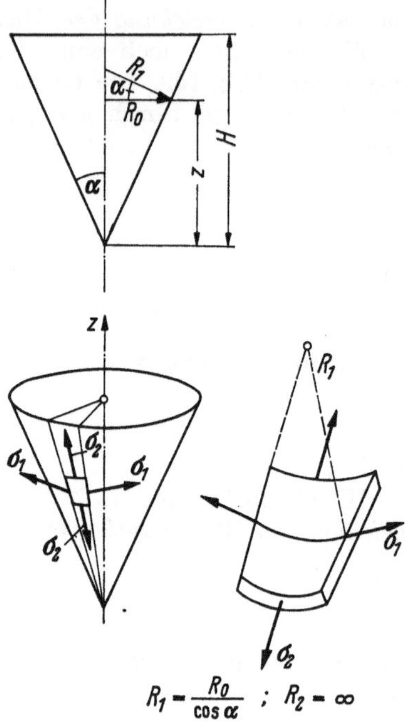

Abb. 170. Kegelschale.

Beispiel 3. *Kegelschale* (Abb. 170) bis zur Höhe $z = H$ mit Flüssigkeit gefüllt. Es sind $R_2 = \infty$, $R_1 = R_0/\cos\alpha$, $R_0 = z\tan\alpha$, $p = \gamma(H - z)$. Daraus folgt zunächst

$$R_1 = z\,\frac{\tan\alpha}{\cos\alpha}$$

und aus (5.69)

$$\frac{\sigma_1}{R_1} = \frac{p}{h}, \qquad \sigma_1 = \frac{p\,R_1}{h} = \frac{\gamma}{h}\,\frac{\tan\alpha}{\cos\alpha}\,(H - z)\,z.$$

Indem wir $d\sigma_1/dz = 0$ bilden, finden wir, daß bei $z = H/2$

$$\sigma_{1,max} = \frac{\gamma\,H^2}{4h}\,\frac{\tan\alpha}{\cos\alpha}$$

wird.

Mit Hilfe von (5.73) berechnen wir wegen $r \equiv R_0$, $\sin\varphi \equiv \cos\alpha$ aus

$$\sigma_2 = \frac{1}{R_0\,h\,\cos\alpha}\int_0^{R_0}\gamma(H - z)\,\varrho\,d\varrho \quad \text{mit} \quad z = \frac{\varrho}{\tan\alpha}, \qquad R_0 = z\tan\alpha,$$

$$\sigma_2 = \frac{\gamma\tan\alpha}{2h\cos\alpha}\left(H - \frac{2}{3}z\right)z.$$

Wir finden aus $d\sigma_2/dz = 0$, daß bei $z = 3H/4$

$$\sigma_{2,\mathrm{max}} = \frac{3\gamma H^2}{16h}\frac{\tan\alpha}{\cos\alpha}$$

auftritt und daß daher $\sigma_{2,\mathrm{max}} < \sigma_{1,\mathrm{max}}$ ist.

Da wir neben dem in Abb. 171 gezeigten Verlauf der Spannungen σ_1 und σ_2 wieder zu beachten haben, daß die dritte Hauptspannung stets gleich Null ist, gelangen wir auf Grund der Schubspannungshypothese in schon bekannter Weise mit

$$\sigma_{v,\mathrm{max}} = \sigma_{1,\mathrm{max}} = \frac{\gamma H^2}{4h}\frac{\tan\alpha}{\cos\alpha} \leqq \sigma_{\mathrm{zul}}$$

zur Bemessung der Schale.

6. Stabilität

6.1 Allgemeiner Überblick

Bis jetzt haben wir stets angenommen, daß sich der unseren Betrachtungen zugrunde liegende Bauteil, d. h. der betreffende elastische Körper, im *Gleichgewicht* befindet, und wir haben für diesen Gleichgewichtszustand die Spannungen und Verformungen untersucht. Eine neue Frage, der wir uns jetzt zuwenden wollen, ergibt sich dadurch, daß der Gleichgewichtszustand *indifferent* oder *instabil* werden kann: Wir haben uns also mit den Bedingungen zu beschäftigen, die zur *Instabilität* führen. Sie zu kennen ist für die Praxis sehr wichtig, denn im Falle der Instabilität erleidet der Bauteil meist so große Verformungen, daß seine Tragfähigkeit dadurch erschöpft und er unbrauchbar wird, obwohl im Augenblick des Instabilwerdens sein Bruch noch gar nicht eingetreten ist. Es wird daher im allgemeinen genügen, das sogenannte „*unterkritische*" *Verhalten* des Bauteils zu beschreiben und anzugeben, wann er die *Stabilitätsgrenze* erreicht. Nur in bis jetzt wenigen Fällen, wie z. B. bei Flächentragwerken, ist es auch noch von Interesse, das „*überkritische*" *Verhalten*, also das Verhalten im Instabilitätsbereich, zu betrachten. Man geht dann davon aus, daß die Instabilität, wie z. B. das Beulen von Platten und Schalen, die Tragfähigkeit des Bauteils im ganzen nicht aufgehoben hat, so daß es sich lohnt, den Vorgang über die Stabilitätsgrenze hinaus weiter zu verfolgen. Man gelangt dabei in den Bereich der *nichtlinearen Mechanik*, in den wir selbst nicht eindringen werden. Wir werden uns daher, bis auf eine kurze Andeutung des überkritischen Verhaltens eines Stabes, mit linearer Rechnung nur bis an die Stabilitätsgrenze begeben.

Noch eine weitere Einschränkung wollen wir uns auferlegen: Die auf Stabilität zu untersuchenden Bauteile sollen stets nur durch Gewichtslasten beansprucht sein, welche bei der Verformung des Bauteils ihre Richtung beibehalten, d. h. *richtungstreu* bleiben. Dann ist der Übergang vom Gleichgewicht in die Instabilität ein *konservativer* Vorgang, und das Gleichgewicht wird tatsächlich indifferent, ehe es verloren geht. Indifferent ist es nämlich dann, wenn neben der *trivialen Gleichgewichtslage* noch andere, *nichttriviale* existieren, in die der Bauteil ausweichen kann, wobei er dann eben so große Verformungen erleidet, daß er in den überwiegenden Fällen unbrauchbar wird.

Es gibt aber auch andere Bedingungen, unter denen neben der trivialen überhaupt *keine* nichttrivialen Gleichgewichtslagen existieren. Unter diesen Umständen geht die Tragfähigkeit des Bauteils durch *kinetische Instabilität* verloren. Dafür ist eine besondere Theorie entwickelt worden, über welche man z. B. bei H. LEIP-HOLZ [28] nachlesen kann, und die vor allem Bedeutung im Bereich der *Aeroelastizität* hat. Wir gehen hier nicht darauf ein, sondern halten uns an die obige Einschränkung, so daß wir des weiteren im Bereich der klassischen Stabilitätstheorie bleiben. Für diese ist also die Annahme grundlegend, daß beim Übergang von Stabilität zu Instabilität nichttriviale Gleichgewichtslagen vorhanden sind. Außerdem gilt für sie das sogenannte *Energiekriterium*. Es besagt folgendes: *Wenn π die gesamte potentielle Energie des betreffenden elastischen Systems ist, so gilt für das Gleichgewicht die Bedingung $\delta \pi = 0$, für dessen Stabilität $\delta^2 \pi > 0$, für dessen Indifferenz $\delta^2 \pi = 0$ und für dessen Instabilität $\delta^2 \pi < 0$.* Man kann dieses Kriterium vorteilhaft anwenden, um im Fall seiner Gültigkeit Stabilitätsaussagen zu machen, und wir werden das an Beispielen kennenlernen.

Im Rahmen der technischen Festigkeitslehre hätten wir uns mit folgenden Instabilitätserscheinungen zu befassen:

Bei *Stäben* mit dem *Knicken* unter Druckbelastung, dem *Drillknicken* unter Torsionsbelastung, dem *Kippen* unter Biegung und dem *Biegedrillknicken* bei offenen, dünnwandigen Stabprofilen; bei *Stabwerken* (Rahmen) und *Bogenträgern* ebenfalls mit allen Arten des *Knickens* und *Kippens* sowie bei *Platten* und *Schalen* mit dem *Beulen*.

Es würde den Rahmen dieser Einführung überschreiten, wenn wir uns mit all diesen Erscheinungen tatsächlich beschäftigen wollten. Wir werden im folgenden daher nur mehr oder weniger weit auf das Knicken, Drillknicken und Kippen von Stäben eingehen. Für alles übrige sei auf DIN 4114 sowie auf die Literatur, z. B. [27, 29] und [30], verwiesen.

6.2 Die Eulersche Knicktheorie

Die Anfänge der Stabilitätstheorie gehen auf L. EULER zurück. Dieser hat unter der Voraussetzung der Existenz von nichttrivialen Gleichgewichtslagen die Differentialgleichung für das nichttriviale Gleichgewicht eines Druckstabs aufgestellt. Damit hat er das mathematische Feld der *Randeigenwertprobleme* eröffnet, in welchem sich die Stabilitätsuntersuchungen im wesentlichen abspielen. Es ist daher vorteilhaft, etwa seinem Weg zu folgen, weil man damit Erfahrungen und Kenntnisse gewinnt, die einem in entsprechender Weise bei der Stabilitätsuntersuchung auch von anderen Bauteilen als von Stäben und für andere als für Druckbelastung nützlich sein können.

Gemäß Abb. 172 stellen wir uns einen Stab, der an seinem Ende von der Druckkraft P beansprucht wird, in der nichttrivialen Gleichgewichtslage vor und untersuchen für den Schnitt $s-s$ das Gleichgewicht der Momente. Das führt uns zu

$$EJ \frac{\mathrm{d}^2 v}{\mathrm{d}x^2} = -P\,v - Q(l - x) + M_0,$$

woraus wir durch zweimaliges Differenzieren

$$EJ \frac{\mathrm{d}^4 v}{\mathrm{d}x^4} + P \frac{\mathrm{d}^2 v}{\mathrm{d}x^2} = 0, \tag{6.1}$$

die *Differentialgleichung des Eulerschen Knickstabs*, erhalten. Ihre allgemeine Lösung lautet

$$v = C_1 \sin\varkappa\, x + C_2 \cos\varkappa\, x + C_3\, x + C_4 \quad \text{mit} \quad \varkappa = (P/EJ)^{1/2}, \tag{6.2}$$

wobei C_1 bis C_4 Integrationskonstanten sind, die sich aus den Randbedingungen ergeben. Dabei wird es sich zeigen, daß sie nur dann nichttrivial bestimmbar sind, wenn der sogenannte *Eigenwert* $\varkappa$ gewisse, für das jeweilige Randwertproblem

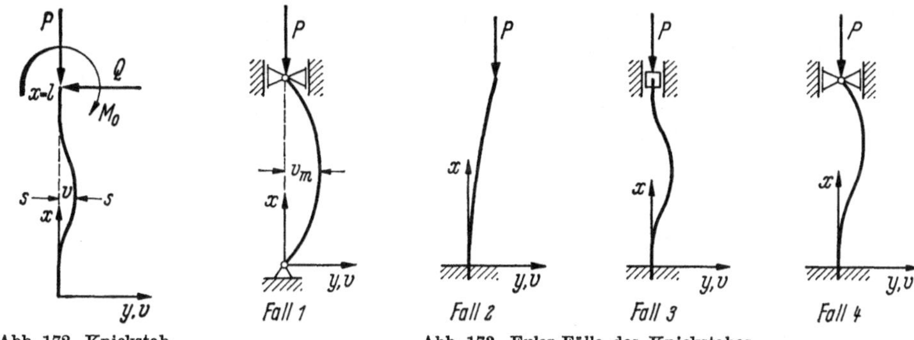

Abb. 172. Knickstab.   Abb. 173. Euler-Fälle des Knickstabes.

charakteristische Werte annimmt. Nichttrivial bestimmbar heißt, nicht alle C_i, $i = 1, 2, 3, 4$, sind gleichzeitig gleich Null.

Wir unterscheiden nach Abb. 173 vier *Euler-Fälle*:
1. den beidseitig gelenkig gelagerten Stab,
2. den einerseits eingespannten, andererseits freien Stab,
3. den beidseitig eingespannten Stab,
4. den einerseits eingespannten, andererseits gelenkig gelagerten Stab.

Im *1. Fall* haben wir als Randbedingungen

$$v = 0 \quad \text{für} \quad x = 0 \quad \text{und} \quad l,$$

$$\frac{\mathrm{d}^2 v}{\mathrm{d} x^2} = 0 \quad \text{für} \quad x = 0 \quad \text{und} \quad l.$$

Mit diesen vier Bedingungen folgt aus (6.2)

$$C_2 + C_4 = 0, \quad C_1 \sin\varkappa\, l + C_2 \cos\varkappa\, l + C_3\, l + C_4 = 0,$$

$$C_2 = 0, \quad -\varkappa^2\, C_1 \sin\varkappa\, l - \varkappa^2\, C_2 \cos\varkappa\, l = 0.$$

Dieses lineare System von algebraischen Gleichungen für die unbekannten C_i hat nur dann eine nichttriviale Lösung, wenn seine Determinante, die sogenannte *Knickdeterminante* verschwindet:

$$\begin{vmatrix} 0 & 1 & 0 & 1 \\ \sin\varkappa\, l & \cos\varkappa\, l & l & 1 \\ 0 & 1 & 0 & 0 \\ -\varkappa^2 \sin\varkappa\, l & -\varkappa^2 \cos\varkappa\, l & 0 & 0 \end{vmatrix} = 0.$$

Die Auflösung dieser Determinante führt zu einer Bestimmungsgleichung für $\varkappa$. Man nennt sie *Eigenwertgleichung*, und sie lautet für den vorliegenden Fall

$$\sin\varkappa\, l = 0,$$

was in nichttrivialer Weise für $\varkappa\, l = n\,\pi$, $n = 1, 2, 3, \ldots$, erfüllt wird. Daraus ergibt sich für den Eigenwert

$$\varkappa = \frac{n\,\pi}{l}$$

und folglich gemäß (6.2) für die *kritische Last*

$$P_K = \frac{n^2\,\pi^2\,E\,J}{l^2}, \qquad n = 1, 2, 3, \ldots \tag{6.3}$$

Unter der Voraussetzung, daß der Stab nach Überschreiten der Stabilitätsgrenze nicht mehr tragfähig ist, brauchen wir uns nur um die kleinste kritische Last zu kümmern. Wir nennen sie *Eulersche Knicklast* P_E. Sie folgt aus (6.3) für $n = 1$ zu

$$P_E = \frac{\pi^2\,E\,J}{l^2}. \tag{6.4}$$

Im *Fall 2* lauten die Randbedingungen

$$v = 0, \qquad \frac{dv}{dx} = 0 \quad \text{für} \quad x = 0,$$

$$\frac{d^2v}{dx^2} = 0, \qquad \frac{d^3v}{dx^3} + \varkappa^2 \frac{dv}{dx} = 0 \quad \text{für} \quad x = l.$$

Mit ihnen erhalten wir aus (6.2)

$$C_2 + C_4 = 0, \qquad \varkappa\,C_1 + C_3 = 0,$$

$$-\varkappa^2\,C_1 \sin\varkappa\,l - \varkappa^2\,C_2 \cos\varkappa\,l = 0, \qquad C_3 = 0.$$

Für die Knickdeterminante ist

$$\begin{vmatrix} 0 & 1 & 0 & 1 \\ \varkappa & 0 & 1 & 0 \\ -\varkappa^2 \sin\varkappa\,l & -\varkappa^2 \cos\varkappa\,l & 0 & 0 \\ 0 & 0 & 1 & 0 \end{vmatrix} = 0$$

zu verlangen. Das führt zu der Eigenwertgleichung

$$\varkappa^3 \cos\varkappa\,l = 0$$

mit der nichttrivialen Lösung

$$\varkappa = \frac{(2n+1)\,\pi}{2l}, \qquad n = 0, 1, \ldots$$

Wegen (6.2) ist

$$P_K = \frac{(2n+1)^2\,\pi^2\,E\,J}{4\,l^2} \tag{6.5}$$

die kritische Last, und für $n = 0$ erhalten wir daraus als Eulersche Knicklast

$$P_E = \frac{\pi^2\,E\,J}{4\,l^2}. \tag{6.6}$$

Der *Fall 3* besitzt die Randbedingungen

$$v = 0 \quad \text{für} \quad x = 0 \quad \text{und} \quad l,$$

$$\frac{dv}{dx} = 0 \quad \text{für} \quad x = 0 \quad \text{und} \quad l.$$

Aus (6.2) ergibt sich damit für die C_i das Gleichungssystem

$$C_2 + C_4 = 0, \qquad C_1 \sin\varkappa\,l + C_2 \cos\varkappa\,l + C_3\,l + C_4 = 0,$$

$$\varkappa\,C_1 + C_3 = 0, \qquad \varkappa\,C_1 \cos\varkappa\,l - \varkappa\,C_2 \sin\varkappa\,l + C_3 = 0.$$

Die zugehörige Knickdeterminante setzen wir gleich Null:

$$\begin{vmatrix} 0 & 1 & 0 & 1 \\ \sin\varkappa\,l & \cos\varkappa\,l & l & 1 \\ \varkappa & 0 & 1 & 0 \\ \varkappa\cos\varkappa\,l & -\varkappa\sin\varkappa\,l & 1 & 0 \end{vmatrix} = 0,$$

was zur Eigenwertgleichung

$$\varkappa\,l\sin\varkappa\,l + 2(\cos\varkappa\,l - 1) = 0$$

führt. Diese läßt sich mit Hilfe von bekannten trigonometrischen Identitäten in

$$\sin\frac{\varkappa\,l}{2}\left(\frac{\varkappa\,l}{2}\cos\frac{\varkappa\,l}{2} - \sin\frac{\varkappa\,l}{2}\right) = 0$$

umrechnen.

Die möglichen Lösungen der Eigenwertgleichung ergeben sich demnach aus

$$\sin\frac{\varkappa\,l}{2} = 0 \quad\text{und}\quad \tan\frac{\varkappa\,l}{2} = \frac{\varkappa\,l}{2}.$$

Wie man leicht nachprüfen kann, heißt die daraus folgende kleinste kritische Last, die folglich die Eulersche Knicklast darstellt,

$$P_E = \frac{4\pi^2\,E\,J}{l^2}. \tag{6.7}$$

Im *Fall 4*, mit den Randbedingungen

$$v = 0, \qquad \frac{\mathrm{d}v}{\mathrm{d}x} = 0 \quad\text{für}\quad x = 0,$$

$$v = 0, \qquad \frac{\mathrm{d}^2v}{\mathrm{d}x^2} = 0 \quad\text{für}\quad x = l,$$

erhalten wir aus (6.2)

$$C_2 + C_4 = 0, \quad \varkappa\,C_1 + C_3 = 0,$$

$$C_1\sin\varkappa\,l + C_2\cos\varkappa\,l + C_3\,l + C_4 = 0, \quad -\varkappa^2\,C_1\sin\varkappa\,l - \varkappa^2\,C_2\cos\varkappa\,l = 0.$$

Das führt für nichttriviale C_i zu

$$\begin{vmatrix} 0 & 1 & 0 & 1 \\ \varkappa & 0 & 1 & 0 \\ \sin\varkappa\,l & \cos\varkappa\,l & l & 1 \\ -\varkappa^2\sin\varkappa\,l & -\varkappa^2\cos\varkappa\,l & 0 & 0 \end{vmatrix} = 0$$

und somit zu der Eigenwertgleichung

$$\tan\varkappa\,l = \varkappa\,l.$$

Ihre kleinste Lösung ist $\varkappa\,l = 4{,}5$, was für die Eulersche Knicklast

$$P_E = \frac{20{,}16\,E\,J}{l^2} \tag{6.8}$$

ergibt.

Die Ergebnisse (6.4), (6.6), (6.7) und (6.8) für die Eulersche Knicklast P_E der vier Euler-Fälle können wir übrigens in *einer* Formel

$$P_E = \frac{\pi^2\,E\,J}{l_r^2} \tag{6.9}$$

mit der *reduzierten Knicklänge* l_r zusammenfassen, wenn wir

im	Fall 1	Fall 2	Fall 3	Fall 4
l_r gleich	l	$2l$	$l/2$	$l/\sqrt{2}$

setzen.

Bei den Stabilitätsproblemen des Knickstabs handelt es sich um sogenannte *Verzweigungsprobleme*. Diese sind in ihrem Wesen durch Abb. 174 charakterisiert: Es sei v ein typischer Lage-, $\varkappa$ der Lastparameter eines Tragwerks. Mit wachsendem $\varkappa$ verändert sich v. Bei dem kritischen Lastparameter $\varkappa_k$ wird ein *Verzweigungspunkt* erreicht, bei welchem sich die das Gleichgewicht des Tragwerks kennzeichnende $\varkappa, v$-Kurve in verschiedene Äste aufspaltet, von denen nur einer realisierbar ist, und das ist derjenige, bei dem v sehr stark anwächst. Das starke Anwachsen ist aber gleichbedeutend mit dem Verlust der Tragfähigkeit, so daß man $\varkappa_k$ als den Grenzwert bezeichnen kann, bei welchem der Übergang von der Stabilität zur Instabilität des Tragwerks stattfindet.

Wir wollen die entsprechenden Verhältnisse beim Eulerschen Knickstab, z. B. Fall 1 der Abb. 173, studieren. Dazu tragen wir in Abb. 175 die mittlere Durchbiegung v_m des Knickstabs als Lageparameter und die Druckkraft P als Lastparameter auf. Solange sich der Stab in der trivialen Gleichgewichtslage befindet, ist seine Achse unausgelenkt und die Durchbiegung v_m der Stabmitte gleich Null. Die P, v_m-Kurve folgt daher zunächst der P-Achse, bis bei $P = P_E$ ein Verzweigungspunkt erreicht wird. Dann verläuft der eine Ast der Kurve horizontal, wodurch angedeutet wird, daß das Ausknicken des Stabes einsetzt, bei welchem v_m beliebig groß werden kann. Der andere, gestrichelt gezeichnete Ast folgt dagegen weiterhin der P-Achse, bis ein zweiter Verzweigungspunkt erreicht wird usw. Natürlich ist auch in diesem Fall der gestrichelte Ast der P, v_m-Kurve ohne reale Bedeutung,

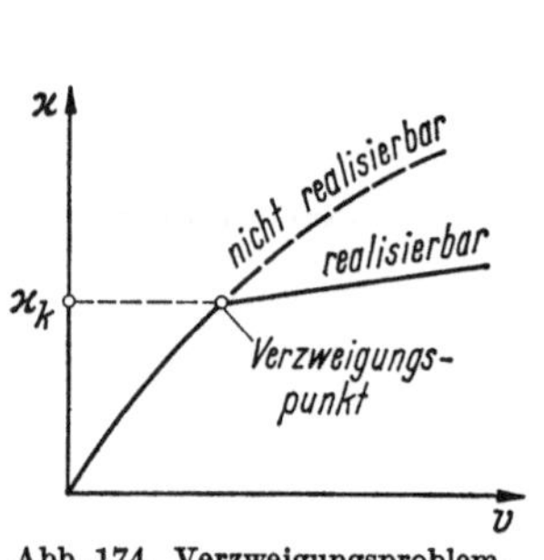

Abb. 174. Verzweigungsproblem.

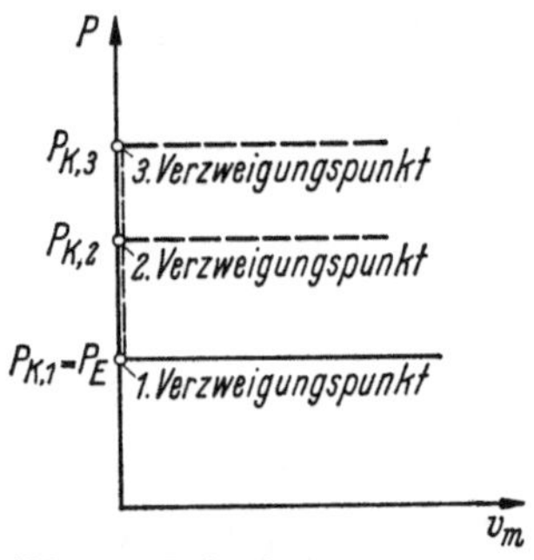

Abb. 175. Euler-Stab als Verzweigungsproblem.

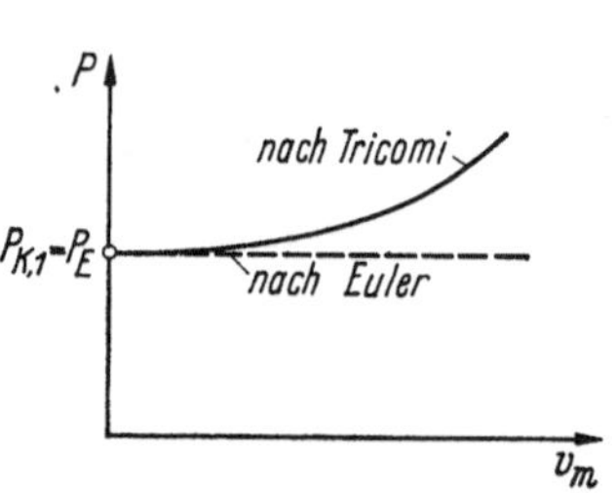

Abb. 176. Nachkritisches Verhalten des Euler-Stabes.

denn er würde dem Verbleiben des Stabes in der trivialen Gleichgewichtslage entsprechen. Ein solches ist aber praktisch unmöglich, denn der Stab wird bei Erreichen der ersten kritischen Last sicher ausknicken und so wenig seine unausgelenkte Achse beibehalten, wie ein Bleistift auf seiner Spitze senkrecht stehen bleibt.

Aus der Betrachtung des ausgezogenen Astes der P, v_m-Kurve in Abb. 175 können wir übrigens noch entnehmen, daß der Betrag von v_m für $P = P_E$ unbestimmt bleibt, denn da dieser Ast horizontal verläuft, kann v_m für $P = P_E$ jeden beliebigen Wert haben. Das bedeutet nichts anderes, als daß wir über v_m in Abhängigkeit von P auf Grund der von uns geführten Rechnung gar keine Aussage machen können. Das ist die Folge davon, daß wir mit (6.1), also einer *linearen* Differentialgleichung und mit *linearen* Randbedingungen, alles in allem mit einem *linearen* Randwertproblem gearbeitet haben. Diese lineare Rechnung liefert nur die kritischen P-Werte richtig, bei denen die Verzweigung des Gleichgewichtes einsetzt, sie sagt aber nichts über das eigentliche überkritische Verhalten aus, wie es in Abb. 176 angedeutet ist. Dieses ist nichtlinear, so daß oberhalb von P_E mit wachsendem P zwar eine sehr starke Zunahme von v_m verbunden ist, der Zusammenhang zwischen P und v_m aber teilweise noch eindeutig bleibt, so daß man in diesem Eindeutigkeitsbereich sehr wohl angeben kann, welcher Wert von v_m zu einem P-Wert gehört, der größer als P_E ist. Um diese Gegebenheiten erfassen zu können, muß man aber statt mit der linearen Differentialgleichung (6.1) mit einer entsprechenden, nichtlinearen rechnen. Man findet das bei F. Tricomi [31] durchgeführt. Nach Mehrtens kann man für den Zweig oberhalb von P_E auch näherungsweise

$$v_m^2 \approx \frac{8\,l^2}{\pi^2}\left(1 - \frac{P_E}{P}\right)$$

setzen.

Wie schon gesagt worden ist, wird aber in den überwiegenden Fällen das überkritische Verhalten gar nicht interessieren, weil es mit so großen Auslenkungen der Stabachse verbunden ist, daß man bei der Ausnutzung der Druckstäbe danach trachten wird, mit der Belastung unterhalb von P_E zu bleiben. Dann genügt die Rechnung nach Euler vollkommen, weil sie eben diesen Grenzwert P_E liefert, bei dessen Einhaltung man sicher ist, daß der Stab in der trivialen Gleichgewichtslage, seine Achse also unausgelenkt bleibt.

6.3 Knickbiegung

Bei der Eulerschen Knicktheorie ist angenommen worden, daß die Druckkraft P genau zentrisch auf den Stab wirkt. Das ist natürlich nie ganz der Fall. Es wird stets eine gewisse Exzentrizität der Last vorhanden sein. Wir wollen diese jetzt in unserer Rechnung berücksichtigen und dadurch der P, v_m-Kurve der Abb. 175 auch im unterkritischen Bereich eine Korrektur geben. Wir gehen dazu von Abb. 177 aus. Es ist $M = P\,v$ und daher nach (2.63)

$$EJ\,\frac{\mathrm{d}^2 v}{\mathrm{d}x^2} = -P\,v.$$

Die Lösung dieser Differentialgleichung heißt

$$v = C_1 \sin\varkappa\,x + C_2 \cos\varkappa\,x, \quad \varkappa = (P/EJ)^{1/2}. \tag{6.10}$$

Ihre Integrationskonstanten C_1, C_2 folgen aus den Randbedingungen

$$v = e \quad \text{für} \quad x = 0,$$
$$\frac{\mathrm{d}v}{\mathrm{d}x} = 0 \quad \text{für} \quad x = l/2.$$

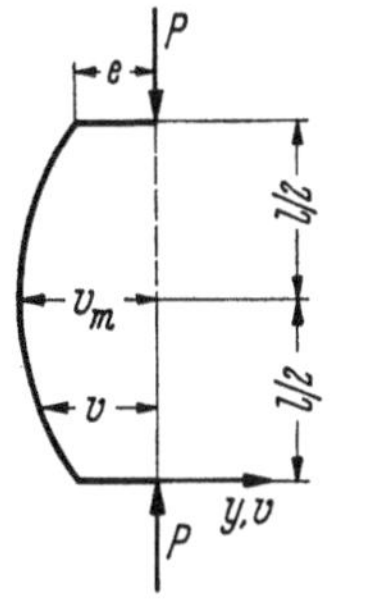

Mit diesen ergibt sich aus (6.10)

$$e = C_2, \quad \varkappa\,C_1 \cos\varkappa\,\frac{l}{2} - \varkappa\,C_2 \sin\varkappa\,\frac{l}{2} = 0,$$

$$C_1 = C_2 \tan\varkappa\,\frac{l}{2} = e\,\tan\varkappa\,\frac{l}{2},$$

so daß wir für die Lösung (6.10) jetzt speziell

$$v = e\left(\tan\varkappa\,\frac{l}{2}\,\sin\varkappa\,x + \cos\varkappa\,x\right) \tag{6.11}$$

Abb. 177. Knickbiegung.

schreiben können. Für $v_m = v(l/2)$ erhalten wir daraus

$$v_m = \frac{e}{\cos \varkappa \dfrac{l}{2}},$$

was sich mit

$$\varkappa = \sqrt{\frac{P}{EJ}} = \sqrt{\frac{P}{P_E}}\,\frac{\pi}{l}, \qquad P_E = \frac{\pi^2 EJ}{l^2}$$

in

$$v_m = \frac{e}{\cos\left[\sqrt{\dfrac{P}{P_E}}\,\dfrac{\pi}{2}\right]} \tag{6.12}$$

umformen läßt. Der Verlauf von v_m gemäß (6.12) ist in Abb. 178 gezeigt worden. Man sieht, daß auch im unterkritischen Bereich der Verlauf von v_m nach EULER nur eine idealisierte Annäherung ist, während der wirkliche Verlauf davon in nichtlinearer Weise in einem Maße abweicht, das von der Größe der Lastexzentrizität e abhängig ist.

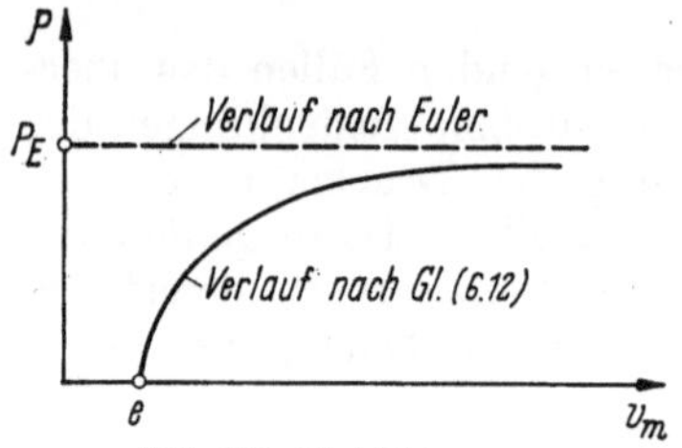

Der Stab, der konstanten, zur z-Achse symmetrischen Querschnitt haben möge, ist infolge von e sowohl auf Druck als auch auf Biegung beansprucht. Man spricht daher von *Knickbiegung*. Die maximale Spannung ergibt sich deshalb durch Superposition zu

Abb. 178. Knickbiegung.

$$|\sigma|_{\max} = \frac{P}{F} + \frac{P\,v_m\,c}{J_z}, \tag{6.13}$$

wobei F die Querschnittsfläche des Stabes, J_z das für die Biegespannung in Frage kommende Trägheitsmoment und c der Abstand der äußersten Fasern von seiner Nullschicht bei reiner Biegung sind.

Gemäß (2.50) können wir mit $J_z = F\,i_z^2$ rechnen. Damit läßt sich zuerst (6.12) in

$$v_m = \frac{e}{\cos\left[\sqrt{\dfrac{P}{EJ}}\,\dfrac{l}{2}\right]} = \frac{e}{\cos\left[\sqrt{\dfrac{P}{EF}}\,\dfrac{l}{2i_z}\right]} \tag{6.14}$$

und dann noch (6.13) unter gleichzeitiger Verwendung von (6.14) in

$$|\sigma|_{\max} = \frac{P}{F}\left[1 + \frac{e\,c}{i_z^2}\,\frac{1}{\cos\left[\sqrt{\dfrac{P}{EF}}\,\dfrac{l}{2i_z}\right]}\right] \tag{6.15}$$

umformen. Diese Formel kann für eine Bemessung von Stäben auf Knickbiegung verwendet werden. Dazu setzen wir $|\sigma|_{\max} = |\sigma_{dP}|$ (bzw. $|\sigma|_{\max} = |\sigma_{ds}|$ bei Stahl) und versuchen dann bei vorgegebenen Werten von P, e, l und E der Gl. (6.15) durch Probieren zu genügen: Wir wählen ein Stabprofil, womit auch F, c und i_z gewählt sind. Diese gewählten Werte führen wir in (6.15) ein und stellen fest, was dabei herauskommt. Eine solche Wahl führen wir so lange durch, bis (6.15) so gut wie möglich erfüllt wird.

6.4 Die Berechnung von Knickstäben

Aus (6.9) können wir, indem wir auf beiden Seiten mit der Stabquerschnittsfläche F dividieren, die Beziehung

$$\frac{P_E}{F} = \frac{\pi^2\,EJ/F}{l_r^2}$$

herleiten. Daraus wird durch Einführung der *Knickspannung*

$$\sigma_K = \frac{P_E}{F},\qquad(6.16)$$

Verwendung des Trägheitsradius i, für den nach (2.50)

$$i^2 = J/F$$

gilt, und Benutzung des *Schlankheitsgrades*

$$\lambda = \frac{l_r}{i}\qquad(6.17)$$

die Formel

$$\sigma_K = \frac{\pi^2 E}{\lambda^2},\qquad(6.18)$$

welche in einer σ_K, λ-Ebene die sogenannte *Euler-Hyperbel* darstellt (Abb. 179).

Für die Eulersche Knicktheorie haben wir die Gültigkeit des Hookeschen Gesetzes, nämlich elastisches Verhalten des betreffenden Stabes vorausgesetzt. Demnach kann die Euler-Hyperbel nur so lange gültig sein, wie $\sigma_K \leqq |\sigma_{dP}|$ ist. Das hat zur Folge, daß wir bei der Anwendung von (6.18) darauf zu achten haben, ob der Schlankheitsgrad des betreffenden Knickstabs oberhalb des Grenzwertes

$$\lambda_P = \pi \sqrt{\frac{E}{|\sigma_{dP}|}}\qquad(6.19)$$

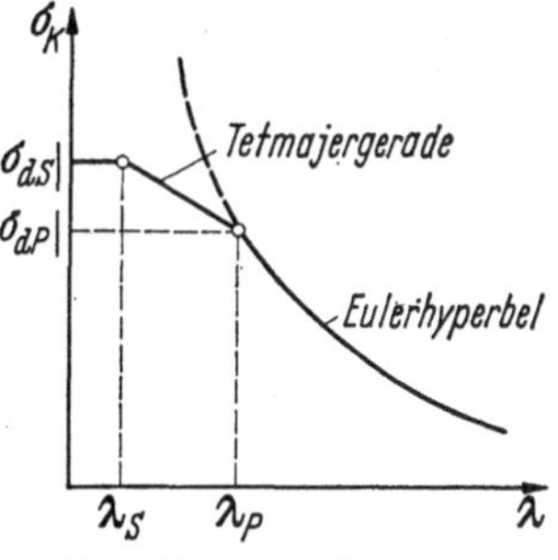

Abb. 179. σ_K, λ-Diagramm.

liegt, denn nur dann ist nämlich die Benutzung von (6.18) gerechtfertigt. Für Baustahl St 37 mit $|\sigma_{dP}| = 2073$ kp/cm² und $E = 2,1 \cdot 10^6$ kp/cm² erhalten wir aus (6.19) $\lambda_P \approx 100$. Für Holz hat λ_P etwa den gleichen Wert.

Sobald $\lambda_S \leqq \lambda \leqq \lambda_P$ ist, hat an die Stelle von (6.18), wie in Abb. 179 gezeigt, die sogenannte *Tetmajer-Gerade* zu treten. Sie basiert auf Versuchsergebnissen und entspricht dem linearen Gesetz

$$\sigma_K = \alpha - \beta \lambda.\qquad(6.20)$$

Dessen Koeffizienten α und β sind dimensionsbehaftete Materialkonstanten, die experimentell ermittelt worden sind. Wir haben z. B. für sie folgende Angaben:

Tabelle 3

Werkstoff	α [kp/cm²]	β [kp/cm²]	λ_S	λ_P
Stahl 37	2891	8,175	60	100
Stahl 52	5891	38,175	60	100
Nadelholz	300	2	2	100
Eiche, Buche	375	2,5	0	100

Für $0 \leqq \lambda \leqq \lambda_S$ schließt sich an die geneigte Tetmajer-Gerade eine *horizontale* Gerade an, die z. B. für Stahl dem Gesetz

$$\sigma_K = |\sigma_{dS}|\qquad(6.21)$$

entspricht. Überhaupt können wir bei Stahl auch den Koeffizienten α und β der Tetmajer-Geraden mit Hilfe der Werkstoffkennwerte eine anschauliche Deutung geben. Wie sich aus der auf die Verhältnisse von Stahl eingerichteten Abb. 179

herauslesen läßt, ist es nämlich möglich, die Tetmajer-Gerade für diesen Werkstoff durch

$$\sigma_K = |\sigma_{\mathrm{d}S}| - \frac{|\sigma_{\mathrm{d}S}| - |\sigma_{\mathrm{d}P}|}{\lambda_P - \lambda_S}(\lambda - \lambda_S) \tag{6.22}$$

festzulegen. Die Übereinstimmung mit (6.20) liegt vor, wenn wir

$$\alpha = |\sigma_{\mathrm{d}S}| + \beta\,\lambda_S, \qquad \beta = \frac{|\sigma_{\mathrm{d}S}| - |\sigma_{\mathrm{d}P}|}{\lambda_P - \lambda_S} \tag{6.23}$$

setzen. Es sind die nachstehenden Daten bekannt:

Tabelle 4

Stahlsorte	λ_S	λ_P	$|\sigma_{\mathrm{d}S}|\,[\mathrm{kp/cm^2}]$	$|\sigma_{\mathrm{d}P}|\,[\mathrm{kp/cm^2}]$
St 37	60	100	2400	2073
St 52	60	100	3600	2073

Wir können mit ihnen auf Grund von (6.23) leicht nachrechnen, daß sich tatsächlich die für diese Stahlsorten weiter oben genannten α- und β-Werte ergeben. Für die Bemessung der Knickstäbe haben wir zu verlangen, daß stets

$$\sigma = \frac{P}{F} \leqq \frac{\sigma_K}{S} \tag{6.24}$$

sei, wobei S ein Sicherheitsbeiwert ist. Für ruhende Belastung wird er zwischen 3 und 6 gewählt. Für schwellende oder wechselnde Belastung (s. Abschn. 7) zwischen 8 und 11 oder 15 und 22.

Aus (6.24) folgt für den *Bereich* $\lambda_P \leqq \lambda$, für den (6.18) gilt, daß

$$\frac{P}{F} \leqq \frac{\pi^2 E}{S\,\lambda^2} = \frac{\pi^2 E\,i^2}{S\,l_r^2} = \frac{\pi^2 E\,J}{S\,l_r^2\,F}$$

sein muß, wobei wir noch von (6.17) und (2.50) Gebrauch gemacht haben. Dadurch gelangen wir nach einfachem Umrechnen zu der Bemessungsformel

$$J_{\mathrm{erf}} \geqq \frac{S\,P\,l_r^2}{\pi^2 E}. \tag{6.25}$$

Für den *Bereich* $\lambda_S \leqq \lambda \leqq \lambda_P$ ist für σ_K die Beziehung (6.20) zu nehmen, so daß wir aus (6.24) nun

$$\frac{P}{F} \leqq \frac{\alpha - \beta\,\lambda}{S} \tag{6.26}$$

erhalten. Diese Formel ist nicht so sehr zur Bemessung als zum Nachweis der ausreichenden Knicksicherheit eines einmal gewählten Stabes geeignet, denn in (6.26) kommen auf *beiden* Seiten Größen vor, die von der Stabwahl abhängen. Das sind F und λ. Da sie in keiner einfachen Beziehung zueinander stehen, können wir nicht ohne weiteres eine von ihnen eliminieren, so daß sich (6.26) nicht nach einer Unbekannten auflösen läßt, wie man es bei einer Bemessungsformel eigentlich wünscht.

Wenn wir in den *Bereich* $\lambda \leqq \lambda_S$ gelangen, ist bei (6.24) $\sigma_K = $ const zu setzen, wobei diese Konstante den Betrag der Quetsch- oder Bruchgrenze hat. Für Stahl gilt daher (6.21), womit (6.24) zu

$$\frac{P}{F} \leqq \frac{|\sigma_{\mathrm{d}S}|}{S} \tag{6.27}$$

führt.

Der eigentliche Rechnungsgang kann auf Grund von (6.25), (6.26) und (6.27) etwa folgendermaßen ablaufen: Wir bemessen zuerst nach (6.25). In Beachtung des errechneten J_{erf} wählen wir den Stabquerschnitt und kennen dann auch i_{vorh}. Dadurch sind wir in der Lage, $\lambda_{\text{vorh}} = l_r/i_{\text{vorh}}$ zu ermitteln. Wenn $\lambda_{\text{vorh}} \geqq \lambda_P$ ausfällt, ist die Bemessung beendet, denn wir haben dann ja (6.25) in seinem zulässigen Bereich angewandt. Stellen wir dagegen fest, daß $\lambda_{\text{vorh}} < \lambda_P$ ist, so müssen wir für den bereits mittels (6.25) ausgewählten Stab eine Nachprüfung nach (6.26) vornehmen. Zeigt es sich dabei, daß diese Ungleichung verletzt wird, so haben wir einen neuen Stab zu wählen und mit dessen Daten wieder die Formel (6.26) nachzuprüfen. Das wiederholen wir so lange, bis (6.26) durch eine entsprechende Stabwahl erfüllt wird. Sollte schließlich unsere Stabwahl zu $\lambda_{\text{vorh}} < \lambda_S$ führen, so können wir wegen (6.27) den Stab mittels

$$F_{\text{erf}} \geqq \frac{S\,P}{|\sigma_{\text{d}\,s}|} \tag{6.28}$$

auswählen. Es ist übrigens zur größeren Sicherheit üblich, mit (6.28) oder der entsprechenden Formel

$$\sigma_{\text{vorh}} = \frac{P}{F_{\text{vorh}}} \leqq \frac{|\sigma_{\text{d}\,s}|}{S} \tag{6.29}$$

zusätzlich den Nachweis der ausreichenden Knickstabbemessung selbst dann noch zu führen, wenn man sich nach (6.25) oder (6.26) schon abgesichert hatte.

Falls wir (6.26) zur Bemessung geeignet machen wollen, müssen wir diese Formel in

$$F_{\text{erf}} \geqq \frac{S\,P}{\alpha - \beta\,\lambda_{\text{gesch}}} \tag{6.30}$$

umrechnen und auf der rechten Seite mit einem *geschätzten* λ_{gesch} arbeiten. Nach der Wahl des Querschnittes, die auf Grund von F_{erf} vorgenommen werden kann, haben wir nachzuprüfen, ob λ_{vorh} etwa gleich λ_{gesch} ist. Falls das nicht genügend gut erfüllt sein sollte, haben wir die Rechnung probierend und durch neue Querschnittswahl verbessernd so lange zu wiederholen, bis die Übereinstimmung von λ_{vorh} mit λ_{gesch} ausreichend wird.

Beispiel. Eine Stahlstütze aus St 37 mit IPB-Profil soll für $P = 60$ Mp, $l_r = 5$ m, $S = 3,5$ als Knickstab bemessen werden. $E = 2,15 \cdot 10^6$ kp/cm². Wir rechnen zuerst nach (6.25) und erhalten

$$J_{\text{erf}} \geqq \frac{3,5 \cdot 60\,000 \cdot 250\,000}{\pi^2 \cdot 2\,150\,000} = 2480 \text{ cm}^4.$$

Wir wählen IPB 22 mit $J_{\text{vorh}} = 2840$ cm$^4 > 2480$ cm$^4 = J_{\text{erf}}$, $i_{\min} = 5,59$ cm und $F_{\text{vorh}} = 91,1$ cm². Es ist aber

$$\lambda_{\text{vorh}} = \frac{l_r}{i_{\min}} = \frac{500}{5,59} = 90 < 100 = \lambda_P,$$

so daß wir außerhalb des Gültigkeitsbereiches von (6.25) sind und gemäß (6.26) unsere Wahl nachprüfen müssen. Wir finden mit den zu St 37 gehörenden α- und β-Werten, daß für IPB 22

$$\frac{P}{F_{\text{vorh}}} = \frac{60\,000}{91,1} = 659 \text{ kp/cm}^2 > 620 \text{ kp/cm}^2 = \frac{2891 - 8,175 \cdot 90}{3,5} \text{ kp/cm}^2 = \frac{\alpha - \beta\,\lambda_{\text{vorh}}}{S}$$

gilt. Der Bedingung (6.26) ist also nicht genügt worden. Wir wählen daher jetzt IPB 24 mit $F_{\text{vorh}} = 111$ cm², $i_{\min} = 6,11$ cm, $\lambda_{\text{vorh}} = 500/6,11 = 82$. Mit diesen Daten wird

$$\frac{P}{F_{\text{vorh}}} = \frac{60\,000}{111} = 540 \text{ kp/cm}^2 < 635 \text{ kp/cm}^2 = \frac{2891 - 8,175 \cdot 82}{3,5} \text{ kp/cm}^2 = \frac{\alpha - \beta\,\lambda_{\text{vorh}}}{S}.$$

Die Bedingung (6.26) ist nun erfüllt und die Bemessung daher abgeschlossen. Wir prüfen nur noch (6.29) nach. Das führt zu

$$\sigma_{\text{vorh}} = \frac{P}{F_{\text{vorh}}} = \frac{60\,000}{111} = 540 \text{ kp/cm}^2 < \frac{2400}{3,5} = 685 \text{ kp/cm}^2 = \frac{|\sigma_{\text{d}\,s}|}{S}.$$

Da auch (6.26) Genüge getan ist, können wir die Wahl des Profils IPB 24 für den Knickstab endgültig als ausreichend ansehen.

Es gibt noch einen weiteren Weg zur Bemessung von Knickstäben: den des ω-*Verfahrens*. Da dieses Verfahren aber im Maschinenbau *nicht* benutzt werden darf, gehen wir nicht näher darauf ein. Der daran interessierte Leser findet es in DIN 4114 dargestellt.

6.5 Mehrteilige Knickstäbe, Drillknicken und Kippen von Stäben

Bei der Bemessung von Knickstäben gibt es eine Menge von Feinheiten zu beachten, auf die bei unserem kurzen Überblick nicht ausführlich eingegangen werden konnte. So hat man z. B. darauf Rücksicht zu nehmen, daß das Ausknicken des Stabes in verschiedenen Ebenen vor sich gehen kann. Man hat sich dann für den ungünstigsten Fall zu entscheiden, denn die Schlankheit des Stabes kann für die verschiedenen Möglichkeiten des Ausknickens verschieden groß sein. Auch können *mehrteilige Druckstäbe* zur Anwendung kommen, die als *Rahmen-* oder *Gitterstäbe* ausgeführt sein mögen. Bei diesen hat man nicht nur den Stab selbst, sondern auch die *Bindebleche* und *Ausfachungen*, welche die Einzelstäbe des mehrteiligen Druckstabs miteinander verbinden, zu berechnen. Hierfür stehen Näherungsformeln zur Verfügung, die man in DIN 4114 nachlesen kann. Theoretische Betrachtungen dazu findet man in [9] auf S. 173 bis 178.

Das Ausknicken eines Stabes kann aber nicht nur infolge von axialen Druckkräften, sondern auch infolge von Torsionsmomenten eintreten. Man spricht dann vom *Drill-* oder *Torsionsknicken*. Das kleinste Torsionsmoment, von denen, die ein Ausknicken bewirken, nennt man das *kritische Torsionsmoment*.

Die Theorie des Drillknickens geht auf A. G. GREENHILL zurück. Neben R. GRAMMEL [25] u. a. hat sich in neuerer Zeit vor allem H. ZIEGLER [32] mit diesem Fragenkomplex befaßt, welcher z. B. im Zusammenhang mit Turbinenwellen von Interesse ist. ZIEGLER hat vor allem darauf aufmerksam gemacht, daß man nicht nur auf die Art der Lagerung, sondern auch sehr auf die Art der Einleitung des Torsionsmomentes achten muß, weil auch letzteres von großem Einfluß auf die Stabilität der Welle ist.

Wir wollen uns auf Wellen von der Länge l beschränken, die zwei gleiche Biegesteifigkeiten $\alpha = EJ$ besitzen. Außerdem sollen sie einem sogenannten *axialen Torsionsmoment* ausgesetzt sein, das beim Ausknicken der Welle stets axial bleibt. In diesem Fall gilt für das kritische Torsionsmoment $M_{T\,\mathrm{kr}}$ die Formel

$$M_{T\,\mathrm{kr}} = \pm\, \varkappa\, \pi\, \frac{\alpha}{l}. \tag{6.31}$$

Dabei ist $\varkappa$ ein Faktor, der von der Art der Lagerung abhängt. Wir unterscheiden nach Abb. 180 fünf Lagerfälle, für welche lautet:

Fall 1	Fall 2	Fall 3	Fall 4	Fall 5
$\varkappa = 2{,}861$	2	0	0	2

Die $\varkappa$-Werte für die Fälle 1 und 2 sind bereits richtig von GREENHILL ermittelt worden. Man spricht bei (6.31) daher auch von der *Greenhillschen Formel*.

Oft ist es von Interesse zu wissen, wann eine Welle ausknickt, die gleichzeitig unter *Druck- und Torsionsbeanspruchung* steht. Dann gibt es nämlich sowohl eine kritische Last P_{kr} als auch ein kritisches Torsionsmoment $M_{T\mathrm{kr}}$, welche miteinander funktionell verknüpft sind. Für eine kreisrunde Welle und den Lagerfall *1* ist diese Funktion in Abb. 181 aufgezeichnet worden. Eine Verallgemeinerung auf das Problem der Knickung der tordierten Welle mit Einzelkraft und *kontinuierlicher Längskraft* ist von H. LEIPHOLZ [33] gegeben worden.

Ein Balken, der auf Biegung beansprucht wird, möge einen konstanten Querschnitt mit Hauptachsen von sehr verschiedenen Trägheitsmomenten besitzen. Seine

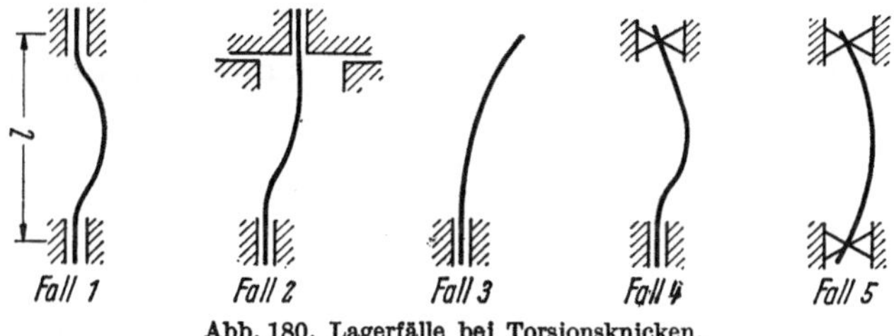

Abb. 180. Lagerfälle bei Torsionsknicken.

Biegungsebene falle mit der Ebene der größten Biegesteifigkeit zusammen. Ein solcher Balken weicht senkrecht zur Biegungsebene aus, sobald die Belastung einen gewissen kritischen Betrag überschreitet. Dieses Ausweichen wird *Kippen* des Balkens genannt.

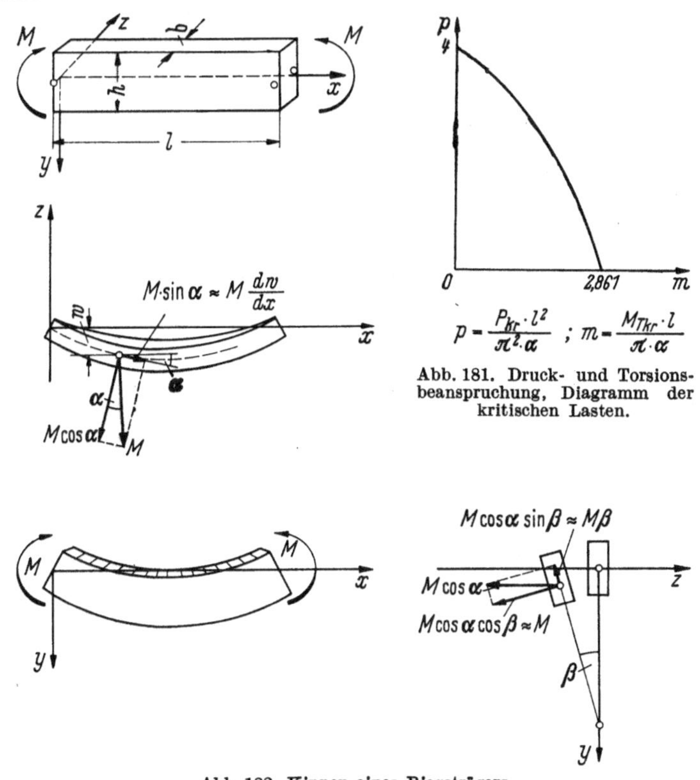

Abb. 181. Druck- und Torsionsbeanspruchung, Diagramm der kritischen Lasten.

Abb. 182. Kippen eines Biegeträgers.

Wir wollen den Fall der Beanspruchung eines Stabes mit Rechteckquerschnitt durch ein reines Biegemoment betrachten (Abb. 182). Für ihn gilt das Differentialgleichungssystem

$$EJ_z \frac{\mathrm{d}^2 v}{\mathrm{d}x^2} = -M\cos\alpha\cos\beta, \qquad EJ_y \frac{\mathrm{d}^2 w}{\mathrm{d}x^2} = -M\cos\alpha\sin\beta, \qquad GJ_T \frac{\mathrm{d}\beta}{\mathrm{d}x} = M\sin\alpha,$$

welches wegen der Kleinheit der Winkel, nämlich wegen $\sin\alpha \approx \alpha = \mathrm{d}w/\mathrm{d}x$, $\sin\beta \approx \beta$, $\cos\alpha \approx 1$, $\cos\beta \approx 1$ in

$$EJ_z\frac{\mathrm{d}^2v}{\mathrm{d}x^2} = -M\,, \qquad EJ_y\frac{\mathrm{d}^2w}{\mathrm{d}x^2} = -M\,\beta\,, \qquad GJ_T\frac{\mathrm{d}\beta}{\mathrm{d}x} = M\,\frac{\mathrm{d}w}{\mathrm{d}x}$$

übergeht.

Wir werden davon die zweite und dritte Gleichung benutzen: Aus der dritten erhalten wir durch Differentiation

$$GJ_T\frac{\mathrm{d}^2\beta}{\mathrm{d}x^2} = M\,\frac{\mathrm{d}^2w}{\mathrm{d}x^2}\,. \tag{6.32}$$

Die zweite liefert noch

$$\frac{\mathrm{d}^2w}{\mathrm{d}x^2} = -\frac{M\,\beta}{EJ_y}\,, \tag{6.33}$$

so daß wir schließlich durch Einsetzen von (6.33) in (6.32) zu der einen Differentialgleichung

$$GJ_T\frac{\mathrm{d}^2\beta}{\mathrm{d}x^2} = -\frac{M^2\,\beta}{EJ_y} \tag{6.34}$$

für β gelangen. Ihre allgemeine Lösung lautet

$$\beta = C_1\sin\varkappa\,x + C_2\cos\varkappa\,x\,, \qquad \varkappa = M/[GJ_T\,EJ_y]^{1/2}\,. \tag{6.35}$$

Die Integrationskonstanten folgen aus den Randbedingungen

$$\beta = 0 \quad \text{für} \quad x = 0 \quad \text{und} \quad x = l\,.$$

Diese verlangen gemäß (6.35), daß

$$C_2 = 0\,, \qquad C_1\sin\varkappa\,l = 0$$

sei. Damit C_1 von Null verschieden und die Lösung (6.35) nichttrivial wird, muß

$$\sin\varkappa\,l = 0\,, \quad \text{bzw.} \quad \varkappa = \frac{n\,\pi}{l}\,, \quad n = 1, 2, 3, \ldots,$$

gelten. Wegen der Bedeutung von $\varkappa$ gemäß (6 35) und mit $n = 1$ erhalten wir für das kritische Biegemoment, welches das Kippen verursacht,

$$M_{\mathrm{kr}} = \frac{\pi\sqrt{G\,J_T\,EJ_y}}{l}\,. \tag{6.36}$$

Wird der Stab durch eine Einzelkraft P statt durch ein Moment auf Biegung beansprucht, so ergibt sich als kritischer Wert P_{kr} der Einzelkraft z. B.

für den einseitig eingespannten Stab: $P_{\mathrm{kr}} = 4{,}013\,\sqrt{GJ_T\,EJ_y}/l^2$,

für den beidseits gestützten Stab

mit der Kraft in der Mitte: $P_{\mathrm{kr}} = 2{,}115\,\sqrt{GJ_T\,EJ_y}/l^2$.

Das Kippen von I-Trägern wird von A und L Föppl [34] betrachtet. Man lese dort darüber nach.

6.6 Anwendung der Energiemethode

Wir gehen davon aus, daß das auf Stabilität zu untersuchende System konservativ sei, so daß es ein Potential π der inneren *und* äußeren Kräfte besitzt. Ferner nehmen wir an, daß für das betreffende System neben der trivialen auch nichttriviale Gleichgewichtslagen existieren mögen.

Die triviale Gleichgewichtslage nennen wir den *Grundzustand* des Systems und kennzeichnen alles, was sich auf ihn bezieht, mit dem Index g. Es ist daher π_g das Potential des Grundzustandes. Man kann es bei geeigneter Koordinatenwahl stets so einrichten, daß $\pi_g = 0$ wird. Das läßt sich z. B. sehr einfach beim Knickstab zeigen: Wenn wir eine der Koordinatenachsen mit der im Grundzustand unausgelenkten Stabachse zusammenfallen lassen, ist tatsächlich $\pi_g = 0$, falls wir, wie üblich, näherungsweise mit einer *unzusammendrückbaren Stabachse* rechnen. Außerdem ist aber noch $\delta\pi_g = 0$, weil π_g ja nach Voraussetzung zu einer Gleichgewichtslage gehören soll. Diese Aussage ist nichts anderes als eine spezielle Formulierung des Prinzips der virtuellen Arbeit.

Nun sei π das Potential einer nichttrivialen Gleichgewichtslage. Wir können diese Größe entwickeln und erhalten, wenn wir die Entwicklung mit der zweiten Variation von π_g abbrechen,

$$\pi = \pi_g + \delta\pi_g + \tfrac{1}{2}\,\delta^2\pi_g. \tag{6.37}$$

Wegen unserer Voraussetzungen sind jedoch

$$\pi_g = 0, \qquad \delta\pi_g = 0, \tag{6.38}$$

so daß wir einfach

$$\pi = \tfrac{1}{2}\,\delta^2\pi_g \tag{6.39}$$

erhalten.

Da π zu einer nichttrivialen Gleichgewichtslage gehören soll, muß nach dem Prinzip der virtuellen Arbeit

$$\delta\pi = 0 \tag{6.40}$$

und damit nach (6.39)

$$\delta(\delta^2\pi_g) = 0 \tag{6.41}$$

gelten.

Wir können (6.41) als das grundlegende *Stabilitätskriterium* der Energiemethode ansehen. Es gibt uns den Grenzzustand zwischen Stabilität und Instabilität und liefert daher die jeweilige kritische Last. Denn mit (6.41) ist auch (6.40) erfüllt. Damit ist sichergestellt, daß π das Potential einer nichttrivialen Gleichgewichtslage ist. Wenn es demnach eine solche neben der trivialen Gleichgewichtslage gibt, so ist letztere indifferent. In einer indifferenten Gleichgewichtslage befindet man sich aber auf der Grenze zwischen Stabilität und Instabilität.

Da sich das Potential π der nichttrivialen Gleichgewichtslage meistens leicht herstellen läßt, wird man bei der praktischen Durchführung der Stabilitätsrechnung in einem solchen Fall besser mit dem Kriterium (6.40) arbeiten. Es besagt nämlich, daß π in der nichttrivialen Gleichgewichtslage einen Extremwert annimmt, und auf Grund dieser Aussage ist man in der Lage, näherungsweise zu rechnen, d. h. das sehr bequeme *Ritzsche Verfahren* anzuwenden.

In einigen Fällen, z. B. gerade beim Knickstab, wird (6.41) erfüllt, wenn

$$\delta^2\pi_g = 0 \tag{6.42}$$

ist. Man hat dann die Möglichkeit, diese einfachere Bedingung an Stelle von (6.41) und, wegen (6.39), (6.42), auch

$$\pi = 0 \tag{6.43}$$

statt (6.40) zu verwenden. Man muß nur beachten, daß (6.42), (6.43) zwar sicher für den Knickstab gelten, aber nicht so allgemein wie (6.40), (6.41) für alle möglichen anderen elastischen Systeme benutzt werden dürfen.

Wir wollen jetzt näher auf den Knickstab eingehen: Dazu betrachten wir Abb. 183. An der Stelle x beträgt die auf den Stab wirkende Längskraft

$$L(x) = P + \int_x^l q(\xi)\, \mathrm{d}\xi.$$

Infolge der Auslenkung der Stabachse beim Übergang des Stabes von der trivialen in die nichttriviale Gleichgewichtslage wird von der Längskraft insgesamt die Arbeit

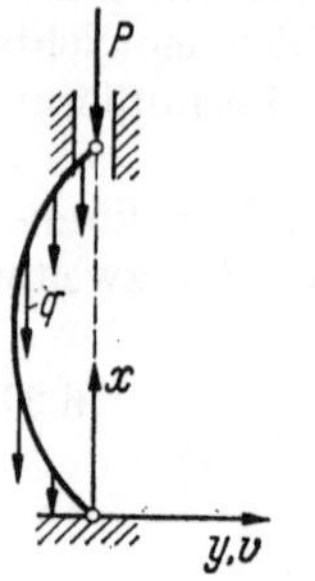

$$\int_0^l L(x)\,(\mathrm{d}s - \mathrm{d}x) = \int_0^l \left(P + \int_x^l q(\xi)\,\mathrm{d}\xi\right)\left(\sqrt{1 + v'^2(x)} - 1\right)\mathrm{d}x$$

geleistet, wenn wir, wie schon weiter oben gesagt, die Stabachse als unzusammendrückbar ansehen. Wir können näherungsweise

$$\sqrt{1 + v'^2(x)} \approx 1 + \tfrac{1}{2}v'^2(x)$$

setzen, womit wir für die Arbeit der äußeren Kräfte

$$\tfrac{1}{2}\int_0^l \left(P + \int_x^l q(\xi)\,\mathrm{d}\xi\right)v'^2(x)\,\mathrm{d}x$$

Abb. 183. Knickstab mit Einzelkraft und verteilter Belastung.

erhalten. Auf Grund des bekannten Zusammenhangs zwischen Arbeit und Potential können wir für das Potential π_a der äußeren Kräfte

$$\pi_a = -\tfrac{1}{2}\int_0^l \left(P + \int_x^l q(\xi)\,\mathrm{d}\xi\right)v'^2(x)\,\mathrm{d}x$$

setzen. Das Potential π_i der inneren Kräfte lautet, wenn wir wieder nur den Einfluß der Biegung berücksichtigen, entsprechend zu (3.18), hier aber für veränderliches Trägheitsmoment,

$$\pi_i = \tfrac{1}{2}E\int_0^l J\, v''^2(x)\,\mathrm{d}x.$$

Wegen $\pi = \pi_i + \pi_a$ haben wir demnach für das Potential der nichttrivialen Gleichgewichtslage des Stabes den Ausdruck

$$\pi = \tfrac{1}{2}\left\{E\int_0^l J\, v''^2(x)\,\mathrm{d}x - \int_0^l \left(P + \int_x^l q(\xi)\,\mathrm{d}\xi\right)v'^2(x)\,\mathrm{d}x\right\}. \qquad (6.44)$$

Wenn $q \equiv 0$ ist, kann man (6.44) z. B. vorteilhaft für das Kriterium (6.43) benutzen. Man erhält auf diese Weise für die kritische Last P_{kr} die *Rayleighsche Formel*

$$P_{\mathrm{kr}} = \frac{E\int_0^l J\, v''^2(x)\,\mathrm{d}x}{\int_0^l v'^2(x)\,\mathrm{d}x}, \qquad (6.45)$$

welche man näherungsweise dadurch auswerten kann, daß man über $v(x)$ plausible Annahmen trifft.

Etwas allgemeiner ist es, wenn wir gemäß (6.40) vorgehen. Wir machen dazu für v den Näherungsansatz

$$v = \sum_{i=1}^{n} c_i\, v_i, \qquad (6.46)$$

bei dem die c_i unbestimmte Ansatzkoeffizienten und die v_i beliebig wählbare Funktionen sind, die aber den Randbedingungen des betreffenden Knickproblems genügen sollten.[1]

Da (6.44) durch Einführung von (6.46) zu einer Funktion der Parameter c_i wird, können wir für (6.40) auch

$$\delta\pi = \frac{\partial\pi}{\partial c_i}\,\delta c_i = 0$$

setzen. Wegen der Willkür der Variationen δc_i folgt daraus

$$\frac{\partial\pi}{\partial c_i} = 0, \quad i = 1, 2, \ldots, n. \tag{6.47}$$

Man nennt (6.47) das System der *Ritzschen Gleichungen* und entsprechend (6.46) einen *Ritz-Ansatz*. Es ist bemerkenswert, daß aus (6.47) für $n = 1$ gerade wieder die für v_1 statt für v geschriebene Rayleighsche Formel wird.

Beispiel 1. Der Knickstab von Abb. 173, Fall 1, mit der Länge l und $E = \text{const}$, $J = \text{const}$ soll mit Hilfe von (6.45) berechnet werden.

Wir treffen für $v(x)$ die Annahme

$$v(x) \approx c\,x(x - l),$$

wobei c ein unbestimmter Koeffizient ist. Das ergibt

$$v'(x) \approx c(2x - l), \quad v''(x) \approx 2c,$$

womit aus (6.45) nach einfacher Rechnung

$$P_{\mathrm{kr}} \approx \frac{EJ \int\limits_0^l 4c^2\,\mathrm{d}x}{\int\limits_0^l c^2(2x - l)^2\,\mathrm{d}x} = \frac{12\,EJ}{l^2}$$

folgt. Der exakte Wert ist $P_E = \pi^2\,EJ/l^2 = 9{,}86\,EJ/l^2$. Wir haben also eine brauchbare Näherung erhalten, die noch verbessert werden kann, indem wir einen geeigneteren Ansatz für $v(x)$ machen. Für $v(x) \approx c\,\sin\pi\,x/l$ würden wir mittels (6.45) z. B. sogar den exakten Wert P_E als kritischen Wert gewinnen.

Beispiel 2. Der an beiden Enden gelenkig gelagerte Knickstab von der Länge l soll für $E = \text{const}$, $J = \text{const}$, $q = \text{const}$, $P = 0$ mittels (6.46), (6.47) berechnet werden.

Wegen $P = 0$ haben wir mit (6.46) und $n = 2$ gemäß (6.44)

$$\pi = \frac{EJ}{2}\int\limits_0^l [c_1 v_1'' + c_2 v_2'']^2\,\mathrm{d}x - \frac{q}{2}\int\limits_0^l \{(l - x)\,[c_1 v_1' + c_2 v_2']^2\}\,\mathrm{d}x.$$

Durch Ausführung von (6.47) erhalten wir daraus das Gleichungssystem

$$EJ \int\limits_0^l [c_1 v_1'' + c_2 v_2'']\,v_1''\,\mathrm{d}x - q \int\limits_0^l \{(l - x)\,[c_1 v_1' + c_2 v_2']\,v_1'\}\,\mathrm{d}x = 0,$$

$$EJ \int\limits_0^l [c_1 v_1'' + c_2 v_2'']\,v_2''\,\mathrm{d}x - q \int\limits_0^l \{(l - x)\,[c_1 v_1' + c_2 v_2']\,v_2'\}\,\mathrm{d}x = 0.$$

Mit den Abkürzungen

$$\alpha_{ij} = EJ \int\limits_0^l v_i''\,v_j''\,\mathrm{d}x, \quad \beta_{ij} = \int\limits_0^l \{(l - x)\,v_i'\,v_j'\}\,\mathrm{d}x, \quad i, j = 1, 2, \tag{6.48}$$

können wir es als

$$c_1(\alpha_{11} - q\,\beta_{11}) + c_2(\alpha_{21} - q\,\beta_{21}) = 0,$$

$$c_1(\alpha_{12} - q\,\beta_{12}) + c_2(\alpha_{22} - q\,\beta_{22}) = 0$$

---

[1] Beim Ritzschen Verfahren genügt es, wenn die v_i nur die sogenannten *geometrischen Randbedingungen* erfüllen. Näheres dazu in [25].

schreiben. Damit es eine nichttriviale Lösung für die c_i, $i = 1, 2$, besitze, müssen wir verlangen, daß seine Koeffizientendeterminante gleich Null sei. Das führt zu der Forderung

$$\begin{vmatrix} \alpha_{11} - q\,\beta_{11} & \alpha_{21} - q\,\beta_{21} \\ \alpha_{12} - q\,\beta_{12} & \alpha_{22} - q\,\beta_{22} \end{vmatrix} = 0, \tag{6.49}$$

aus welcher die Knicklast q_{kr} als Eigenwert zu ermitteln ist.

Wenn wir

$$v_1 = \sin\frac{\pi x}{l}, \qquad v_2 = \sin\frac{2\pi x}{l}$$

wählen, erfüllen wir mit diesen Funktionen die Randbedingungen des gelenkig gelagerten Knickstabes. Aus (6.48) erhalten wir mit ihnen

$$\alpha_{11} = EJ\,\pi^4/2\,l^3, \qquad \beta_{11} = \pi^2/4,$$
$$\alpha_{12} = \alpha_{21} = 0, \qquad \beta_{12} = \beta_{21} = 20/9,$$
$$\alpha_{22} = EJ \cdot 8\pi^4/l^3, \qquad \beta_{22} = \pi^2.$$

Setzen wir diese Werte in (6.49) ein und formen noch etwas um, so gelangen wir zu

$$\begin{vmatrix} \dfrac{\pi^4}{2} - \varkappa\,\dfrac{\pi^2}{4} & -\varkappa\,\dfrac{20}{9} \\ -\varkappa\,\dfrac{20}{9} & 8\pi^4 - \varkappa\,\pi^2 \end{vmatrix} = 0 \tag{6.50}$$

mit

$$\varkappa = \frac{q\,l^3}{EJ}. \tag{6.51}$$

Die Knickdeterminante (6.50) läßt sich in die *charakteristische Gleichung*

$$\varkappa^2 - 124\varkappa + 1955 = 0$$

umrechnen, deren Wurzeln $\varkappa_1 = 18{,}6$, $\varkappa_2 = 105$ die Eigenwerte des Problems liefern. Der kleinste Eigenwert $\varkappa_1$ ergibt gemäß (6.51) als Knicklast den Wert

$$q_{kr} = \frac{18{,}6\,EJ}{l^3}.$$

Da der exakte Wert $q_{kr} = 18{,}57\,EJ/l^3$ beträgt, wie man auf andere Weise finden kann, sehen wir, daß unsere Näherungsrechnung erfreulich genau gewesen ist.

Beispiel 3. Die in Abb. 184 gezeigte allseits frei gestützte Rechteckplatte werde durch die Randkräfte D auf Knicken beansprucht. Man berechne D_{krit} nach der energetischen Methode.

Für die ausgelenkte Platte ist

$$\pi = \frac{N}{2} \int\limits_F \left[w_{xx}^2 + w_{yy}^2 + 2\nu\,w_{xx}w_{yy} + \right.$$
$$\left. + 2(1-\nu)\,w_{xy}^2 - \frac{D}{N}\,w_x^2 \right] dF. \tag{6.52}$$

Dabei haben wir das Integral über die gesamte Fläche F der Platte auszuführen, und es sind

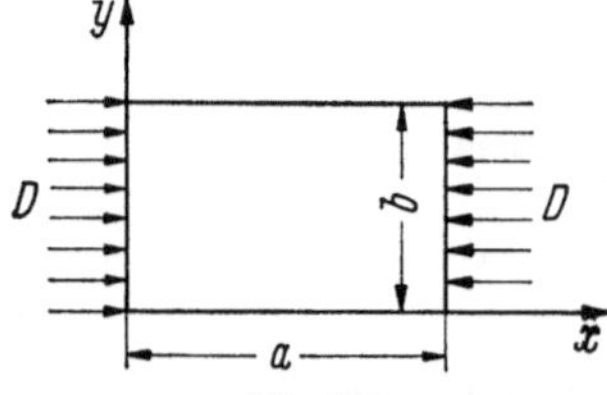

Abb. 184
Auf Beulen beanspruchte Platte.

$$w_{xx} = \frac{\partial^2 w}{\partial x^2}, \qquad w_{yy} = \frac{\partial^2 w}{\partial y^2}, \qquad w_{xy} = \frac{\partial^2 w}{\partial x\,\partial y}, \qquad w_x = \frac{\partial w}{\partial x}.$$

Die Bedingung (6.40) erfüllen wir für (6.52) näherungsweise, indem wir

$$w(x, y) = \sum_m \sum_n c_{mn} \sin\frac{m\pi x}{a} \sin\frac{n\pi y}{b} \tag{6.53}$$

setzen. Dieser Ansatz genügt allen Randbedingungen.

Gehen wir mit (6.53) in (6.52) ein, so erhalten wir nach Ausführung der Integration

$$\pi \approx \frac{a\,b}{8}\,N \sum_m \sum_n c_{mn}^2 \left(\frac{m^2\pi^2}{a^2} + \frac{n^2\pi^2}{b^2} \right)^2 - \frac{a\,b}{8}\,D \sum_m \sum_n c_{mn}^2\,\frac{m^2\pi^2}{a^2}.$$

Jetzt können wir entsprechend (6.47) anwenden, nämlich

$$\frac{\partial \pi}{\partial c_{mn}} = 0$$

für alle c_{mn} ausführen. Das ergibt

$$\frac{a\,b}{4}\, N\, c_{mn} \left(\frac{m^2\,\pi^2}{a^2} + \frac{n^2\,\pi^2}{b^2} \right)^2 - \frac{a\,b}{4}\, D\, c_{mn}\, \frac{m^2\,\pi^2}{a^2} = 0. \qquad (6.54)$$

Damit (6.53) nichttrivial wird, muß $c_{mn} \neq 0$ gelten. Wir können infolgedessen aus (6.54)

$$D_{\mathrm{kr}} = \frac{k\,\pi^2\,N}{b^2}, \qquad k = (\xi + \xi^{-1})^2, \qquad \xi = \frac{m\,b}{a} \qquad (6.55)$$

errechnen, wobei wir zuvor $n = 1$ gesetzt haben, um für D_{kr} den kleinstmöglichen Wert zu erhalten. Das ist aber noch nicht ganz geschafft, denn wir müssen nun noch das Minimum von D_{kr} bezüglich ξ suchen. Es ergibt sich auf Grund von $\mathrm{d}k/\mathrm{d}\xi = 0$ für $\xi = 1$. Im allgemeinsten Fall, mit $a/b \neq 1$, bedeutet es, daß man für m diejenige ganze Zahl zu nehmen hat, die dem Seitenverhältnis a/b der Platte am nächsten ist. Für den Sonderfall $a/b = 1$, also für die quadratische Platte, wird dann $k = 4$, so daß schließlich

$$D_{\mathrm{kr,\,min}} = \frac{4\,\pi^2\,N}{b^2}$$

die kleinste Knicklast für diese Platte ist.

Abschließend sei das Folgende bemerkt: Die energetische Methode ist zwar sehr geeignet für die näherungsweise Lösung von Stabilitätsproblemen bei komplizierten Belastungen, veränderlichen Querschnitten, d. h. also bei sehr allgemeinen Bedingungen. Man darf aber nicht übersehen, daß ihre Anwendbarkeit begrenzt ist. Einzelheiten darüber findet man in [28].

7. Dauerfestigkeit

7.1 Die Beanspruchungen

In den vorangegangenen Abschnitten haben wir stillschweigend vorausgesetzt, daß die auf den elastischen Körper wirkende Belastung jeweils *ruhend* ist. Damit haben wir eine sinnvolle Einschränkung unserer Überlegungen vorgenommen, denn wir wollten ja im Bereich der Elastostatik verbleiben. Es gibt aber z. B. im Maschinenbau und auch anderswo häufig Belastungen, die nichtruhend sind. Wir wollen uns daher jetzt mit diesen soweit befassen, als wir damit noch nicht in das Gebiet der Elastokinetik eindringen, d. h. Trägheitskräfte berücksichtigen müssen, und eine Beschäftigung mit ihnen ist notwendig, weil es sich dabei um Belastungen handelt, welche in der Praxis von großer Bedeutung sind.

Wir unterscheiden in diesem Sinn gemäß Abb. 185 zwischen *ruhender* bzw. *zügiger Belastung*, wie sie üblicherweise den Gegebenheiten der Elastostatik zugrunde gelegt wird, und *wechselnder Belastung*, welche ihrerseits *glatt* oder *stoßartig periodisch* sowie *unperiodisch* sein kann. Wir wollen uns insbesondere auf die *glatt periodisch wechselnden Belastungen* konzentrieren, welche häufig dem Betriebszustand von Bauteilen im Maschinenbau entsprechen. Man denke z. B. nur an die wechselnde Biegebeanspruchung von rotierenden Wellen unter Gewichtskräften (Abb. 186). Aber auch Zug-, Druck- oder Torsionsbeanspruchungen können wechselnd sein. Bei derartigen Belastungen können wir noch zwischen der *eigentlich wechselnden* und der *schwellenden* unterscheiden (Abb. 187).

Bei ersteren haben *Oberspannung* σ_o und *Unterspannung* σ_u verschiedenes, bei letzteren gleiches Vorzeichen. Der Wechsel der Belastung spielt sich um die *Mittel-*

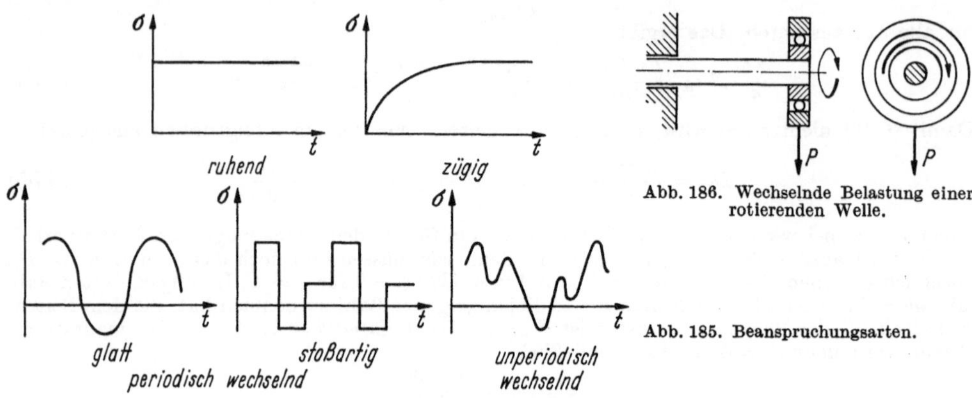

Abb. 186. Wechselnde Belastung einer rotierenden Welle.

Abb. 185. Beanspruchungsarten.

spannung $\sigma_m = (\sigma_o + \sigma_u)/2$ herum ab. Dabei erfährt die Belastung eine *Amplitude* von dem Betrag $\sigma_a = |\sigma_o - \sigma_u|/2$. Je größer σ_a gegenüber $|\sigma|_{\mathrm{max}}$ ist, um so gefährlicher ist die betreffende wechselnde Belastung für den ihr unterworfenen Bauteil.

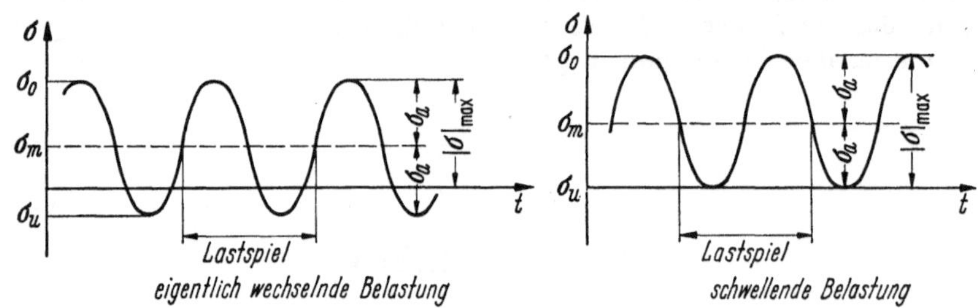

Abb. 187. Periodisch wechselnde Belastung.

Demnach ist in Abb. 188 die linke, eigentlich wechselnde Belastung gefährlicher als die rechte, schwellende.

In jedem Fall aber ist die wechselnde Belastung für einen Bauteil sehr viel gefährlicher als die ruhende. Deshalb ist es wichtig, der wechselnden Belastung genügend Beachtung zu schenken. Man erkennt diese Gefährlichkeit daran, daß der Bauteil unter ihr nach einer gewissen Anzahl von *Lastspielen* bereits bei einer Beanspruchung zu Bruch geht, die oft weit unter derjenigen liegt, welche er bei ruhender Beanspruchung gerade noch ausgehalten hätte.

Während bei ruhender Belastung die Festigkeit eines Bauteils nur von seiner Gestalt, der Werkstoffart und der Art seiner Belastung abhängt, spielen bei der wechselnden Belastung

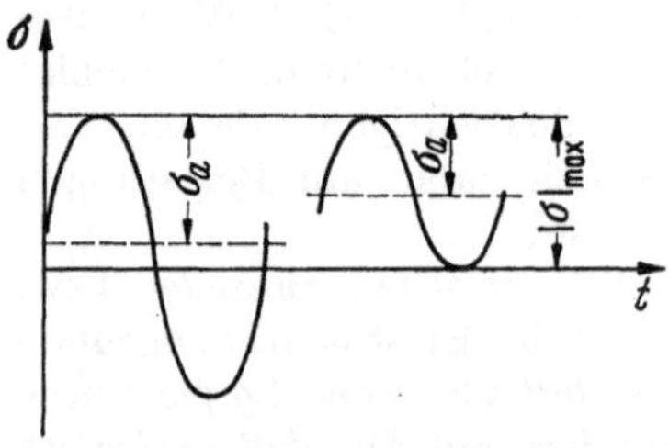

Abb. 188. Zum Einfluß der Amplitude auf die Bedeutung der wechselnden Belastung.

noch die *Lastspielzahl* sowie *Oberflächengüte* und *Korrosionszustand* eine große Rolle. Auch ist die Kerbempfindlichkeit bei der Durchführung einer Festigkeitsberechnung für wechselnde Belastung ebenso wie bei ruhender zu berücksichtigen.

7.2 Der Bruchvorgang

Die durch wechselnde Beanspruchung verursachten Brüche werden, je nachdem wie groß die Lastspielzahl gewesen ist, bei der sie eintraten, *Zeit-* oder *Dauerbrüche* genannt. Die Zeitbrüche, die bei wenig Lastspielen, aber hohen Beanspruchungen erfolgen, haben noch etwa die Merkmale der für ruhende Belastung in Abschn. 1.4 geschilderten Brüche. Beim Dauerbruch haben wir dagegen andere typische Erscheinungen, die zwar nicht immer ganz ausgeprägt, aber doch so häufig und charakteristisch sind, daß wir sie hier als die grundsätzlichen schildern wollen: Infolge der betragsmäßig kleinen, aber wechselnden Beanspruchung bildet sich im betreffenden Querschnitt zunächst eine von außen nach innen vordringende Zone von Mikrorissen aus. Es ist die sogenannte *Dauerbruchzone* (Abb. 189). Sie beginnt an immer vorhandenen Werkstoffehlern oder Ecken, Kanten und Kerben des Querschnittes und besitzt eine verfärbte, geschwärzte, feinkörnige, fast glatte Oberfläche. Wenn die wechselnde Beanspruchung klein genug ist, kommt die Ausbildung der Dauerbruchzone rechtzeitig zum Stillstand, so daß der Bauteil tragfähig bleibt und womöglich sogar eine beliebig große Zahl von Lastspielen verträgt.

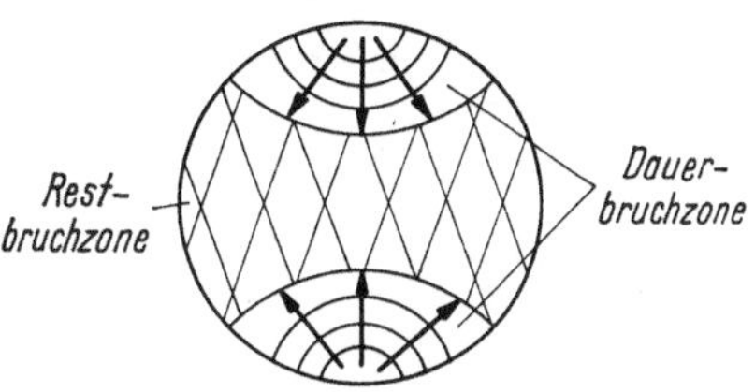

Abb. 189. Dauerbruch, schematisch.

Über die Entstehung der Dauerbruchzone gibt es eine Vielzahl von Theorien, z. B. macht man die Kerbwirkung zwischen den Kristalliten für die Entstehung der Mikrorisse verantwortlich. In neuerer Zeit versucht man die Erklärung an Hand der Versetzungstheorie mittels des *Bauschinger-Effektes.* Man kann über ihn entsprechende Angaben in [3] auf S. 184 bis 186 nachlesen. Bei L. SORS [35] findet man zu dem Thema „Dauerbruchzone" noch weitere Ausführungen und Literaturangaben.

Ist die wechselnde Beanspruchung groß genug, so weitet sich die Dauerbruchzone so sehr aus, daß der Querschnittsrest nicht mehr tragfähig bleibt. In dieser *Restbruchzone* findet daher plötzlich der Bruch statt, welcher ganz entsprechend zum Trennbruch der ruhenden Belastung ist. Die Restbruchzone hat infolgedessen ein ganz anderes Aussehen als die Dauerbruchzone: Sie ist mehr oder weniger grobkörnig und glänzend, so wie man es beim Bruch spröder Werkstoffe antrifft.

Die Gefährlichkeit des Dauerbruchs ist ebenso groß wie die der gefürchteten Spröd- oder Trennbrüche, denn der Dauerbruch tritt wie diese ohne merkliche Formänderung des Materials ein. Er erfolgt daher ganz plötzlich ohne sichtbare Ankündigung, welche eine Vorwarnung wäre. Das macht ihn so unangenehm.

7.3 Dauerfestigkeitsdiagramme

Die ersten Versuche zur Dauerfestigkeit sind von A. WÖHLER ausgeführt worden. Ihre Ergebnisse wurden später von C. BACH aufgegriffen. Von diesen stammt auch die früher sehr übliche Aufteilung der zulässigen Beanspruchungen für Stahl in diejenigen für *Fall I* bei ruhender, für *Fall II* bei eigentlich wechselnder und für *Fall III* bei schwellender Belastung.

Die Ergebnisse der Dauerfestigkeitsversuche werden in der sogenannten *Wöhler-Kurve* aufgetragen (Abb. 190). Abszissenwerte sind die Logarithmen der Lastspielzahlen N, bei denen gerade der Bruch der Probe eingetreten ist, Ordinatenwerte sind diejenigen Spannungsamplituden σ_a, denen die Probe während der N Lastspiele, die zum Bruch geführt haben, ausgesetzt war. Wie wir schon wissen, spielt für die Festigkeit der Probe das Verhältnis von σ_a zu $|\sigma|_{\mathrm{max}}$ eine große Rolle. Da $|\sigma|_{\mathrm{max}} = |\sigma_m| + \sigma_a$ ist, wird die einzelne Wöhler-Kurve in ihrem Verlauf also von $|\sigma_m|$ abhängen. Es ist daher notwendig, diese Abhängigkeit von $|\sigma_m|$ dadurch zu berücksichtigen, daß man eine Vielzahl von Wöhler-Kurven aufnimmt, jeweils eine für jeden möglichen Wert des Parameters $|\sigma_m|$. Da solch eine Sammlung von Wöhler-Kurven wenig übersichtlich ist, hat man es unternommen, andere Darstellungen zu benutzen.

Die eine Darstellung stammt von HAIGH. Sein Diagramm entsteht dadurch, daß man die aus den Wöhler-Kurven entnommenen *Dauerfestigkeiten* σ_A über den

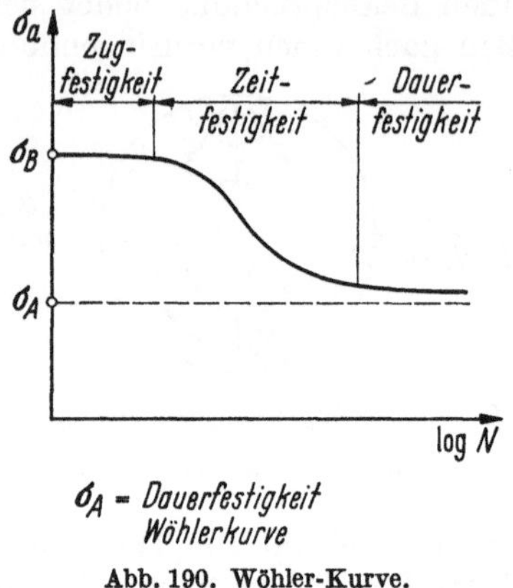

Abb. 190. Wöhler-Kurve.

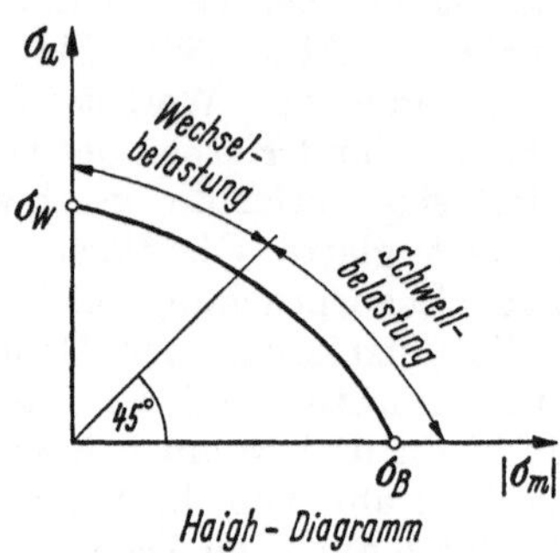

Abb. 191. Haigh-Diagramm.

zugehörigen $|\sigma_m|$-Werten aufträgt (Abb. 191). Die Dauerfestigkeiten σ_A sind diejenigen aus der betreffenden Wöhler-Kurve zu entnehmenden Spannungsamplituden σ_a, welche bei der jeweiligen Mittelspannung σ_m für unendlich viele Lastspiele ($N_\infty = \infty$) ausgehalten werden können. In der Praxis ist es üblich, für Stahl $N_\infty \approx 2 \cdot 10^6$ und für Leichtmetall $N_\infty \approx 20 \cdot 10^6$ zu setzen.

Die andere Darstellung, mit welcher die Ergebnisse der Wöhler-Kurve recht übersichtlich werden, geht auf SMITH zurück. Sein Diagramm ist mit Abb. 192 gezeigt. Man erhält es, indem man von der 45°-Linie, deren Punkte mit ihren Abszissenwerten die jeweilige Mittelspannung σ_m angeben, nach oben und unten die aus den Wöhler-Kurven entnommenen zugehörigen Dauerfestigkeiten σ_A abträgt. Dadurch erhält man in Abhängigkeit von der Mittelspannung σ_m die Kurven der gerade noch ertragbaren Ober- und Unterspannungen σ_o und σ_u. Theoretisch verlaufen die Kurven so, daß sie sich bei σ_B treffen. Praktisch muß man das Diagramm geradlinig horizontal bei σ_S bzw. $\sigma_{0,2}$ begrenzen. Wichtige Daten, die man noch dem *Smithschen Dauerfestigkeitsschaubild* entnehmen kann, sind die *Wechselfestigkeit* σ_W und die *Schwellfestigkeit* σ_{sch}.

Will man das Smithsche Diagramm in einfachster Weise konstruieren, so begnügt man sich damit, σ_W im Dauerversuch zu ermitteln. Man geht dann im übrigen wie in Abb. 193 gezeigt vor: Auf der Ordinatenachse trägt man die Bildpunkte σ_W und $-\sigma_W$ ab. Vom Bildpunkt σ_W aus zeichnet man eine 45°-Linie sowie die Verbindungslinie zum Schnittpunkt der ebenfalls unter 45° geneigten σ_m-Linie mit der σ_B-Horizontalen. Die zwischen diesen beiden Geraden verlaufende Winkelhalbierende stellt näherungsweise die σ_o-Linie bis zum Schnitt mit der σ_S- bzw. $\sigma_{0,2}$-Linie dar. Die σ_u-Linie des Diagramms erhält man entsprechend näherungsweise, indem man von der unter 45° geneigten σ_m-Linie die Abstände der σ_o-Bildpunkte von ihr nach unten abträgt. Da der Verlauf der σ_u-Linie stückweise gerade ist, genügt es, dieses Abtragen an einer Stelle durchzuführen, wie es in Abb. 193 gezeigt worden ist.

Kennt man nur σ_W und σ_S, aber nicht σ_B, so kann man z. B. für Stahl auch dadurch zu einer Näherung des Dauerfestigkeitsschaubildes gelangen, indem man

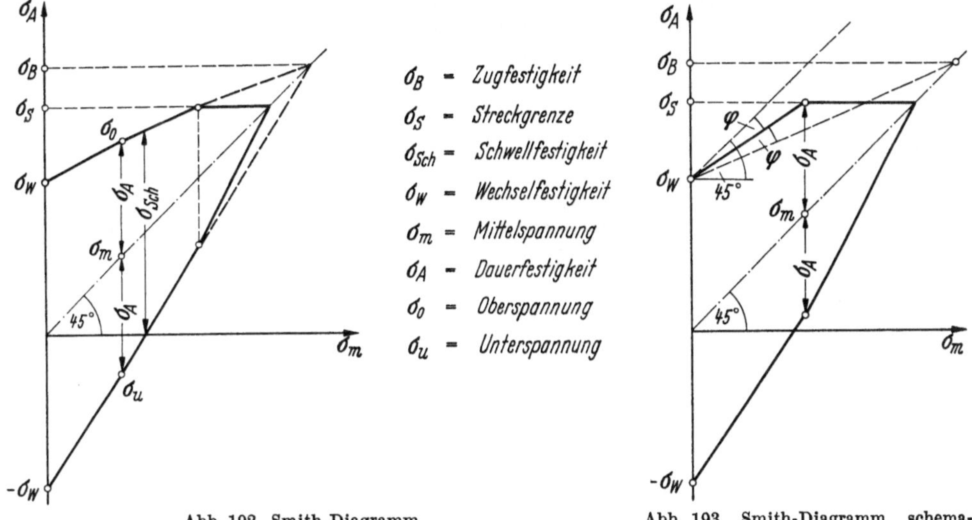

Abb. 192. Smith-Diagramm.

Abb. 193. Smith-Diagramm, schematisch.

die σ_o-Linie vom σ_W-Bildpunkt aus bis zum Schnitt mit der σ_S- bzw. $\sigma_{0,2}$-Horizontalen unter einem Winkel von 35 bis 45° zur Horizontalen verlaufen läßt. Die σ_u-Linie erhält man dann wieder durch Abtragen von σ_A von der geneigten σ_m-Geraden nach unten.

Es sei noch bemerkt, daß man das Haigh-Diagramm aus dem Smith-Diagramm dadurch erhalten kann, daß man die geneigte σ_m-Gerade um 45° weiter dreht, bis sie mit der vertikalen σ_A-Achse einen rechten Winkel bildet. Die σ_o-Kurve des Smith-Diagramms wird dadurch in die Kurve des Haigh-Diagramms verzerrt.

7.4 Berechnung

Wie schon erwähnt worden ist, sind Bauteile, welche einer wechselnden Belastung ausgesetzt werden, in eigener Weise kerbempfindlich. Das kann man dadurch berücksichtigen, daß man, einer Theorie von THUM folgend, neben der uns schon bekannten Formzahl α_k noch einen *Kerbempfindlichkeitsfaktor* η_k einführt, der als Werkstoffkonstante vorausgesetzt wird, und dessen Betrag je nach Kerbempfindlichkeit des Werkstoffs zwischen Null und Eins liegt. Die beiden Faktoren lassen sich zur *Kerbwirkungszahl*

$$\beta_k = \eta_k(\alpha_k - 1) + 1 \tag{7.1}$$

zusammenfassen. Bemerkenswert ist es, daß $\beta_k \leqq \alpha_k$ ausfällt. Will man noch den Einfluß der Oberflächenbeschaffenheit auf die Dauerfestigkeit berücksichtigen, so kann das mit Hilfe der *Oberflächenzahl* O_k geschehen. Sie beträgt bei normal geschliffener Oberfläche 1,1, bei geschlichteter 1,2 und bei einer Oberfläche mit Walz- oder Gußhaut 1,3. Demnach kann man schließlich die bei wechselnder Beanspruchung auftretende Spannungsspitze $|\sigma|_{\max}$ als

$$|\sigma|_{\max} = O_k \beta_k |\sigma_n|_{\max} \tag{7.2}$$

berechnen, wobei die Nennspannung σ_n wie bei ruhender Belastung zu ermitteln ist. Angaben über β_k nach THUM bzw. η_k nach JORDAN und MORKOVIN sowie GOGH findet man in [14] bzw. [35]. Die moderne Forschung hat allerdings zu der Meinung geführt, daß η_k wohl doch keine Werkstoffkonstante sei, womit die Thumsche Theorie fragwürdig wird. Es sind daher weitere Theorien zur Erfassung der Kerbwirkung bei wechselnder Belastung entwickelt worden, so z. B. von BOLLENRATH-TROOST, von RÜHL, von PETERSEN sowie von SIEBEL. Über sie ist in [14], z. T. auch in [35] berichtet worden.

Hat man für ein bestimmtes Problem $|\sigma|_{\max}$ ermittelt und von daher auf $\sigma_{o,\,\mathrm{vorh}}$, $\sigma_{a,\,\mathrm{vorh}}$ geschlossen, so kann die eigentliche Festigkeitsbetrachtung erfolgen. Sie besteht entweder in einem Spannungsnachweis, in einem Nachweis der eingehaltenen Sicherheiten oder in einer Bemessung, je nachdem, wie man den Gang der Rechnung aufbaut. Wir kennen das bereits und können es hier offenlassen, für welchen Weg man sich entscheidet. Ausgangspunkt für alles weitere sind jedenfalls die Forderungen

$$\sigma_{o,\,\mathrm{vorh}} \leqq \sigma_{\mathrm{zul,\,ruh}} = \begin{cases} \dfrac{\sigma_S \ \mathrm{bzw.} \ \sigma_{0.2}}{S_S} & \text{bei Fließbruch,} \\[2ex] \dfrac{\sigma_B}{S_B} & \text{bei Sprödbruch,} \end{cases} \tag{7.3}$$

$$\sigma_{a,\,\mathrm{vorh}} \leqq \sigma_{a\,\mathrm{zul,\,wech}} = \frac{\sigma_A}{S_D} \qquad \text{bei Dauerbruch.} \tag{7.4}$$

Als Sicherheiten sind etwa $S_S \approx 1{,}5 \div 2$, $S_B \approx 2 \div 4$ und mehr, $S_D \approx 2 \div 3$ zu wählen. Man kann diese Bedingungen sehr anschaulich deuten, indem man verlangt, daß die Bildpunkte der vorhandenen Spannungen in den *zulässigen Spannungsbereich* des Smithschen Diagramms fallen (Abb. 194).

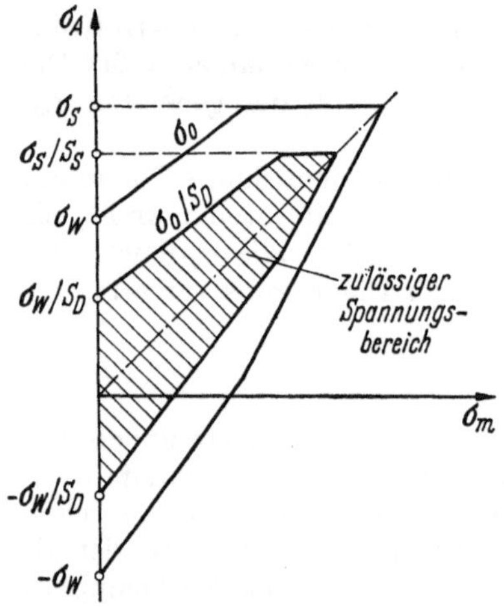

Häufig hat man es auch bei wechselnder Belastung mit *zusammengesetzter Beanspruchung* zu tun. Wir wollen uns dabei auf zweiachsige Spannungszustände mit $\sigma_y \equiv 0$, $\sigma_x = \sigma$ und $\tau_{xy} = \tau$ beschränken, wie sie z. B. beim Zusammenwirken von Biegung mit Torsion vorkommen.

Entsprechend zu (2.157), (2.162) und (2.165) haben wir dann je nach Festigkeitshypothese mit der Vergleichsspannung

$$\sigma_v = \tfrac{1}{2}\left[\sigma + \sqrt{\sigma^2 + 4(\alpha_0\,\tau^2)}\right] \tag{7.5}$$

nach der Normalspannungshypothese

$$\text{bzw.} \quad \sigma_v = \sqrt{\sigma^2 + 4(\alpha_0\,\tau)^2} \tag{7.6}$$

Abb. 194. Smith-Diagramm mit Bereich der zulässigen Spannungen.

nach der Schubspannungshypothese

$$\text{bzw.} \quad \sigma_v = \sqrt{\sigma^2 + 3(\alpha_0\,\tau)^2} \tag{7.7}$$

nach der Gestaltänderungsenergiehypothese zu arbeiten.

In diesen Formeln kommt das *Bachsche Anstrengungsverhältnis*

$$\alpha_0 = \frac{\sigma_{\mathrm{zul}} \text{ entsprechend Belastungsfall von } \sigma}{\sigma_{\mathrm{zul}} \text{ entsprechend Belastungsfall von } \tau} \tag{7.8}$$

vor, welches dazu dient, die auftretenden Schubspannungen auf den zu den Normalspannungen gehörenden Belastungsfall umzurechnen. Wenn τ von einer ruhenden, σ von einer wechselnden Belastung herrührt, ist $\alpha_0 < 1$, wenn sowohl τ als auch σ von einer ruhenden oder, beide, von einer wechselnden Belastung herrühren, ist $\alpha_0 = 1$, wenn τ von einer wechselnden, σ von einer ruhenden Belastung herrühren, ist $\alpha_0 > 1$. Schließlich ist zu verlangen, daß $\sigma_v \leqq \sigma_{zul}$ gilt. Dabei hat sich σ_{zul} nach demjenigen Belastungsfall zu richten, welcher σ verursacht. Wenn σ von einer ruhenden Belastung herkommt, ist $\sigma_{zul} = \sigma_S/S_S$ bzw. $\sigma_{0,2}/S_S$ bei Fließbruch und $\sigma_{zul} = \sigma_B/S_B$ bei Sprödbruch zu wählen. Leitet sich σ von einer wechselnden Belastung her, so ist $\sigma_{zul} = \sigma_A/S_D$ bzw. $\sigma_{zul} = \sigma_D/S_D$ mit $\sigma_D = |\sigma_m| + \sigma_A$ zu nehmen.

$$\left.\begin{array}{l}\sigma \text{ von ruhender}\\ \text{Belastung}\\[6pt] \tau \text{ von wechselnder}\\ \text{Belastung}\end{array}\right\} : \alpha_0 = \begin{cases}\dfrac{\sigma_S/S_S}{\sigma_A/S_D} \quad \text{bzw.} \quad \dfrac{\sigma_{0,2}/S_S}{\sigma_A/S_D}, & \sigma_v \leqq \begin{cases}\sigma_S/S_S\\ \text{bzw.}\\ \sigma_{0,2}/S_S\end{cases} \text{bei Fließbruch,}\\[20pt] \dfrac{\sigma_B/S_B}{\sigma_A/S_D}, & \sigma_v \leqq \dfrac{\sigma_B}{S_B} \quad \text{bei Sprödbruch,}\end{cases}$$

$$\left.\begin{array}{l}\sigma \text{ von wechselnder}\\ \text{Belastung}\\[6pt] \tau \text{ von ruhender}\\ \text{Belastung}\end{array}\right\} : \alpha_0 = \begin{cases}\dfrac{\sigma_A/S_D}{\sigma_S/S_S} \text{ bzw. } \dfrac{\sigma_A/S_D}{\sigma_{0,2}/S_S} & \begin{array}{l}\text{bei Fließbruch-}\\ \text{gefahr im Falle}\\ \text{ruhender Bela-}\\ \text{stung,}\end{array} \quad \sigma_v = \dfrac{\sigma_A}{S_D}\\[6pt] & \hspace{5em} \text{bzw.}\\[6pt] \dfrac{\sigma_A/S_D}{\sigma_B/S_B} & \begin{array}{l}\text{bei Spröd-}\\ \text{bruchgefahr im}\\ \text{Falle ruhender}\\ \text{Belastung,}\end{array} \quad \sigma_v = \dfrac{\sigma_D}{S_D} = \dfrac{|\sigma_m| + \sigma_A}{S_D},\end{cases}$$

$$\sigma, \tau \text{ von wechselnder Belastung:} \quad \alpha_0 = 1, \quad \sigma_v \leqq \frac{\sigma_A}{S_D} \quad \text{bzw.} \quad \sigma_v \leqq \frac{\sigma_D}{S_D} = \frac{|\sigma_m| + \sigma_A}{S_D}.$$

Man kann sich leicht selbst überlegen, wie man die Rechnung sinngemäß auf den Fall zu erweitern hat, bei dem sowohl σ als auch τ gleichzeitig Anteile besitzen, die von einer ruhenden wie von einer wechselnden Belastung herrühren: Man hat jeweils einen der Anteile durch den entsprechenden Anstrengungsfaktor auf denjenigen Belastungsfall von σ umzurechnen, für den man σ_{zul} festlegt.

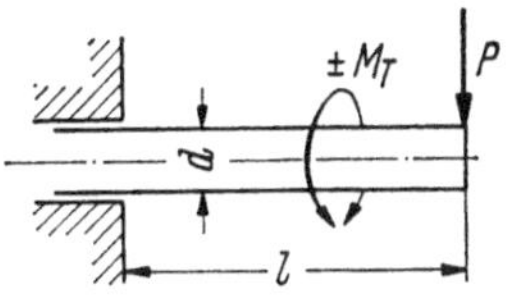

Beispiel. Der in Abb. 195 dargestellte Stab wird durch die *ruhende* Einzelkraft $P = 40$ kp auf Biegung und durch das *eigentlich wechselnde* Torsionsmoment $M_T = \pm 25$ kpm auf Verdrehen beansprucht. Man führe für $l = 1,0$ m, $d = 30$ mm den Spannungsnachweis, wenn $\sigma_{0,2} = 11\,000$ kp/cm², $\sigma_B = 13\,000$ kp/cm², $\sigma_W = 4200$ kp/cm², $S_S = 1,5$, $S_B = 2,5$, $S_D = 2,5$ gegeben sind.

Abb. 195
Welle mit ruhender und wechselnder Beanspruchung.

Es sind keine Kerben oder Querschnittsveränderungen vorhanden, also ist $\eta_k = 1$, $\alpha_k = 1$, $\beta_k = 1$, und wir setzen auch noch $O_k \approx 1$. Dann haben wir die folgenden maximalen Spannungskomponenten

$$\text{von der Biegung:} \quad \sigma = \frac{Pl}{W} = \frac{32\,Pl}{\pi\,d^3} = \frac{32 \cdot 40 \cdot 100}{\pi \cdot 27} = 1510 \text{ kp/cm}^2,$$

$$\text{von der Torsion:} \quad \tau = \frac{M_T\,d}{2\,J_p} = \frac{16\,M_T}{\pi\,d^3} = \frac{16 \cdot 2500}{\pi \cdot 27} = 472 \text{ kp/cm}^2.$$

Da wir nicht von vornherein entscheiden können, ob ein Fließbruch oder ein Sprödbruch eintreten wird, müssen wir die Sicherheit in beiden Hinsichten beurteilen. Die Vergleichsspannung haben wir daher nach (7.7) bzw. (7.5) zu berechnen. Die zulässige Beanspruchung müssen wir nach dem Belastungsfall von σ, also hier für ruhende Belastung, auswählen.

Sicherheit gegen Fließen ist gegeben:

$$\alpha_0 = \frac{\sigma_{0,2}/S_S}{\sigma_W/S_D} = \frac{11\,000}{1,5} \frac{2,5}{4200} \approx 4,4,$$

$$\sigma_v = \sqrt{1510^2 + 3(4,4 \cdot 472)^2} \approx 3900 \text{ kp/cm}^2 < \frac{11\,000}{1,5} = 7300 \text{ kp/cm}^2.$$

Sicherheit gegen Sprödbruch ist gegeben:

$$\alpha_0 = \frac{\sigma_B/S_B}{\sigma_W/S_D} = \frac{13\,000}{2,5}\,\frac{2,5}{4200} = 3,1,$$

$$\sigma_v = \frac{1510}{2} + \frac{1}{2}\sqrt{1510^2 + 4\,(3,1\cdot 472)^2} \approx 2395\ \mathrm{kp/cm^2} < \frac{13\,000}{2,5} = 5200\,\frac{\mathrm{kp}}{\mathrm{cm^2}}.$$

Aus dem Vergleich der jeweils vorhandenen Vergleichsspannungen mit den zugehörigen zulässigen Spannungen

$$\text{bei Fließen:}\qquad S = \frac{7300}{3900} = 1,87,$$

$$\text{bei Sprödbruch:}\qquad S = \frac{5200}{2395} = 2,17$$

ergibt sich, daß das Versagen durch Fließbruch zu erwarten ist.

8. Kontaktprobleme

8.1 Die Hertzsche Theorie

Die von H. HERTZ ausgehende Theorie, welche zur Grundlage für eine *Theorie der Härte* und des *Kontaktes von Körpern* geworden ist, läßt sich am einfachsten für die Pressung zwischen zwei Kugeln darstellen. Wir wollen daher diesem Gang der Gedanken folgen und erst später Verallgemeinerungen der Theorie erwähnen, welche für die praktische Anwendung in der Technik von Bedeutung sind.

Das wesentliche Element der Theorie ist die *Formel von* BOUSSINESQ, welche für den durch eine Einzelkraft belasteten elastischen Halbraum gilt (Abb. 196). Infolge der Wirkung von P erfährt der Punkt Q des Halbraums eine Verschiebung nach Q'. Wir werden uns im folgenden nur für die vertikalen Verschiebungskomponenten w interessieren. Sie lauten nach BOUSSINESQ

$$w = \frac{P(1 - \nu^2)}{\pi E r} \quad \text{für} \quad z = 0. \tag{8.1}$$

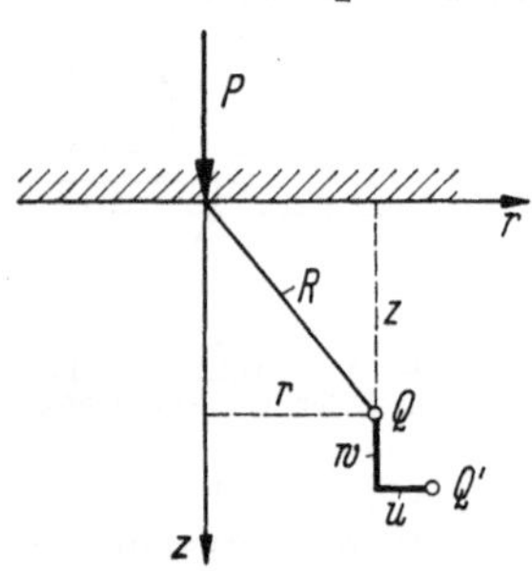

Abb. 196
Halbraum mit Einzelkraft.

Durch diese Formel sind also die vertikalen Absenkungen derjenigen Punkte gegeben, welche sich an der Oberfläche des Halbraums befinden.

Nun wenden wir uns, wie vorgesehen, der Pressung zweier Kugeln zu. Aus Abb. 197 entnehmen wir zunächst die geometrischen Beziehungen

$$z_1 \approx \frac{r^2}{2R_1},\qquad z_2 \approx \frac{r^2}{2R_2}, \tag{8.2}$$

$$z_1 + z_2 \approx \beta\,r^2,\qquad \beta = \frac{1}{2R_1} + \frac{1}{2R_2} = \frac{R_1 + R_2}{2R_1R_2}. \tag{8.3}$$

Aus Abb. 198 lesen wir für die Annäherung α, welche die Mittelpunkte der Kugeln bei der Zusammenpressung erfahren,

$$\alpha = z_1 + w_1 + w_2 + z_2 \tag{8.4}$$

ab. Dabei haben wir vorausgesetzt, daß wegen genügender Entfernung vom Ort der Pressung die Verformungen bei den Kugelmittelpunkten jeweils gleich Null gesetzt werden können.

Wegen (8.3) können wir aus (8.4) für die Summe der Deformationen, welche die Kugeln bei den in der Abb. 197 gezeigten Punkten M und N bei der Pressung erleiden, den Ausdruck

$$w_1 + w_2 = \alpha - (z_1 + z_2) = \alpha - \beta\, r^2 \qquad (8.5)$$

errechnen.

Die Kontaktfläche der aufeinandergepreßten Kugeln setzen wir nach Abb. 199 als einen Kreis

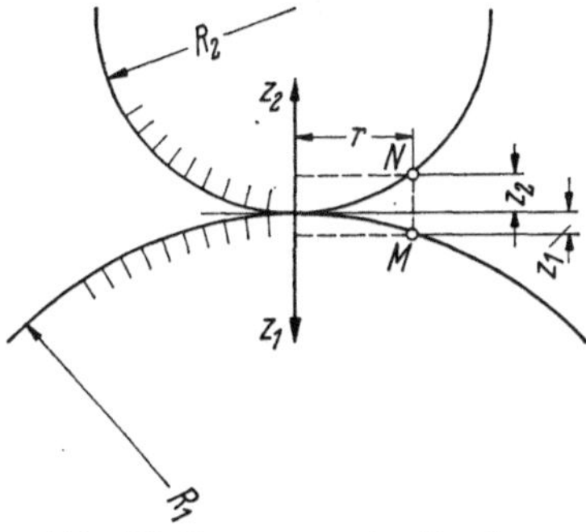

Abb. 197. Pressung zweier Kugeln.

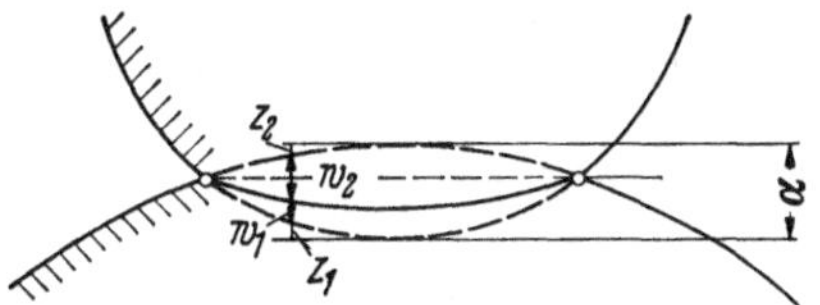

Abb. 198. Deformation zweier gepreßter Kugeln.

mit dem Radius a voraus, und die in ihr vorkommenden verteilten Druckkräfte nennen wir q. Mit r gleich s und P gleich $q\, s\, \mathrm{d}\psi\, \mathrm{d}s$ können wir gemäß (8.1) und unter gleichzeitiger Berücksichtigung des Superpositionsgesetzes für die Verschiebung w_1 des Punktes M nach BOUSSINESQ

$$w_1 = \iint\limits_F \frac{1 - v_1^2}{\pi\, E_1\, s}\, q\, s\, \mathrm{d}\psi\, \mathrm{d}s = k_1 \iint\limits_F q\, \mathrm{d}s\, \mathrm{d}\psi, \quad k_1 = \frac{1 - v_1^2}{\pi\, E_1} \qquad (8.6)$$

berechnen. Entsprechend erhalten wir für die Verschiebung w_2 von N

$$w_2 = \iint\limits_F \frac{1 - v_2^2}{\pi\, E_2\, s}\, q\, s\, \mathrm{d}\psi\, \mathrm{d}s = k_2 \iint\limits_F q\, \mathrm{d}s\, \mathrm{d}\psi, \quad k_2 = \frac{1 - v_2^2}{\pi\, E_2}. \qquad (8.7)$$

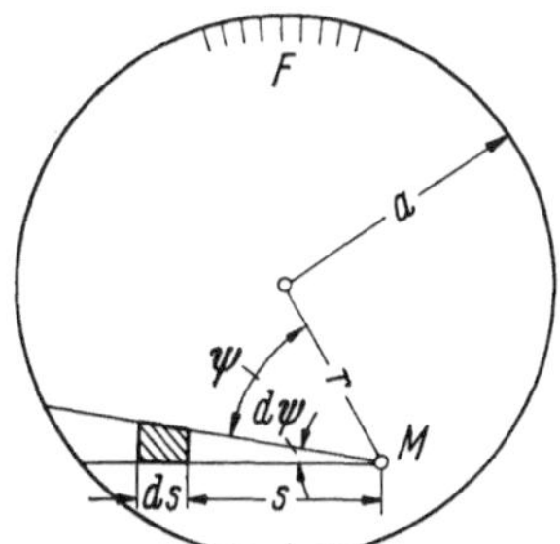

Abb. 199. Kontaktfläche zweier gepreßter Kugeln.

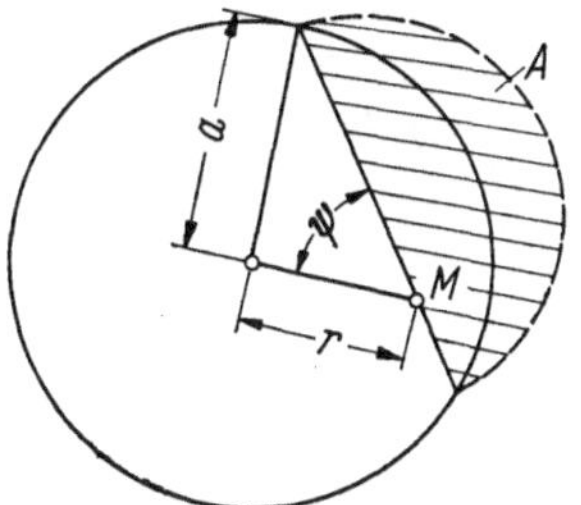

Abb. 200. Spannungsverteilung in der Kontaktfläche zweier gepreßter Kugeln.

Die Integrationen sind über die Kontaktfläche F auszuführen, und wir haben bei (8.6), (8.7) noch angenommen, daß die beiden Kugeln aus verschiedenartigem Material seien.

Aus (8.5), (8.6) und (8.7) können wir jetzt leicht die Beziehung

$$w_1 + w_2 = (k_1 + k_2) \iint\limits_F q\, \mathrm{d}s\, \mathrm{d}\psi = \alpha - \beta\, r^2 \qquad (8.8)$$

herstellen. Diese läßt sich auswerten, wenn wir wissen, wie sich q über die Kontaktfläche F verteilt. Es ist die besondere Leistung von H. HERTZ gewesen, gezeigt zu haben, daß es sich um eine halbkugelförmige Verteilung handelt. Wir können daher

$$\int q \, \mathrm{d}s = \frac{q_0}{a} A \tag{8.9}$$

setzen, wobei q_0 *die Pressung im Mittelpunkt der Kontaktfläche* ist, und für die Größe A lesen wir aus Abb. 200

$$A = \frac{\pi}{2} (a^2 - r^2 \sin^2 \psi) \tag{8.10}$$

heraus.

Mittels (8.9) und (8.10) überführen wir (8.8) in

$$w_1 + w_2 = \frac{\pi (k_1 + k_2) q_0}{a} \int\limits_0^{\pi/2} (a^2 - r^2 \sin^2 \psi) \, \mathrm{d}\psi = \alpha - \beta \, r^2,$$

was durch Integration

$$(k_1 + k_2) \frac{q_0 \pi^2}{4a} (2a^2 - r^2) = \alpha - \beta \, r^2 \tag{8.11}$$

ergibt.

Der Vergleich der Koeffizienten auf beiden Seiten von (8.11) führt zu

$$\alpha = (k_1 + k_2) q_0 \frac{\pi^2 a}{2}, \quad a = (k_1 + k_2) \frac{\pi^2 q_0}{4\beta}. \tag{8.12}$$

Das Gleichgewicht der Kräfte verlangt

$$\frac{q_0}{a} \frac{2}{3} \pi \, a^3 = P \quad \text{bzw.} \quad q_0 = \frac{3P}{2\pi a^2}. \tag{8.13}$$

Von (8.12), (8.13) gelangen wir zu den *Hertzschen Formeln*

$$a = \left[\frac{3\pi}{4} P \frac{(k_1 + k_2) R_1 R_2}{R_1 + R_2} \right]^{1/3},$$

$$\alpha = \left[\frac{9\pi^2}{16} \frac{(k_1 + k_2)^2 (R_1 + R_2)}{R_1 R_2} P^2 \right]^{1/3}, \tag{8.14}$$

$$\alpha = \left(\frac{P}{n} \right)^{2/3}, \quad n^{-2} = \frac{9\pi^2}{16} \frac{(k_1 + k_2)^2 (R_1 + R_2)}{R_1 R_2},$$

welche es im Zusammenhang mit (8.13) gestatten, sowohl Aussagen über die Kontaktfläche, als auch über den maximalen Betrag q_0 der im Mittelpunkt der Kontaktfläche auftretenden Druckspannung zu machen.

Für die Pressung zweier Kugeln aus gleichem Material ($k_1 = k_2$) und mit $\nu = 0{,}3$ erhalten wir aus (8.13), (8.14)

$$a = 1{,}109 \sqrt[3]{\frac{P}{E} \frac{R_1 R_2}{R_1 + R_2}},$$

$$\alpha = 1{,}23 \sqrt[3]{\frac{P^2}{E^2} \frac{R_1 + R_2}{R_1 R_2}}, \tag{8.15}$$

$$q_0 = 0{,}388 \sqrt[3]{P E^2 \frac{(R_1 + R_2)^2}{R_1^2 R_2^2}}.$$

8.2 Allgemeinere Probleme

Die einfachste Erweiterung des Hertzschen Problems der Pressung zweier Kugeln ergibt sich dadurch, daß man in Abb. 197 $R_1 \to \infty$ gehen läßt und $R_2 \equiv R$ setzt. Dann hat man den Fall der *gegen eine Ebene gepreßten Kugel*. Dafür bleiben alle

Formeln von Abschn. 8.1 gültig, und aus (8.15) wird z. B.

$$a = 1{,}109 \sqrt[3]{\frac{P\,R}{E}}, \qquad \alpha = 1{,}23 \sqrt[3]{\frac{P^2}{E^2\,R}}, \qquad q_0 = 0{,}388 \sqrt[3]{\frac{P\,E^2}{R^2}}. \tag{8.16}$$

Will man den *Kontakt einer Kugel gegen eine Kugelschale* erfassen (Abb. 201), so kann man auf dem Rechnungsgang von Abschn. 8.1 aufbauen, muß aber überall mit R_1 und z_1 als negativen Größen rechnen. Statt (8.3) steht daher z. B.

$$z_2 - z_1 \approx \beta^*\, r^2, \quad \beta^* = \frac{1}{2\,R_2} - \frac{1}{2\,R_1} = \frac{R_1 - R_2}{2\,R_1\,R_2}, \tag{8.17}$$

so daß man an Stelle der Formeln (8.15) für diesen Fall ganz entsprechende erhält, nämlich

$$a = 1{,}109 \sqrt[3]{\frac{P}{E}\,\frac{R_1\,R_2}{R_1 - R_2}},$$

$$\alpha = 1{,}23 \sqrt[3]{\frac{P^2}{E^2}\,\frac{R_1 - R_2}{R_1\,R_2}},$$

$$q_0 = 0{,}388 \sqrt[3]{P\,E^2\,\frac{(R_1 - R_2)^2}{R_1^2\,R_2^2}}.$$

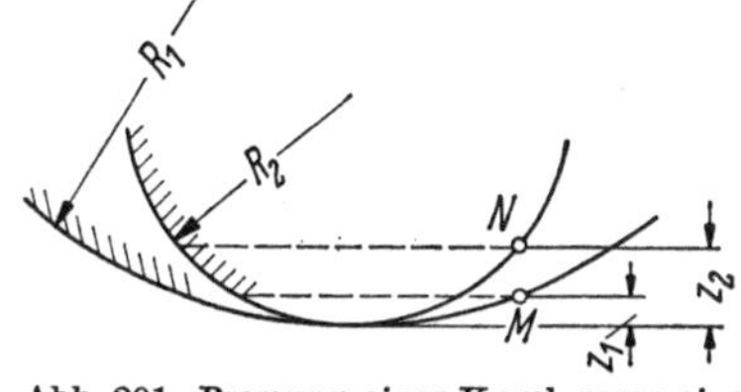

Abb. 201. Pressung einer Kugel gegen eine Kugelschale.

Im allgemeinsten Fall nimmt man, der von TIMOSHENKO in [15] gegebenen Darstellung folgend, an, daß die beiden sich berührenden Körper in der Nähe der Kontaktstelle durch

$$z_1 = a_{11}\,x^2 + a_{12}\,x\,y + a_{13}\,y^2,$$

$$z_2 = a_{21}\,x^2 + a_{22}\,x\,y + a_{23}\,y^2$$

angenähert werden können. Bei geeigneter Wahl des x, y, z-Systems erhält man dadurch

$$z_1 + z_2 \approx a_1\,x^2 + a_2\,y^2,$$

mit

$$a_1 + a_2 = \frac{1}{2}\left(\frac{1}{R_1} + \frac{1}{R_1^*} + \frac{1}{R_2} + \frac{1}{R_2^*}\right),$$

$$a_2 - a_1 = \frac{1}{2}\left[\left(\frac{1}{R_1} - \frac{1}{R_1^*}\right)^2 + \left(\frac{1}{R_2} - \frac{1}{R_2^*}\right)^2 + 2\left(\frac{1}{R_1} - \frac{1}{R_1^*}\right)\left(\frac{1}{R_2} - \frac{1}{R_2^*}\right)\cos 2\psi\right]^{1/2} \tag{8.18}$$

R_1, R_1^* Hauptkrümmungsradien des einen,

R_2, R_2^* Hauptkrümmungsradien des anderen Körpers im Berührungspunkt,

$\psi\quad$ Winkel zwischen den Normalebenen, welche die Krümmungen $1/R_1$ und $1/R_2$ enthalten.

Die Kontaktfläche F ist elliptisch mit den Halbachsen a und b. Ferner gilt entsprechend zur Hertzschen Theorie

$$w_1 + w_2 + z_1 + z_2 = \alpha,$$

$$w_1 + w_2 = \alpha - a_1\,x^2 - a_2\,y^2.$$

Mit Hilfe der Boussinesqschen Formel erhalten wir noch

$$w_1 + w_2 = (k_1 + k_2)\iint\limits_{F} \frac{q\,\mathrm{d}F}{r},$$

wobei k_1, k_2 dieselben Bedeutungen wie bei (8.6) und (8.7) haben und q die über die Kontaktfläche verteilte Druckspannung ist. Durch den Vergleich entsprechender Formeln für $w_1 + w_2$ ergibt sich

$$(k_1 + k_2) \iint\limits_F \frac{q\,\mathrm{d}F}{r} = \alpha - a_1 x^2 - a_2 y^2.$$

Nach H. HERTZ ist q in Form eines Halbellipsoides über die Kontaktfläche verteilt. Daher folgt aus Gleichgewichtsgründen für den maximalen Betrag der Kontaktspannungen

$$P = \iint\limits_F q\,\mathrm{d}F = \frac{2}{3}\,\pi\,a\,b\,q_0 \quad \text{bzw.} \quad q_0 = \frac{3}{2}\,\frac{P}{\pi\,a\,b}. \tag{8.19}$$

Die Halbachsen a, b der Kontaktfläche ergeben sich aus

$$a = m\,\sqrt[3]{\frac{3\pi}{4}\,\frac{P(k_1 + k_2)}{a_1 + a_2}}, \qquad b = n\,\sqrt[3]{\frac{3\pi}{4}\,\frac{P(k_1 + k_2)}{a_1 + a_2}}, \tag{8.20}$$

mit

Tabelle 5

$\Theta =$	30°	35°	40°	45°	50°	55°	60°	65°	70°	75°	80°	85°	90°
$m =$	2,73	2,40	2,14	1,93	1,75	1,61	1,49	1,38	1,28	1,20	1,13	1,06	1,00
$n =$	0,49	0,53	0,57	0,61	0,64	0,68	0,72	0,76	0,80	0,85	0,89	0,94	1,00

für

$$\Theta = \arccos \frac{a_2 - a_1}{a_1 + a_2}. \tag{8.21}$$

Der Rechnungsgang ist folgender: Mittels (8.18) berechnet man aus den bekannten geometrischen Daten der beiden sich berührenden Körper $a_1 + a_2$ und $a_2 - a_1$. Dann folgt durch (8.21) Θ, so daß man aus der Tabelle m und n entnehmen kann. Diese Größen gestatten es, auf Grund von (8.20) die Halbachsen a und b der Kontaktfläche zu berechnen, wobei P, k_1 und k_2 als gegeben angesehen werden können. Schließlich findet man durch (8.19) den maximalen Betrag q_0 des Kontaktdrucks.

Als ersten Sonderfall können wir annehmen, daß *zwei Zylinder entlang einer Erzeugenden aneinandergepreßt* werden. Dann wird das Verhältnis $a/b \to \infty$ gehen, und aus der elliptischen Berührungsfläche wird ein schmales Rechteck von der Breite b, über dem die Kontaktspannung in Form eines halbelliptischen Zylinders verteilt ist. Das Gleichgewicht der Kräfte liefert daher

$$P^* = \frac{1}{2}\,\pi\,b\,q_0 \quad \text{bzw.} \quad q_0 = \frac{2P^*}{\pi\,b}, \tag{8.22}$$

wobei P^* die pro Längeneinheit der Kontaktfläche genommene Belastung ist. Für die halbe Breite der Kontaktfläche hat man

$$b = \sqrt{\frac{4P^*(k_1 + k_2)\,R_1\,R_2}{R_1 + R_2}}, \tag{8.23}$$

wenn R_1 und R_2 die Radien der beiden Zylinder sind.

Will man den Fall der *Pressung eines Zylinders gegen eine Ebene* behandeln, so hat man in (8.23) nur $R_2 = \infty$ und $R_1 = R$ zu setzen, wenn R der Zylinderradius ist. Man bekommt dann z. B. für $\nu = 0{,}3$ und unter der Annahme, daß Zylinder und Ebene aus gleichem Material sind, mittels (8.22) und (8.23)

$$b = 1{,}52 \sqrt{\frac{P^* R}{E}},$$

$$q_0 = 0{,}42 \sqrt{\frac{P^* E}{R}}.$$

Die Auswertung der Theorie von HERTZ auf das im Maschinenbau wichtige Problem der *Wälzpaarung* findet man bei G. NIEMANN [12], Bd. 1, Ziffer 13, durchgeführt.

Grundlage aller Rechnungen zum Kontakt allgemein geformter Körper ist die Kenntnis der tatsächlichen Kontaktfläche, die sich zwischen den sich berührenden Oberflächen bildet. Um sie möglichst exakt zu ermitteln, gibt es theoretische Methoden, die auf Modellvorstellungen beruhen, aber auch experimentelle Verfahren, z. B. unter Anwendung der Gesetze der elektrischen Leitfähigkeit oder mit Verwendung radioaktiver Isotope.

Schließlich kann man die Problematik der Pressung zweier Körper noch dadurch erweitern, daß man für die Kontaktfläche außer der Wirkung von Normalkräften auch noch die von *Tangentialkräften* annimmt. Das muß z. B. dann der Fall sein, wenn zwischen den sich berührenden Flächen Verleimungen oder Verlötungen vorgenommen worden sind. Untersuchungen dazu sind von N. CH. ARUTJUNJAN durchgeführt worden. Man findet sie unter anderem in [36] dargestellt.

9. Wärmespannungen

9.1 Theoretische Grundlagen

In einem elastischen Körper habe sich ein *Temperaturfeld* T aufgebaut, das eine Funktion des Ortes und der Zeit sei. Wir wollen vereinfachend voraussetzen, daß es von den Verformungen des Körpers unabhängig sein möge und auch die Beschleunigungen vernachlässigen, welche mit Temperaturänderungen verbunden sind. Dann können wir künftig T als eine vorgegebene Funktion ansehen. Dabei stellt sie nicht die absolute Temperatur dar, sondern die Differenz gegenüber der mit dem spannungslosen Zustand des Körpers verknüpften Temperatur, für welche wir $T = 0$ setzen.

Den Körper selbst werden wir, wie bisher schon, als homogen und isotrop annehmen. Dann gilt für die in ihm auftretenden Dehnungen

$$\varepsilon_x = \frac{1}{E}\left[\sigma_x - \nu(\sigma_y + \sigma_z)\right] + \alpha T,$$

$$\varepsilon_y = \frac{1}{E}\left[\sigma_y - \nu(\sigma_z + \sigma_x)\right] + \alpha T, \qquad (9.1)$$

$$\varepsilon_z = \frac{1}{E}\left[\sigma_z - \nu(\sigma_x + \sigma_y)\right] + \alpha T,$$

wobei jeweils der erste auf der rechten Seite von (9.1) stehende Term genau den in (1.87) gegebenen Beziehungen entspricht, während der zweite Term jeweils die Komponente eines allein durch das Auftreten von T erzeugten *isotropen* Verzerrungstensors ist. Die dabei vorkommende Konstante α ist der *lineare Wärme-dehnungskoeffizient* des betreffenden elastischen Körpers.

Durch Auflösung von (9.1) nach den Normalspannungen erhalten wir

$$\sigma_x = \frac{E}{1+\nu}\left[\varepsilon_x + \frac{\nu}{1-2\nu}(\varepsilon_x + \varepsilon_y + \varepsilon_z)\right] - \frac{E}{1-2\nu}\alpha T,$$

$$\sigma_y = \frac{E}{1+\nu}\left[\varepsilon_y + \frac{\nu}{1-2\nu}(\varepsilon_x + \varepsilon_y + \varepsilon_z)\right] - \frac{E}{1-2\nu}\alpha T, \qquad (9.2)$$

$$\sigma_z = \frac{E}{1+\nu}\left[\varepsilon_z + \frac{\nu}{1-2\nu}(\varepsilon_x + \varepsilon_y + \varepsilon_z)\right] - \frac{E}{1-2\nu}\alpha T,$$

wobei jeweils der erste auf den rechten Seiten dieses Gleichungssystems stehende Term den durch (1.88) gegebenen Größen entspricht. Der jeweils zweite Term ist die Komponente eines allein durch T erzeugten *isotropen* Spannungstensors.

Bei einem isotropen Körper verursacht T keinerlei Gleitungen. Deswegen bleiben drei der Teilgleichungen des Hookeschen Gesetzes, nämlich

$$\varepsilon_{xy} = \frac{\tau_{xy}}{2G}, \quad \varepsilon_{yz} = \frac{\tau_{yz}}{2G}, \quad \varepsilon_{zx} = \frac{\tau_{zx}}{2G},$$

unverändert gültig. Dasselbe trifft für die Gleichgewichtsbedingungen (1.90), die Kompatibilitätsbedingungen (1.69) und die geometrischen Bedingungen (1.55), (1.56), (1.59) zu, so daß wir damit wieder die ausreichende Anzahl von Gleichungen zur Lösung von *thermoelastischen Problemen* zur Hand haben. Der einzige Unterschied zu dem uns schon bekannten Fall der Elastostatik mit $T = 0$ besteht also darin, daß sich für $T \neq 0$ beim Hookeschen Gesetz diejenigen drei Gleichungen verändern, welche Normalspannungen und Dehnungen miteinander verknüpfen. Sie gehen eben in (9.1) bzw. (9.2) über.

Im Sonderfall der Spannungslosigkeit gilt wegen (9.1)

$$\varepsilon_x = \varepsilon_y = \varepsilon_z = \alpha T. \qquad (9.3)$$

Da aber die Kompatibilitätsbedingungen (1.69) erfüllt werden müssen, ist noch

$$\frac{\partial^2 T}{\partial x^2} = \frac{\partial^2 T}{\partial y^2} = \frac{\partial^2 T}{\partial z^2} = \frac{\partial^2 T}{\partial x\,\partial y} = \frac{\partial^2 T}{\partial y\,\partial z} = \frac{\partial^2 T}{\partial z\,\partial x} = 0$$

zu verlangen. Das bedeutet, daß in diesem Sonderfall die Temperaturverteilung linear ist.

Die Beherrschung der Wärmespannungen ist in vielen Bereichen des Maschinenbaus und der Verfahrenstechnik von großer Bedeutung. Voraussetzung dazu ist die Vorgabe von T. Man erhält die Temperaturverteilung T durch Lösung der mit der partiellen *Wärmeleitgleichung* verknüpften Anfangs-Randwertprobleme. Anleitung zur Erledigung dieser wichtigen Voraufgabe findet man z. B. bei H. S. CARSLAW/J. C. JAEGER [37].

Wir wollen uns im folgenden auf vier einfache Grundaufgaben beschränken: Wärmespannungen im Stab, in der dünnen Kreisscheibe, der Kreisplatte und im dickwandigen Rohr. Das soll im Sinne einer Einführung und Anregung geschehen. Wer tiefer in das Gebiet der Wärmespannungen eindringen will, möge in der Spezialliteratur, z. B. bei W. NOWACKI [38], nachlesen.

Für den *Stab* folgt mit $\sigma_x \equiv \sigma$, $\sigma_y = \sigma_z = 0$ aus der ersten Gleichung von (9.1)

$$\sigma = E(\varepsilon_N + \varepsilon_M - \alpha T). \qquad (9.4)$$

Dabei sind $\varepsilon_N = $ const bzw. $\varepsilon_M = y/\varrho$ die von der Normalkraft N bzw. vom Biegemoment M verursachten Dehnungsanteile. Wir haben dabei den Krümmungshalbmesser des gebogenen Balkens mit ϱ bezeichnet. Es gilt daher statt (9.4) auch

$$\sigma = E \left(\varepsilon_N + \frac{y}{\varrho} - \alpha T \right). \tag{9.5}$$

Aus Gleichgewichtsgründen und wegen der für den Biegebalken bei entsprechender Wahl der Bezugsachsen gültigen Bedingung

$$\int\limits_F y \, \mathrm{d}F = 0$$

erhalten wir durch (9.5)

$$N = \int\limits_F \sigma \, \mathrm{d}F = EF(\varepsilon_N - \alpha T_m), \quad T_m = \frac{1}{F} \int\limits_F T \, \mathrm{d}F, \tag{9.6}$$

und

$$M = \int\limits_F \sigma \, y \, \mathrm{d}F = EJ_z \left(\frac{1}{\varrho} - \alpha \, \Theta \right), \quad \Theta = \frac{1}{J_z} \int\limits_F T \, y \, \mathrm{d}F, \tag{9.7}$$

wobei T_m die *mittlere Temperatur* und Θ das *Temperaturmoment* im Stabquerschnitt sind.

Aus (9.6), (9.7) können wir

$$\varepsilon_N = \frac{N}{EF} + \alpha T_m, \quad \frac{1}{\varrho} = \frac{M}{EJ_z} + \alpha \, \Theta \tag{9.8}$$

herstellen. Gehen wir damit in (9.5) ein, so erhalten wir als Spannungsverteilung im Stab

$$\sigma = \frac{N}{F} + \frac{M \, y}{J_z} + E \, \alpha \, (T_m - T + \Theta \, y). \tag{9.9}$$

Der dritte Term auf der rechten Seite von (9.9) ist der von T verursachte Spannungsanteil. Er stellt also die eigentlichen Wärmespannungen des Stabes vor.

Für die dünne *Kreisscheibe* wollen wir (9.1) auf Polarkoordinaten umschreiben. Das gibt

$$\varepsilon_r = \frac{1}{E} (\sigma_r - \nu \, \sigma_t) + \alpha T,$$

$$\varepsilon_t = \frac{1}{E} (\sigma_t - \nu \, \sigma_r) + \alpha T. \tag{9.10}$$

Die Auflösung von (9.10) nach den Spannungen führt zu

$$\sigma_r = \frac{E}{1 - \nu^2} [\varepsilon_r + \nu \, \varepsilon_t - (1 + \nu) \, \alpha T],$$

$$\sigma_t = \frac{E}{1 - \nu^2} [\varepsilon_t + \nu \, \varepsilon_r - (1 + \nu) \, \alpha T]. \tag{9.11}$$

Von Abschn. 5.1.2 her können wir ohne weiteres die auch hier gültigen Formeln (5.9), (5.10) übernehmen, denn Gleitungen und damit Schubspannungen sind infolge von T ja nicht zu erwarten.

Die Gl. (5.9) läßt sich in

$$\frac{\mathrm{d}\sigma_r}{\mathrm{d}r} + \frac{\sigma_r - \sigma_t}{r} = 0 \tag{9.12}$$

umrechnen. Setzen wir hier (9.11) ein, so erhalten wir

$$\frac{\mathrm{d}}{\mathrm{d}r} [\varepsilon_r + \nu \, \varepsilon_t - (1 + \nu) \, \alpha T] + \frac{1}{r} (1 - \nu) \, (\varepsilon_r - \varepsilon_t) = 0. \tag{9.13}$$

Führen wir in (9.13) gemäß (5.10) $\varepsilon_r = \mathrm{d}u/\mathrm{d}r$, $\varepsilon_t = u/r$ ein, so wird aus (9.13) die Differentialgleichung

$$\frac{\mathrm{d}^2 u}{\mathrm{d}r^2} + \frac{1}{r}\frac{\mathrm{d}u}{\mathrm{d}r} - \frac{u}{r^2} = (1 + \nu)\,\alpha\,\frac{\mathrm{d}T}{\mathrm{d}r}. \tag{9.14}$$

Ihre allgemeine Lösung lautet

$$u = (1 + \nu)\,\alpha\,\frac{1}{r}\int\limits_{r_0}^{r} T\,r\,\mathrm{d}r + C_1\,r + \frac{C_2}{r}. \tag{9.15}$$

Indem wir damit ε_r und ε_t errechnen und die so gefundenen Ausdrücke in (9.11) einsetzen, erhalten wir für die Spannungen

$$\sigma_r = -\alpha\,\frac{E}{r^2}\int\limits_{r_0}^{r} T\,r\,\mathrm{d}r + \frac{E}{1 - \nu^2}\left[C_1(1 + \nu) - C_2(1 - \nu)\frac{1}{r^2}\right],$$

$$\tag{9.16}$$

$$\sigma_t = \alpha\,\frac{E}{r^2}\int\limits_{r_0}^{r} T\,r\,\mathrm{d}r - \alpha\,E\,T + \frac{E}{1 - \nu^2}\left[C_1(1 + \nu) + C_2(1 - \nu)\frac{1}{r^2}\right].$$

Für die volle Kreisscheibe ist $r_0 = 0$, und für $r = 0$ muß außerdem $u = 0$ sein. Das wird gemäß (9.15) nur für $C_2 = 0$ erfüllt sein. Der Radius der Scheibe sei R. Für $r = R$ haben wir noch $\sigma_r = 0$ zu verlangen. Aus der ersten Gleichung von (9.16) folgt daher

$$C_1 = (1 - \nu)\,\frac{\alpha}{R^2}\int\limits_{0}^{R} T\,r\,\mathrm{d}r,$$

so daß man für die Spannungen schließlich

$$\sigma_r = \alpha\,E\left(\frac{1}{R^2}\int\limits_{0}^{R} T\,r\,\mathrm{d}r - \frac{1}{r^2}\int\limits_{0}^{r} T\,r\,\mathrm{d}r\right),$$

$$\tag{9.17}$$

$$\sigma_t = \alpha\,E\left(-T + \frac{1}{R^2}\int\limits_{0}^{R} T\,r\,\mathrm{d}r + \frac{1}{r^2}\int\limits_{0}^{r} T\,r\,\mathrm{d}r\right)$$

erhält.

Für die *Kreisplatte* mit dem Radius R, der Dicke h und mit

$$T_m = \frac{1}{h}\int\limits_{-h/2}^{+h/2} T\,\mathrm{d}z \neq 0, \qquad \Theta = \frac{12}{h^3}\int\limits_{-h/2}^{+h/2} T\,z\,\mathrm{d}z = 0$$

gelten die Formeln (9.17) im übertragenen Sinn ebenfalls: Wir müssen dann überall Mittelwerte setzen, d. h., statt T ist T_m zu schreiben, statt σ_r

$$\frac{N_r}{h} = \frac{1}{h}\int\limits_{-h/2}^{+h/2} \sigma_r\,\mathrm{d}z$$

und statt σ_t

$$\frac{N_t}{h} = \frac{1}{h}\int\limits_{-h/2}^{+h/2} \sigma_t\,\mathrm{d}z.$$

Das führt zu

$$N_r = h \, \alpha \, E \left(\frac{1}{R^2} \int\limits_0^R T_m \, r \, \mathrm{d}r - \frac{1}{r^2} \int\limits_0^r T_m \, r \, \mathrm{d}r \right),$$

$$N_t = h \, \alpha \, E \left(- T_m + \frac{1}{R^2} \int\limits_0^R T_m \, r \, \mathrm{d}r + \frac{1}{r^2} \int\limits_0^r T_m \, r \, \mathrm{d}r \right). \tag{9.18}$$

Wenn für die *Kreisplatte* aber $T_m = 0$, $\Theta \neq 0$ ist, haben wir die Differentialgleichung (5.55) durch

$$\Delta \Delta w = \frac{p}{N} - (1 + \nu) \, \alpha \, \Delta \Theta \tag{9.19}$$

zu ersetzen. Für reine Temperaturbeanspruchung, d. h. für $p = 0$, hat sie die allgemeine Lösung

$$w = (1 + \nu) \, \alpha \left[C_1 + C_2 \, r^2 + \int\limits_r^R \frac{\mathrm{d}r}{r} \int\limits_0^r r \, \Theta \, \mathrm{d}r \right]. \tag{9.20}$$

Die Konstanten C_1 und C_2 ergeben sich aus den Randbedingungen. Für die am Rand eingespannte Platte gelten die Bedingungen (5.60), die für Polarkoordinaten

$$w(R) = 0, \qquad \left(\frac{\partial w}{\partial r} \right)_{r = R} = 0$$

lauten. Sie führen zu

$$C_1 = - R^2 \, C_2 = - \tfrac{1}{2} \int\limits_0^R r \, \Theta \, \mathrm{d}r,$$

so daß (9.20) in

$$w = (1 + \nu) \, \alpha \left[\frac{r^2 - R^2}{2 R^2} \int\limits_0^R r \, \Theta \, \mathrm{d}r + \int\limits_r^R \frac{\mathrm{d}r}{r} \int\limits_0^r r \, \Theta \, \mathrm{d}r \right] \tag{9.21}$$

übergeht.

Für die Biegemomente gilt in Anlehnung an die in Abschn. 5.3 gegebene Formel

$$M_n = - N \left(\frac{\partial^2 w}{\partial n^2} + \nu \, \frac{\partial^2 w}{\partial t^2} \right)$$

$$= M_r = - N \left(\frac{\partial^2 w}{\partial r^2} + \frac{\nu}{r} \, \frac{\partial w}{\partial r} + \frac{\nu}{r^2} \, \frac{\partial^2 w}{\partial \varphi^2} \right),$$

weil jetzt noch ein Temperatureinfluß zu berücksichtigen ist und weil wegen der vorausgesetzten Symmetrie des Problems alle Ableitungen nach φ zu Null werden,

$$M_r = - N \left[\frac{\partial^2 w}{\partial r^2} + \frac{\nu}{r} \, \frac{\partial w}{\partial r} + (1 + \nu) \, \alpha \, \Theta \right],$$

$$M_\varphi = - N \left[\nu \, \frac{\partial^2 w}{\partial r^2} + \frac{1}{r} \, \frac{\partial w}{\partial r} + (1 + \nu) \, \alpha \, \Theta \right]. \tag{9.22}$$

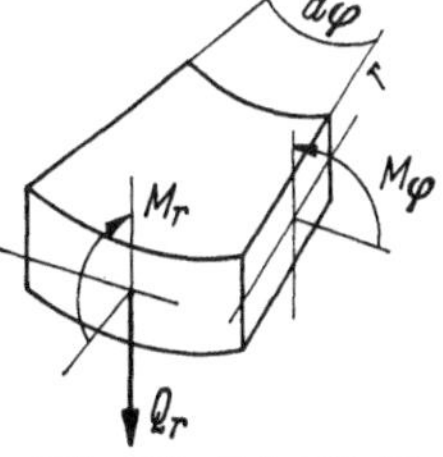

Abb. 202. Schnittkräfte der Kreisplatte.

Die Bedeutung von M_r und M_φ ist in Abb. 202 gezeigt. Mit (9.21) ergibt sich für diese Momente aus (9.22)

$$M_r = - (1 + \nu) \, N \, \alpha \left[\frac{1 + \nu}{R^2} \int\limits_0^R r \, \Theta \, \mathrm{d}r + \frac{1 - \nu}{r^2} \int\limits_0^r r \, \Theta \, \mathrm{d}r \right],$$

$$M_\varphi = - (1 + \nu) \, N \, \alpha \left[\frac{1 + \nu}{R^2} \int\limits_0^R r \, \Theta \, \mathrm{d}r - \frac{1 - \nu}{r^2} \int\limits_0^r r \, \Theta \, \mathrm{d}r + (1 - \nu) \, \Theta \right]. \tag{9.23}$$

Die Querkraft Q_r verschwindet ebenso wie das Torsionsmoment $M_{nt} = M_{r\varphi}$.

Für das *dickwandige Rohr* treffen wir die Annahme, daß T rotationssymmetrisch und entlang der Rohrachse, also für z, konstant sei. Außerdem sollen die Rohrenden in Achsrichtung unverschieblich sein, so daß w und ε_z verschwinden.

In Anlehnung an (9.1) haben wir für Zylinderkoordinaten

$$\varepsilon_r = \frac{1}{E}\left[\sigma_r - \nu(\sigma_t + \sigma_z)\right] + \alpha T,$$

$$\varepsilon_t = \frac{1}{E}\left[\sigma_t - \nu(\sigma_r + \sigma_z)\right] + \alpha T, \tag{9.24}$$

$$\varepsilon_z = \frac{1}{E}\left[\sigma_z - \nu(\sigma_r + \sigma_t)\right] + \alpha T.$$

Wegen $\varepsilon_z = 0$ folgt aus der dritten Gleichung von (9.24)

$$\sigma_z = \nu(\sigma_r + \sigma_t) - E\,\alpha T, \tag{9.25}$$

so daß wir damit aus den ersten beiden Gleichungen von (9.24)

$$\varepsilon_r = \frac{1 - \nu^2}{E}\left(\sigma_r - \frac{\nu}{1 - \nu}\sigma_t\right) + (1 + \nu)\,\alpha T,$$

$$\varepsilon_t = \frac{1 - \nu^2}{E}\left(\sigma_t - \frac{\nu}{1 - \nu}\sigma_r\right) + (1 + \nu)\,\alpha T \tag{9.26}$$

erhalten.

Durch Auflösung von (9.26) nach σ_r und σ_t kommen wir zu

$$\sigma_r = \frac{E}{(1 + \nu)(1 - 2\nu)}\left[(1 - \nu)\,\varepsilon_r + \nu\,\varepsilon_t - (1 + \nu)\,\alpha T\right],$$

$$\sigma_t = \frac{E}{(1 + \nu)(1 - 2\nu)}\left[(1 - \nu)\,\varepsilon_t + \nu\,\varepsilon_r - (1 + \nu)\,\alpha T\right], \tag{9.27}$$

womit wir aus (9.25)

$$\sigma_z = \frac{E}{(1 + \nu)(1 - 2\nu)}\left[\nu(\varepsilon_r + \varepsilon_t) - (1 + \nu)\,\alpha T\right] \tag{9.28}$$

gewinnen.

Als Gleichgewichtsbedingung ist auch hier wieder (9.12) gültig. Setzen wir in diese Gleichung σ_r und σ_t gemäß (9.27) und dann noch $\varepsilon_r = \mathrm{d}u/\mathrm{d}r$, $\varepsilon_t = u/r$ ein, so erhalten wir als Differentialgleichung des Problems

$$\frac{\mathrm{d}^2 u}{\mathrm{d}r^2} + \frac{1}{r}\frac{\mathrm{d}u}{\mathrm{d}r} - \frac{u}{r^2} = \frac{1 + \nu}{1 - \nu}\alpha\frac{\mathrm{d}T}{\mathrm{d}r}. \tag{9.29}$$

Ihre allgemeine Lösung ist

$$u = \frac{C_1}{r} + C_2\,r + \frac{1 + \nu}{1 - \nu}\frac{\alpha}{r}\int T\,r\,\mathrm{d}r. \tag{9.30}$$

Hiermit stellen wir uns $\varepsilon_r,\,\varepsilon_t$ her und setzen die dafür gewonnenen Ausdrücke in (9.27) ein. Das führt zu

$$\sigma_r = \frac{E}{1 + \nu}\left[\frac{C_2}{1 - 2\nu} - \frac{C_1}{r^2} - \frac{1 + \nu}{1 - \nu}\frac{\alpha}{r^2}\int_{R_i}^{r} T\,r\,\mathrm{d}r\right]. \tag{9.31}$$

Bei *Innendruck* haben wir als Randbedingungen

$$\sigma_r = -p_i \quad \text{für} \quad r = R_i, \qquad \sigma_r = 0 \quad \text{für} \quad r = R_a,$$

wobei R_i und R_a Innen- und Außenradius des Rohres sind. Das gibt für die Integrationskonstanten

$$C_1 = \frac{R_i^2}{R_a^2 - R_i^2}\left[R_a^2\,\frac{p_i(1+\nu)}{E} + \frac{1+\nu}{1-\nu}\,\alpha\int\limits_{R_i}^{R_a} T\,r\,\mathrm{d}r\right],$$
$$C_2 = \frac{1-2\nu}{R_a^2 - R_i^2}\left[R_i^2\,\frac{p_i(1+\nu)}{E} + \frac{1+\nu}{1-\nu}\,\alpha\int\limits_{R_i}^{R_a} T\,r\,\mathrm{d}r\right]. \tag{9.32}$$

Durch (9.32) läßt sich aus (9.31)

$$\sigma_r = \frac{R_i^2\,p_i}{R_a^2 - R_i^2}\left(1 - \frac{R_a^2}{r^2}\right) + \frac{E\,\alpha}{1-\nu}\left[\frac{r^2 - R_i^2}{R_a^2 - R_i^2}\left(\frac{R_a}{r}\right)^2 T^*(R_a) - T^*(r)\right] \tag{9.33}$$

mit

$$T^*(r) = \frac{1}{r^2}\int\limits_{R_i}^{r} T\,r\,\mathrm{d}r \tag{9.34}$$

herstellen. Ganz entsprechend gelangt man mit (9.30) über (5.10), (9.27), (9.32), (9.34) zu

$$\sigma_t = \frac{R_i^2\,p_i}{R_a^2 - R_i^2}\left(1 + \frac{R_a^2}{r^2}\right) + \frac{E\,\alpha}{1-\nu}\left[\frac{r^2 + R_i^2}{R_a^2 - R_i^2}\left(\frac{R_a}{r}\right)^2 T^*(R_a) + T^*(r) - T(r)\right]. \tag{9.35}$$

Es bleibt dem Leser überlassen, die entsprechende Rechnung für das Rohr mit Außendruck zu führen.

9.2 Anwendungen

In statisch bestimmten Tragwerken werden durch Temperaturänderungen keine inneren Kräfte geweckt. Anders ist das bei statisch unbestimmten Systemen. Wir werden die bei ihnen durch T geweckten inneren Kräfte bzw. Spannungen zuerst im Zusammenhang mit *Stabwerken* studieren und dazu zwei Beispiele durchrechnen.

Beispiel 1. Der in Abb. 203 gezeigte Stab von der Länge l, welcher den Querschnitt F und das Trägheitsmoment J besitzen möge, sei bei $T = 0$ völlig spannungslos. Bei welcher, für den ganzen Stab konstanten Temperatur $T_{kr} \neq 0$ wird er ausknicken?

Der Stab ist zunächst spannungsfrei. Außerdem ist für ihn $T = $ const. Daher gilt (9.3), so daß für $T \neq 0$

$$\varepsilon = \frac{\Delta l_T}{l} = \alpha\,T \tag{9.36}$$

ist.

Eine Verlängerung Δl_T des Stabes infolge von T kann sich aber wegen seiner Lagerung in Wirklichkeit nicht ausbilden. Sie muß gemäß (2.16) und (9.36) durch die Wirkung einer Normalkraft

$$P = \frac{EF\,\Delta l_T}{l} = EF\,\alpha\,T \tag{9.37}$$

aufgehoben worden sein, welche durch T im Stab geweckt wird.

Das Ausknicken des Stabes tritt für $P = P_E$ ein. Gemäß (6.4) und (9.37) gibt das den gesuchten Wert

$$T_{kr} = \frac{\pi^2\,J}{F\,\alpha\,l^2} = \frac{\pi^2}{\alpha\,\lambda^2}. \tag{9.38}$$

Beispiel 2. Der in Abb. 204a gezeigte Zweigelenkrahmen werde gleichmäßig um T erwärmt. Welche Biegemomente werden dadurch im Rahmen verursacht?

Der Rahmen ist einfach statisch unbestimmt. Als statisch Unbestimmte X wählen wir die horizontale Komponente der linken Auflagerkraft.

Infolge von T verlängern sich die Stiele des Rahmens, was ohne Einfluß auf die Auflagerkräfte ist. Es verlängert sich aber auch der Riegel um

$$\Delta l_T = \alpha\, T\, l. \tag{9.39}$$

Wenn das linke Auflager verschieblich wäre, würde es sich um diesen Betrag in horizontaler Richtung bewegen. Das tritt aber nicht ein, weil sich im linken Auflager eine horizontale Kraft X

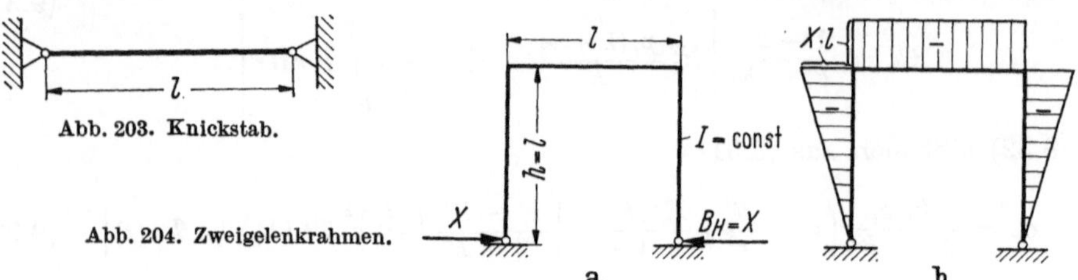

Abb. 203. Knickstab.

Abb. 204. Zweigelenkrahmen.

einstellt, welche eine entgegengesetzte Verschiebung

$$X\, v^0_{x,\,x=1} = \Delta l_T \tag{9.40}$$

verursacht, so daß das Auflager unverschieblich bleibt.

Nach (4.4) ist

$$v^0_{x,\,x=1} = \frac{1}{EJ} \int\limits_0^L (M_1^{0*})^2 \, ds,$$

was in diesem Fall, nach Integration über den gesamten Rahmen, zu

$$v^0_{x,\,x=1} = \frac{5\,l^3}{3\,EJ}$$

führt. Damit erhalten wir aus (9.39) und (9.40)

$$X = \frac{\Delta l_T}{v^0_{x,\,x=1}} = \frac{3}{5}\,\frac{EJ\,\alpha\,T}{l^2}.$$

Die dadurch bewirkte Momentenverteilung ist in Abb. 204b dargestellt: Sie wächst in den Stielen von Null linear auf den Größtbetrag $X\,l$ an und behält diesen Wert im Riegel konstant bei.

Im Zusammenhang mit *Platten* wollen wir das folgende Beispiel betrachten:

Beispiel 3. Für eine Kreisplatte sei $\Theta = \dfrac{12}{h^3} \displaystyle\int\limits_{-h/2}^{+h/2} T\, z\, dz = \text{const}$. Dann können wir in (9.21)

die Integrationen ausführen und erhalten aus dieser Gleichung $w \equiv 0$, d. h., die Platte erfährt keinerlei Durchbiegung, obwohl sie durch Biegemomente beansprucht wird. Diese betragen gemäß (9.22) mit $\Theta = \text{const}$

$$M_r = M_\varphi = -(1 + \nu)\, N\, \alpha\, \Theta.$$

Von besonderem Interesse für die Anwendung im Bereich der Technik sind Wärmespannungsprobleme bei *Behältern*. Wir werden deshalb jetzt die Spannungsverteilung in einem *dickwandigen Rohr* betrachten, welche durch Temperatureinfluß verursacht wird.

Beispiel 4. Das Rohr mit dem Innenradius R_i und dem Außenradius R_a habe auf der Außenfläche die Temperatur Null und auf der Innenfläche die Temperatur T_i. Die Temperaturverteilung im Rohrinnern ist dann durch

$$T(r) = T_i\,\frac{\log(R_a/r)}{\log(R_a/R_i)} \tag{9.41}$$

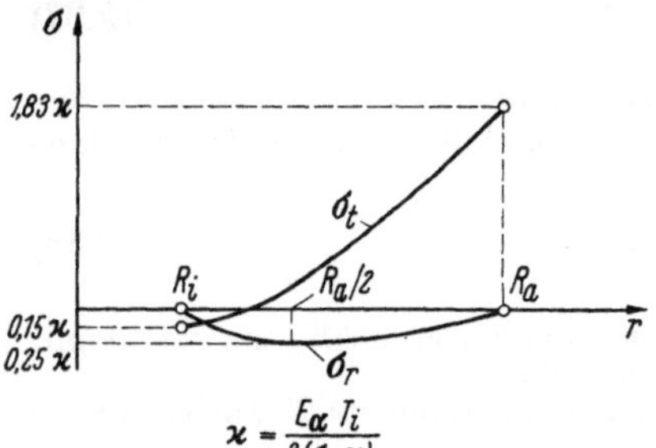

Abb. 205. Wärmespannungen im Rohr.

gegeben, was aus dem Bereich der Wärmelehre als bekannt übernommen wird. Damit folgt aus (9.34)

$$T^*(r) = \frac{T_i}{2\log(R_a/R_i)}\left[\log\frac{R_a}{r} - \left(\frac{R_i}{r}\right)^2\log\frac{R_a}{R_i} + \frac{r^2 - R_i^2}{2\,r^2}\right]. \tag{9.42}$$

Wenn wir nur den Temperatureinfluß berücksichtigen wollen, haben wir in (9.33), (9.35) $p_i = 0$ zu setzen und dort noch (9.42) einzuführen. Das gibt

$$\begin{aligned}
\sigma_r &= \frac{E\,\alpha\,T_i}{2(1-\nu)}\left[\frac{R_a^2 - r^2}{R_a^2 - R_i^2}\left(\frac{R_i}{r}\right)^2 - \frac{\log(R_a/r)}{\log(R_a/R_i)}\right], \\
\sigma_t &= -\frac{E\,\alpha\,T_i}{2(1-\nu)}\left[\frac{R_a^2 + r^2}{R_a^2 - R_i^2}\left(\frac{R_i}{r}\right)^2 + \frac{\log(R_a/r) - 1}{\log(R_a/R_i)}\right].
\end{aligned} \tag{9.43}$$

Der Verlauf dieser Spannungen ist in Abb. 205 für $T_i > 0$ und $R_a/R_i = 3$ wiedergegeben worden. In diesem Fall tritt die maximale Spannung als $\sigma_t(R_a) = 1{,}83\,E\,\alpha\,T_i/[2(1-\nu)]$ auf der Außenseite des Rohres auf. Bei anderen Gegebenheiten kann sie aber auch auf der Innenseite des Rohres vorkommen. Man hat daher jeden Einzelfall sorgfältig zu überprüfen.

10. Stoß

Häufig werden elastische Tragwerke stoßartig belastet. Im Grunde genommen sind die dadurch verursachten Vorgänge außerhalb der Elastostatik. Es müssen dann nämlich die Trägheitskräfte berücksichtigt, es muß mit dem Newtonschen Grundgesetz der Kinetik gerechnet werden, und man hat in diesem Zusammenhang komplizierte Schwingungsprobleme zu lösen. Eine ausführliche und gute Darstellung dieser ganzen Problematik findet man z. B. bei W. Goldsmith [39].

Es ist jedoch möglich, bei Stoßbelastungen wenigstens näherungsweise zu einem Resultat zu kommen, wenn man annimmt, daß sich der Stoßvorgang so abspielt, daß die Stoßdauer groß gegenüber derjenigen Zeit ist, welche die durch den Stoß verursachten elastischen Wellen brauchen, um den betreffenden elastischen Körper zu durchlaufen. Dann kann man nämlich mit den einfachen auf *Impuls-* und *Energiesatz* beruhenden *Stoßgesetzen* arbeiten. Man findet diese z. B. bei J. Szabó [40] angegeben.

Wir wollen uns im folgenden bei den stoßenden Massen auf Punktmassen beschränken, und zwar die gestoßene Masse auch als stabförmig zulassen, dann aber deren Massenverteilung vernachlässigen. Das heißt, wir denken uns die Stabmasse im Stoßpunkt vereinigt und den gestoßenen Stab als masselose, elastische Feder wirkend.

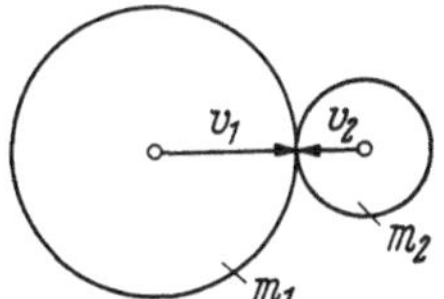

Abb. 206. Stoß zweier elastischer Kugeln.

Beispiel 1. Zwei Kugeln mit den Massen m_1 und m_2 stoßen mit den Geschwindigkeiten v_1 und v_2 zentral aufeinander (Abb. 206). Ihre Mittelpunkte nähern sich infolge der Abplattung der Kugeln beim Stoß um α, wobei

$$\dot{\alpha} = v_1 + v_2 \tag{10.1}$$

ist. Nach dem Impulssatz gilt

$$\ddot{\alpha} = -P\,\frac{m_1 + m_2}{m_1\,m_2},$$

was wir gemäß (8.14), d. h. mit

$$P = n\,\alpha^{3/2}, \tag{10.2}$$

in

$$\ddot{\alpha} = -n\,n_1\,\alpha^{3/2}, \qquad n_1 = \frac{m_1 + m_2}{m_1\,m_2} \tag{10.3}$$

überführen können.

Aus (10.3) folgt

$$\ddot{\alpha}\,\dot{\alpha} = -n\,n_1\,\alpha^{3/2}\,\dot{\alpha} \quad \text{bzw.} \quad \tfrac{1}{2}d(\dot{\alpha})^2 = -n\,n_1\,\alpha^{3/2}\,d\alpha.$$

Diese Beziehung integrieren wir und erhalten

$$\tfrac{1}{2}[\dot{\alpha}_e^2 - \dot{\alpha}_0^2] = -n\,n_1[\tfrac{2}{5}\,\alpha^{5/2}]_{t_0}^{t_e}. \tag{10.4}$$

Dabei sind t_0 und t_e die Zeitpunkte des Stoßbeginns und -endes.
Es gilt offensichtlich

$$\alpha(t_0) \equiv \alpha_0 = 0, \quad \alpha(t_e) \equiv \alpha_e = \alpha_{\max},$$
$$\dot{\alpha}_0 = v \equiv v_1 + v_2, \quad \dot{\alpha}_e = 0. \tag{10.5}$$

Deshalb erhalten wir damit aus (10.4)

$$-\tfrac{1}{2}\dot{\alpha}_0^2 = -\tfrac{1}{2}v^2 = -n\,n_1\,\tfrac{2}{5}\,\alpha_{\max}^{5/2},$$

was

$$\alpha_{\max} = \left(\frac{5}{4}\,\frac{v^2}{n\,n_1}\right)^{2/5} \tag{10.6}$$

ergibt.

Jetzt können wir durch Einsetzen von (10.6) in (10.2) die größte Stoßkraft als

$$P_{\max} = n\,\alpha_{\max}^{3/2} = \left(\frac{5}{4}\,\frac{n^{2/3}\,v^2}{n_1}\right)^{3/5} \tag{10.7}$$

berechnen.

Aus (10.4) leiten wir für eine beliebige Zeit t statt t_e unter Beachtung von (10.5)

$$\tfrac{1}{2}(\dot{\alpha}^2 - v^2) = -\tfrac{2}{5}n\,n_1\,\alpha^{5/2}$$

her. Diese Beziehung können wir in

$$\dot{\alpha} = \sqrt{v^2 - \tfrac{4}{5}n\,n_1\,\alpha^{5/2}}$$

bzw.

$$dt = \frac{d\alpha}{\sqrt{v^2 - \tfrac{4}{5}n\,n_1\,\alpha^{5/2}}} \tag{10.8}$$

umformen. Durch Integration von (10.8) erhalten wir für die Stoßzeit

$$T_s = \int_{t_0}^{t_e} dt = \int_{t_0}^{t_e} \frac{d\alpha}{\sqrt{v^2 - \tfrac{4}{5}n\,n_1\,\alpha^{5/2}}} = 2{,}94\,\frac{\alpha_{\max}}{v}. \tag{10.9}$$

Um einen Begriff von den Größenordnungen zu geben, wollen wir mit folgenden Zahlenwerten rechnen:

$$v = 0{,}3, \quad E = 2{,}1 \cdot 10^6\,\text{kp/cm}^2, \quad R_1 = 2\,\text{cm}, \quad R_2 = 20\,\text{cm},$$
$$m_1 = 1\,\text{kg}, \quad m_2 = 20\,\text{kg}, \quad v_1 = 100\,\text{m/s}, \quad v_2 = 0.$$

Dann ist nach (8.6), (8.7) $k_1 = k_2 = 1{,}38 \cdot 10^{-7}\,\text{cm}^2/\text{kp}$ und daher nach (8.14)

$$n = \frac{4}{3\pi \cdot 2 \cdot 1{,}38 \cdot 10^{-7}} \sqrt{\frac{2 \cdot 20}{22}} = 2{,}07 \cdot 10^6\,\text{kp/cm}^{3/2}.$$

Für n_1 ergibt sich gemäß (10.3)

$$n_1 = \frac{21}{20} = 1{,}05\,\frac{1}{\text{kg}} = 9{,}81 \cdot 1{,}05\,\frac{\text{m}}{\text{kp s}^2}.$$

Damit erhalten wir aus (10.6), mit $v = v_1 + v_2 = 100\,\text{m/s}$,

$$\alpha_{\max} = \left(\frac{5 \cdot 10^8}{4 \cdot 2{,}07 \cdot 10^6 \cdot 9{,}81 \cdot 1{,}05 \cdot 10^2}\right)^{2/5} = 0{,}32\,\text{cm},$$

aus (10.7)

$$P_{\max} = 2{,}07 \cdot 10^6\,\sqrt{0{,}033} = 3{,}76 \cdot 10^5\,\text{kp} = 376\,\text{Mp}$$

und aus (10.9)

$$T_s = \frac{2{,}94 \cdot 0{,}32}{10000} = 9{,}4 \cdot 10^{-5}\,\text{s}.$$

Die Rechnung zeigt, daß eine merkliche Abplattung, eine sehr große Stoßkraft und eine sehr kleine Stoßzeit die Folge des Zusammenpralls der beiden Kugeln ist.

Beispiel 2. Ein Stab vom Querschnitt F und der Länge l werde durch das aus der Höhe h herabfallende Gewicht G stoßartig belastet (Abb. 207). Man berechne die maximale Verlängerung und die größte Spannung, die der Stab infolge des Stoßes erfährt.

Bei der Verlängerung um Δl wird in dem Stab gemäß (3.16*), (2.16) die Formänderungsenergie

$$\pi_i = \frac{1}{2}\frac{EF\,\Delta l^2}{l}$$

erzeugt. Die potentielle Energie des über dem ausgelenkten Stabende um $h + \Delta l$ angehobenen Gewichtes beträgt

$$E_p = G(h + \Delta l).$$

Der Energiesatz verlangt

$$G(h + \Delta l) = \frac{1}{2}\frac{EF\,\Delta l^2}{l},$$

bzw.

$$(\Delta l)^2 - \frac{2G\,l}{EF}\Delta l - \frac{2G\,l}{EF}h = 0.$$

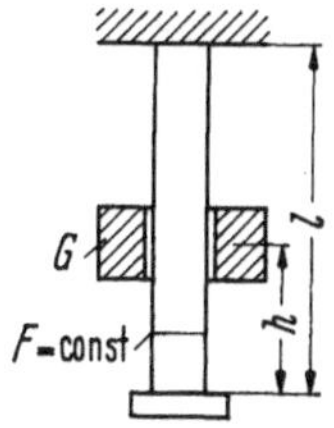

Mit

$$\Delta l_{\text{stat}} = \frac{G\,l}{EF} \qquad (10.10)$$

erhalten wir daraus

$$\Delta l = \Delta l_{\text{stat}} + \sqrt{\Delta l_{\text{stat}}(\Delta l_{\text{stat}} + 2h)}. \qquad (10.11)$$

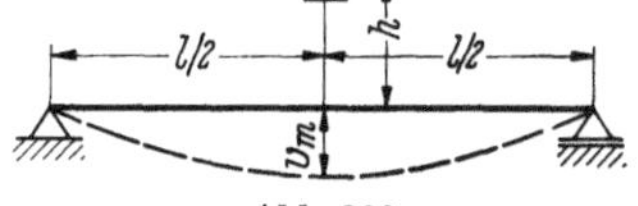

Abb. 207. Stoßartig belasteter Zugstab.

Aus (10.11) können wir entnehmen, daß schon für $h = 0$, d. h. beim *plötzlichen Aufbringen der Last*, $\Delta l = 2\Delta l_{\text{stat}}$ ist, woraus die Gefährlichkeit der stoßartigen Belastung deutlich wird.

Für die auftretenden Spannungen haben wir nach (1.71)

$$\sigma = E\,\varepsilon = E\,\frac{\Delta l}{l} = \frac{EF}{G\,l}\,\Delta l\,\frac{G}{F}.$$

Mit (10.10) und $G/F = \sigma_{\text{stat}}$ wird daraus

$$\sigma = \sigma_{\text{stat}}\,\frac{\Delta l}{\Delta l_{\text{stat}}},$$

was wegen (10.11)

$$\sigma = \sigma_{\text{stat}}\left(1 + \sqrt{1 + \frac{2h}{\Delta l_{\text{stat}}}}\right) \qquad (10.12)$$

ergibt. Man kann diesen Ausdruck zu

$$\sigma \approx \sigma_{\text{stat}}\sqrt{\frac{2h}{\Delta l_{\text{stat}}}} = \sigma_{\text{stat}}\sqrt{\frac{2h\,EF}{G\,l}} \qquad (10.13)$$

vereinfachen und sieht dann deutlich, daß das Verhältnis von σ zu σ_{stat} um so kleiner wird, je kleiner die *Zugsteifigkeit EF* des Stabes ist. Damit haben wir eine grundlegende Feststellung gemacht, die ganz allgemein für stoßartig belastete Körper gilt: Das Verhältnis der Stoßspannungen zu den statischen Spannungen wird um so kleiner, je *weicher* der gestoßene Körper und je größer seine beim Stoß zu bewegende Masse ist.

Beispiel 3. Auf die Mitte eines Balkens von der Länge l und der konstanten Biegesteifigkeit EJ falle ein Gewicht G aus der Höhe h herab (Abb. 208). Um wieviel wird sich der Balken dabei in der Mitte durchbiegen, und wie groß ist dann die maximale Biegespannung?

Abb. 208
Stoßartig belasteter Biegebalken.

Für eine Einzellast P in Balkenmitte gilt nach (2.91)

$$v_m = \frac{P\,l^3}{48\,EJ}, \qquad (10.14)$$

woraus

$$P = c\,v_m, \qquad c = \frac{48\,EJ}{l^3}.$$

folgt. Bei der Durchbiegung v_m wird im Balken die Formänderungsenergie

$$\pi_i = \tfrac{1}{2}\,c\,v_m^2$$

gespeichert. Setzt man sie, dem Energiesatz entsprechend, mit der potentiellen Energie

$$E_p = G(h + v_m)$$

des herabfallenden Gewichtes gleich, so erhält man

$$G(h + v_m) = \frac{c}{2} v_m^2, \quad \text{bzw.} \quad v_m^2 - \frac{2G}{c} v_m - \frac{2G}{c} h = 0.$$

Mit

$$\frac{G}{c} = \frac{G\,l^3}{48\,EJ} = v_{m,\text{stat}} \tag{10.15}$$

erhält man daraus die Lösung

$$v_m = v_{m,\text{stat}} + \sqrt{v_{m,\text{stat}}(v_{m,\text{stat}} + 2h)}, \tag{10.16}$$

welche der Lösung (10.11) für den Zugstab formal völlig entspricht. Auch beim Biegebalken ist bereits für $h = 0$, d. h. für die plötzlich auf den Balken aufgebrachte Last, $v_m = 2v_{m,\text{stat}}$. Für das maximale Biegemoment haben wir wegen $P = c\,v_m$ und (10.15)

$$M_{\max} = \frac{P\,l}{4} = \frac{c\,v_m\,l}{4} = \frac{G\,l}{4}\,\frac{v_m}{v_{m,\text{stat}}}.$$

Das gibt für die maximale Biegespannung mit $\sigma_{\text{stat}} = \dfrac{G\,l}{4\,W}$ die Beziehung

$$\sigma_{\max} = \frac{G\,l}{4\,W}\,\frac{v_m}{v_{m,\text{stat}}} = \sigma_{\text{stat}}\,\frac{v_m}{v_{m,\text{stat}}}.$$

Setzen wir in sie (10.16) ein, so kommen wir zu

$$\sigma_{\max} = \sigma_{\text{stat}} \left[1 + \sqrt{1 + \frac{2h}{v_{m,\text{stat}}}} \right], \tag{10.17}$$

was analog zu (10.12) ist. Auch hier können wir entsprechend zu (10.13) näherungsweise

$$\sigma_{\max} \approx \sigma_{\text{stat}} \sqrt{\frac{2h}{v_{m,\text{stat}}}}$$

schreiben, was mit (10.15) zu

$$\sigma_{\max} \approx \sigma_{\text{stat}} \sqrt{\frac{96\,h\,EJ}{G\,l^3}}$$

führt. Hieraus erkennt man deutlich, daß, wie beim Zugstab, das Verhältnis der maximalen Stoßspannung $\sigma_{\max}$ zur statischen Biegespannung $\sigma_{\max}$ um so kleiner ausfällt, je kleiner die Biegesteifigkeit EJ, d. h. je *weicher* der Balken ist und je größer die Balkenmasse gewählt wird.

Literatur

1. NEUBER, H.: Technische Mechanik, Erster Teil. Berlin/Heidelberg/New York: Springer 1965.
2. SCHLINK, W., u. H. DIETZ: Technische Statik, 4. u. 5. Aufl. Berlin/Göttingen/Heidelberg: Springer 1948.
3. McCLINTOCK, F. A., and A. S. ARGON: Mechanical Behaviour of Materials. Cambridge, Massachusetts: Addison-Wesley Publ. Comp., Inc. Reading/Don Mills/Ontario: Addison-Wesley (Canada) Ltd.
4. LEIPHOLZ, H.: Einführung in die Elastizitätstheorie. Karlsruhe: G. Braun 1968, S. 86.
5. YOUNG, J. F.: Materials and Processes. New York/London: John Wiley and Sons, Inc. 1962.
6. SCHULZE, G. E. R.: Metallphysik. Berlin: Akademie-Verlag 1967.
7. TETELMAN, A. S., and A. J. McEVILY Jr.: Fracture of Structural Materials. New York/London/Sidney: John Wiley and Sons, Inc. 1967.
8. FORREST, P. G.: Fatigue of Metals. Oxford/London/New York/Paris: Pergamon Press 1962.
9. TIMOSHENKO, S.: Strength of Materials, Part II, Third Ed. Princeton/New Jersey/Toronto/London/New York: D. Van Nostrand Comp., Inc. 1956.

10. SOMMERFELD, A.: Mechanik der deformierbaren Medien, 5. Aufl. Leipzig: Geest & Portig 1964.
11. MORGENSTERN, D., u. I. SZABÓ: Vorlesungen über theoretische Mechanik. Berlin/Göttingen/Heidelberg: Springer 1961.
12. NIEMANN, G.: Maschinenelemente, Bd. I, 6. Neudruck, 1963, Bd. II, 2. Neudruck, 1965. Berlin/Göttingen/Heidelberg: Springer.
13. SASS, F., CH. BOUCHÉ u. A. LEITNER: Dubbels Taschenbuch für den Maschinenbau, Bd. I u. II, 12. Aufl., 2. Neudruck. Berlin/Heidelberg/New York: Springer 1966.
14. WELLINGER, K., u. H. DIETMANN: Festigkeitsberechnung. Stuttgart: Kröner 1961.
15. TIMOSHENKO, S., and J. N. GOODIER: Theory of Elasticity, Second Ed. New York/Toronto/London: McGraw-Hill 1951.
16. WILLERS, FR. A.: Z. angew. Math. Phys. 55 (1907) 225. — SONNTAG, R.: ZAMM 9 (1929) 1—22.
17. CHMELKA, F., u. E. MELAN: Einführung in die Festigkeitslehre, 4. Aufl. Wien: Springer 1960, S. 166—179.
18. SZABÓ, I.: Höhere Technische Mechanik, § 14/5. Berlin/Göttingen/Heidelberg: Springer 1956.
19. CZERWENKA, G., u. W. SCHNELL: Einführung in die Rechenmethoden des Leichtbaues I. Mannheim: Bibl. Institut 1967.
20. NEUBER, H.: Kerbspannungslehre, 2. Aufl. Berlin/Göttingen/Heidelberg: Springer 1958.
21. SAWIN, G. N.: Spannungserhöhung am Rande von Löchern. Berlin: VEB Verlag Technik 1956.
22. GIRKMANN, K.: Flächentragwerke, 3. Aufl. Wien: Springer 1954.
23. WOLMIR, A. S.: Biegsame Platten und Schalen. Berlin: VEB Verlag für Bauwesen 1962.
24. TIMOSHENKO, S., and S. WOINOWSKY-KRIEGER: Theory of Plates and Shells. New York/Toronto/London: McGraw-Hill Comp., Inc. 1959.
25. BIEZENO, C. B., u. R. GRAMMEL: Technische Dynamik, 2. Aufl., Bd. I u. II. Berlin/Göttingen/Heidelberg: Springer 1953.
26. TRAUPEL, W.: Thermische Turbomaschinen, Bd. II. Berlin/Göttingen/Heidelberg: Springer 1960.
27. SCHAPITZ, E.: Festigkeitslehre für den Leichtbau. Düsseldorf: VDI-Verlag 1963.
28. LEIPHOLZ, H.: Stabilitätstheorie. Stuttgart: Teubner 1968.
29. BÜRGERMEISTER, G., u. H. STEUP: Stabilitätstheorie I u. II. Berlin: Akademie-Verlag 1957 u. 1963.
30. PFLÜGER, A.: Stabilitätsprobleme der Elastostatik, 2. Aufl. Berlin/Göttingen/Heidelberg/New York: Springer 1964.
31. TRICOMI, F.: Elliptische Funktionen. Leipzig: Geest & Portig 1948.
32. ZIEGLER, H.: Knickung gerader Stäbe unter Torsion. ZAMP 3 (1952) 96—119.
33. LEIPHOLZ, H.: Die Knickung der tordierten Welle mit Einzelkraft und kontinuierlicher Längskraft. Ing.-Arch. 30 (1961) 42—56.
34. FÖPPL, A. u. L.: Drang und Zwang, Bd. II. München/Berlin: Oldenbourg 1944.
35. SORS, L.: Berechnung der Dauerfestigkeit von Maschinenteilen. Budapest: Verlag d. Ung. Akad. d. Wiss. 1963.
36. ABRAMJAN, B. L., N. CH. ARUTJUNJAN u. A. A. BABLOJAN: Prikladnaja Matematika i Mechanika 30 (1966) 143—147, und auch andere Bände dieser Zeitschrift.
37. CARSLAW, H. S., and J. C. JAEGER: Conduction of Heat in Solids. Oxford: University Press 1959.
38. NOWACKI, W.: Thermoelasticity. Oxford/London/New York/Paris: Pergamon Press 1962.
39. GOLDSMITH, W.: Impact. London: Edw. Arnold & Co., Ltd. 1960.
40. SZABÓ, I.: Einführung in die Technische Mechanik, 7. Aufl., § 24. Berlin/Heidelberg/New York: Springer 1966.

Namen- und Sachverzeichnis